王小锡伦理学文集

（第二卷）

王小锡　著

中国社会科学出版社

作者近照

目　　录

第一编　经济伦理学基本理论

第二编　马克思主义经典原著伦理解读

第三编　中国传统经济伦理思想

第四编　读书与评论

第一编

经济伦理学基本理论

道德是商品经济新秩序的深层要素

建立社会主义商品经济新秩序，首先是针对当前社会经济生活的混乱提出的。因为，经济生活的无序状态，在物质力量很不雄厚的现阶段任其发展下去，其后果会比资本主义商品经济发展所造成的经济危机、社会混乱的局面更惨。所以，建立社会主义商品经济新秩序，是理顺经济关系、稳定社会经济文化生活的一条理性原则，也是促进经济、政治体制改革顺利发展的重要手段。

对如何建立商品经济新秩序，现在是见仁见智，众说纷纭。归纳起来大体上有两种思路：一种主张建立商品经济新秩序主要靠健全经济运用机制，诸如理顺市场运行机制和价格体系，建立合理的社会分配体系，增强大中型企业活力，强化政府经济管理职能等；另一种则认为应把重点放在加强法纪建设上，主张以健全法规来把人们的经济生活引导到社会所需要或允许的轨道上来。毋庸置疑，目前经济生活出现的混乱，尤其是“官倒”现象的出现，同我国的经济运行机制不完善、经济法规不健全的状况是密切相关的。因而上述两种思路都是极有价值的。但是，这两种思路有一个共同的缺陷，就是它们都只是重视商品经济新秩序的“硬件”建设，而忘掉或忽视了新秩序的“软件”，即作为这个秩序深层要素的道德。

纵观人类历史，任何社会秩序的建立、巩固和完善，道德都具有举足轻重的作用。因为社会生活的运行归根到底是通过人的社会行为实现的，一个社会要从无序走向有序，能够正常稳定地运行和发展，就必须对人们的行为进行一定的规范和约束。道德作为人们社会行为的规范体系，不像法律制度、经济手段那样，只是通过一定的物质力量，外在地强制性地将人们的行为纳入一定的社会秩序之中，而是依靠习惯、舆论长期积淀在人们心理的深层结构上，以内心的信念和价值取向的方式，实现对人行为的规范，因而具有一种内在的自觉性。在日常的、具体的社会生活（包括经济活动）中，对人们的行为更多地起着规范、约束作用的就是道德。从这个意义上可以说，道德是建立商品经济新秩序的一个极为重要的要素。

在今天的条件下，要建立社会主义商品经济新秩序，尤其需要给伦理道德以高度的重视。首先，商品经济新秩序的建立是在改革过程中实现的，改革是一项巨大的系统工程，不可能一蹴而就。各项改革措施也不可能立即配套成功，因此，对社会生活的管理，难免会暂时出现一些漏洞，使一些人有机可乘，干出危害社会的事来。在这种情况下，必然需要强化社会道德舆论的监督、约束作用。道德可以通过舆论在整个社会形成良好的氛围，从而在一个更大的时空范围内，以一种无形而强大的力量制约人的经济活动、经济行为，使人们自觉地把自己的行为纳入商品经济新秩序的轨道上来。如果，我们的法制不健全，又忽视了发挥道德的应有作用，人们的行为失去应有的规范，那社会主义的商品经济又怎么能从无序走向有序？

其次，单凭经济手段、法律制度这些“硬件”还不能从社会心理的深层结构上为商品经济新秩序提供坚强的保证。一旦经济运行出现“障碍”或经济矛盾（如供需矛盾、价值与价格的矛盾、计划与市场的矛盾等）加剧时，这种秩序仍然有被冲破搅乱的危险。建立商品经济新秩序，从一定意义上来说，就是要理顺一系列经济关系和社会关系，有效而正确地处理经济和社会生活的各种矛盾，与发展商品经济相适应的道德则从社会心理的深层结构上，为我们理顺和处理这些关系提供了正确的价值取向和行为原则。要是人们不能建立或失去了这样的价值取向与原则，只要稍有可能（上述矛盾的加剧往往就提供了这种可能），就会连法律也置于不顾，而做出有损于社会的事情来。例如，行贿受贿、非法倒卖、制造伪劣商品等这些行为已严重扰乱我国经济生活的混乱现象，对此，我国法律并非没有明令禁止，可有些人却热衷于此，说到底并不是由于他们不懂法，而是由于他们在金钱的诱惑下，丧失了做人的良心。丧失了起码应有的社会职业道德，所以，社会主义商品经济新秩序的建立与巩固，都有赖于道德这个“软件”的优化。

要建立商品经济的新秩序，就必须有效地治理当前经济生活中的种种混乱现象。这些混乱现象的产生无疑同我们社会经济运行机制不健全、法制不完备有直接联系，但是透过这些显而易见的表面的原因，我们常常可以看到一个更深层的缘由：伦理道德文化的落后，以及在新旧体制交替过程中人们道德观念、伦理生活的困惑与混乱。例如，当我们从过去忽视经济效益转到重视、强调经济效益的轨道上后，有些人却又忘了“社会主义”这个前提，把提高经济效益看作一切对钱负责，为了追逐自身或本单位、本地区“金钱”的增值，连对他人、对社会、对国家应尽的责任也给遗忘了，甚至以不惜丧失良心和人格，用尔虞我诈的手段去谋利。在这样完全颠倒的道德观念支配下，经济秩序还会不被搅乱吗？至于像“官倒”这种混乱现象，其根子就在于我们一些干部已经丧失了起码的社会责任感，完全忘掉了全心全意为人民服务的宗旨，还利用控制生产资料、控制人事管理等权力，去攫取个人或小团体的利益，以至于不惜损害社会和国家的利益。而对一个有较强的责任心和对人民高度负责的当权者来说，那他不仅自己不会“倒”，而且能够运用手中的权力对“官倒”进行有效的抑制和打击。可见，要克服经济生活中的混乱现象，进而建立起社会主义商品经济新秩序，就不能只立足于或满足于经济手段的完善和法规的健全，不能忽视道德建设的重要意义。可以这样说，人们没有一个高尚的人格追求，失去一种正当的价值取向，新经济秩序就不可能牢固地确立。所以，要注意加强伦理道德教育，增强人们的责任感和羞耻心，端正人们的人生价值追求，并在全社会树立自重、廉洁、公正、平等、信用等新道德风尚，从而把每个人在经济活动中的行为纳入社会主义商品经济新秩序的轨道。

为了增强道德教育的效果，当前应特别注意四点。（1）要利用各种宣传工具，造成一个良好的舆论环境和社会氛围，在人们心目中和社会生活中逐步建立起行之有效的“道德法庭”，使各种有碍于正常社会秩序的非理性行为没有立足之地，让缺德者感到无地自容。（2）要把道德手段引入生产和竞争的领域，帮助人们确立这样的观点：要靠诚实劳动、公平买卖和护己利民来取信于民，增强自身在竞争中的生命力。（3）领导干部要带头通伦理、懂道德，身体力行，做出表率。不能设想，在一个官德缺乏的社会里会有好的道德风尚。（4）要敢于揭露和批判腐朽的道德思想和道德行为，同时还要着力宣传社会主义的道德典型，使人们逐步增强反腐蚀的能力。

（原载《群众》1989 年第 5 期）

经济伦理学论纲

一　立论依据

经济与利益是社会运行的条件和目标，是人们生活的核心内涵，也是人们社会活动、社会工作注意力的焦点及行为动力所在。

1. 经济问题说到底是伦理道德问题，这既是因为经济行为目标和动力是利益与利益追求问题，而利益和利益追求只能在人际关系尤其是利益关系的协调中才能实现；又是因为经济的发展又不断地实现着人的完美性。因此，经济现象与伦理道德现象是共生共存的。伦理道德及其运行过程所发挥的作用（积极或消极作用）直接影响利益关系的协调，进而影响经济的发展和利益的实现。

经济的发展要避免自发运行过程中产生的经济混乱或经济危机，需要确立法制经济观念。法制经济的法制概念是大法制概念，广义的法制概念，它既包括国家为经济运行所建立的法规、政策等，也包括经济活动中互相认可和执行的交往准则，还包括经济活动中体现为应该的约定俗成的道德规范。

在这里可以说，法制经济就是“法则经济”。“法则经济”之“法则”包含外在法则和内在法则两方面。外在法则是法律、政策、准则，内在法则是经济运行过程中的伦理道德。

外在法则带有强制性。不管经济行为者的行为意识是否与之相一致都得执行，否则要遭到不同程度的制裁。当然，一些人“钻”法则的空子，甚至也会有一些人往往敢冒危险触犯法则去获取经济利益。但凡经济运行正常，实现最佳经济效益的国度、地区和单位，除了依靠外在法则外，更注重伦理道德的约束、协调作用。经济活动的良性循环在很大程度上取决于利益公正实现和自觉的法则实现。

2. 社会主义市场经济运行机制的完善与社会主义伦理道德作用的发挥是相辅相成的。市场经济的一个最基本的目标是实现资源的合理配置，并进而实现最佳经济效益。而资源的合理配置，主要地应理解为人力资源和物质资源实现的最佳存在形式，其能量亦能实现最佳程度的发挥。而人力资源和物质资源及其两方面关系的最佳处理，又是资源配置合理性的首要内涵。这是因为物质资源是“死”资源，而人力资源是“活”资源。假如前者离开了后者，资源就不能作为资源而存在，而后者离开了前者（尽管这是不可能的），人之为人将失去存在之基。

然而，社会主义市场经济要实现人力资源的合理配置，意味着人的素质要得到全面的培养和发展，人的生存和工作位置要实现最佳调适。就此而言，资源的合理配置往往直接或间接地取决于人的伦理道德素质。假如一个人没有崇高的价值追求、生活理想和生存准则，其素质的“全面发展”和生存方式的最佳“调适”都将是不可能实现的。剖析我国新一代的“富翁”就不难看出这点。其中有相当一部分人的思想道德素质以及能力和工作主动性都处于最佳状态中，这样，随之而来的是事业蒸蒸日上，效益不断提高。但也有一些人，赚钱充斥了他们所有的精神空间，没有理想，不谈道德，吃喝玩乐，生活糜烂。显然，这种人是畸形发展的。尽管他们腰缠万贯，但不可能实现人力资源的最佳生存形式。轻则会削弱其在市场经济运行中发挥作用的力度，重则会成为社会主义市场经济运行过程中的腐蚀剂。因此，社会主义市场经济的一个重要特点是人的生存和发展不被“私利”“金钱”控制或支配，而要受到理性的约束。换言之，在社会主义市场经济发展过程中，人不是纯“经济”活动的主体，人首先（而且应该）是“理性动物”。

就物质资源来说，它的合理配置也绝不是一个“纯经济”的活动过程。尽管市场经济运行是由价值规律来“指令”的，但人的参与是一个逻辑事实。对于物质资料本身来说，它是无法实现合理配置的。这样一来，人的素质尤其是伦理道德素质、价值观念以及由此而导致人际关系的协调状态将直接（或间接地）影响物质资源合理配置的方式和程度。一般地说，人的伦理道德素质与市场经济发展是呈现正相关关系的。而在拜金主义、个人主义伦理原则的引导下，出现的盗用技术秘密、假冒商标、假合同、假合资、侵犯专利，以及乱涨价乱收费、行贿受贿、偷税漏税等现象，不仅直接扰乱了社会主义市场经济秩序，破坏了物质资源合理配置原则，而且阻碍了物质资源合理配置的过程和效益，其结果只能出现像资本主义早期市场经济条件下、经济危机此起彼伏的被动局面。由此可见，理性与伦理道德精神是完善社会主义市场机制的一种内在动力。

3. 道德是生产力，而且是“动力生产力”，是社会经济运行的动力源。我国改革的理论与实践都已充分说明，经济的迅速发展和社会主义现代化的实现，有赖于生产水平的提高。因此，解放、发展生产力既是改革的目的，亦是所有工作中的重点。

生产力的解放、生产力水平的提高同样也不是纯物质活动现象或纯经济活动现象。就生产力的核心或决定性的要素——人来说，他当然首先是作为活动着的物质而存在着，并以自身的活动和能力去支配或主宰一切物质活动和经济活动。但一个不可忽视的事实是，在社会经济运行活动中，人的主观能动性是一切物质活动和经济活动的主导，而生产力的解放和生产力水平的提高也取决于人本身的素质。

就人的素质来说，它大致应该包括身体素质、文化素质、科学技术素质、心理素质、思想政治素质、道德素质等。在此，道德素质是人的基础性素质和核心素质。假如人们不理解自身的存在及其意义，不懂得人的生存价值的实现需要自身的理性完善和创造性的劳动，不承认人们之间关系的协调及其在此基础上形成的合力是社会发展的动力所在，那么，人的主观能动性就无法体现出来，甚至会导致丧失人之为人的存在之基，成为一种名义上的人，一种“活死人”。更有甚者，一部分人精神颓废、自私自利、利欲熏心，把人的素质降低到了动物的水平。对社会发展要求来说，这些人虽然活着，却“已经死了”。对他们而言，什么崇高的价值取向和人的完美素质的追求，什么去接受、利用、创造和发展人类文化和科学技术，都是空谈。在这种情况下，人们就不可能有创造性的劳动态度去充分利用、改造和发展劳动资料和劳动对象。有的玩世不恭者甚至践踏自身的存在，破坏劳动资料和劳动对象，阻碍生产力发展的进程。中外商品经济发展进程中的许多教训都充分证实了在社会经济运行中的这一基本道理。因此，就生产力内含的要素及其要素之间发生作用的逻辑联系来看，道德是生产力，而且是“动力”生产力。

既然我国的经济发展速度取决于社会主义生产力解放的程度，而生产力解放与发展又受制于人们的社会主义道德觉悟，那么很显然，社会主义道德是社会经济运行的动力之源。因此，在我国强调以经济建设为中心，发展社会主义的生产力、增强社会主义国家综合实力、提高人民生活水平的今天，切实有效地搞好社会主义道德建设，充分利用和发挥社会主义道德的社会功能，这将是一件具有重大意义的举措。

二　研究对象及研究主题

所谓经济伦理学，是研究人们在社会经济活动中协调各种利益关系的善恶取向及其应该不应该的经济行为规定的一门伦理学分支学科。

1. 作为经济活动所应该的伦理道德是经济运行过程中的经济互动关系和各种利益关系的协调因素，是经济运行力度和经济发展速度的内在机制。

2. 利益是经济与道德实现逻辑联系的中介，也是经济与道德实现最佳联系的杠杆。

3. 利益是经济行为的动力所在，它网络着方方面面的人与人的关系。人际关系的和谐、协调与否主宰着经济活动的方向，是利益实现的无形手段。复杂的人际关系协调与否是利益能否实现的根本条件。

4. 利益驱动着人的注意力。因此，经济活动的一个逻辑事实是人的参与。作为经济活动主体的人，其素质尤其是道德素质直接（或间接地）决定着经济活动的质量。人和人生的完善是经济活动实现最佳状态与最佳效益的前提和条件；而利益的不断实现，也不断地促进着人性的完善。

5. 经济行为的价值判断标准应是能否促进社会的发展，能否有利国家、集体、个人三者利益的充分、协调的实现。

6. 竞争是经济活动发展与完善的最基本的手段。经济竞争中

“强者胜，弱者败，能者上，庸者下”等自然法则并非“自然”。因此，法规对竞争的制约实在必要。法规只是维护理性尊严，抑制非理性因素。竞争与其说是一个经济行为过程，倒不如把它理解为一个典型的动态伦理实体。完善的竞争更多地体现为自我理性约束，这是伦理经济现象的最集中体现。

三　研究方法

作为实践伦理之一的经济伦理学，应该是从“实践—精神”的视角把握经济运行过程与伦理道德的关联，以及经济伦理的内涵、作用、规则等。

经济伦理学首先应该从哲学的高度审视社会经济行为的伦理道德蕴涵，真正从理论层面来说明，经济行为或经济活动也是广义上的道德行为或道德活动。

经济活动是一种实务的活动，而伦理道德也不是凌驾于经济之上或游离于经济之外的抽象的东西，它应该而且事实上也是经济活动要素的重要内涵。因此，研究经济伦理学需要务实，要有现实关怀，需要从最基本的、点点滴滴的经济行为入手，揭示伦理道德与经济活动的耦合点、动力点以及目标与理想的一致点。

经济活动是复杂的活动。经济活动可看作人类活动的基础活动和核心活动，它是人类意识活动、生存活动和生产活动的综合体，经济活动既是人类理性认知的集中体现，亦是人类衣、食、住、行的基本手段。故研究经济伦理问题是一个复杂的系统工程，它在客观上必须把握人类社会活动和经济活动的立体结构，并在此基础上，进而把握人类经济伦理观念及其基本样式；同时在微观上需要认识人的经济活动的出发点和基本目的以及行为特质，弄清楚人的经济伦理情感和伦理观念的形成过程及其规律。

经济活动是多边性、交叉性的活动。不可否认，经济活动同时内含着政治活动因素、法律活动因素，甚至还内含着艺术、宗教等活动因素。作为一个完整理论体系的经济伦理学应该研究经济政治或政治经济伦理，研究经济法律或法律经济伦理，研究与艺术、宗教等有关联的经济与伦理问题。

四　研究门类

经济或经济活动表现为多少形式，伦理道德就表现为多少形态。除研究一般经济伦理学原理外，还应该研究实践性较强的部门伦理问题。

1. 劳动伦理

劳动创造世界。劳动的伦理意义在于它是人和人类生存的条件。人的素质尤其是人的道德素质直接决定劳动的质量和成果。人际的协调、高效合作是劳动样式的最佳体现的前提。劳动是权利与义务的统一体。勤奋是劳动伦理的原则和重要范畴。

2. 企业管理伦理

企业管理伦理是企业和企业文化发展的基础和条件。管理者的道德觉悟及应用道德手段的能力是企业管理的重要内涵。管理过程的实质是对全体劳动者之间的关系特别是利益关系进行的组织、协调过程。责任是企业管理伦理的重要范畴。把责任转变为自觉意识和行动是管理伦理的基本目的。

3. 经营伦理

经营伦理与商业伦理相通。经营伦理直接影响经营方向和经济效益。经营伦理以其特有的评价方式和特殊的生活方式，扮演着社会风尚的“窗口”角色，亦是人们日常生活中情绪体验和经常打交道的直接对象。经营伦理以经营效益为中介，以其独特的作用影响着社会经济的发展。信誉、诚恳是经营伦理的原则和重要范畴。

4. 分配伦理

分配是劳动成果的分割。分配过程是劳动者利益实现的过程。分配就是伦理行为本身，它不仅关系到利益的合理分配问题，还关系到情感协调问题和人际和谐问题。分配直接影响着物质再生产和道德的发展与完善。公正是分配伦理的原则和核心范畴。

5. 消费伦理

消费活动是人类生存发展的重要社会现象。消费亦是重要的社会文化现象。消费不等于消耗，消费是人类生存活动。消费是人与人、人与自然的循环交流、向前发展的一种动力。消费需要理性，应该合理。铺张浪费是缺德行为。引导消费，提高消费质量是消费伦理的重要目的之一。

五 结束语

经济伦理学是一个庞大的理论研究工程。需要广大学人在系统研究中国传统经济伦理思想、西方传统经济伦理思想、东方经济伦理思想和马克思主义经济伦理思想的基础上，构建中国经济伦理学的理论体系。

当然，探求经济伦理思想的发展根基与历史的逻辑联系，给道德哲学以创造性的文化结果，同时说明其作为人类独特的道德哲学文化在社会发展进程中的作用，并进而揭示其在现代社会运作过程中的“特殊”角色，是为本论纲之最终目标。

（原载《江苏社会科学》1994 年第 1 期，人大复印报刊资料《伦理学》1994 年第 2 期全文转载，人大复印报刊资料《新兴学科》1994 年第 2 期全文转载）

社会主义市场经济的伦理分析

一些人把社会主义市场经济及其运行过程看作“纯经济”的现象，实际上他们不理解社会主义市场经济的特殊本质，不懂得社会主义伦理道德建设和法制建设与完善市场经济体制是一致的。故把社会主义市场经济的发展单纯地理解为“大把赚钱，快快发财”，有的甚至置伦理道德和法律于不顾，以牺牲他人和国家利益为代价，获取所谓“个人的经济效益”。这不仅影响了社会主义市场运行机制的完善，而且干扰甚至破坏了社会主义市场经济的正常运作。本文试图通过对社会主义市场经济及其运行过程中伦理含义的探讨，说明社会主义市场经济体制的完善和发展离不开社会主义的伦理道德建设；同时说明，能不能把伦理道德建设作为社会主义市场经济建设的基础工程来抓，直接关系到社会主义市场经济发展的速度和前途问题。

一　道德是动力生产力

就生产力的构成要素来看，社会主义生产力与一般意义上的生产力甚或资本主义的生产力没有什么本质区别。但是，社会主义生产力除了相对于社会主义经济关系而言以外，更重要的还在于两个特征。一方面，社会主义生产力强调人的因素和人的地位，在社会主义制度下，人真正成了社会和自然界的主宰，每一个人都作为“主人”的身份而存在着，同时，不是物质或经济支配着人的素质，而是人的素质直接决定着人们的创造性劳动的自觉性和经济发展的速度。假如人不能作为真正的或完美意义上的人而存在，或者说假如人作为被异化的人而存在，又假如人的素质不能获得全面提高，总是在被动地、消极地生存着，那么，社会经济的运行只能处在一种自发状态下，其发展速度的缓慢和发展进程的曲折也就可想而知了。这些正是社会主义生产力发展进程中自觉力避的问题。另一方面，社会主义生产力内部各结构要素间实现了最佳协调和结合。在这里，劳动者对劳动资料的把握和与劳动对象的结合，完全是在自由、自主的状态下进行的。因此，在这样一种前提下，劳动资料和劳动对象必将获得最大程度的认识、改进和发展，实现最佳的经济和社会效益。而物质资料生产的发展，同时又体现人的完美性不断增强。

由此可见，第一，人的素质是生产力发展的决定性因素。然而，人的素质是多方面的，它包括人的身体素质、政治素质、文化素质、思想素质、道德素质等。在这些素质要素中，道德素质是基础性素质、核心素质。只有充分认识到自身的存在及其存在的意义，明确并确立崇高生存价值取向，人才能树立一种进取精神，才有可能以创造性劳动去改进发展和充分利用劳动资料和劳动对象。第二，生产力内部各结构要素的协调，并不是简单的人与物的关系的协调，物是归人所有并被人掌握的，因此，人与物的关系实质上是人与人之间生产关系、权益关系、地位关系的协调。故生产力内部各结构要素之间的关系说到底是一个伦理道德关系。只有人与人之间的伦理道德关系实现了最佳协调，生产力的伦理道德关系实现了最佳协调，生产力的发展水平才有可能提高。由于人的主观能动性在生产力发展中起着举足轻重的作用，人与人之间的和谐协调与否直接制约着人对劳动资料和劳动对象的认识、改进、发展等，因此，我们可以得出结论：道德首先是生产力，而且是“动力”生产力。

二 人的道德素质影响着资源的合理配置

社会主义市场经济的一个最基本的目标是实现资源的合理配置，并进而实现最佳经济效益。而资源的合理配置，主要地应理解为人力资源和物质资源最佳存在样式，其能量亦能实现最佳程度的发挥，这一目标的实现在很大程度上取决于人的道德素质。

人力资源和物质资源与伦理道德的关联各自有着不同的逻辑形

式。社会主义市场经济要实现人力资源的合理配置，意味着人的素质要得到全面的培养和发展，人的生存和工作位置要实现最佳调适，就这一点而言，资源的合理配置往往直接取决于人的伦理道德素质。人生假如没有崇高的价值追求、生活理想和生存准则，素质的“全面发展”和生存方式的最佳“调适”都将是不可能实现的。剖析我国新一代的“富翁”，有相当一部分人的思想、道德素质，以及能力和工作主动性都处在最佳状态中，因此，不断伴随而来的是事业蒸蒸日上，效益不断提高。但也有一部分人，在他们的思想和行为中除了赚钱还是赚钱，没有理想，不谈道德，吃喝玩乐，生活糜烂。这种人的素质是畸形的，尽管腰缠万贯，但作为人力资源来说，他不可能实现最佳生存样式，也势必会削弱其在市场经济运行中发挥作用的力度。甚至有些人因品质低下而成为社会主义市场经济运行过程中的腐蚀剂。因此，社会主义市场经济的一个重要特点是人的生存和发展不应被“私利”“金钱”控制或支配，而要受到理性的约束，人不是纯经济活动的主体，在社会主义市场经济完善过程中，人首先（而且应该）是“理性动物”。

就物质资源来说，它的合理配置也绝不是一个纯经济的活动过程，尽管市场经济运行过程中是由价值规律来“指令”的，但人的参与是一个逻辑事实。对于物质资源本身来说，它是无法实现合理配置的。这样一来，人的素质尤其是集体化道德素质，价值观念将直接影响物质资源合理配置的方式和程度，诸如在拜金主义、个人伦理原则引导下出现的盗用技术秘密，假冒商标、假合同、假合资、侵犯专利，以及乱涨价乱收费、行贿受贿、偷税漏税现象，直接扰乱了社会主义市场经济秩序，不仅破坏了物质资源合理配置的原则，而且必将阻碍物质资源合理配置的过程和效益，其结果只能出现像资本主义条件下市场经济自发调节的状况，导致经济危机此起彼伏的被动局面。

三　社会主义市场竞争与理性精神并存

市场经济从本质上来说就是竞争经济，在资本主义条件下，竞争是自由竞争，谈不上公正（主动公正、道德公正）的干预。即使在市场经济中出现的“公正”行为，也只是竞争到一定程度被迫出现的“公正”，即所谓的“被迫公正”。所以资本主义条件下的市场竞争，是“弱肉强食”的争斗。而社会主义市场经济主张和鼓励正当的竞争。这种正当的竞争需要国家的宏观调控来保护。而国家的宏观调控应包括两大内涵。一是诸如价格、财政、税收、内外贸、产业、资源开发利用等方面主要以政策法律形式出现的经济手段。一是伦理道德手段，即所谓非经济手段，经济手段对于竞争者来说仅仅是外在的约束力，从严格意义上来说是一种消极手段。对于没有自觉性和责任心的竞争者来说，只要能躲过法律制裁或钻到政策法律的空子。他能不惜一切，哪怕用生命作赌注去赚不义之钱、发不义之财。而伦理道德手段是要通过伦理道德教育，逐步使人们在实现切身利益的体验中认识到什么是善的、什么是恶的、什么是崇高的、什么是卑鄙的。从而自觉地反对欺行霸市、强买强卖、垄断市场、哄抬物价、封锁信息、欺骗同行等破坏经济正常的不道德手段。真正做到人人坚持公平竞争，共同保障市场经济的运行机制，促进社会主义市场经济健康发展。

市场经济既然是竞争经济，那么优胜劣汰是其基本经济现象和运行原则。然而社会主义市场经济发展的本质要求并不主张汰则垮、汰则灭。优胜劣汰在社会主义市场经济条件下不是目的，而是手段。它要通过这样一种机制，促使竞争者或竞争双方视对手为朋友，互相督促、互相帮助，共同发展。即“优”者要引“劣”者为戒，要发展得更快、更好；“劣”者要吸取教训，取人之长，补己之短，实现自立、自强，并赶超“优”者。因此，作为社会主义市场经济的这种特有的优胜劣汰的目的，与其说是一种经济行为，倒不如说是伦理作为。其实，没有一定的道德觉悟，缺乏一定的责任心，优胜劣汰的必然结果是两极分化，随之而来是公正、平等的丧失。

改革开放的经验和成就已经说明，要健全社会主义的市场运行机制，不能把眼光停留在国内市场，要瞄准国际市场参加国际市场的竞争，在实现国内市场与国际市场接轨的基础上，充实和完善社会主义市场运行机制。

参与国际市场的竞争，其经济行为必须向国际惯例靠拢，按国际上通行的市场规则办事，忽视了这一点，我们的跨境经济行为和经济交往将寸步难行。

由于经济行为的复杂多样，国际上通行的市场规则也五花八门，但归纳起来主要有两类：一类是见之于文字的协议章程和决议等契约（含约定俗成的习惯性做法）；一类是取决于价值观念的伦理道德准则。在国际市场上，假如在质量上以次充好、弄虚作假，在经济交往中丧失信誉等，那就意味着要冒失败、垮台、倒闭的危险。资本家为了赚钱，往往是男盗女娼，什么都干。作为社会主义国家来说，考虑到社会主义的利益，社会主义的市场经济行为绝不允许冒险，而要求以高尚的伦理道德准则去指导在国际市场上的经济行为。事实上，这也是我国市场经济的“社会主义”性质之重要内涵，是区别于资本主义市场经济行为的根本所在。

四　市场经济体制的完善离不开道德手段

社会主义市场经济体制的完善要依托社会主义市场经济秩序的建立。而市场经济新秩序的建立需要一套行之有效的法规，但更需要治标尤其是能够治本的道德手段。

随着社会主义市场经济的快速发展，我国原有的计划经济秩序虽然已经被打破，但市场经济新秩序的建立，有一个从不完善到完善的过程，在此期间，权权交易和权钱交易等成了社会腐败现象的根源。一些不法分子乘机钻空子，为了大把捞钱，有出卖灵魂和肉体的；有窃取经济情报，一夜之间成为富翁的；有不顾他人利益甚至不惜伤害他人生命而追逐利润的；等等。诸如此类，绝不是社会主义市场经济的必然产物，而是市场经济秩序混乱所造成的。为此，理论界，经济实业界以及党政领导都已十分关注社会主义市场经济新秩序确立的问题。

如何建立社会主义市场经济新秩序？一般说来，应该有一种强有力的保证市场经济正常运行的经济手段，有一套系统科学的合格的公平竞争的政策和法规。同时，更应认识到伦理道德在建立、巩固和完善社会主义市场经济新秩序中有着举足轻重的作用。尽管政策法规必不可少，但在保证社会主义市场经济正常运行的过程中，伦理与政策法规相比，前者意义更重大，这是因为，单凭政策和法规手段还不能从社会心理的深层结构上为完善市场经济新秩序提供坚强的保证，对于社会腐败现象来说往往只能是治标不治本。一旦市场经济运行出现“障碍”或经济矛盾加剧时，已经建立起来的经济秩序仍然有被冲破的危险，例如：走私、行贿受贿、非法倒卖、制造伪劣商品等这些严重扰乱我国市场经济的混乱现象，在我国法规中并不是没有明令禁止的，可有些人却热衷于这些不法行为，说到底并不是由于他们不懂法或不知错，而是由于他们在金钱的诱惑下，丧失了做人的良心，丧失了起码应有的社会职业道德。从一定意义上来说，建立市场经济新秩序就是要理顺一系列经济关系和社会关系，有效地处理经济和社会生活的各种矛盾。然而理顺关系和处理好矛盾需要全社会成员的共同努力，需要人们的自觉意识和自觉行动。这就决定了不能仅像政策法规和经济手段那样，只是通过一定的戒律和物质力量，外在强制性地将人们的行为纳入社会主义市场经济所需要的秩序中来，而是要通过对逻辑和事实力量的宣传教育，逐步使人们在价值取向和道德责任上产生情感上的共鸣，并由此延伸到市场经济活动中的所要实现的目标和能够采取的手段上的共识，在真正实现内心自觉的基础上，共同创造社会主义市场经济发展的稳定、有序、高效的局面。这才是真正的治本之举。当然，要做到这一点是需要做出长期而艰苦的努力的。

社会主义市场经济体制的完善是一个系统工程，而社会主义道德建设是其基础性工程和“软件”工程。在社会主义市场经济的运行过程中，经济建设是主体工程。人们的经济活动的基本过程和目标是按价值规律有针对性地投放劳动力和资金，有效地利用各种资源，实现最大限度的经济效益。然而要搞好社会主义市场经济这一系统工程建设，一方面要明确社会主义市场经济的发展，不仅仅是产、供、销等经济部门的事，它应该有一系列的基础工程和外围工程。在伦理道德方面没有民族文化水平的整体提高，没有基本的伦理道德觉悟和责任心，没有强烈的国家观念和法制观念，人们就很难自觉在市场经济运行过程中发挥人的主观能动性的作用，其结果只能导致市场经济运行处在自发或半自发状态下，它的“社会主义”特性也必然遭到致命的削弱。同时，官僚主义和腐败现象不铲除，政府的指导、调控尤其是服务职能不落实，假如办一件经济实事要拖上数月数年，盖上数十甚或上百个印、送上厚礼才能解决等诸如此类情况不改变，市场经济发展将会阻力重重，甚至会走向歧途。另一方面要明确社会主义经济不应是“周期性经济”，更不应该出现可以避免的周期性经济危机，而应该在稳定中求快速发展，在发展中就十分需要既立足于现实利益，又要着眼于未来利益，实现两种利益关系的正确协调。在这里除了物质利益关系的协调外，其中一个不容忽视的核心问题是人们应该具备崇高的道德境界，未来的价值取向应该是符合社会主义物质文明和精神文明建设的规律和要求，假如我们这一代人不管下一代人的利益，本世纪不管下世纪的事情，那么诸如生态平衡、环境保护等要求，就会在社会主义市场经济发展的短视行为中被忽视，甚至成为泡影。长此下去，最终很可能会破坏甚至葬送社会主义市场经济的正常运行。

社会主义市场经济体制的完善既要有“硬件”设施，也要有软件“条件”。这就是说，市场经济体制的完善要有合理的管理机构和严密的管理制度，要有相当的物质基础和技术力量，要有现代化的通讯、交通设施，等等。同时，市场经济的发展说到底取决于人的思想道德和文化科技素质。因此，市场经济体制的完善应该包括教育的全面、快速、高效的发展和人才的大面积成长，包括政策和策略的完善和管理决策的科学；包括面对市场经济发展要求的市场的高层次和实用性的科研项目和研究成果；还要包括直接影响人民群众工作积极性和创造性的思想政治工作、伦理道德教育等精神文明建设手段。只有“硬件”和“软件”协调发展、科学配置才能真正完善社会主义市场运行机制，从而真正实现“资源”的合理配置。

（原载《南京社会科学》1994 年第 6 期，
人大复印报刊资料《伦理学》1994 年第 11 期全文转载）

经济与伦理的耦合

经济运行不是纯经济的行为，它内含着伦理道德等多种社会内容。经济的持续快速发展与改革的深入都需要伦理道德作理性的支撑。

改革开放的十多年，我国的经济建设已取得了举世瞩目的成就，社会的物质财富正在迅速地增加，社会成员从中获得了越来越多的“实惠”。然而，与这不可逆转的经济发展大潮相悖的是，一些人的认识和观念却发生了错位。认为经济尤其是社会主义市场经济的发展必然带来道德的滑坡或堕落，认为伦理道德永远不能使金钱增值，不能推动经济的进步，因而在社会生活中无足轻重；认为经济上去了，经济运行机制完善了，社会道德面貌就能自然而然地好起来；等等。这些观点有一个共同点，即认为经济建设与伦理道德建设是相分离或相背离的。

经济运行过程并不仅仅是投入、产出、销售、利润等纯经济行为，它是一项十分复杂的社会活动，内含着政治的、法律的、伦理道德的和其他方面的多种因素，只是不同的经济行为总是在不同角度、不同层面和不同强度上体现着这些因素罢了。就伦理道德而言，它并不是被动的社会精神现象，而总是在以特有的社会功能对经济建设发挥重要作用。没有伦理道德建设的完善，没有人们伦理道德素质的普遍加强，最终必然要削弱经济建设的力度、影响经济建设的速度，甚至会把经济建设引上歧途。正如邓小平指出的，“没有共产主义道德，怎么能建设社会主义？”①

---

① 《十四大以来重要文献选编（中）》，人民出版社 1997 年版，第 1675 页。

一　伦理道德建设是经济发展的驱动力

如何理解邓小平的没有共产主义道德就不能建设社会主义的思想？一方面，伦理道德是任何一项社会工作和每一位社会成员行为的动力源。只有具备崇高的道德精神和正确的价值取向的人，才有可能以饱满的热情投入社会主义经济建设中去；没有进取精神、缺乏道德觉悟，人的行为的着眼点就只能是满足基本生存需求，其行为的指向性就必然是短视的和短期的，人就会对工作和事业缺乏感情和兴趣，也就谈不上推动经济发展。因为经济建设的质量和速度从本质上不仅取决于资金和技术，更取决于人们的劳动态度、奋斗精神和崇高的价值取向。另一方面，加强社会主义伦理道德教育，是净化社会风气的重要手段和途径。伦理道德教育的直接目标是帮助人们树立正确的善恶观念，增强人们的荣誉感和羞耻心，以促使社会成员趋善避恶，消除自私、贪婪的心理，自觉地服务于社会，与他人合作，遵守社会秩序，使经济建设不受破坏，不走弯路。缺乏荣誉感和羞耻心的社会、社区或单位，必然产生社会道德的滑坡和社会风气的恶化，最终也会影响到经济建设的速度和效益。邓小平同志指出，经济的持续发展，“当然，我们总之还要做教育工作，人的工作，那是永远不能少的”①。而教育工作、人的工作的核心是伦理道德教育工作，这是经济持续发展的精神动力所在，也是经济发展不走弯路的保证。否则，“经济建设这一手我们搞得相当有成绩，形势喜人，这是我们国家的成功。但风气如果坏下去，经济搞成功又有什么意义？会在另一方面变质，反过来影响整个经济变质，发展下去会形成贪污、盗窃、贿赂横行的世界”②。

二　道德的进步需要经济的发展和物质生活条件的提高

道德不是空中楼阁，它植根于经济建设和社会生活中。邓小平

① 《邓小平文选》第3卷，人民出版社1993年版，第89页。

② 《邓小平文选》第3卷，人民出版社1993年版，第154页。

同志曾说，精神文明是从物质文明来的，我们的物质文明建设，真正解决问题要翻两番。我们不能设想在一个贫穷的国度里能建设高度的精神文明，不能设想当人们生活还不富裕，甚至连生计都成问题的情况下，整个社会的精神状态能有持久而良好的发展。当然，具有崇高人生价值追求的人，他应该也必定会在艰难困苦的条件下思变、思进取、思发展。但这只是人群中的部分人和部分层面，整个社会的道德风貌的改变，确实有赖于全体人民的物质生活条件的普遍改善。为此，邓小平同志曾经强调，“物质是基础，人民的物质生活好起来，文化水平提高了，精神面貌会有大变化”①，因此还说，“我们一定要根据现在的有利条件加速发展生产力，使人民的物质生活好一些，使人民的文化生活、精神面貌好一些”②。

正是由于精神文明是从物质文明来的，邓小平赋予了社会主义伦理道德标准以崭新的内涵，他提出要以是否有利于发展社会主义社会的生产力，是否有利于增强社会主义国家的综合国力，是否有利于提高人民生活水平，作为衡量我们各项工作得失成败的标准。所以，我们今天的道德教育和道德建设在本质上应该指向社会主义经济建设。

三 经济目的与道德目的互为相融、相通与互为促进

社会主义经济建设的目的就宏观意义和本质内涵来说，不仅在经济本身。搞经济建设，“不讲物质利益，那就是唯心论”。然而，一方面这物质利益实现的本身，并不只是物质生活条件改善的经济目的，更重要的又是实现着人的完美性的伦理道德目的。另一方面，邓小平同志认为，“社会主义的目的就是要全国人民共同富裕，不是两极分化”③。因为如果搞两极分化，情况就不同了，民族矛盾，区域间矛盾，阶级矛盾就会发展，相应地中央和地方的矛盾也会发展，

---

① 《邓小平文选》第3卷，人民出版社1993年版，第89页。
② 《邓小平文选》第2卷，人民出版社1994年版，第128页。
③ 《邓小平文选》第3卷，人民出版社1993年版，第111页。

就可能出乱子，社会人际关系也会紧张和复杂，道德风貌必然日趋堕落。因此，只有共同富裕才可能实现利益协调和社会心理的最佳态势。现在，“我们提倡一部分地区先富裕起来，是为了激励和带动其他地区也富裕起来，并且使先富裕起来的地区帮助落后的地区更好地发展。提倡人民中有一部分先富裕起来，也是同样的道理”。这既有利于调动人的进取性和全面发展，也有利于全社会利益最终实现和全面平衡与协调。过去搞平均主义，吃大锅饭，实际上是共同落后，共同贫穷，该发展的不能发展，反而加剧社会矛盾，恶化人际关系，貌似公平与道德的行为实质上是对社会主义伦理道德的反动。

四　伦理道德是经济运作的理性杠杆

社会主义经济的发展是一项综合性极强的系统工程，它内含着经济、政治、法律、伦理道德等方面的作用。伦理道德作为规范、作为管理手段，在经济运作过程中发挥着十分独特的作用。

社会主义的市场经济是社会化大生产的经济，社会主义制度决定了其经济的运作应该而且必须要有社会主义的伦理精神和系统的伦理规范，这是经济发展有序、高速的重要杠杆。邓小平对经济运作的伦理精神和伦理规范做了十分明确的论述。首先他指出搞经济要有协作精神，经济协作能使力量增加。他说：“搞经济协作区，这个路子是很对的。……解放战争时期，毛泽东同志主张第二野战军和第三野战军联合起来作战。他说，两个野战军联合在一起，就不是增加一倍力量，而是增加好几倍的力量。经济协作也是这个道理。”① 邓小平在这里揭示了经济建设的一个基本伦理原则。可以说，在现代市场经济中，没有经济协作就没有快速的经济发展。

其次，邓小平多次强调搞生产要实事求是。不说假话、不务虚名，脚踏实地才能真正把握生产发展规律，才能真正看清问题、解决矛盾。这既是一种敬业精神，也是生产道德准则。同时，邓小平也一再强调另一种敬业精神即艰苦创业。他说：“艰苦奋斗是我们的

① 《邓小平文选》第3卷，人民出版社1993年版，第25页。

传统，艰苦朴素的教育今后要抓紧，一直要抓六十至七十年。我们的国家越发展，越要抓艰苦创业。提倡艰苦创业精神，也有助于克服腐败现象。”① 可见，艰苦创业与经济发展是逻辑地结合在一起的，不管经济发展到什么程度，艰苦创业既是一种进取精神也是一种伦理手段。

再次，经济运作成败的重要一环在于信誉，赢得信誉就是赢得了效益和发展。对此，邓小平十分清楚地指出：“一切企业事业单位，一切经济活动和行政司法工作，都必须实行信誉高于一切，严格禁止坑害勒索群众。”② 因此，“信誉高于一切”应该是经济运作的最高准则，尤其是企业更应该把“信誉”当作企业的生命，唯此企业才能走上正确的发展道路，才能增强自身在市场中的竞争力。

最后，经济的运作离不开科学的管理，而科学管理的根本问题是如何管人的问题，如何调动人的积极性的问题。因此，管理中的伦理手段是管理手段之重要手段。对此，邓小平做了精辟的概括。他认为，经济要民主，权力要下放，要让职工民主地参与管理；领导要身先士卒，要带头，要首先从管好自己开始，从自己做起，同时要善于启用德才兼备的人才，绝不任人唯亲，要尊重人的人格、尊重人的意见，感情的联络也是必要的；要严格考核，赏罚分明，而且，这种赏罚、升降必须同物质利益联系起来，在单位形成一种你追我赶、争当先进、奋发向上的风气。

（原载《南京日报》1995 年 1 月 3 日）

① 《邓小平文选》第 3 卷，人民出版社 1993 年版，第 306 页。
② 《邓小平文选》第 3 卷，人民出版社 1993 年版，第 145 页。

社会主义道德的经济意义

在我国社会主义市场经济观念基本确立、市场经济运行机制正在逐步完善的今天，一个不容忽视的问题是：发展经济，道德还要不要？回答当然是肯定的。在社会主义市场经济条件下，道德与经济是不可分割的两方面，道德有其重要的经济意义。

道德是经济的本质内涵。完善意义上的经济应该是理性经济。任何经济活动都是人和人类求生存求发展的活动，同时也是体现人类生存素质，尤其是精神素质和劳动水平及劳动态度的活动。因此，经济活动绝不仅仅是投入、产出和效益问题，从根本上说，是人类的价值追求和价值实现问题。例如，有人把“名牌”产品仅仅看成产品质量过得硬，只是一种名牌的实物“标志”而已。但凡“名牌”的创立除体现企业资金实力和技术水平外，还内含着企业员工的责任和质量意识，企业内部的协作精神和精心服务于社会的态度，等等。所以，创“名牌”首先应该是树立企业精神和企业价值取向，坚持一流的质量意识、一流的协作精神和一流的服务态度。“名牌”产品绝不是靠弄虚作假创立的。因为对用户和顾客不负责任，一味为赚钱而生产，就必然失去生产过程及其产品的“道德”内涵，而永远创不出名牌。因此，在社会主义条件下，经济的现代化标志着人的现代化、人的道德的完善以及人际协作精神。

道德是实现资源合理配置的重要保证。市场经济一个最基本的目标是实现资源的合理配置，从而实现最佳经济效益。资源包括人力资源和物质资源，合理配置是使这两方面能得到合理、最优的发展。社会主义市场经济要实现人力资源的合理配置，意味着人的素质要得到全面的发展。就这一点而言，资源的合理配置往往直接取决于人的伦理道德素质。人若没有崇高的价值追求、生活理想和生存准则，其素质的全面发展将是不可能实现的。因此，社会主义市场经济的一个重要特点是，人的生存和发展不应该被“金钱”控制或支配，而应受到理性的约束。就物质资源的合理配置来说，尽管是由市场经济运行过程中的价值规律来实现的，但丝毫离不开人的参与。人的素质尤其是伦理道德素质、价值观念将直接影响物质资源合理配置的方式和程度。比如，在拜金主义、个人主义道德原则引导下出现的盗用技术秘密、假冒商标、假合同，以及乱涨价、乱收费、行贿受贿、偷税漏税等现象，就直接扰乱了社会主义市场经济秩序，也破坏了物质资源合理配置的进程和效益。

道德是经济运行中的无形资产。如果把经济运行中的资产仅仅理解为有形资产，那只是认识或掌握了资产的一半或是一小半。在这种情况下，有形资产所发挥的效益也只能是“资本”机械运转的“被动效益”。经济的发展，高效益的实现，往往取决于作为无形资产的企业及其员工的道德觉悟。企业的管理与道德是企业发展的两只“手”，忽视了对人的素质的重视和管理，离开了对企业人际关系尤其是利益关系的理性协调，企业生产和管理将是被动的。因此，应该坚持“以人为本”的经营理念，努力做好协调人、完善人和激励人的工作，把人和人的素质放到生产经营与管理的制高点。道德作为企业的无形资产，不仅存在于企业内部，而且广泛存在于社会之中。可以说，“企业信誉”“企业形象”等是企业的无形资产，也是企业的生命力之所在。

道德是经济运行中的重要法则和依靠。社会主义市场经济的一个本质特征是法制经济。这里所说的“法制”应该是广义概念，既包括为保证社会主义市场经济正常运行的政策和法规，也内含协调各种经济及其经济利益秩序的道德。政策和法规，客观上为社会主义市场经济的发展指明了方向和经济行为的规则。然而，政策和法规不可能把所有的经济活动和经济行为的准则规定得面面俱到。进一步讲，即便是法律政策健全，一些素质低的人往往也会想方设法躲开政策和法规的制约牟取私利，甚至有的人专门研究如何偷税漏税、损公肥私。同时，在我国目前市场经济运行机制尚在逐步完善的情况下，在政策和法规逐步建立和健全过程中，一些不法分子乘机钻空子，以权权交易、权钱交易来肆意损害国家和人民利益而聚敛暴富。由此可见，一些人没有道德觉悟，甚至丧失基本的职业道德，往往是经济运行秩序混乱的根源。因此，加强道德这只“看不见的手”对于经济的范导作用确有必要。

最后，道德还能在实现情感共鸣、价值取向共识的基础上，让人自觉地遵守政策和法规、自觉地履行道德责任、自觉地维护社会主义市场经济秩序，全面实现经济运行的正常、高效。综合起来，上述几点就是所谓社会主义道德的经济价值和意义之所在。

（原载《光明日报》1996 年 12 月 5 日）

关于我国经济伦理学之研究

经济伦理学作为一门新兴的交叉学科，引起国内理论界的关注已有十多年的时间，而在近几年来大有蓬勃发展之势。这不仅体现在研究队伍和研究基地从无到有、从小到大；还体现在学科理论研究的广度和深度在不断加强，学科理论体系在逐步形成。特别是我国社会主义市场经济的发展现实，迫切需要从伦理角度做科学的论证、透视与阐明，这大大促进了我国经济伦理学的发展。正如恩格斯所指出的："社会一旦有技术上的需要，这种需要就会比十所大学更能把科学推向前进。"①

在研究内容和研究方法上，许多学者力图在基本范畴、基本命题和学科研究切入点上有所突破和建树，从不同角度提出了许多具有创造性、建设性的思路。

一 关于经济伦理和经济伦理学的学科界定

有的学者指出经济伦理学是经济活动中的伦理精神、伦理气质及其理论形态，认为经济伦理指人们在经济活动中的伦理精神或伦理气质，或者说是人们从道德角度对经济活动的根本看法；而经济伦理学则是这种精神、气质和看法的理论化形态，或者说是从道德的角度对经济活动的系统理论研究和规范。有的学者则强调经济伦理是经济行为之道德观念及其认识和评价系统，认为经济伦理，就是人们在现实的社会经济活动中产生并对其评判和制约的道德观念。并指出，经济伦理有两方面内容，一是指产生于人们的经济生活和

---

① 《马克思恩格斯选集》第4卷，人民出版社1995年版，第732页。

经济行为中的道德观念；一是指人们对这种道德观念的认知和评价系统。还有学者指出，经济伦理是善恶意识、行为规范，认为经济伦理是在经济领域中，一定社会或阶级用以调节个人与他人、个人与社会、社会团体与团体之间利益关系且能以善恶进行评价的意识、规范及行为的总和。有学者具体地给经济伦理学定位，认为经济伦理学是研究社会经济和人的全面发展的关系和直接产生于人们经济生活和经济行为中的道德观念的科学。另有人将经济伦理学的研究对象概括为对经济行为的合理性的价值论证。

以上对经济伦理和经济伦理学学科的界定虽不完全一致，但都试图思考经济与伦理的内在逻辑联系，这对经济伦理学学科的创立具有重要的启迪意义。然而，作为一门新兴学科的建立，其学科定位需尽可能贴近学科本身，研究范围和对象不能无限扩大也不能一味缩小。为此，框定经济伦理学学科界域十分必要。我认为，经济伦理学的学科界定起码涉及的理论层面有三：其一，经济伦理学是研究经济现象中的伦理道德问题，并揭示经济现象中道德形成、发展及其作用的规律的科学；其二，经济伦理学要探究“经济人”和“道德人”的逻辑关联（有学者称之为“价值同构”），从而揭示经济活动中人的全面发展之体现和作用；其三，经济伦理学作为一门学科，它既是经济活动的道德及其价值论证的理论体系构建，又是经济行为规范与行为方式之构架。这里的价值论证与规范构架是其学科的本质特点。因此，我认为，经济伦理学是研究人们在社会经济活动中完善人生和协调各种利益关系的基本规律以及明确善恶价值取向及其应该不应该的行为规定的学问。

二　关于经济与伦理的逻辑联系问题

对这个问题理解如何，直接影响到经济伦理学学科体系创建的成熟程度。许多学者从不同角度对于该论题展开了论证，并提出了一些具有重要理论价值的命题。有学者从公平与效率的关系上来说明经济与伦理的关系，认为公平与效率是相互依存、相互制约并相互促进的，在现实经济活动中是可以兼得的。公平是提高生产效率的有效手段，没有平等生存的基本条件，没有机会均等、公平竞争的有效规范，就不可能有真正的效率；同时，效率是维系社会公平的物质保证，在一个没有效率且物质财富匮乏的社会里，社会公平只不过是一句空话。与此类似，还有学者进一步提出，一个经济体制如果没有寻找到自身运作的直接动力源，即理性的伦理精神，那么它的存在及其合理性就会遭到怀疑，同样，一个经济体制由于无效率而不能满足人的根本需要，不能逐步实现人的全面发展，维护它不仅不合理，而且不道德。因此，他们进而认为，若将一个既有高度的效率又充满人间温情的理想境界变为社会现实，则离不开经济学和伦理学的结合，而把二者结合在一起的理论生长点，只能是“经济人”和“道德人”的统一。至今理论界对效率与公平有一较权威性的提法，即“效率优先、兼顾公平”，这是从经济发展的角度来理解的。就伦理角度来说，效率和公平应该是相互支撑、紧密关联的，若人为地分开两者，必然会出现厚此薄彼，甚至顾此失彼的现象。

还有学者从社会主义市场经济的本质特征来确认经济与伦理的密切关系，认为市场经济没有“心脏”和“大脑”，它必须靠若干“规则”来规范它的运行机制，用这些规则来调整它的运作方向。因此，市场经济不单是法制经济，也同样是道德经济。

总之，以上观点均不无道理，都是从某一维度来说明经济与伦理的逻辑关联。但是，我认为，经济与伦理的必然联系不能仅仅从外在因素或两者的相辅相成之一般视角去论证，还应该深入经济现象或经济行为的内部去探索。从经济的动态和静态两个角度来考察，我近年来提出的下述命题，可在一定程度上说明成熟而完善的经济和社会主义伦理是互为存在条件的。

第一，“道德是动力生产力”的“道德也出生产力”。从生产力的要求来看，人的素质是生产力发展的决定性因素，而人的素质是多方面的，其中人的道德素质是基础性素质、核心素质。只有在充分认识自身的存在及其存在的意义，明确并确定在崇高的生存价值取向的基础上，人才能树立一种进取精神，才有可能以创造性劳动去改造、发展和充分利用劳动资料和劳动对象。另外，生产力内部各结构要素的协调，并不是简单的人与物之间的关系的协调，而是人与人之间各种利益关系的协调。因此，生产力内部各结构要素之间的关系，说到底是一个伦理道德关系。只有人与人之间的伦理道德关系实现了最佳协调，生产力发展水平才有可能提高。

第二，“社会主义市场经济是道德经济”。社会主义市场经济的一个最基本目标是实现资源的合理配置，并进而实现经济效益的最佳化。而资源的合理配置，主要应理解为人力资源和物质资源实现的最佳存在形式，其能量实现最佳程度的发挥。物质资源是“死”资源，人力资源是“活”资源。假如前者离开了后者，资源就不能作为“资源”而存在；后者离开了前者（尽管这是不可能的），人作为人而存在将失去实质性的意义。人的素质尤其是人的理性素质是人力资源和物质资源能否实现合理配置的关键。正是在此意义上，我认为社会主义市场经济是理性经济、道德经济。

第三，“道德是经济运行之无形资产”。经济发展高效益地实现往往取决于作为无形资产的企业及员工的道德觉悟。企业的管理应坚持“以人为本”的经营观念，努力做好协调人、完善人和激励人的工作，把人和人的素质放到生产经营和管理的制高点。同时，作为道德资产的企业信誉和企业形象也是企业生命力之重要源泉。企业丧失了信誉将会丧失一切活力。因此，企业伦理道德作为无形资产往往比有形资产更重要。

第四，“名牌产品既是物质实体也是伦理实体”。但凡名牌的创立除体现企业资金实力和技术水平外，还内含着企业员工的责任和质量意识，以及企业内部的协作精神和精心服务于社会的态度。所以，创“名牌”首先应树立企业精神和企业价值取向，坚持一流的质量意识、一流的协作精神和一流的服务态度。

第五，“伦理协调也是管理”。在经济管理尤其是企业管理工作中，伦理手段是管理工作的一大支柱。任何一项管理工作的第一要务是管好人，提高人的素质特别是思想道德素质，同时还要协调好各种人际关系，形成“1+1>2”的合力，从而促进各项经济工作的顺利开展。

三　关于道德标准与经济目的问题

有学者认为，经济的发展不能以道德为标准，其理由是，许多从道德上看是恶的东西、不好的东西，从经济规律的角度看都有其产生、发展的客观必然性和历史进步性。持此论者认为，“一切向钱看”从道德上讲当然是不可取的，但它却符合商品生产和交换的客观规律。因为商品经济发展的动力就是每个商品生产者、经营者都追求自己的经济利益，这个利益的具体化就是“钱”。还有学者认为真正按道德标准搞经济无法实现经济增长的目的，并指出，既然讲道义讲奉献，利润就难以实现其最大化，有时甚至会亏本。

不难看出，上述观点割裂了道德标准与经济目的之间的辩证关系。对此如不加以澄清，将直接导致对于经济伦理原则的认识误区，而且会带来巨大的实践危害。我认为，其实不讲道德而赚钱，这只能是非理性经济体制下的特有现象。社会主义市场经济条件下的经济规律的作用发挥应具有充分的伦理性。在经济运行过程中，违背了伦理就意味着破坏了基本经济规律。离开了人的理性完善和人际利益关系的和谐协调，经济规律如何发挥作用？又如何实现“向钱看”？这种“向钱看”又有何终极意义呢？再者，讲伦理就等于不赚钱，不是等于说赚钱的都是恶行吗？这在理论逻辑上显然也是讲不通的。

事实上，经济目的之实现必须符合社会道德要求，绝不允许有不符合道德的短期行为或局部利益行为。同时，道德标准也一定是符合经济发展要求的标准。但“符合”不是“一味迎合”和“盲目辩护”现实经济生活和经济活动中的一切行为。现实性与理想性之间的必要张力是道德标准的基本特征。故而追求道德标准与经济目的在社会主义条件下的动态统一是未来经济伦理的研究方向。

四　关于经济伦理学的研究方法

对于经济伦理学的研究方法，有人提出，经济伦理学可以运用描述的、元理论的和规范的三种方法。运用社会学、心理学等手段，描述性地研究经济生活中的道德现象，为人们确定正确的经济伦理规范开阔视野、深入认识。运用分析哲学的手段来分析经济伦理学理论系统中的命题、概念及其论证方法，使人们在确定经济伦理规范时能做到概念清晰、推理正确、逻辑严谨。运用规范方法，论证善的、正确的经济行为的基本原则和规则，对涉及经济伦理规范的典型事例进行分析，使人们能选择经济生活中的正确价值和目标。这些研究方法符合经济伦理学学科建设的基本要求，学科特色也比较明显，离开其中任何一种方法，都将会给经济伦理学的创立和发展带来缺憾。

但是，社会经济活动是复杂的，不管用何种方法，都有其局限性，因此应用的基本前提是必须要有针对性的。一方面，经济活动作为“务实”活动，内含着伦理道德因素和精神因素。因此，研究经济伦理学需要从最基本的经济行为切入，揭示伦理道德与经济活动的耦合点、动力点以及目标与理想的一致点。另一方面，经济活动是人类意识活动、生存活动和生产活动的综合体。它既是人类理性认识的集中体现，亦是人类衣、食、住、行的基本手段。因此，经济伦理研究不仅要在宏观上把握人类经济活动主体结构的基础上全方位把握人类经济伦理观念及其理论模式，而且要在微观上探究人的经济活动的出发点和基本目的与归宿，搞清人的经济伦理情感和经济伦理观念的形成过程及其规律。再则，由于经济伦理学是一门实践性很强的学科，在其学科初创阶段，应该避免泛谈一般方法或就方法谈方法的倾向，当务之急是深入经济活动之中，开展广泛的调查研究工作，在此基础上，我们才能构建有血有肉的我国社会主义经济伦理学的基本理论体系，发掘其学科的理论和实践指导意义。

从我国现有经济的伦理学研究成果来看，人们还只是习惯于学科研究方法的一般套路，注重理论推导，而对社会主义市场经济实践全面而系统的把握不够。为此，多搞一些实践研究，多出一些有分量的调查研究报告，将是经济伦理学创立的基本前提。

就宏观角度来看，我国的经济伦理学研究，目前至少有三点值得注意。第一，应首先寻找创立经济伦理学的客观依据，力戒急于一蹴而就地创立一个理论体系的思想。第二，剖析具有广泛性、代表性和系统性的经济现象和经济行为。唯此，我们才能构建系统的经济伦理学理论。第三，坚持历史研究与现实研究相结合、理论研究与实践研究相结合、宏观研究和微观研究相结合的研究方法，使经济伦理学理论的研究实现全方位的建构。

五 传统思想的批判继承

我国有没有传统的经济伦理学？对此理论界有明显不同的看法。一种意见认为，我国历史上以儒家为代表的传统学说没有经济伦理思想（因儒家不谈经济）。这种观点显然没有真正理解“经济”的本质为何物。另一种意见认为，研究我国的社会主义经济伦理学，必须研究传统伦理理论，这不仅能体现我国经济伦理学的民族特色，而且将会有重要的现实启迪意义。

后一种意见其实不无道理。实际上，我国传统的经济伦理思想是传统思想发展史上的一颗瑰宝，不能忽视。诸如德性主义、功利主义、理想主义、自然主义等经济伦理思想流派，都有其独特的思考角度和思维方式，尤其是义利之争形成了各种流派的思索主线，这就客观上形成了我国传统经济伦理思想的历史“画卷”。进一步说，事实上，作为传统经济伦理思想主线的义利之争客观上构成了我国传统经济伦理思想的基本论题和提问方式。因此，挖掘与汲取我国传统经济伦理思想的精华是研究和完善当代经济伦理学的题中应有之义。

（原载《哲学动态》1997 年第 11 期，人大复印报刊资料《伦理学》1998 年第 1 期全文转载）

道德：经济运行健康与否的关键

社会主义市场经济的运行并不只是受价值规律支配的纯经济现象和经济过程，道德也直接影响着社会主义市场经济运行的活力和速度。社会主义市场经济的建设离不开道德的支撑、协调作用。

一　道德是推动经济发展的重要力量

在社会主义市场经济条件下，生产为了什么、依靠什么、怎样生产等问题必然会涉及价值取向、理性手段等道德问题。

在社会主义市场经济条件下，生产的直接目的是物质利益，但社会主义的最终目的不只在物质利益本身，也具有充实的道德内涵。一方面，发展经济是人和人类追求完美并体现人和人类的完美的重要标志。另一方面，社会主义“生产是为了最大限度地满足人民物质、文化需要”。有了以上认识，我们的生产将会在人的崇高道德精神引导下发展。如果仅仅是为实现少数人的私欲而生产，那就很有可能出现唯利是图、尔虞我诈等畸形的生产经营方式，人际关系也会紧张和复杂，道德风貌也必然日益堕落，生产将会在无序的状况下遭到破坏。

经济发展要靠资金和技术，然而人的因素更重要。邓小平强调：“人的因素重要，不是指普通的人，而是指认识到人民自己的利益并为之而奋斗的有坚定信念的人。”① 所以，生产的发展更要依靠人的素质尤其是人的道德素质。不懂得人生价值在于自身的理性完善和创造性劳动，就不会有积极进取的人生态度，不懂得人们之间的协

---

① 《邓小平文选》第3卷，人民出版社1993年版，第190页。

调即在此基础上形成的合力是社会发展的力量所在，就不会有相互尊重、相互支持、共同发展的思想境界。

二 道德将使竞争机制变成鼓励先进、鞭策落后，实现共同发展的机制

社会主义市场经济是竞争经济，但在一定意义上又是理性经济或道德经济。在社会主义制度下，搞竞争与讲道德是相辅相成的，而且，道德性竞争会在消除弱肉强食的情况下，使经营处在一个良性循环之中。

社会主义市场经济条件下的竞争，首先是资金和技术力量的竞争、管理水平的竞争等，而作为无形资产的道德精神则是决定经营和竞争胜败的根本之所在。

首先，竞争是产品质量的竞争，而理性或道德“含量”对产品质量有重要影响。产品质量所体现的好用和耐用等与生产原料、生产工艺等固然有着密切的关系，但更与企业员工的责任心和服务意识、企业内部的协作精神等直接相关。生产高质量的名牌产品，更需要先确立一种企业精神，使产品既是物质实体，也是“道德实体”。

其次，竞争也是体现企业道德水平的企业信誉和企业形象的竞争。一些名牌产品为什么会销声匿迹，一些经济基础和技术力量雄厚的企业为什么在竞争中败下阵来，究其原因是多方面的，但丧失信誉、形象不佳是根本原因之一。

三 道德促进资源的合理配置

经济发展要通过资源的合理配置来进行，而资源的合理配置，主要地应理解为人力资源和物质资源实现最佳的存在形式，其能量亦能实现最佳程度的发挥。这个过程离不开道德因素的作用。

能否实现人力资源的合理配置，取决于人的人生价值取向和负责精神。一方面，人的道德觉悟及其人生价值取向决定着人的素质及其生存方式和生存态度，从而决定着人力资源的配置。没有追求、

不思进取甚或以吃喝玩乐为人生目标的人是对人力资源的浪费甚至破坏。另一方面，人应该处在何种位置上以及发挥怎样的效能，往往取决于管人的人。管理者的思想政治觉悟和道德水平将制约和支配着他的管理目标、目的和管理方式。讲政治、讲正气者，将会通过他的工作，使人力资源实现最佳配置。否则，将会挫伤人们的积极性，严重影响人力资源的合理配置。

人的思想道德觉悟直觉影响物质资源合理配置的方式和程度。具有崇高价值取向和集体主义精神的人，其投资时会考虑到要有利于经济的持续发展；其建设项目的确认，会考虑到全社会的利益和未来的效益；就连个人资金的开支也能从有利于个人素质的全面发展和有益于社会和他人的角度考虑。然而多年来，少数人在市场经济负面效应影响下热衷于拜金主义，唯利是图，践踏社会主义道德，采取多种不道德手段盗用技术秘密、制造假冒商标、订假合同、搞假合资，还有的乱涨价、乱收费、偷税漏税、贪污受贿等，肆意侵吞国家和他人财产，直接扰乱了社会主义市场经济秩序，这表明，只有提高全社会的道德水平，才能实现社会资源的合理配置。

（原载《南京日报》1998 年 8 月 5 日）

道德也是财富

财富既有有形的，也有无形的；既有物质的，也有精神的。道德是无形的、精神的财富。近二十年来的教学实践和科学研究使我深深感到，道德（这里特指科学道德）是人和人类生存质量的主要内涵和根本标志，是社会发展的重要动力资源。没有道德的“介入”和作用，人和人类的生存状态将是不可思议的。

在经济建设方面，人们已形成这样一个共识，即经济的发展，“有序”是前提。如何实现“有序”？除了制定有“强制性”约束力的法规外，还应确认有“自觉”约束力的道德，唯此，才能把人们的经济行为纳入经济发展所需要和允许的正确轨道上。改革开放以来的实践证明，道德能以其特有的作用使金钱增值、财富扩大。就企业内部而言，一个工厂的职工的道德水平的提高，意味着产品质量将饱含责任意识和服务意识，必然会保证和提高产品的市场占有率。就企业外部来说，在商业企业中，良好的企业形象、经营信誉与经营效益是一致的，信誉与赚钱是内在统一的。这正是许多企业注重自身的伦理建设、提高商业信誉的深层根源。因此，道德在经济建设过程中是一笔不可忽视的无形资产。

在社会主义政治建设和文化建设中，道德同样发挥着特殊财富的作用。社会主义的民主政治建设不仅需要道德论证，更需要建立在基本的道德信任基础上，要以实现公正、平等为特殊的社会主义政治道德为前提条件。同样，社会主义道德是社会主义的文化建设的底蕴，没有道德的全面渗透和引导，文化建设将很难健康推进，而文化必将是畸形的、落后的，甚至是反动的。

对于人的生活来说，生活水平和生活质量的提高，需要物质财富，但更需要精神财富尤其是需要道德财富。缺钱有德，就拥有了最重要的、最根本的财富，即使穷了一点，生活照样可以是充实的、美好的。有钱缺德昧着良心办事，为了实现自己的物质利益，不惜坑害国家和人民利益，甚至践踏国家法律，让自己成为历史的罪人，这种人即使腰缠万贯，活得也没有意义。而有些人为了沽名钓誉，暗箭伤人，拉帮结派，阳奉阴违，两面三刀等，这样的人即使得到一己私利、满足卑鄙的欲望，但失去了人生最根本的财富——道德，终归人格沦丧、名声扫地，与禽兽无异。不过，令人欣慰的是，生活中倒有为数不少的人，视物质利益、地位、名声为“庄重”之物，坚持合法而又合德地争取，实事求是，一身正气，从不搞歪门邪道，这样的人是道德的人、高尚的人，也是世界上最富有的人。

（原载《群众》1999 年第 1 期）

道德视角下的知识经济

知识经济是什么？这是近年来人们关注的一个热点问题，虽然对此问题的理解角度和层次等多有不同，但知识经济是以知识为基础的经济的提法已基本形成共识。然而，真正弄清楚知识经济还不能忽视道德（这里仅把社会主义道德称为科学的道德）在其中的“角色”，否则，对知识经济的理解将很可能出现两种偏差。一是将知识限制在一定的范围内，排除了重要的甚至是在社会科学中居于基础或核心地位的道德知识，似乎人类对自身的认识可以被排除在知识之外。二是曲解经济，仅仅认为经济是建立在自然科学知识基础上的，似乎道德知识与经济发展没有必然的联系。其实，知识经济离开道德将是不完整的或扭曲了的经济。

邓小平同志曾经指出，科学当然包括社会科学。由此我们可以认为，知识经济之“知识”不仅仅指自然科学知识，也应该包括社会科学知识。而且没有社会科学知识，人们也确实难以弄清楚研究自然科学的目的与价值。因此，经济的发展要靠自然科学知识，也要靠社会科学知识。为此，邓小平同志曾经强调，经济与教育、科学，经济与政治、法律等，都有相互依赖的关系，不能顾此失彼。至此，我们可以说，知识经济是建立在自然科学知识和社会科学知识基础上的经济。而且，要更好地发挥自然科学知识和社会科学知识在经济建设中的作用，对道德科学知识的掌握和应用显得尤为重要。古希腊哲学家们曾经从不同角度论证了道德科学是社会科学之核心科学和目的性科学。这一观点，对于今天充分认识道德在知识经济体系中的地位具有重要的启迪意义。理论研究的成就和经济发展的现实，也已经初步显示，忽视了道德的知识经济很可能是异化人性的甚或是畸形的经济。

第一，知识经济之知识本身就有一个不断被认识和创新的过程。然而，知识被掌握多少，知识创新到什么程度，这绝不是仅靠一般的文化教育所能奏效的。同样是青年学生，有的立志成才、有的被动应付。这从根本上说来，是由于人生价值观和人生目的以及由此而形成的责任感不同造成的。当今世界自学成才者也大有人在，这些人的共同特点是有一种奋发精神。假如没有艰苦奋斗的精神，没有对自己、对社会、对民族的负责精神，不要说知识创新，就连正常的学习也不能坚持下去。因此，创新能力往往直接决定于人们的“德力”。

第二，知识对经济发展的重要性不言而喻，邓小平关于“科学技术是第一生产力”① 的论断足以说明这一点。但问题是知识不能自发地发挥作用，知识在经济发展过程中如何发挥作用、发挥多大作用，往往受制于人们的道德知识水平和道德觉悟。“知识爆炸”是人们对今天人类知识快速发展的一种形象表述，“信息高速公路”又将知识全方位、快速度地传递到人们面前。这本身反映出人类不断进取的理性生存状态。然而，人类知识的快速发展，这并不意味着经济也必然快速发展，知识要快速而有效地转变为“资本”，这取决于人的素质。我曾在一篇拙文中指出，人的素质是多方面的，它应该包括人的身体素质、文化素质、思想素质、心理素质和道德素质等。在这些素质要素中，人的道德素质是基础性素质、核心素质。只有在充分认识到自身的存在及其存在的意义，明确并确立崇高的生存价值取向的基础上，人才能树立一种进取精神，才有可能以创造性劳动去改造、发展和充分利用劳动资料和劳动对象。因此，人的素质尤其是人的道德素质是知识与经济的重要“中介”，也是知识经济发展的重要“杠杆”。

第三，道德本身不仅是知识，而且是经济发展中的特殊的“资本”。道德作为揭示人们立身处世规律和规范人们行为的准则的社会科学知识，他对经济有着特殊的不可替代的作用。一方面，道德把握着知识发挥作用的方向。因为，任何知识都存在一个为谁服务、如何服务的问题。社会主义道德理想性和进取性必然要求和规定知

---

① 《邓小平文选》第 3 卷，人民出版社 1993 年版，第 274 页。

识服务于社会主义市场经济建设，绝不允许知识用于影响甚或破坏社会主义市场经济建设和经济活动秩序，尤其是借用高科技或前沿知识为制假售劣、大肆盗用知识产权等行为，这是“极恶德”的行为，我们要坚决给予道德谴责。另一方面，社会主义道德知识的特殊作用集中在教导人如何做人以及如何协调好各种人际关系，以实现人和人类的最佳生存状态，在这种生存状态下，人的理性生存觉悟和崇高价值取向必然会极大地调动人们的劳动积极性和创新精神，同时，人际的自觉协作精神也必然带来“1 +1 >2”的经济效益。事实上有形资产通过投入生产过程能发挥多大作用，往往不只取决于知识和科技力量、资金和设备等，而是在很大程度上受到企业道德水平和职工道德觉悟的制约。没有基本的企业道德水平或职工道德觉悟，有形资产不能发挥应该发挥的作用。因此，道德是使资本实现理性、科学运动的重要条件。由此可见，道德也是资本，而且，道德资本与物质资本相比意义更加重大。

第四，道德的特殊功能能促使劳动生产率的提高，并降低经济成本。知识经济的一个明显特征是知识越发展、信息越快捷，劳动生产率水平就越高，经济成本就越低。然而，道德能唤起人们的责任心和信誉感，道德作用的加强，必然会使人们以高效的协作态势和以对人民、对社会、对国家的极端负责精神制造产品，而产品质量的提高、信誉度的加强、产品市场占有率的提高又在客观上降低了经济成本，提高了经济效益。为此，经济管理过程绝不只是一般的经济决策和经济调度等，而是以提高职工道德觉悟、协调各种利益关系并形成最佳合力为目标的道德手段，也是经济管理的重要手段。唯有“多管”齐下，才能以最小消耗获取最大利益。

第五，道德是创名牌之根本。名牌产品既是知识和物质实体，同时也是伦理道德实体。经济发展的一个重要手段和途径是创名牌产品，因为一个名牌产品往往能或托起一个企业，或托起一个城市，或托起一个地区的经济等。然而，但凡名牌产品都是知识和科技的结晶，但值得注意的是，知识和科技并不表明一定会促使名牌产品的形成，因为，名牌产品还一定内含着企业员工的创新意识、责任和质量意识，以及企业内部的协作精神和精心服务于社会的态度。一个企业只有坚持一流的质量意识、一流的协作精神和一流的服务态度，才可能有一流的产品。所以，应该说名牌产品一定是知识和道德的“结晶体”。

最后需要指出的是，知识经济时代固然要十分重视文化知识的教育。然而，文化知识教育不能拒斥德育，因为道德教育和道德训练与培养是学校教育的基础和根本。唯有依赖而不忽视道德教育，才能培养合格的德才兼备的人才，以适应知识经济时代的到来。

（原载《德育天地》1999 年第 2 期）

世纪之交的经济伦理学

作为一门学科，中国经济伦理学引起学界的关注和研究虽仅仅十余年时间，但是，应该看到，由于它是伴随着改革开放的逐步深入，在经济建设尤其是社会主义市场经济建设运行机制日臻完善的情况下被关注、研究和发展的，这种现实的需要推动着尚处于初创期的新兴边缘学科——经济伦理学的迅猛发展。正因如此，其发展和应用的前景十分广阔。

一　理论成就——学科边缘的哲学论证

十多年来，经济伦理学研究的理论成就是，不仅确立了学科建设的基本思路，而且为提高经济理性化程度和实现伦理的物化效益提供了较为充分的理论依据，充分显示了伦理的实践哲学本质和作为手段、方法的理性工具特质。总结十多年的理论成就，不难看出经济伦理学的基本理论体系已初露端倪。

1. 经济与伦理关系的哲学论证证明两者是现实的逻辑统一体

千百年来，人们对于经济和伦理的关系问题有一种误解，认为经济和伦理是两种社会层面的东西，它们之间没有必然的逻辑联系，所谓“经济是务实的，伦理是务虚的”是其惯常的论调。这是造成有的经济学家主张在现有社会状况下“等经济发展了再去讲伦理道德问题”的重要认识论根源。更有甚者，有的人认为道德永远不可能使金钱增值，它是可以离开经济领域的多余的东西。这些观念不仅一直在影响着经济建设的发展，而且也影响着社会伦理道德观念的更新与进步。

在对上述论点进行批判反思的基础上，有学者指出，“对应于人类的两重层次的需要：生存（经济的）和怎样生存（伦理的）”，“经济和道德是人类生活的两重空间”，但是，“经济活动、生产活动的主体是人和由人组织起来的生产群体，人的文化价值观决定生产群体的文化价值观”。因此，至关重要的是“要塑造当代中国生产活动主体的伦理精神”。[①] 而且，事实上“经济问题说到底是伦理道德问题。因为经济行为目标和动力是利益与利益追求问题。而利益和利益追求只能在人际关系尤其是利益关系的协调中才能实现。又因为，经济的发展又不断地实现着人的完美性。因此，经济现象与伦理道德现象是共生和共存的”[②]。还有论者曾撰文指出：“经济学不仅要探讨经济发展自身的内在规律，比如市场的力量和机制、价值和价格的矛盾、自然资源的有效配置等，同时它还直接涉及经济行为的主体——人的行为、思想和需求，因此经济学所处理的那些事项有其内在的独特性。现实社会关系和经济秩序对个人来说表现为他必须生存于其中的、不可变更的秩序。如果人们需达成自己的目的，就必须介入这种关系体系，调整自己的行为以适应现实，因此客观的社会经济过程以其独特的形式培养和选择它所需要的经济主体，并以同样独特的方法造就它所需要的行为规则。”[③]

这就是说，完善意义上的经济是理性经济、道德经济。之所以如此，有两方面的原因。一方面，就经济发达程度的标志——生产力水平来看，“人的素质是生产力发展的决定性因素，而人的素质是多方面的，其中人的道德素质是基础性素质和核心素质。只有在充分认识到自身的存在及其存在的意义，明确并确定崇高生存价值取向的基础上，人才能树立一种进取精神，才有可能以创造性劳动去改造、发展和充分利用劳动资料和劳动对象”。同时，“生产力内部各结构要素的协调，并不单纯是人与物之间关系的协调，也是人与人之间各种利益关系的协调。因此，生产力内部各结构要素之间的关系，说到底是一个伦理道德关系。只有人与人之间的伦理关系实

---

① 刘光明：《经济活动伦理研究》，《西北师大学报》（社会科学版）1996 年第 1 期。

② 王小锡：《经济伦理学论纲》，《江苏社会科学》1994 年第 1 期。

③ 东方朔：《经济伦理思想初探》，《华东师范大学学报》1987 年第 6 期。

现了最佳协调，生产力发展水平才有可能提高”。[①]

另一方面，就经济运行过程来看，首先，生产环节能否正常合理运作取决于生产者与劳动资料、劳动对象结合的合理性程度。在生产过程中人与人之间、集体与集体之间能否做到协调、和谐，直接影响到生产过程的质量和效益。其次，交换环节的理性存在就是人类道德的集中体现。交换过程最直接地将人们的利益关系显现出来。再隐蔽、间接的利益，一旦放到交换关系中，都会明白地显示出来。各个人在这样的利益关系中如何作为和行动，就直接地表现了其道德要求和道德行为准则。交换过程中的利益，也直接决定着人们对个人利益和社会利益关系的理解和调整，决定着人们的道德观念。然而，道德在人们的利益交换中产生之后，又以其独特的协调功能制约着人们的交换行为。可以说，交换环节既是经济行为，亦是典型的伦理行为。正如有学者所言：“商业交换和经营活动就其本质而言就是通过这种行为建立起一种互助、互利和互通有无的经济联系。它的公正性、伦理性决定着经营的有效性和有序性。交换关系并非单纯是物质关系，它同时也反映着一种人的关系，公共关系和伦理道德关系。有时交换关系甚至是以人际关系、公共关系和伦理关系作生命线的。”[②] 再次，分配环节直接体现伦理精神，影响到经济的可持续发展。邓小平曾指出，“我们提倡按劳分配，承认物质利益，是要为全体人民的物质利益奋斗。每个人都应该有他一定的物质利益，但是这决不是提倡各人抛开国家、集体和别人，专门为自己的物质利益奋斗，决不是提倡各人都向‘钱’看”[③]。他还指出，“我们必须按照统筹兼顾的原则来调节各种利益的相互关系。如果相反，违反集体利益而追求个人利益，违反整体利益而追求局部利益，违反长远利益而追求暂时利益，那末，结果势必两头都受损失”[④]。最后，消费环节是经济社会可持续发展的重要一环，要使消费这种“消耗”成为“实质上的投资”，最基本的是要看消费行为

---

① 王小锡：《关于我国经济伦理学之研究》，《哲学动态》1997 年第 11 期。

② 刘光明、华长慧：《论中国经济伦理精神的塑造》，《江汉论坛》1995 年第 9 期。

③ 《邓小平文选》第 2 卷，人民出版社 1994 年版，第 337 页。

④ 《邓小平文选》第 2 卷，人民出版社 1994 年版，第 175—176 页。

是否合乎人性的完善，是否与社会的发展要求合拍。道德性消费会激发人的潜力和积极性，并促使社会经济发展的良性循环，必然会给社会注入活力。

2. 社会主义市场经济是道德经济

社会主义市场经济不同于只在“看不见的手”牵引下的资本主义市场经济。就一般意义上的市场经济来说，其“本身确实是‘无可顾忌’的，它自始至终都在贯彻‘等价交换’等经济法则。这些经济法则，可能具有对人类道德起促进作用的一面，如增强人们的效率意识、竞争意识、进取意识等；也可能具有对人类道德起促退作用的一面，如贫富悬殊、自我中心、金钱至上、畸形消费等等”①。正是由于后一方面，市场经济必须依靠若干“规则”来规范它的运行机制，调整它的运作方向，弥补它的先天缺陷与不足。因此，市场经济的确是一种“规则经济”，或称“法制经济”“道德经济”。

一方面，社会主义的生产力三要素之间实现了理性结合，“社会主义生产力强调人的因素和人的地位，在社会主义制度下，人真正成了社会和自然界的主宰，每个人都作为‘主人’的身份而存在着。同时，不是物质或经济支配着人的素质，而是人的素质直接决定着人们的创造性劳动的自觉性和经济发展的速度”。“在这里，劳动者对劳动资料的把握和与劳动对象的结合，完全是在自由、自主的状态下进行的，因此，在这样一种前提下，劳动资料和劳动对象必将能获得最大程度的认识、改造和发展，实现最佳的经济和社会效益。”②

另一方面，社会主义市场经济是功利性经济，同时又是道义性经济。“社会主义市场经济伦理精神同样必须讲求功利性，讲求‘功利主义’，只是这种功利主义是立足于社会主义市场经济，强调集体利益的至上性和个人利益确当性的辩证统一。”③ 魏英敏在《市场经济与集体主义功利主义》一文中则鲜明地指出：“什么是社会主义功

---

① 夏伟东：《市场经济是道德经济》，《新视野》1995 年第 3 期。

② 王小锡：《社会主义市场经济的伦理分析》，《南京社会科学》1994 年第 6 期。

③ 孙燕青：《社会主义功利主义：社会主义市场经济的基本伦理精神》，《现代哲学》1998 年第 2 期。

利主义呢？社会主义功利主义，依我所见，即社会主义的集体主义。”“通常所说的社会主义集体主义，应是个人利益与集体利益、眼前利益与长远利益、局部利益与全局利益相结合，或者统筹兼顾。”① 这就是说，社会主义的功利主义与社会主义集体主义是统一的，割裂两者的解释或理解都是不完满、不正确的。我在《中国经济伦理学——历史与现实的理论初探》一书中曾谈到功利和道义关系时也说过：“今天，假如离开功利谈义，或者把功利仅仅作为理解义的参照系，都不是历史唯物主义的态度。说实在的，功利作为人生和社会发展的基本条件，作为人生和社会的价值体现，它应该是人之行为动力，是社会发展的内涵。同时，正当的功利本身就体现道义，正当功利本身就是通过道义手段获得的。因此，功利和道义在社会经济发展过程中都既是目的又是手段。”② 也有论者从另一角度指出：“道德本源的利益决定性就使得道德天然具有服务其赖以生养的利益关系的功效。质言之，德性实质上是实现某种利益的品质，拥有和践行德性就是一种有益于社会、他人乃至自身的品行。所以，从道德的利益决定性的社会本质来看，任何社会道德和个体道德都是功利道德。”③

再一方面，社会主义市场经济最能体现制度的伦理性和伦理的制度化。前面已经提到社会主义市场经济是“法制经济”“道德经济”，这样一种经济特征客观上说明了两点。第一，社会主义市场经济是社会主义制度约束和指导下的经济，要使社会主义经济建设得以顺利进行并取得预期目的，社会主义制度和社会生产、生活等各方面的规章必须充分体现与现阶段社会发展要求相吻合的理性精神和“应该”准则。唯此才能促使社会成员理解制度、接受制度，并自觉地接受制度约束和引导。第二，社会主义市场经济并不是被“看不见的手”牵着走的“被动经济”，它从社会主义市场经济建设的社会经济制度作为前提的逻辑起点到实现资源合理配置、实现共

① 魏英敏：《市场经济与集体主义功利主义》，《长白论丛》1996 年第 2 期。

② 王小锡：《中国经济伦理学——历史与现实的理论初探》，中国商业出版社 1994 年版，第 97—98 页。

③ 王淑芹：《论道德的超功利与功利》，《首都师范大学学报》（社会科学版）1997 年第 2 期。

同富裕的基本目标，以及社会主义市场经济的运作过程无不需要社会主义的伦理道德来提高社会制度的理性程度和法制水准。这样就能最大限度地规范人们的经济行为，并促进经济建设的最大效益。

有些学者对市场制度与理性的关系做了如下论述，“在市场经济中，要使人们的行为趋于理性化，首先就必须有理性的市场制度。市场的理性是通过理性的市场制度来确立其基本框架、引导人们理性的市场行为，从而建立起市场的理性秩序的。所以从根本上讲，只有建立起了理性的市场制度才可能确立起整个市场的理性。当然，这并不是说要先把制度理性完善以后再去建构其他市场理性，市场制度理性也不可能孤立地建构起来，而是在市场实践过程中，在与其他理性形式的相互作用过程中逐步确立起来的”①。应该说，这一看法的确很有道理。

3. 经济伦理学既是理论学科也是实践学科

鉴于对经济与伦理、社会主义经济与社会主义伦理之逻辑关联的认识，许多学者对经济伦理学的学科界定提出了自己的见解。如有论者认为：“一般说来，经济伦理指人们在经济活动中的伦理精神或伦理气质，或者说是人们从道德角度对经济活动的根本性看法；而经济伦理学则是这种精神、气质和看法的理论化形态，或者说是从道德角度对经济活动的系统理论研究和规范。”② 他同时指出：“作为一个学科而言，经济伦理学应该具有接近实践、提倡对话、合作交往、学科综合等特点，特别是要架起跨越经济生活中‘存在’和‘应该’、事实（描述）和价值（判断）之间的桥梁，通过在经济领域内提出我们应该做什么、可以做什么，探讨正确经济行为的价值和目标。”③ 这一观点比较具有代表性。

对于经济伦理学学科界定及其特点问题，我曾经指出，作为实践伦理之一的经济伦理学，应该是从“实践—精神”的视角上把握

---

① 唐凯麟、罗能生：《论中国现代市场理性的建构》，《伦理与社会》，江苏人民出版社 1998 年版。

② 陈泽环：《现代经济伦理学初探》，《社会科学》1995 年第 7 期。

③ 陈泽环：《现代经济伦理学初探》，《社会科学》1995 年第 7 期。

经济运行过程与伦理道德的关联，以及经济伦理的内涵、作用、规则等。经济伦理学应该从哲学高度审视社会经济行为的规律及其伦理性；从实践活动入手，揭示伦理道德与经济活动的耦合点、动力点和目标与理想的一致点；从对人类经济活动主体结构的把握上，探讨人类经济伦理观念及其基本规范样式，揭示人的经济活动的出发点、基本目的，以及人的经济伦理情感和伦理观念的形成过程及其规律。简言之，我认为："经济伦理学是研究人们在社会经济活动中完善人生和协调各种利益关系的基本规律以及明确善恶价值取向及其应该不应该规定的学问。"①

就现在的理论研究成果来看，对经济伦理学学科的界定，有的学者强调本学科是价值科学，侧重在善与恶、应然与实然之间进行价值论证；有的学者强调本学科是规范科学，要在揭示经济运行规律的基础上展示经济行为的伦理特征及其行为模式；还有学者认为经济伦理学就是经济领域中的道德科学，揭示经济领域道德形成、发展规律是其基本学科目的；等等。各种意见均有一定的启迪意义，但提出尽可能贴近学科本身的为学术界所认同的创见，还需深入研究，这应该是世纪之交该学科重要的建设任务和努力方向之一。

二　未来展望——前景与问题的思考

经济伦理是社会伦理之基础和导向。一定的经济制度及其所产生的伦理制约着社会其他伦理的性质和内容，因此，经济伦理往往是一个时代或一个民族和国家的伦理状态的重要标志之一。随着社会主义市场经济建设的发展，经济伦理学将会在世纪之交形成较为成熟的理论体系。但仍有许多问题亟须我们正视、研究和解决。

1. 社会主义市场经济与道德完善问题

经济伦理理论的科学创建，必须面对社会主义市场经济的现实

① 王小锡：《经济伦理学论纲》，《江苏社会科学》1994年第1期。

并务必符合这一现实。如前所述，完善意义上的经济是理性经济、道德经济。即是说，在经济活动中，人们的道德素质尤其是道德责任心处在最佳状态，并在经济运作过程中发挥着最佳功能，这样的经济势必会形成良性循环状态。关键的问题是，完善意义上的经济及其运作本身应该是什么状态。假如社会经济制度和经济体制不符合社会发展规律；假如经济运作过程中人和物不能实现理性结合；假如人的经济行为受到非理性制约等，这样的经济本身就是有悖理性的，那它就不可能成为真正意义上的道德经济。

社会主义市场经济是道德经济，这是毋庸置疑的。而且，自从"十一届三中全会以来，我们通过改革，实行了社会主义公有制为主体、多种所有制经济共同发展的所有制结构，实行了按劳分配为主体、多种分配方式并存的分配制度，这是科学社会主义的基本经济原理在当代中国的创造性运用。我们努力消除过去由于所有制结构和分配制度上存在的不合理而造成的对生产力的羁绊，从而进一步解放和发展了生产力"①。同时，"允许一部分地区一部分人通过诚实劳动和合法经营先富起来，带动和帮助其他地区和其他群众，最终达到全国各地区的普遍繁荣和全体人民的共同富裕……它符合经济发展客观规律的要求，是社会主义优越性在经济上的重要体现"②。这些论述充分说明了社会主义市场经济体制是符合理性的，是极具道德性的。社会主义市场经济客观上为道德发展确立了基本前提条件。

值得注意的是，社会主义市场经济是道德经济主要地从社会主义市场经济的本质特征及其多年来社会主义市场经济的成就和发展趋势来理解的。就具体的市场经济运作过程来看，社会主义市场经济运行机制的完善有一个过程，社会主义市场经济条件下的道德本身的完善及其作用的发挥也是一个过程。例如，产权关系的明晰是发展社会主义市场经济所必需的，现阶段对产权问题在观念上的认

---

① 江泽民：《在纪念党的十一届三中全会召开二十周年大会上的讲话》，人民出版社1998年版，第13页。

② 江泽民：《在纪念党的十一届三中全会召开二十周年大会上的讲话》，人民出版社1998年版，第14页。

同和实践过程中的操作还难以达到理想的状态。经济建设中有些产权关系不清晰，人们的利益、地位，甚至人格等方面容易造成不平等，人与物的结合也难以吻合并创造更多、更好的效益，人与人的真诚协作也难以实现。再如，社会主义市场经济条件下的政府职能应该是宏观控制、指导和服务等。唯此，人们才有发展经济的自主权利，同时也才能有生产的积极性，才有对国家、对社会和对自己负责的精神。而政府职能转变的迟缓，在一定意义上制约甚至阻碍着经济的发展和道德的进步。又如，社会主义市场经济是以公有制为主体、坚持多种所有制并存的经济。公有制经济部门的干群关系、各种利益关系随着改革的深化在不断地获得协调和维护，尤其是在党和政府的亲切关怀和直接领导下，下岗职工的基本生活保障和再就业工程取得的成就足以说明社会主义公有制的理性内涵和道德性。然而，非公有制经济部门的劳资关系，由于有针对性的法规和政策还在健全和完善之中，又由于金钱的诱惑，即使有了相应的法规和政策，许多非公有制经济的“老板”们，经常处理不好劳资关系和各种利益关系，以致出现利益不平等、分配不平等、地位不平等和人格不平等现象。这种特殊的人际关系和利益关系协调不好，社会道德难以纯正，以至于广大民众怀疑整个现实社会制度的合法性和社会道德的力量。在此状态下，“道德完善”只能是一句空话。

2. 经济和道德的目的性与手段性的问题

社会主义市场经济的经济目的和道德目的、经济手段和道德手段应该是统一的，而且随着社会主义市场经济运行机制的逐步成熟，其统一的理论分析完全能成为现实，事实上现已开始逐步显示其统一性。

社会主义市场经济的根本目的是解放和发展生产力，促进资源合理配置的实现和经济的腾飞。这些目的的实现同时意味着人的全面发展的实现与经济发展的相对应程度，意味着人际和谐协作和利益协调形成了与社会“应该”相吻合的理性状态，对经济建设起着直接或间接的推动作用。当然，这只是个理想目标。现实的情况是，许多人把经济目的仅仅理解为“赚钱”或“利润”，似乎伦理道德与之风马牛不相及。理论界有的学者也是一味地强调投入、产出、利润和效益等，而对伦理道德却不屑一顾，甚至认为“等经济发展了再谈伦理道德问题也不迟”。更有甚者，有的认为要么发展经济牺牲道德是正常现象，要么认为道德永远不能使金钱增值，这是莫大的错误。“纯经济论”（或“非道德论”）只会带来经济与道德的畸形发展。就企业而言，利润理所当然是其首要目的，但利润的多少很大程度上取决于企业伦理道德水平的高低。因为一个企业即使有雄厚的资金、先进的设备和科技力量，如果忽视作为理性的无形资产——伦理道德的作用，却并非必然能转换成相应的经济实力和经济效益。如果企业管理不坚持以人为本，如果企业职工没有对用户负责的责任心，不以为人民服务为目的，制造的产品就不可能成为品牌或名牌。可见，但凡名牌产品都是“伦理实体”。无伦理道德含量的产品迟早要被市场淘汰，而不讲伦理道德的企业是必垮无疑的。由此我们可以说，经济目的和道德目的是一致的。

社会主义市场经济运作的经济手段与经济目的也应该是一致的。经济手段在实现经济目的的过程中意义更为重大。没有经济手段的合道德性，就不会有作为“伦理实体”的高质量产品，当然也会失去应有的市场和利益。在激烈的市场竞争中，有些一度受消费者欢迎的名牌产品，最后落得个“无名之辈”。究其原因，其中有的就是由于一味追求利润，粗制滥造，为用户服务的责任心弱了，产品中的伦理道德含量降低了，最后市场给予了应有的惩罚。因此，伦理道德对于经济来说既是目的，也是手段；既是资本，也是工具。这的确也应该是未来经济伦理研究的主题，更应是经济和伦理道德实践的主题。

3. 学科创建与研究方法的问题

国内无论是经济伦理概念的提出还是经济伦理学学科的创建都顺应了社会主义市场经济发展的需要。社会主义市场经济的进一步深入发展不仅需要伦理论证，更需要伦理精神的支撑。因此，在经济伦理学学科创建初见端倪的今天，理论界有责任将经济伦理学学科建设推向新阶段。

我认为，从我国现有的经济伦理学研究成果来看，人们还只习惯于学科研究方法的一般套路，注重理论推导，对社会主义市场经济实践全面地、系统地把握不够，尤其是有代表性的和有说服力的个案分析还较为欠缺。学术界有些学者对经济伦理学的研究方法提出过很有见地的观点，如有论者曾指出："在整个经济伦理学学科体系中，可以说规范性的经济伦理学是原本的、有实质内容的经济伦理学，是经济伦理学的主体。"可"采取以规范为主，描述和元理论为辅的方法，探讨和规范宏观层次的建立和完善社会主义市场经济体制问题，中观层次的建立和完善现代企业制度等问题，微观层次的个人如何实现经济人、社会人和文化人的统一问题"。① 这些研究思路对于经济伦理学的研究和发展无疑有着重要的启迪。

对于一门学科的发展来说，学术界对于经济伦理学研究方法的研究还欠系统，还没有引起足够的重视。就目前情况来看，我认为至少有四点值得注意。

第一，经济伦理学的研究必须以邓小平理论为指导。邓小平经济伦理思想是对马列主义毛泽东思想的杰出贡献，他的关于物质文明和精神文明建设的辩证思想、关于没有共产主义道德，怎么能建设社会主义的思想、关于协作能促进生产力发展的思想等是我们研究经济伦理学的基本理论导向和理论资源。

第二，社会经济活动本身就是很复杂的，加之社会主义市场经济建设又是新的历史课题，要创建符合时代经济特征的经济伦理学，研究工作者应该深入经济活动之中，开展广泛的调查研究工作，并通过深入的个案剖析和综合概括，揭示伦理道德与经济活动的耦合点及其相互作用的基本规律。

第三，经济活动是人类意识及其"物化"的活动，经济伦理学的研究不仅要从宏观上把握社会群体的经济活动意识的形成和发展规律，并由此把握人类经济伦理观念及其理论模式，而且要从微观上探究人的经济活动的出发点和基本目的，从而揭示人的经济伦理情感和经济伦理观念的形成过程及其规律。

第四，经济伦理学的重要任务之一是要充分论证和说明经济的

---

① 陈泽环：《现代经济伦理学初探》，《社会科学》1995 年第 7 期。

伦理内涵和伦理的经济意义。这就要求深入经济建设实践，广泛进行调查研究，开展实验性研究，在此基础上进行哲学论证与提升，揭示伦理道德发挥作用的基本操作程序和模式。

（原载《江苏社会科学》1999 年第 2 期，人大复印报刊资料《伦理学》1999 年第 7 期全文转载，人大复印报刊资料《新兴学科》1999 年第 2 期全文转载）

21 世纪经济全球化趋势下的伦理学使命

随着现代社会化大生产的发展，国际的经济联系和经济依赖关系越来越密切，经济交往也越来越频繁。这种以世界经济网络化、一体化为标志的经济全球化将是21 世纪经济运行的基本趋势。在经济全球化趋势下，我国能否紧跟世界经济潮流，并在世界经济往来中取得最佳经济效益，这取决于多种社会因素的共同作用力，并受到自然科学和社会科学各个学科功能的发挥程度的影响。其中，作为“社会科学之核心”学科的伦理学担负着极其重要的时代使命。

长期以来，国内学界对伦理学学科功能的研究和认识还处在“一般的”“泛泛而谈”的认知层面，以至于对该学科功能的操作层面的研究和应用相对较弱，甚至常常遭到忽视。面对21 世纪经济全球化的强劲走势，伦理学需要聚焦于审视自身、发挥自身的经济功能，以促使经济效益的提高和经济的增长。只有这样，才能真正彰显伦理学的价值之所在，牢固地奠定伦理学的地位。

第一，伦理学需要从宏观和微观两个角度对经济和伦理的逻辑关联进行哲学探讨，真正揭示经济的伦理内涵和伦理的经济意义。同时，在理论与实践的结合上充分说明伦理道德是理性的无形资产。作为资产，有有形的，也有无形的；有物质的，也有精神的。伦理学在论证伦理道德是理性的无形资产的同时，还要充分说明伦理道德与有形的物质资产之间的现实关系及其发挥作用的形式和特点，否则，伦理道德作为一种资产的存在就没有依据和理由，就将失去存在的意义。在我国经济学界和现实经济部门，一些人往往把伦理道德看作游离于经济和经济建设之外的可有可无的东西。究其原因，这是与伦理学自身多年来只注重封闭式的体系研究，忽视其经济功能的调查和论证是有密切关系的。

第二，伦理学需要引进“道德资本”范畴，并着力培养“道德资本”。我认为，资本是一种力，是一种能够投入生产并增进社会财富的“能力”。科学的道德就其功能来说，它不仅要求人们不断地完善自身，而且要求人们珍惜、完善相互之间的生存关系，以理性生存样式不断创造和完善人类的生存条件和环境，推动社会的不断进步。这一功能应用到生产领域，必然会因人的素质尤其是道德水平的提高，而形成一种不断进取的精神和人际和谐协作的合力，最终促使有形资产最大限度地发挥作用和产生效益，促进劳动生产率提高。当然，伦理学在论证道德也能增进社会财富的同时，还需探讨和揭示道德成为资本的操作模式和运行机制。实际上，但凡名牌产品的形成除了取决于科技、工艺等含量以外，很大程度上取决于伦理道德含量。只有在设计和制造产品过程中具备极强的责任意识和“人本”意识，而且将这种意识渗透于生产的各个环节之中，才能创造出优质产品。由此可见，要揭示伦理学的经济关怀、厘清伦理道德的经济功能，就需要深入经济运行的各个细小环节，探讨“德力”的用途和运行方式。

第三，伦理学要直面国际经济大循环的态势，为我国顺利有效地参与国际经济往来提供伦理道德规范模式，全面增强经济竞争力。国际的经济竞争是科技力量的竞争、金融力量的竞争、管理水平的竞争等，更是“信誉”的竞争。经济全球化越发展，越要由信誉来决定竞争胜败、谁执牛耳。当然，提高在国际经济往来中我国的企业信誉是由多种因素整合而成的，而其中伦理道德是根本。一些国内知名企业在国际经贸活动中，依靠互不欺诈、诚实经营赢得了信誉，这种信誉成为其重要的“无形资本”，直接产生着越来越大的经济效益。因此，伦理学有责任努力适应经济全球化趋势，不断探索国际经济往来规律，研究和构建适应这些规律的伦理道德规范模式。

第四，伦理学应该为完善和发展社会主义市场经济做论证，同时也要以本学科特有的功能，使自己成为社会主义市场经济的精神支柱之一，促进经济的发展。社会主义市场经济不会听任“看不见的手”支配，其本质上是道德经济。社会主义市场经济的基本目的是实现资源的合理配置和经济运作的良性循环，并最大限度地实现经济效益。为此，人的素质尤其道德素质的提高和人际关系的和谐十分必要。总之，让社会主义市场经济真正成为行为主体道德自觉状态下的理性经济，是我国的各类经济实体参与国际经济竞争的必要前提。

当然，需要指出，社会主义市场经济是以公有制为主体的多种经济成分并存的经济制度为基础的，经济利益关系的复杂性和改革过程的艰巨性，非理性要求的经济行为产生确有其必然性。而放任这点，就势必削弱经济活力和经济效率。因此，伦理学应该直面社会主义市场经济的现实，以强有力的理论论证来确认和巩固诸如以集体主义为原则、为人民服务为核心等先进道德原则规范，来作为社会主义市场经济的精神支柱。唯此，社会主义市场经济才会在“制度理性化”和“伦理制度化”的理性运作状态下，实现最大的经济效益。而且，社会主义市场经济运行机制是需要不断完善的动态过程，伦理学更应该始终密切注视社会主义市场经济的发展进程，并时刻以特有的学科功能支撑着社会主义市场经济的正常发展。

第五，伦理学应该把研究视角延伸至国外经济领域，探讨外国在经济全球化趋势下的经济伦理意识及其在经济运作过程中的操作模式，为我国经济建设尤其是企业发展提供可资借鉴的理性思路和理性手段。在国际经济大循环中，许多发达国家或著名大企业不仅较为牢固地占领着广阔的市场，而且始终保持着强劲的发展势头，这其中除科技实力、资金条件等因素外，注重伦理道德意识对经济运作和企业生产过程的渗透，以及在经济管理过程中对伦理道德手段的充分认识和广泛应用也是重要原因。日本企业界对于“论语中有算盘、算盘中有论语”的共识，外国学者提出的“利润性要以伦理性为基础”的观点，外国许多著名企业和企业家“以德为本”“以人为本”的管理经验及其产生的理性无形资产和经济效益等，都无一例外地说明伦理道德具有不可忽视的经济意义，它是经济全球化趋势下增强竞争力的根本条件之一，亦是激烈竞争中的重要后盾。由于价值取向和民族伦理传统的区别，国外经济伦理观（或伦理经济观）的确不能生搬硬套到我国经济建设领域，因而，这就需要中国伦理学以其特有的视角，研究、汲取与借鉴国外的高水平的研究成果，并在此基础上结合我国不断取得的经济伦理研究成果，来逐步构建科学的经济伦理体系及其实际操作方式，为增强我国在经济全球化趋势下的经济竞争力提供适切的理论支撑、决策依据和行为模式。

（原载《道德与文明》1999年第3期，人大复印报刊资料《伦理学》1999年第9期全文转载）

道德作用与社会主义市场经济运行机制的完善

社会主义市场经济的运行过程并不只是受价值规律的支配，仅仅表现为投入、产出、效益、利润等的纯经济现象，道德作用将直接影响社会主义市场经济运行的活力和速度；同时，社会主义市场经济的运行机制也并不只是经济手段、法律条文和生产、经营、管理方式等，完善的社会主义市场经济运行机制离不开道德的支撑、协调和制约。邓小平早在1980年强调经济调整的方针时就指出："没有这种精神文明，没有共产主义思想，没有共产主义道德，怎么能建设社会主义？党和政府愈是实行各项经济改革和对外开放的政策，党员尤其是党的高级负责干部，就愈要高度重视、愈要身体力行共产主义思想和共产主义道德。"① 对此，本文试图从社会主义市场经济运行机制的几个主要环节或主要方面来论证和说明注重和发挥道德作用是完善社会主义市场经济运行机制的重要杠杆。

一　生产与动力机制的完善

在社会主义市场经济条件下，生产为了什么、依靠什么、怎样生产等问题是经济运行过程中必然会遇到的问题，而这一系列问题均涉及价值取向、理性手段等道德问题。可以说，道德作为生产过程中内在运行机制的主要方面，它直接影响生产的进程和效益。社会主义生产的直接目的是物质利益，搞经济建设"但是，革命是在物质利益的基础上产生的，如果只讲牺牲精神，不讲物质利益，那

① 《邓小平文选》第2卷，人民出版社1994年版，第367页。

就是唯心论”[①]。而就社会主义生产目的之宏观意义和本质内涵来说，它不只在物质利益本身，而具有充实的道德内涵。一方面，物质利益实现的同时又实现着人的完美性的伦理道德目的。因为，发展经济是人和人类追求完美并体现人和人类的完美的重要标志。另一方面，社会主义“生产是为了最大限度地满足人民物质、文化需要”，“使人民生活一天天好起来”，“而不是为了剥削”。所以，邓小平指出：“社会主义的目的就是要全国人民共同富裕，不是两极分化。”[②] 有了以上认识，社会主义的生产将会在人的崇高道德精神引导下发展。如果仅仅是为实现少数人的私欲而生产，那就很有可能出现唯利是图、尔虞我诈等畸形的生产经营方式，最终导致两极分化，而“如果搞两极分化，情况就不同了，民族矛盾、区域间矛盾、阶级矛盾都会发展，相应地中央和地方的矛盾也会发展，就可能出乱子”[③]，如果那样，社会人际关系也会紧张和复杂，道德风貌也必然日趋堕落，生产将会在无序的、运行机制不协调的状况下遭到破坏。

社会主义生产的发展要靠资金和技术，然而人的因素更重要。邓小平强调：“所以我说，人的因素重要，不是指普通的人，而是指认识到人民自己的利益并为之而奋斗的有坚定信念的人。”[④] 所以，生产的发展更要依靠人的素质尤其是人的道德素质。假如人们不理解自身的存在及其存在的意义，那就不会有崇高的人生追求；不懂得人的人生价值在于自身的理性完善和创造性劳动，就不会有积极进取的人生态度；不承认人们之间的协调及其在此基础上形成的合力是社会发展的力量所在，就不会有相互尊重、相互支持、共同发展的思想境界。在这样的情况下，有的人利欲熏心、自私自利；有的人精神颓废、玩世不恭；甚至还有的人灵魂肮脏，盗用资金和技术等，破坏生产。由此可见，人的素质低下，就会缺乏基本的道德觉悟，即使资金再多、技术再高也不能在生产中发挥应有的作用。

① 《邓小平文选》第 2 卷，人民出版社 1994 年版，第 146 页。
② 《邓小平文选》第 3 卷，人民出版社 1993 年版，第 110—111 页。
③ 《邓小平文选》第 3 卷，人民出版社 1993 年版，第 364 页。
④ 《邓小平文选》第 3 卷，人民出版社 1993 年版，第 190 页。

因此，人的素质尤其是道德素质是生产发展的动力所在。

社会主义生产是一项系统工程，其生产过程内含着经济、政治、法律、道德等多方面的作用，而道德作为规范、作为管理手段，在经济运行过程中发挥着十分独特的主导作用。邓小平对此有十分明确的论述。首先，邓小平认为搞经济要有协作精神，经济协作能使力量增加。他说："搞经济协作区，这个路子是很对的。……解放战争时期，毛泽东同志主张第二野战军和第三野战军联合起来作战。他说，两个野战军联合在一起，就不是增加一倍力量，而是增加好几倍的力量。经济协作也是这个道理。"① 邓小平在这里揭示了经济建设的一个基本伦理原则，它更适用于当前的社会主义市场经济建设。其次，邓小平多次强调搞生产要实事求是。他认为，不说假话、不务虚名，脚踏实地才能真正把握生产规律，才能真正看清问题、解决矛盾。这既是一种敬业精神，也是生产道德准则。最后，邓小平强调在生产管理过程中要充分应用道德手段。他认为，经济要民主，权力要下放，要让职工民主参与管理；领导要身先士卒，要带头，要首先从管好自己开始，从自己做起，同时要善于应用德才兼备的人才；要尊重人的人格，尊重人的意见；要严格考核，赏罚分明，在生产中造成一种你追我赶、争当先进、奋发向上的风气。

二 经营与竞争机制的完善

社会主义市场经济是竞争经济，但在一定意义上又是理性经济、道德经济。在社会主义制度下，搞竞争与讲道德是相辅相成的。道德性竞争会在消除弱肉强食的情况下，使得经营处在良性循环之中。

社会主义市场经济的竞争，首先是资金和技术力量的竞争、管理水平的竞争等，但作为理性无形资产的道德精神则是决定经营和竞争胜败的根本之所在。首先，竞争是产品质量的竞争，而产品质量首要的是理性或道德"含量"。产品质量所体现的好用和耐用等与生产原料、生产工艺等固然有着密切关系，但企业员工的责任心和服务意识，企业内部的协作精神等直接决定着产品质量的好坏。没

---

① 《邓小平文选》第3卷，人民出版社1993年版，第25页。

有责任心，没有基本的服务意识和协作精神，原材料和生产设备再好也生产不出过得硬的产品。所以，生产高质量的名牌产品，更需要首先确立一种企业精神，使产品既成为物质实体，也成为“道德实体”。

其次，社会主义市场经济体制下的竞争是企业信誉和企业形象的竞争，丧失了信誉或企业形象不佳，任何企业都将在激烈竞争中被淘汰。一些名牌产品为什么最终成为“无名之辈”或销声匿迹，一些经济基础和技术力量雄厚的企业为什么在竞争中败下阵来，究其原因是多方面的，但丧失信誉和不可信任的形象是其根本原因。由此看来，信誉是企业的生命。为此，邓小平同志曾经指出：“一切企业事业单位，一切经济活动和行政司法工作，都必须实行信誉高于一切，严格禁止坑害勒索群众。”① 实践证明，一个企业的信誉度与市场占有率和拥有顾客的量是成正比的。因此可以说，一个企业能否获得更多的利润，决定于其市场占有率和拥有的顾客量，而市场占有率和顾客量又取决于企业产品的质量和服务承诺的实现程度。所以，在竞争中所获得的利润高低与企业信誉和企业形象所体现的道德水平是密切相关的。

最后，社会主义市场经济作为竞争经济，优胜劣汰是其基本经济现象和运行方式。然而，社会主义市场经济的本质特征并不表现为汰则垮、汰则灭。优胜劣汰在社会主义市场经济条件下不是目的，而是完善企业经营与竞争机制的重要环节。社会主义市场经济体制下的竞争，竞争双方绝不以“弱肉强食”为基本竞争方式，社会主义制度本身要求竞争双方视对手为朋友，互相鞭策、互相督促、互相帮助、共同发展。即“优者”要引“劣者”为戒，发展得更稳、更快、更好；“劣者”要吸取教训，取人之长、补己之短，实现自立、自强，并在竞争中奋起成为优胜者。因此，完善意义上的企业经营与竞争机制是发展先进、鞭策落后的运行机制，竞争目的不是优胜劣汰，而是通过优胜劣汰实现共同发展，最终实现共同富裕。

---

① 《邓小平文选》第 3 卷，人民出版社 1993 年版，第 145 页。

三 分配与消费机制的完善

社会主义市场经济运行机制的完善与否和市场经济建设速度的快慢，在很大程度上取决于分配与消费机制能否与社会主义市场经济要求相吻合，而分配与消费机制的完善要靠法规和政策，更要靠人们的道德精神。

社会主义分配的基本原则是按劳分配。邓小平同志说："按劳分配就是按劳动的数量和质量进行分配。根据这个原则，评定职工工资级别时，主要是看他的劳动好坏、技术高低、贡献大小。政治态度也要看，但要讲清楚，政治态度好主要应该表现在为社会主义劳动得好，做出的贡献大。"① 事实上，能否按邓小平同志所提出的要求进行分配，这不只是个经济行为，更是个道德举动。能否真正实现按劳分配，这是对贯彻党的政策的态度问题，也是对人们劳动成果和人格的尊重问题。违反党的分配政策，必然带来人民群众对党的政策的怀疑；不尊重人的人格和劳动成果，必将挫伤广大人民群众的劳动积极性。因此，道德觉悟影响分配行为，分配过程中的理性程度又直接影响劳动者的积极性和社会主义市场经济建设的效果。

为了能通过合理地解决人民群众的待遇来促进经济建设，邓小平同志曾指出，"合格的管理人员、合格的工人，应该享受比较高的待遇，真正做到按劳分配"②。要增加农民收入，要改善知识分子待遇，并特别强调："要注意解决好少数高级知识分子的待遇问题。调动他们的积极性，尊重他们，会有一批人做出更多的贡献。"③ 在这里可以看出，能否真正实现按劳分配与未来的经济建设密切相关。社会主义市场经济条件下更是如此。

当然，理性意义上的按劳分配，不只是尊重人们的劳动成果，还应该包括对国家、集体和他人利益的关心和尊重。邓小平同志指出："我们提倡按劳分配，承认物质利益，是要为全体人民的物质利

① 《邓小平文选》第2卷，人民出版社1994年版，第101页。

② 《邓小平文选》第2卷，人民出版社1994年版，第130页。

③ 《邓小平文选》第3卷，人民出版社1993年版，第275页。

益奋斗。每个人都应该有他一定的物质利益，但是这决不是提倡各人抛开国家、集体和别人，专门为自己的物质利益奋斗，决不是提倡各人都向‘钱’看。要是那样，社会主义和资本主义还有什么区别？我们从来主张，在社会主义社会中，国家、集体和个人的利益在根本上是一致的，如果有矛盾，个人的利益要服从国家和集体的利益。为了国家和集体的利益，为了人民大众的利益，一切有革命觉悟的先进分子必要时都应当牺牲自己的利益。我们要向全体人民、全体青少年努力宣传这种高尚的道德。”① 邓小平还指出：“我们必须按照统筹兼顾的原则来调节各种利益的相互关系。如果相反，违反集体利益而追求个人利益，违反整体利益而追求局部利益，违反长远利益而追求暂时利益，那末，结果势必两头都受损失。”② 的确，公平的分配应该包括对国家、集体、个人三者利益的理性协调，唯此才能在更广泛意义上调动人们的积极性，也才能发展社会主义市场经济。而且事实上，只顾个人利益，不顾甚至损害国家利益和集体利益，最终受损的是人们自身的利益，国家和集体的繁荣富裕才是个人利益实现的基础和条件。

消费同分配相比，分配更多地受法规和政策制约，而主要表现为生活支出的消费，则更多地受道德的约束。而且，此类消费及其机制的合理与否对社会主义市场经济建设的影响并不比分配公平与否所造成的影响小。因为，不正当甚至表现为道德堕落的消费，既影响社会主义市场经济的正常运行，又影响人们的精神生活。邓小平曾严肃指出：“建国以来我们一直在讲艰苦创业，后来日子稍微好一点，就提倡高消费，于是，各方面的浪费现象蔓延，加上思想政治工作薄弱、法制不健全，什么违法乱纪和腐败现象等等，都出来了。”③ 这样一来，错误的消费、畸形的消费不只是对财富的浪费，更重要的是滋长了腐朽生活思想，这不仅直接影响人们的道德觉悟，而且最终要影响社会主义市场经济的正常运行和发展。所以说，理性消费看似是一种支出，实质是对社会主义市场经济建设的一种投

① 《邓小平文选》第2卷，人民出版社1994年版，第337页。
② 《邓小平文选》第2卷，人民出版社1994年版，第175—176页。
③ 《邓小平文选》第3卷，人民出版社1993年版，第306页。

入；而错误的和畸形的消费不只是浪费，更是对社会主义市场经济建设的一种破坏。

四 资源配置与经济可持续性发展机制的完善

社会主义市场经济建设的一个直接目标是实现资源的合理配置，并由此为增强经济发展后劲提供物质保障。而资源的合理配置，主要地应被理解为人力资源和物质资源实现最佳的存在形式，其能量亦能实现最佳程度的发挥。要实现人力资源的合理配置，起主导作用的应该是人生价值取向和对人的负责精神。一方面，人力资源的合理配置，意味着人的素质要得到全面的培养和发展，人的生存处在最佳状态并发挥最佳效能。就这一点而言，人的道德觉悟及其人生价值取向决定着人的素质及其生存方式和生存态度。没有追求、不思进取甚或以吃喝玩乐为人生目标的人是不可能实现这一资源配置目的的。因此，就这种意义上来说，人如果缺乏品性、没有基本的道德境界，对自己的人生不负责任，实质是对资源的浪费甚至破坏。另一方面，人应该处在何种位置上以及发挥怎么样的效能，往往直接受制于管人的人。管理人的人，不管是从何种角度以何种方式管理人，其思想政治觉悟和道德水平将制约和支配着他的管人目标、目的和管理方式。讲政治、讲正气者，将会通过他的工作，使人力资源实现最佳配置。否则，人才浪费以及由此导致挫伤人们的积极性，将会严重影响人力资源配置，影响经济发展后劲。就实现物质资源的合理配置来说，人的思想道德觉悟将直接影响物质资源合理配置的方式和程度。具有崇高价值取向和集体主义精神的人，其资金的去向和市场投放均会考虑到有利于经济的持续发展；其建设项目的确认，一定会考虑到全社会的利益和未来的经济和社会效益；就连个人支配资金的开支也要从有利于个人素质的全面发展和有益于社会和他人的角度考虑，绝不会人为地去浪费甚至破坏资源。然而多年来，少数人在市场经济负面效应的影响下，热衷于拜金主义、唯利是图，践踏社会主义道德秩序，采取多种不道德手段盗用技术秘密、制造假冒商标、订假合同、搞假合资，还有的乱涨价、乱收费、行贿受贿、偷税漏税等肆意侵吞国家和他人资财，这直接扰乱了社会主义市场经济秩序，不仅违反了物质资源合理配置原则，而且破坏了物质资源合理配置的过程和效益。如任其发展，其结果将会改变社会主义市场经济的发展方向，最终将不是共同富裕而是两极分化，人们也将不是社会的主人，而是“贪欲”和“金钱”的奴隶。

（原载《哲学研究》1999年增刊）

经济伦理学的学科依据

经济与伦理是什么关系？经济学与伦理学有何联系？经济伦理学作为学科能不能成立？这些问题长期困扰着人们的思想，甚至理论界的一些人也在怀疑经济伦理学的学科依据和研究价值问题。因此，厘清这些问题，不仅有利于经济伦理学学科建设的顺利开展，而且在社会主义市场经济建设中将会更好地发挥其独特的学科作用。

一　经济伦理不是经济与伦理的人为结合

一般说来，完善意义上的经济是理性经济。经济问题虽是一物质及其数量问题，但又不是一个纯而又纯的投入产出问题，因为它也内含着精神及其伦理问题。如果经济不内含着精神及其伦理问题，这样的经济既无法理解，也不可能存在。从西方学术史上看，从古典经济学派强调经济范畴在一定意义上也是道德范畴，到近代经济学家的“经济人”假设及随后的“新经济人”的提出，他们都从不同的角度揭示了经济与伦理的关联性。尽管其观点的前提和宗旨本身是形而上学的，甚或是错误的，但至少不会使人们走入经济和伦理毫不相干的认识误区。正如 1998 年诺贝尔经济学奖得主——印度的阿马蒂亚·森指出，尽管忽略了伦理方法，经济学照样能获得相当丰硕的成果，更未必使经济学失败，但经济学的更强的说服力在于对经济行为中的社会相互依赖关系的更深刻的思考。[1] 在经济伦理学研究方面颇有建树的德国学者彼得·科斯洛夫斯基更明确地指出：“经济不仅仅是由经济规则来控制的，而且是由人来决定的，在人们

① 参见［印］阿马蒂亚·森《伦理学与经济学》，王宇、王文玉译，商务印书馆 2000 年版。

的意愿和选择中，经济上的期望、社会规范、文化的调节和道德上的善良表象的总和一直在起作用。因此，这种总和在经济行为和经济理论中，也必须得到考虑并反映到经济行为的道德特性上来。”[①] 这些观点对于我们理解经济和伦理的关系很有参考价值。

其实，理解和把握经济现象离不开对其伦理内涵的认识。同时，理解和把握伦理问题必须建立在对当时经济状况尤其是经济关系的分析上。否则，对两者的理解和把握难以做到具体而科学。马克思的政治经济学研究的不只是资本主义经济现象，更注意对人与人之间关系的研究。[②] 马克思的《资本论》从商品范畴出发，揭示的是资本主义经济关系的本质，剩余价值理论揭示了剥削与被剥削的关系，尤其是工资理论，第一次透视到工资背后的不合理的利益关系。纵观马克思政治经济学理论的形成过程，不难发现，马克思在研究资本主义社会的经济现象时，始终在着力揭示资本主义生产关系的本质及其发展规律，并由此来展示资本主义经济的本质。换句话说，只有对资本主义条件下的政治和伦理关系尤其是阶级利益关系有一个充分认识，才能真正弄清什么是资本主义经济。

因此，从宏观上来看，可以说，经济和伦理是一个问题的两个方面。在现代条件下，经济和伦理的逻辑关联体现得更为明显。

第一，经济作为一种生产和再生产活动，是人的素质的物质体现，而经济成就是人的思想观念的物化。生产是主体为了达到一定的物质利益而形成的一个经济行为过程，它必定是在人的思想观念的指挥和操纵下进行。而这种思想观念的核心是人的伦理道德观念，人的价值取向、人生态度以及劳动态度直接影响经济发展的速度和经济建设的成就。为此，经济成就也总能折射出人的素质的高低、道德觉悟的高低等。

第二，就行为主体追求经济效益、实现自身价值、造福他人和社会来说，经济行为本身就是一种伦理道德行为。因此，经济问题说到底也是一个伦理道德问题。

---

① ［德］彼得·科斯洛夫斯基：《伦理经济学原理》，孙瑜译，中国社会科学出版社 1977 年版，第 259—260 页。

② 参见《马克思恩格斯全集》第 13 卷，人民出版社 1962 年版。

第三，所有经济成就都是人际协作的结晶。社会化大生产的发展依赖大协作，没有协作就没有生产力的发展。所以，一个地区经济发达不发达，很大程度上取决于这个地区的体现为现代伦理精神的协作精神和协作程度。

第四，伦理道德作为社会意识形式，反映着复杂的社会人际关系。当然，这种反映最集中的是人的利益关系，社会人际关系中最核心的经济关系。正因如此，伦理道德才不会是抽象和空洞的。科斯洛夫斯基认为："在道德和经济的决策中，不存在不可逾越的鸿沟，道德不是其他观点之外的一种观点，而是在经济伦理学，首先是在经济理论的情况下获悉、整理、评价科学观点，并使之用于实践的一种形式。"①

总之，离开了伦理道德，经济就不能被正确地认识和把握；离开了经济，伦理道德也会变为空洞无物的虚幻的东西。

二　经济伦理学不是伦理学与经济学的简单相加

科斯洛夫斯基指出："伦理经济学的概念超出了经济伦理学作为经济的伦理学的研究目的，趋向于伦理学理论和经济学的一体化。伦理经济学的含义肯定超过'经济学 + 伦理学'。"② 他同时指出："经济伦理学或伦理经济学的一方面是符合伦理学的经济理论和伦理制度及规则的经济学的，另一方面与经济的伦理学也是相符的"。伦理经济学或经济伦理学也是一种以经济文化的伦理为前提条件的理论，是一种以发挥市场调节和价格体制作用为前提的伦理规则和行为的理论，且伦理经济学和经济伦理学的概念在逐渐融合。③ 据此，完全可以做出另一种判断，即经济伦理学的含义肯定超过"伦理学 + 经济学"。不难看出，科斯洛夫斯基的观点对于我国创建当代经

① ［德］彼得·科斯洛夫斯基：《伦理经济学原理》，孙瑜译，中国社会科学出版社 1977 年版，第 259 页。

② ［德］彼得·科斯洛夫斯基：《伦理经济学原理》，孙瑜译，中国社会科学出版社 1977 年版，第 2—3 页。

③ 参见［德］彼得·科斯洛夫斯基《伦理经济学原理》，孙瑜译，中国社会科学出版社 1977 年版。

济伦理学具有重要的启迪意义。这在于，它不仅能纠正一些诸如经济伦理是经济中的道德问题或经济伦理学是“伦理学＋经济学”的片面观点，而且还有利于我们在更深层次上认识经济伦理学的学科依据及其性质。

应该说，伦理学和经济学是角度不同的相通（在更宏观意义上可称之为相同）学科。在此意义上，正如科斯洛夫斯基所认为的：“对经济理论和道德理论之间的界限根本不能做严格的界定，因为一般的行为与这两种理论必定都有联系。”[①] 事实也是如此。对任何一种经济行为的完整评价和理论分析都离不开对其进行应该不应该的确认，都需要做价值论证；同样，任何一种伦理道德观点的表述和伦理道德的阐释都离不开对人的经济行为的深层次考察和分析。

对此，有的学者明确提出，伦理学和经济学不能分离或分裂。美国的G.恩德利认为，伦理学和经济学的分离会导致两种危险：一是“忽视经济学作为一种分析手段的贡献和经济刺激对实现伦理目标的帮助”；一是“工具化”，“即伦理被误用来仅仅作为取得目标的手段”。所以，“来自机械论、生物学和进化论的研究模式在此是完全不够的，因为它们否认人的行为的特殊性，即否认人的行为的反思的自我参照和价值导向，而不把它们看作一个不可分割的方面。宁愿说，我们需要一个更为宽泛的经济学的概念，一种与伦理相关的研究途径，它包括人的动机和对社会成就的判断问题，并且允许把伦理问题纳入经济模式和功能性的领域中去”。为此，“经济学应该明确地考虑人类行为反思的自我参照和价值导向”。[②]

伦理学和经济学的分离，带来的学科建设的后果是严重的，反顾我国理论界的现状确实如此。经济学理论过去对于伦理问题和伦理学理论的关注十分不够，以至于有的经济学家提出“等经济发展了再去抓道德建设还不迟”的庸俗观点。同样，伦理学理论亦很少关注经济问题和经济学理论，至少是对经济方面的实证分析较弱，

① ［德］彼得·科斯洛夫斯基：《伦理经济学原理》，孙瑜译，中国社会科学出版社1977年版，第42页。

② ［美］G.恩德利：《走向科学化的企业伦理学》，高晓兰译，《国外社会科学》1996年第3期。

以至于我们提出的许多伦理道德命题和伦理道德原则有时很难引起全社会的关注和共鸣。其实，有些命题和原则并不存在什么问题，问题是疏忽了对经济问题的思考和对经济学理论的参照，削弱了一些伦理道德命题和原则的说服力和吸引力。阿马蒂亚·森也曾经指出："经济学与伦理学的分离已经导致了福利经济学贫困化，也大大削弱了描述经济学和预测经济学的基础。"① "随着现代经济学与伦理学之间隔阂的不断加深，现代经济学已经出现了严重的贫困化现象。"② "在经济学经常使用的一些标准方法中，尤其是经济学中的'工程学'方法，也是可以用于现代伦理学研究的。因此，我认为，经济学与伦理学的分离，对于伦理学来说也是一件非常不幸的事情。"③ 应该承认，尽管伦理学和经济学的确是两门学科，但正如前面所述，只有经济观念（理论）和伦理道德观念（理论）相互渗透，伦理学才不会"空洞"，经济学才不会"贫困"，才能促使经济行为实现最大和最好的效益。而渗透的结果必然孕育出经济伦理学的学科视界。因此，"经济伦理学不是矛盾的修饰法、不是生硬的铁，也不是由两种不协调的理论组成，而是通过互相交流和补充而形成的一个学科整体"④。

三　科学的经济伦理学的建立何以可能

尽管人们对经济伦理问题的思考由来已久，经济伦理学作为学科却很年轻。作为一门学科它在我国引起人们的关注才近 20 年的时间，在国外也是作为新兴学科的面目出现的。下面，我们从思想史的层面来透视，以证明经济与伦理的契合与其说是一种可能，不如说是一种历史事实。这是对回答经济伦理学的建立何以可能问题的

① ［印］阿马蒂亚·森：《伦理学与经济学》，王宇、王文玉译，商务印书馆 2000 年版，第 79 页。

② ［印］阿马蒂亚·森：《伦理学与经济学》，王宇、王文玉译，商务印书馆 2000 年版，第 13 页。

③ ［印］阿马蒂亚·森：《伦理学与经济学》，王宇、王文玉译，商务印书馆 2000 年版，第 79 页。

④ ［印］阿马蒂亚·森：《伦理学与经济学》，王宇、王文玉译，商务印书馆 2000 年版，第 14—15 页。

重要思想史的支撑。

历史地看，我国以儒家为代表的德性主义十分注重伦理道德在经济运行中的作用，在经济与伦理的关系上主张经济是伦理的手段，伦理是经济的目的。这一观点虽不免有些极端，却将经济和伦理紧密结合，其思想史价值是显而易见的。这种主张“结合论”的“利以义取”的价值观影响了我国两千多年的思想文化发展史。在西方思想史上，“经济学与伦理学的传统联系至少可以追溯到亚里士多德”，他“在‘对人类有益的东西’的分析中，也包含了各种经济管理问题，并提出了对经济学工程方法的需求”。西方历史发展到近代，从“经济人”假说和“看不见的手”的概念的提出，到后来功利主义、合理利己主义思想理论的阐释，逐渐形成了资本主义条件下的经济伦理思想体系。当然，许多经济伦理思想有着明显的阶级局限，从本质上说，它是“资本主义制度的伦理卫士”，有着明显的虚伪性。但是有关公正与效率的关系的论述，互惠互利原则的阐述等，多少带有科学合理的成分，为科学的经济伦理学的形成提供了一定的思想资源。①

值得一提的是，马克思、恩格斯的经济伦理思想十分丰富。马克思、恩格斯创立的政治经济学，透过资本主义的经济现象，揭示的是不同类型人的阶级本质，并通过对阶级关系和阶级利益矛盾的分析，尤其是通过对资本主义生产方式内部矛盾运动的分析，揭示了社会发展的基本规律，系统提出了解放全人类、实现人的全面发展的政治原则和伦理原则。可以说，马克思主义的政治经济学在一定意义上也是一部政治经济伦理学或称政治伦理经济学，这是我国创建科学经济伦理学的理论基础和重要思想资源。

现实地看，我国以社会主义公有制为主体的经济制度，为科学伦理学的创建提供了坚实的社会根基。第一，因为作为经济活动的主体是社会的主人，公平的政治权利、经济权利和道德权利使每一位社会成员均可以通过自身的努力来实现自身价值。第二，社会主义市场经济体制为人与人之间的理性竞争和互利协作创造了独特的运行机制，弱肉强食和尔虞我诈等不道德行为将是社会主义制度所

---

① 参见乔洪武《正谊谋利——近代西方经济伦理思想研究》，商务印书馆2000年版。

抑制的。第三，以德治国、理性经济是我国以全心全意为人民服务为核心、以集体主义为原则的道德建设的基本手段和目标，这给科学的经济伦理学的形成创造了必要的制度前提和现实基础。

我们完全有理由相信，通过学界的共同努力，科学的经济伦理学一定会作为我国的显学展现在人们面前。

［原载《华东师范大学学报》（哲学社会科学版）2001 年第 2 期］

应对经济全球化进程中的道德挑战

中国即将加入世贸组织，这表明我国将全面融入经济全球化浪潮中。同时，这也意味着中国将在全球化的经济领域全面展开激烈的竞争，开展一场看不到硝烟的“经济战争”①。

面对“入世”，面对经济全球化，我们将不可回避地要迎接各种挑战，其中，当今不容易进入人们视线和思考范围的非“显性”的道德挑战是我们必须应对的挑战。否则，我们将会在经济全球化进程中缺乏经济德性、经济发展后劲和耐力，更难以取得我国在全球经济一体化进程中应有的经济建设成就。

一　我国经济面临的主要的道德挑战

经济的全球化意味着经济建设将在各个领域、各种层面、各种利益之间展开全方位的竞争。同时，经济全球化和经济竞争并不是一个纯粹客观的过程②，国民的精神状态尤其是道德觉悟将直接制约着我国“入世”后的经济发展进程和经济建设效益。事实上经济全球化进程中的竞争，就其本质意义上来说是道德素质和道德力的竞争。因此，正视我国经济德性化水平与以“入世”为标志的我国经济全球化进程中的要求相比所存在的差距，是加强经济道德建设，促进经济发展的重要前提。

---

① 参见李黑虎、潘新平《经济全球化对中国的挑战》，社会科学文献出版社 2001 年版。

② 参见李黑虎、潘新平《经济全球化对中国的挑战》，社会科学文献出版社 2001 年版。

1. 影响公平竞争的利益壁垒和旧有政策举措受到了挑战

经济全球化态势中的竞争应该是透明的公平的竞争。WTO 法律体系中的经济行动原则的核心是保护公平竞争。因此，在“最惠国待遇”中，要求“每一成员对于任何其他成员的服务和服务提供者，应立即无条件地给予不低于其给予任何其他国家同类服务和服务提供者的待遇”。这就是说，各成员之间只要进出口的产品或者提供的服务是相同的，就应该享受相同的待遇。同时，“国民待遇”更是强调任何一个成员的产品或者服务进入另一成员境内后，享有不低于本国或本地区的产品或服务享有的待遇，并做出了诸如不得直接或者间接地对产品的加工、使用规定数量限制，不得强制规定优先使用境内产品，不得用税、费或者数量限制等方式，为境内产业提供保护等规定。这些国际经贸活动的基本“公平”要求在目前国内经济贸易活动中尚没有充分体现，省与省之间、地区与地区之间对产品（商品）的限制使用等仍存在。同样一种诸如电动自行车、“轻骑”等交通工具，往往出现只准本地区产品上牌和行驶，其他地区产品被拒之门外，这实际上是变相垄断。这不仅有失公平，而且会客观上削弱竞争和质量意识，生产的责任心也会由此而受到影响。这一点对“入世”后的我国农业冲击更为明显。“入世”前的市场限制，农业尚可正常地自我运作和发展。而我国农业在“入世”后的冲击将会十分明显，其中有的是技术力量和技术含量的问题，但亟待解决的思想观念是农业经济的道德责任意识。就目前我国农业生产过程中农业生态环境污染和农药、化肥、生物制剂的过量和不合理使用，使得本来就生产成本高的农业产品更缺乏竞争力。如能根据我国农业特点，以对自身和客户负责的精神加快发展绿色食品、无公害食品，也许能在经济全球化进程中取得一席之地。

2. 商品市场服务体系及传统的服务意识受到了挑战

“入世”后的商品市场中，包括直销、代理、批发、零售到仓储、运输、售后服务等在内的分销服务也进一步开放。就目前我国的商品分销服务机制和服务态度及水平，还远不敌外商。

长期以来，我国的内外贸易在分离体制中运作。外贸管理方法和运作路径、运作惯例的普及率不高。内贸流通基本上是在相对封闭的范围内进行的，不规范的运作机制和不完善的服务体系使得国内贸易服务整体水平较低，许多企业长期在低水平层面上运作。尤其是在一些运输过程中的野蛮装卸，销售中的以次充好、以假乱真、哄抬物价、虚假广告等失信行为，售后服务承诺的“折扣”等，其丧失的不仅是产品的市场占有率，更“排斥”了顾客的潜在需求。一旦在大幅度消减关税之后，大量的外商或外国商品直接进入我国市场，他们的一套比较成熟的服务机制和对用户负责的服务精神，将会置我们国内商人和商品于被动状态。[①]

商品市场竞争很大程度上是“服务精神”[②]的竞争，特殊的诸如金融、保险等服务行业不仅利润取决于服务精神，其生存发展很大程度上取决于服务精神。假如让顾客稍稍产生“存取钱是累赘”“保险业不保险”的念头，这将是这类特殊行业的致命问题。按照服务贸易总协定，银行、保险、运输、旅游、电信、法律、会计、商业批发和零售等150多种服务行业都属于开放范围，以前我国在这些领域的开放程度不高，有些甚至还没有开放。这就更需要正视我们在服务精神上存在的差距，改善我们的“道德态度”，完善我国服务贸易领域的道德规则，在以信任、忠诚等道德行为充分降低交易支出费用[③]的同时，提高市场竞争能力，减少市场失灵率[④]。

3. 企业经营理念受到了挑战

经济全球化进程中的竞争主体是企业。“竞争并不是空头的，而是实体与实体的较量。中国要参与全球性的事务，参与全球性的社会分工，就面临着国际竞争，就必须依靠企业作主体。我们必须清楚地认识到，现在国际的竞争，实际不是在国家和国家之间竞争，

---

① 参见李黑虎、潘新平《经济全球化对中国的挑战》，社会科学文献出版社2001年版。

② 这里的“服务精神”是指从产品设计、生产到销售及售后服务等全过程的对用户负责的精神。

③ 包括交易双方互相防范所采取的措施中支出的费用、弄虚作假给双方造成的损失、在“信用”基础上的高效、顺畅的交易而节约的能源和财力等，同时，减少市场失灵率客观上也降低了交易支出费用。

④ 参见［德］彼得·科斯洛夫斯基《伦理经济学原理》，孙瑜译，中国社会科学出版社1977年版。

而是在大企业和大企业之间竞争。……没有企业作后盾的国家，根本就无法在将来的国际上谋取到一份重要的角色。”① 然而，企业竞争是企业运作过程的全方位的竞争，它既是企业资金的、技术的、管理的、产品质量等的竞争，更是企业文化和企业形象的竞争、企业道德的竞争，作为企业灵魂的企业道德是企业参与国际竞争的基础和条件。

就我国各类企业目前的道德状况来看，大多数企业或多或少不适应加入世贸组织后的运作规则要求，一些企业缺乏基本的道德底蕴。有的企业压根儿就没有企业道德意识，为赚钱而生产，把企业财富狭隘地理解为物和钱，抛弃了企业既是财富又能帮助财富增长的企业道德。有的企业甚至为了眼前的短期利益，不惜损害他人利益，坑蒙拐骗，丧失了作为企业发展后劲和动力的企业道德。相当多的企业敬业精神缺乏，信用基础薄弱，信誉意识不足，赚钱的欲望大大强于对用户的负责精神。② 实际上，在这种状况下，就是不“入世”，我国的企业也难以长期支撑下去。多年来纷纷倒闭的国内企业均说明这样的道理：没有道德意识的生产是一种“盲动”，“没有道德的交易是一种社会罪恶”。③

“入世”后的企业，如果眼光还只停留在本企业的利益，不能同等看待他人利益，这样的企业行为是短视的行为，无法与国外的普遍地将“信誉”当作企业生命、将企业道德作为实现利润基础的企业相抗衡。

二 重视和培养经济德性

面对激烈的全球经济一体化的竞争，我们应该有强烈的经济道

① 李黑虎、潘新平：《经济全球化对中国的挑战》，社会科学文献出版社 2001 年版，第 222—223 页。

② 参见王小锡、李志祥《论经济全球化对中国企业的伦理挑战》，《南京社会科学》2001 年第 2 期。

③ ［德］赫尔穆特·施密特：《全球化与道德重建》，梅兆荣等译，社会科学文献出版社 2001 年版，第 155 页。

德意识。讲道德总比不讲道德“有利可图”[①]，当然，“不是追求利润的事实本身在伦理学上具有重要性，其重要性在于行为和追求利润方式是如何进行的，这种追求利润是正当的还是不正当的，是以公开的竞争还是不正当的竞争进行的。……所以竞争市场不是道德上的中立区”[②]。企业利润要以道德为基础，不讲道德，企业必垮无疑。

1. 政府职能道德化

在市场经济的激烈的竞争态势下，政府的职能是什么？这既是一个管理科学问题，也是一个行政道德问题。

可以说，我国市场经济中出现的问题相当多是由相关政府部门滥用权力、过多干预经济行为而造成的。国企改革步履艰难，就在于企业附属于政府，政企不分，产权不明，责、权、利不清。同时，行政意志直接干预企业的人、财、物和企业运作。“改革过程中相当多的阻力并非在于认识和经验的不足，而更多的是来自利益上的牵制，是新旧交替过程中既得利益思想作用的结果。”[③] 银行的许多坏债，一些是政府干预银行兑款决策造成的，这使得要钱的企业缺钱，不能兑款或兑款明显没有效益甚或收不回来的企业反倒能大量聚集资金。资本市场也是如此，“在股票市场上市和企业债券发行的审批方面，存在着明显的所有制歧视，同时透明度不够，随意性较强”。“在产权市场上，政府往往用行政力量进行‘拉郎配’式的资产重组，不仅不能救活困难企业，还给优质企业背上沉重的包袱。”[④] 许多经济项目的立项往往是一些政府领导“拍脑袋”定夺，其结果是有投资无效益。这实际上是行政道德缺乏甚或是行政道德堕落的表现。

---

① 生产经营中不讲道德可能会一时得利，但只能是暂时的，绝不因此说明，赚钱、获利可以不讲道德，甚至违背道德。从长远来看，不讲道德的企业实质是在“慢性自杀”。

② ［德］彼德·科斯洛夫斯基：《伦理经济学原理》，孙瑜译，中国社会科学出版社 1977 年版，第 182 页。

③ 李黑虎、潘新平：《经济全球化对中国的挑战》，社会科学文献出版社 2001 年版，第 375 页。

④ 李黑虎、潘新平：《经济全球化对中国的挑战》，社会科学文献出版社 2001 年版，第 364 页。

在全球经济一体化过程中，政府应适应市场运作机制的要求，从利润最大化和利益最好化角度去认识和发挥政府职能。只有彻底摒弃“既得利益”的潜在意识和行为方式，才能在行政管理体制、管理内容和方法上做出必要的改革，也才能真正用心地去把握全球化经济的运作规律和基本发展态势，并集中精神考虑调整对策措施，有效地指导企业参与国际经济竞争。

当然，政府职能转变到宏观调整、指导、服务等管理理念上来，一方面应该利用政策和规范，全面协调各种利益关系，调动各方面的积极性，培育整体经济竞争力。另一方面，要最大限度地提供并帮助分析商业信息，为企业出谋划策。再一方面，也是政府及其职能部门在“入世”前后值得十分注意的是，应从“以人为本”的角度指导调整产品结构和质量标准。例如，我国的农药与国外产品相比，高毒品种所占比例过大，缺高效、低毒、低残留农药和生物农药；一些品种原药含量低，杂物过多，原料和中间体质量差，加工剂型单一等，这些问题，不仅难以使我国农药参与国际竞争，就是在国内也难以立足。其实，我国作为农业国，这是早就应该思考和解决的问题。多年没有解决早该解决的问题，对于农药来说，政府职能观念或行政道德问题大于技术力量问题。

2. “培育”道德资产，激活生产要素

企业资产或资源有有形的和无形的，在企业发展中，无形资产相对于有形资产来说意义更加重大，因为作为企业无形资产的生产理念、管理方式、企业道德等直接影响着有形资产投入生产过程所产生效益的大小。同时，在无形资产中，企业道德资产又直接制约着无形资产的性质、内容和作用方式等。因为，企业职工的所有行为无不受到其生存价值取向的影响。但凡一个管理效益高、产品质量好的企业，与职工的责任心是分不开的。一个企业道德水平低、没有对用户负责的精神的企业是不可能生产出高质量产品并获取最好利润的。

事实上，一个企业，不管有多好的设备、多大的资金量和多丰富的生产资料，如果没有对自身、对社会和对他人高度负责的精神，不能发挥应有的资产作用，甚至在浪费资产。因此，企业没有道德

灵魂，职工没有责任心，是不可能最大限度去激活生产要素并发挥作用的。

企业道德要成为企业无形资产，至少有两点值得注意。一是要通过教育和训练，培养职工道德觉悟，让职工树立强烈的生产和服务责任心。二是要通过管理和生产机制的完善，使职工的道德责任意识能渗透到生产的各个环节和各个层面，使之“物化”成良好的企业运作机制和高质量的产品。唯此，也才能使道德成为企业生产本身的重要内涵，成为生产的需要，成为生产要素充分发挥作用并获取利润的重要条件。[①]

3.“信誉至上”树企业形象

时至今日，企业形象的竞争已成为经济竞争“主力”，企业形象不仅直接决定一个企业在人们心目中的地位，而且直接影响企业发展的命运。一般来说，企业形象是企业竞争力的标志。

企业形象是一个具有丰富内涵的综合概念，它包括企业的名称、厂貌、广告图表、产品式样等，还包括企业的生产理念、文化精神、管理制度、道德风尚、信誉度等。其中，“信誉”是企业形象的核心，是企业的命根。在全球经济一体化的进程中，信誉度与企业的生存概率是一致的。为此，国内外许多企业都认为，企业卖产品就是卖信誉，而且卖信誉比卖产品更为重要。近几年一些纷纷倒闭的企业，其原因是多方面的，资金缺乏、技术力量薄弱、设备老化等固然是一些企业倒闭的主要原因，但相当一部分企业倒闭是由于其缺乏信誉或丧失信誉而造成的。

企业的信誉是深入人心的广告，是不广告的广告。然而，企业信誉的建立和信誉度的不断增强靠的是产品质量，更要靠树立高质量产品的生产全过程的责任心，靠全方位的服务承诺的兑现。

首先，一切为了用户，一切为了满足用户的“人性需要”[②]，是企业的生产目标和产品设计的基本理念，这是建立企业信誉的基础。而且，“入世”以后，我国企业将面对全球具有各种习俗、爱好甚至

---

① 参见王小锡《论道德资本》，《江苏社会科学》2000年第2期。

② 这里的“人性需求”主要是指人的生理需求、心理需求和社会需求。

特殊要求的国外用户，这本身就要有一种认真的“用户至上”的精神去研究、去开发“对路”的产品。

其次，为用户着想、对用户负责的精神应该渗透在制造产品的各个环节和各个方面。任何产品都是精神化了的物。一方面，“任何产品都是按照人的一定的科技文化认识水平和技术路径设计的”，另一方面，“任何产品都是人的道德觉悟或道德素质的物化体”。[①] 后者比前者更为重要，没有在产品生产过程中的对每一个生产环节的对用户负责的一丝不苟的精神，最好的技术力量和工艺水平也造不出高质量的产品。而只要某一个环节或某一个方面出现差错，影响的不只是产品质量，它潜藏着企业信誉将会受到影响甚或丧失。

最后，服务承诺是企业信誉的直接张扬。在激烈的国际经贸活动的竞争中，服务承诺是增强信誉度的重要举措。“入世”后我国将会遵守市场开放原则，在五年内分阶段取消配额限制，并进一步开放分销服务。这样一来，外国产品的大量进入，必然会同时带来比较成熟的服务规则和手段。同时，涉及电信、银行、保险、旅游、会计、教育、交通运输等服务行业，通过谈判形成协议而实行的“市场准入”和“国民待遇”，外国服务业将全方位采用“顾客是上帝”的服务准则。对此，我国的企业一方面要全面了解和弄懂国际经贸活动的“游戏规则”和系统而有效的“服务准则”，提出和实行更有效的服务承诺，全力提高产品和“服务”上的市场占有率。另一方面，要面对国际市场，研究方方面面的用户，以强烈的责任心和完善的服务准则，以“信誉至上”的形象去赢得全球“经济战争”的胜利。

4. 培养人的品性，增强生产经营责任心

如上所述，应对全球经济一体化所形成的激烈的经济竞争，说到底是经济德性的竞争。然而，经济德性不是抽象概念，道德在全方位经济竞争中的作用的发挥依赖于人的道德觉悟的提高以及生产经营责任心在经济活动中的全面“渗透”。因此，面对“入世”，我们必须有清醒的头脑，应该做充分的“道德应对”。首先，要加快伦

---

① 王小锡：《论道德资本》，《江苏社会科学》2000 年第 2 期。

理学和经济伦理学理论、社会主义道德观念的教育和普及速度，让人们充分认识到增强国民道德素质是应对经济全球化的全方位挑战的根本性措施。其次，要善于研究全球经济一体化进程中有利于各方利益并能被各方接受的“经济应该”，并构建一套切实可行的适合国际经贸活动“游戏规则”的生产经营准则。最后，要总结和提升我国传统特色的并被国外生产经营者普遍认同的诸如“己所不欲，勿施于人”“正其谊谋其利”等“经济德性”，发挥其特有的经济文化功能，创造我国经济和企业特有的经济竞争力。

（原载《道德与文明》2002 年第 1 期）

经济与伦理关系不同视角之解读

经济与伦理的关系是近年来经济伦理学研究中关注的焦点之一。两者关系如何，本是一个并不复杂的理论问题。然而，一方面，由于“学科情结”而导致了“话语权力”争夺，伦理学和经济学都在强调经济与道德的异质分离，都在为各自的理论优先性辩护。[①] 另一方面，一部分人把经济与伦理的关系当作“深奥莫测”的难题，似乎经济伦理和伦理经济是很难定义的范畴，以至于有人在怀疑经济有没有伦理内涵、伦理有没有经济意义。再一方面，还有一部分人把现实中经济德性的一定程度的缺乏，看成经济发展可以不要道德的理由，认为没有道德照样发展经济。以上几点把简单的问题复杂化了。理论偏见、文字游戏和晦涩话语无助于理论研究向纵深发展。有鉴于此，本文试图从多重视角来解读经济与伦理之关系。

一　经济与德性

从本质上讲，经济不是一个纯而又纯的投入产出的物质或数量的问题，它必然地内含着伦理问题。不内含伦理的经济无法理解，也不可能存在。[②] 因此，经济一定是伦理的经济。首先，所有经济行为都是行为主体的价值取向的一种表态方式。[③] 即使仅仅是为了活命的最简单的经济行为，也是在一定层面上的生存目标的“自主”表

① 参见万俊人《论市场经济的道德维度》，《中国社会科学》2000年第2期。

② 参见王小锡《经济伦理学的学科依据》，《华东师范大学学报》（哲学社会科学版）2001年第2期。

③ 这里的“价值取向”是广义的概念，只要是人的“自主”性活动，不可能不包含人的意识指向。

达。否则，“人的”经济行为就该遭到怀疑，人的经济行为将“变质”为动物的行为（尽管这是不可能的）。① 其次，经济行为一定是人的群体行为，其行为方式和特性一定受制于人的素质和人际利益关系的协调。而后者客观上也是评价人们经济行为过程和经济成就的重要内容和依据。最后，就是以物质形式存在的经济成果，它也是精神化了的物，人的人性观、价值观、生活质量观等都会程度不同地渗透于其中。正如有论者指出：“商品生产者作为经济主体，他生产商品的过程可以说是人格化过程；商品作为物，同样体现了商品生产者的人格。”②

由此推论，作为研究经济现象的经济学不可能不研究经济德性，不包含经济德性问题的经济学，是幼稚的甚或是庸俗的经济学。因此，“所谓经济学该不该‘讲道德’的问题很可能是一个假问题”，“经济学‘不讲道德’等于否定了人类经济生活本身的道德性，而所谓经济学‘讲道德’的说法也是一种多余的甚至是暧昧的表达”，“人类原本就不存在不讲道德的经济学”。③

这里要进一步确认的是，伦理是经济的要素和德性，这就是所谓的经济伦理。那么伦理经济指的是什么呢？其实，经济伦理和伦理经济并没有本质的区别。伦理经济是指经济的德性和经济中的伦理。经济伦理和伦理经济的区别只是经济伦理侧重说明经济中包含道德，讲的是伦理的问题；伦理经济侧重说明经济行为的道德导向和作用，讲的是经济问题。总之，从根本上说，这些都说明了经济和伦理关系的密不可分。

二　市场经济与道德

多年来有不少学者反对“市场经济是道德经济”的提法，如果一些学者认为的这一命题有形而上学之嫌，这在理论上可以探讨，

---

① 我们常常将不道德的恶劣的经济行为斥为与禽兽无异，这是一种道德评价的话语，并不说明缺德的经济行为与伦理无关，恰恰从另一角度说明伦理总是以不同方式和特性伴随着经济行为。

② 章海山：《经济伦理方法论的研究》，《道德与文明》2000 年第 2 期。

③ 乔洪武、龙静云：《论市场经济的道德基础》，《江汉论坛》1997 年第 8 期。

但如果把道德与市场经济割裂开来，甚至试图把道德从市场经济中剔除出去，那就走向了极端。“市场经济是道德经济”这一命题有其客观的社会依据。在市场经济条件下更能说明经济与道德之关系的不可分割性。

首先，市场经济条件下的“自利”和“利他”是最基本的道德矛盾。[①] 一方面，在激烈的经济竞争态势中，任何人首先会考虑到自身的存在和发展，考虑自身的利益。假如连自身的利益也不考虑，他就难以生存，更谈不上生活和发展了。市场经济必然会淘汰这样的“缺德”之人。另一方面，“自利”又必须以“利他”为重要条件，他人利益或社会利益遭到损害，个人就失去了通过正常交往实现自身利益的条件。因此，“市场经济下人不仅应该做有利于交换对方的事，还应当承担作为公民必须承担的社会责任”[②]。

在自利和利他这一对矛盾及其关系的实现方式上，一般说来，私有制条件下，自利是其经济行为的出发点和目标，利他只是一种“手段”而已。而在社会主义条件下，利己和利他应该是辩证的统一。而无论这一对矛盾的解决途径和结果如何，这始终体现了人们的经济行为的道德态度，以及由于道德态度不同而造成的经济行为的方式和性质等的不同。

其次，社会主义市场经济“应该”是讲道德的经济。这里强调“应该”可从两方面来理解。一是社会主义制度决定了其市场经济的发展目标是实现“共同富裕”，绝不允许为了少数人的利益牺牲大多数人的利益，就是为了多数人的利益牺牲少数人的利益还要看其经济行为是否值得。这是社会主义市场经济发展的客观要求。背离了这一客观要求，也就背离了社会主义的经济制度。同时，以竞争为基本运作方式的社会主义市场经济，它绝不允许“弱肉强食”。社会主义市场经济条件下的竞争就其本质来说，它不把优胜劣汰作为经济发展的基本目的，它仅仅是把优胜劣汰作为发展社会主义市场经济的一种手段。即通过竞争，“优”者要引“劣”者为戒，要发展得更快更好；“劣”者要吸取教训，取人之长，补己之短，实现自立

---

① 参见乔洪武、龙静云《论市场经济的道德基础》，《江汉论坛》1997 年第 8 期。

② 参见乔洪武、龙静云《论市场经济的道德基础》，《江汉论坛》1997 年第 8 期。

自强，并赶超“优”者。这样的竞争目的，是现时代一种典型的经济德性之体现。[①] 二是“市场经济本身确实是‘无所顾忌’的，它自始至终都在贯彻‘等价交换’等经济法则，可能具有对人类道德起促进作用的一面，如增强人们的效率意识、竞争意识、进取意识等；也可能具有对人类道德起促退作用的一面，如贫富悬殊、自我中心、金钱至上、畸形消费等。因此，市场经济本身不可能自发地（或自然地）促进道德的发展，还必须靠若干的‘规则’来规范它的运行机制，用这些规则来调整它的运作方向，弥补它的自然缺陷”[②]。这就是说，在社会主义市场经济条件下，应该通过道德教育和道德规范来实现经济运作中的客观的道德“应该”。

三 “道德人”与“经济人”

由于《国富论》和《道德情操论》两本书的出版而产生的所谓“斯密问题”，使得理论界长期有一种说不清道不明的难解理论之结，以至于有的学者自觉不自觉地试图把道德赶出经济学领域，把“道德人”视作“教父”的化身。其实，斯密本人并不认为有“斯密问题”。[③] “斯密问题”本不是问题，更不是难题。

首先作为只知道利益（利润）最大化的“经济人”，这只能是一种抽象的假设，客观存在的“看不见的手”“撮合”了“经济人”和“道德人”。按照斯密的认识，每个人都力图实现自身最大的利益（利润），并没有考虑公共利益问题，也谈不上为了公共利益而放弃个人利益，人们“受着一只看不见的手的指导，去尽力达到一个并非他本意想要达到的目的。也并不因为事非出于本意，就对社会有害。他追求自己的利益，往往使他能比在真正出于本意的情况下更有效地促进社会利益”[④]。在斯密看来，人的本性是利己的、求私利

---

① 参见夏伟东《道德的历史与现实》，教育科学出版社 2002 年版。

② 王小锡：《社会主义市场经济的伦理分析》，《南京社会科学》1994 年第 6 期。

③ 参见章海山《经济伦理论——马克思主义经济伦理思想研究》，中山大学出版社 2001 年版。

④ ［英］亚当·斯密：《国民财富的性质和原因研究》（下卷），郭大力、王亚南译，商务印书馆 1994 年版，第 27 页。

的，但利己的行为客观上又会增进公共利益。斯密之后的许多经济学家同样认为，“看不见的手”说明“经济人”和“道德人”是不可分割的合体。他们认为，个人追求利益的动机和行为既促进了公众利益的实现，也促进了生产力的发展，这是合乎道德的，哪怕是牺牲社会一些阶级或者一些个人的利益。并指出，“看不见的手”实际上是市场秩序井然的依据和动因，其作用远比政府的有计划、有目的的行为更有效。① 因此，就其作用方式和效果来说，“看不见的手”是在市场经济条件下“经济道德”的代名词。

其次，社会主义市场经济最基本的特点是“经济人”和“道德人”的有机统一。前面已经提到市场经济是道德经济，这一特点，在社会主义市场经济条件下更能凸显出来。如果说，“看不见的手”在一般市场经济条件下还只是自发地起作用的话，那么在社会主义市场经济条件下应该变成人们的自觉行为。

社会主义的经济制度决定着每一个人是真正自由的存在个体，同时这样的个体的全面发展也是以社会经济制度作保障的。因此，每一个社会成员有责任维护和巩固这样的经济制度及其所代表的公共利益。为此，社会主义市场经济条件下，追求利益（利润）的“经济人”的行为本身就应该是一个“道德实体”，行为主体应该是“经济范畴的人格化”。② 同时，社会主义市场经济条件下的“道德人”抽象和假设是为了理论分析和说明问题。而事实上，在现时代，“道德人”一定是“经济人”的“道德人”，只有通过经济行为过程和效益，才能体现和说明经济行为主体的生存境界和行为价值；同时，“经济人”也必须是“道德人”之“经济人”，经济行为主体只有统一国家、集体、个人三者利益于一体，才不至于置经济发展于畸形状态下，也才符合社会主义经济制度的本质要求。因此，“看不见的手”是经济运作之规律，也是经济道德之规律。社会主义市场经济条件下，“看不见的手”既有引导作用，也有协调作用。一方面，它要引导经济行为主体在追求个人利益

① 参见章海山《经济伦理论——马克思主义经济伦理思想研究》，中山大学出版社 2001 年版。

② 参见焦国成《传统伦理及其现代价值》，教育科学出版社 2000 年版。

（利润）的同时，自觉自愿地追求公共利益（利润），排除斯密的“看不见的手”中的不情愿因素。另一方面，它要主动地调节各种利益和利益关系，真正实现各种关系的理性存在和各种经济行为的道德化和高效化。

四　生产力与道德力

近几年来，我从不同的角度和层面研究论述了“道德是生产力”的观点[①]，试图通过对这一基本观点的阐释，说明经济与道德的逻辑关联和辩证关系。然而，近年来学者们对此有不同意见，一种意见认为，生产力是物质的，道德不应是生产力。否则要么犯了“二元论”的错误，要么颠倒了物质和意识的关系。另一种意见认为，把道德当作生产力是“泛化”了生产力，它动摇了历史唯物主义的物质基础。还有一种意见认为，把道德当作生产力，模糊了道德作为上层建筑的特性的理解。而我认为，道德是生产力的命题和以上不同意见，其理论认识的合理性要看其思维角度如何。如果把“道德是生产力”理解成道德是游离于“生产力”之外的另一种生产力，以上的不同意见都是有道理的。如果把道德看作生产力的因素或要素，这也不无道理，但应该做更深入的理论探讨。为了说明经济与道德的关系，我在这里再一次说明我的“道德是生产力”的观点及其思考角度。

首先，道德是生产力，是指道德是生产力的因素和要素，是“精神生产力”。马克思在《1857—1858年经济学手稿》中指出，生产力包括物质生产力和精神生产力。而精神生产力指的是生产力中的科学因素和科学力量，这种科学因素和科学力量理应包括道德科学在内的自然科学和社会科学。离开了人的精神尤其是道德精神的渗透，任何生产力要素只能是“死的生产力”。即使人的精神在生产力中发挥了作用，由于作用的程度和效率不同，那么，生产力所体

---

① 参见王小锡《道德与精神生产力》（《江苏社会科学》2001年第2期）、《再谈“道德是动力生产力”》（《江苏社会科学》1998年第3期）、《经济伦理学论纲》（《江苏社会科学》1994年第1期）。

现的水平也会不同。[①] 这里不仅说明了生产力离不开道德，而且说明生产力和道德是相互作用、相互依存的。

其次，“道德是生产力”命题中的道德是指科学的道德，“它既是社会道德生活规律的正确反映，又应该符合社会历史的发展要求”[②]。这也正好从一个角度说明经济与道德的统一是历史的、具体的。落后的甚或腐朽没落的道德，不可能也不应该是生产力的因素或要素。

最后，既然生产力是物质因素和精神因素的统一体，而且“在生产力发展过程中，人的积极性和能量发挥程度、劳动工具的改造和使用效率、劳动对象的认识和改造力度等，往往直接取决于人的人生价值取向、对社会和他人的责任感以及劳动态度等道德觉悟”。因此，道德“是生产力内部的动力因素”。[③] 这也说明，在经济与道德的关系的关联程度及其相互作用的效果上，道德直接制约着生产力的存在方式和作用的发挥。这是我们在经济建设中绝对不可忽视的。

（原载《经济经纬》2002 年第 3 期）

① 参见王小锡《道德与精神生产力》，《江苏社会科学》2001 年第 2 期。

② 王小锡：《道德与精神生产力》，《江苏社会科学》2001 年第 2 期。

③ 王小锡：《道德与精神生产力》，《江苏社会科学》2001 年第 2 期。

社会主义荣辱观是市场经济发展的精神动力

荣辱观是人们对于光荣和耻辱的根本看法和态度，是世界观、人生观、价值观的具体体现。胡锦涛总书记提出的以“八荣八耻”为主要内容的社会主义荣辱观，既继承和发扬了中华民族的传统美德，又立足我国的现实国情，体现改革开放的时代要求，为社会主义市场经济的健康发展提供了精神动力。

一　“八荣八耻”与社会主义市场经济价值取向的内在契合

社会主义市场经济有着鲜明的道德价值取向，以“八荣八耻”为主要内容的社会主义荣辱观，体现了社会主义市场经济价值取向的内在要求。

国家富强、人民富裕，是社会主义市场经济发展的价值圭臬，“以热爱祖国为荣，以危害祖国为耻；以服务人民为荣，以背离人民为耻”正是这一价值取向的具体体现。社会主义制度决定了其市场经济的发展目标是实现共同富裕，绝不允许为了少数人的利益牺牲大多数人的利益，即使是为了多数人的利益牺牲少数人的利益也要看其经济行为是否值得。这是社会主义市场经济发展的客观要求。背离了这一客观要求，也就背离了社会主义的经济制度。在社会主义市场经济条件下，经济行为主体只有统一国家、集体、个人三者利益于一体，才不至于置经济发展于畸形状态下，也才符合社会主义经济制度的本质要求。①

---

① 参见王小锡《经济与伦理关系的不同视角之解读》，《经济经纬》2002 年第 3 期。

辛勤劳动，勇于创新，是社会主义市场经济发展的源泉和动力，“以崇尚科学为荣，以愚昧无知为耻；以辛勤劳动为荣，以好逸恶劳为耻”是对这一基本原理的肯定和支持。劳动是人类生存和发展的基础。在社会主义社会，劳动既是公民生存的手段，也是对社会、对国家应尽的义务。按劳分配作为社会主义最基本的分配原则，强调“等量劳动领取等量报酬，不劳动者不得食”，从根本上改变了以往剥削阶级以劳动为耻的道德信条，劳动成为全社会范围内衡量每个人价值大小的重要尺度。改革开放以来，社会主义市场经济的发展更使得“勤劳致富”“致富光荣”成为社会成员的普遍共识。21世纪，科技革命迅猛发展，人类进入了一个全新的知识经济时代。知识经济的兴起，使得现代市场经济条件下科学知识的占有和创新成为国家、企业、组织和个人竞争能力强弱的重要标志。

公正和谐的人际关系是社会主义市场经济发展的重要目标，“以团结互助为荣，以损人利己为耻；以诚实守信为荣，以见利忘义为耻”为实现这一价值目标提供了处理人际关系的基本准则。不少国内外学者已从不同角度对市场经济条件下“自利”和“利他”的辩证统一关系进行了分析和论证。[①] 市场经济条件下行为主体作为“理性经济人”追求“自利”的动机未必能够产生自身利益的最大化，当代经济学家常常作为例证的囚徒困境(Prisoner's Dilemma)就是对这一问题的最好说明。根据英国数理伦理学家 Derek Parift 的分析，囚徒困境实际上是一个“Each—We Dilemma（个人—我们困境）”。他还认为，对康德主义伦理学来说，“道德的实质就是从 each 向 we 的过渡”[②]。因此，建立普遍合作与信任的人际关系是走出“困境”的必由之路。美国著名学者福山通过对一些国家和地区社会信任度

① 相关论述，可参见［德］彼得·科斯洛夫斯基《伦理经济学原理》，孙瑜译，中国社会科学出版社 1977 年版；［印］阿马蒂亚·森《伦理学与经济学》，王宇、王文玉译，商务印书馆 2001 年版；焦国成《传统伦理及其现代价值》，教育科学出版社 2000 年版；万俊人《市场经济的道德维度》，《中国社会科学》2000 年第 2 期；乔洪武、龙静云《市场经济的道德基础》，《江汉论坛》1997 年第 8 期；王小锡《社会主义市场经济的伦理分析》，《南京社会科学》1994 年第 6 期。

② 韦森：《经济学与伦理学——探寻市场经济的伦理维度与道德基础》，上海人民出版社 2002 年版，第 116 页。

的实证分析，阐述了“信任”在其经济发展中的不同作用和效果。[1]社会主义市场经济与信用制度之间存在的天然的、不可或缺的紧密关系。只有使信用制度建立在一定的诚信道德规范的基石之上，使诚信道德规范内化为社会成员普遍的诚实守信的道德品质并转换为人们的道德行为，严密的社会信用制度才能真正发挥效用。[2]

完善的法律、法规和制度是社会主义市场经济健康发展的基本前提，“以遵纪守法为荣，以违法乱纪为耻”为实现这一前提条件确立了基本的价值取向。市场经济是法制经济，市场经济的发展过程，同时也是法律、法规和各项制度不断建立和完善的过程。社会主义市场经济是法制经济，靠法制才能维护市场秩序，实现依法治国的基础是全体社会成员树立法治和责任理念，自觉按照法律、法规和制度约束自己的行为。遵纪守法是社会主义市场经济条件下的基本道德要求，也是每个公民应尽的社会义务。

艰苦奋斗、勤俭节约，是社会主义市场经济发展应当树立的基本理念，“以艰苦奋斗为荣，以骄奢淫逸为耻”是新形势下对这一理念的重申和强调。勤俭节约是中华民族的传统美德，在我国传统伦理思想中一直贯穿着“崇俭黜奢”的主线。艰苦奋斗是中国共产党的优良传统，是党的事业取得胜利的宝贵精神。改革开放以来，社会主义市场经济的发展在使人民生活水平不断提高的同时，也使部分社会成员产生了追求享乐、挥霍浪费、骄奢淫逸的观念和作风，出现了“艰苦奋斗过时论”和“勤俭节约无用论”。应当认识到，社会主义市场经济的发展仍须树立“艰苦奋斗、勤俭节约”的基本理念。马克斯·韦伯曾将新教伦理所蕴含的节俭观视为西方社会完成资本原始积累的精神动力。事实上，节俭“所表现的精打细算”的经济原则与市场资源配置的合理化原则，它所产生的资本或资源的积累性效果与市场经济的扩张性投资目标原则，等等，都有着内在的相互性和共生性关系。

---

① 参见［美］弗兰西斯·福山《信任——社会道德与繁荣的创造》，李宛容译，远方出版社1998年版。

② 参见夏伟东《诚信与市场经济的关系》，《教学与研究》2003年第4期。

二 “八荣八耻”是与社会主义市场经济相适应的道德规范体系

从内容上看，“八荣八耻”体现了公民道德建设的核心、原则、基本要求和主要规范，同时针对社会主义市场经济发展的要求和当前出现的现实问题，提出了更加明确和具体的表述。

首先，社会主义荣辱观坚持了社会主义道德建设的核心和原则。为人民服务是社会主义道德建设的核心，也是社会主义道德区别和优越于其他社会形态道德的显著标志。有人认为，倡导为人民服务与发展社会主义市场经济存在矛盾，这是一种错误的观点。为人民服务恰恰体现了社会主义市场经济的本质要求。市场经济和社会主义制度的结合，使得每个社会成员通过市场以自己的劳动为他人服务，人人既是权利主体，又是义务主体，全体人民通过社会分工和相互服务来实现共同利益。集体主义提倡个人利益和社会利益相结合，是社会主义条件下处理国家、集体、个人三者利益关系的基本道德原则。社会主义市场经济体制的运行，使每个人相互服务，使集体和个人利益更加紧密地结合并统一起来，从而为集体主义提供了更为坚实的经济基础。社会主义荣辱观体现了个人荣辱与国家、集体荣辱的有机统一。在市场经济发展的进程中，爱国主义、集体主义和社会主义价值观在一些人心目中出现了淡化，个人主义、享乐主义、拜金主义有所蔓延。“八荣八耻”旗帜鲜明地坚持集体主义原则，倡导热爱祖国、服务人民、团结互助、诚实守信的思想和行为，反对个人主义、极端利己主义和小团体主义，抵制背离祖国、危害人民、损人利己、见利忘义的行为。

其次，社会主义荣辱观体现了“爱祖国、爱人民、爱劳动、爱科学、爱社会主义”的基本要求。“八荣八耻”是对“五爱”的进一步总结和发展。它既强调以“五爱”所倡导的正面要求为“荣”，又提出以违背“五爱”的负面思想和行为为“耻”；既与“五爱”的基本要求一脉相承，又针对近年来市场经济发展中出现的是非不明、荣辱颠倒的消极现象和问题，提出了鲜明的是非、荣辱界限。

最后，社会主义荣辱观涵盖了社会生活主要领域的道德准则，是对公民道德规范的提炼和升华。从内容上看，“八荣八耻”既涵盖了社会公共生活、职业生活和家庭生活中公民应当遵循的基本准则，又反映了当前市场经济发展中最需要倡导和坚持的价值取向和行为准则；从形式上看，“八荣八耻”通俗易懂、简洁明了，以“荣”与“耻”对应的形式，倡导以讲道德为荣、以不道德为耻和知荣明耻、扬荣抑耻。

三 “八荣八耻”为社会主义市场经济主体提供了行为依据

一方面，社会主义荣辱观所倡导的“八荣”，为市场主体提供了经济行为之应该。科学的道德是人们立身、处世的应该，应该体现为规范，同时，规范必须被履行，它才有存在的理由。因此，道德是应该体现的规范及其被践行。① 事实上，只有当行为主体遵守道德规范能够带来内心的荣誉感并得到外在的正面道德评价时，道德才能被视为应该，而自觉地被践行。“八荣”明确地将热爱祖国、服务人民、崇尚科学、辛勤劳动、团结互助、诚实守信、遵纪守法、艰苦奋斗视为市场经济条件下行为主体的良好品德，有利于从正面培养行为主体的道德品质，形成健康向上的社会风气。

另一方面，“八耻”为市场主体明确了经济行为之“不应该”。道德上的耻辱感，来自行为主体内在的羞耻心和外在的道德谴责。当前我国在市场经济发展中出现的一些消极现象和问题，从其实质来看，与行为主体缺乏羞耻心有着密切关系。明末清初著名学者顾炎武认为：“人之不廉，而至于悖礼犯义，其原皆生于无耻也。”（《日知录·廉耻》）人们只有有了“羞耻之心”，才能从内心构筑抵御诱惑的坚固防线，自觉地不去做可耻之事。“八荣八耻”，明确地将危害祖国、背离人民、愚昧无知、好逸恶劳、损人利己、见利忘义、违法乱纪、骄奢淫逸视为行为主体的可耻行为，有利于培养行为主体的羞耻之心，并使种种不道德行为受到社会舆论的谴责。在中国传统伦理思想中，对荣辱观问题比较关注从“耻”的角度进行

---

① 参见王小锡《道德、伦理、应该及其相互关系》，《江海学刊》2004 年第 2 期。

阐述。孔子曰："道之以政，齐之以刑，民免而无耻。道之以德，齐之以礼，有耻且格。"（《论语·为政》）意思是说，严厉的刑法只能使百姓因害怕惩罚而不敢做坏事，但不能使人们自觉知耻而守法；相反，以道德治理国家，以礼乐教化人民，则可以使百姓有羞耻之心，能够自我规范、自我约束，而逐渐成为自觉遵守道德的人。孟子曰："人不可以无耻，无耻之耻，无耻矣。"（《孟子·尽心上》）管仲则把"耻"提高到国家存亡的高度，强调"礼义廉耻，国之四维。四维不张，国乃灭亡"（《管子·牧民》）。顾炎武进一步指出，在"礼义廉耻四者之中，耻为尤要"（《日知录·廉耻》）。可见，在中国古代思想家看来，知耻是人的基本品德，无耻则是人之大恶。"知耻近乎勇"（《礼记·中庸》），唯有知耻，才能不断反省，自重自律，趋善避恶。这对于一个人、一个国家、一个民族和一个社会来讲都是如此。正如马克思所说："羞耻已经是一种革命……羞耻是一种内向的愤怒。如果整个民族真正感到了羞耻，它就会像一头蜷身缩爪、准备向前扑去的狮子。"① 不无遗憾的是，长期以来，我们在道德建设中更多的是以"当荣之事"为行为主体提供正面的道德价值取向，相对忽视了通过对"当耻之行"的谴责为行为主体提供道德防线。甚至有人觉得，过多地谈"耻"论"辱"，不利于弘扬主旋律，会对道德建设产生消极的影响。事实上，要解决当前市场经济中出现的一些消极现象和问题，引导社会主义市场经济的健康发展，不仅需要正面的引导，更需要加强对耻辱行为的贬斥、拒斥和制裁。

（原载《南京社会科学》2006 年第 6 期，与王露璐合撰）

① 《马克思恩格斯全集》第 47 卷，人民出版社 2004 年版，第 55 页。

新世纪以来中国经济伦理学：研究的热点、问题及走向

20 世纪 80 年代初期，经济伦理问题在我国开始受到关注。伴随着市场经济的发展，我国经济伦理学的研究领域日益拓展，研究成果愈加丰富，研究队伍不断壮大，逐渐成长为一门相对独立的学科。21 世纪以来，我国经济伦理学基础理论研究在探讨和争论中进一步深入，对一些热点问题进行了更为细致的学理透视和实证分析，国内外学术交流也更为频繁。同时，应当看到，我国经济伦理学研究中还存在着一些薄弱环节，反思这些问题，对于促进中国经济伦理学的健康发展，无疑有着十分重要的理论价值和现实意义。

一　当前研究中的热点问题

1. 诚信及信用制度建设问题

诚信一直是学者们关注的焦点问题。随着市场经济的发展和经济伦理学研究的不断深入，学者们对市场经济与诚信的关系、市场经济条件下诚信缺失的原因进行了多视角的分析，为我国社会主义市场经济条件下的信用机制建设提出了一些具有实践操作价值的路径和方法。

学者们普遍认为，诚信是市场经济基本的道德规范之一，也体现着社会主义市场经济的价值取向。有学者提出，社会主义市场经济与信用制度之间存在着天然的、不可或缺的紧密关系。社会主义市场经济与资本主义商品经济一样，必须遵循复杂的信用原则，并以严格的信用制度作为信用原则和诚信道德的保障条件。有学者从现代博弈论的角度证明，自由竞争的市场经济既有对诚信的内在需

求，亦会在一定程度上形成诚信的自动供给机制。也有学者认为，市场经济内生着一种价值悖论，它既是一种信用经济，同时也存在着违背信用的冲动。

对于当前我国市场经济发展中的诚信缺失，学者们普遍认为，既有制度原因，也有非制度原因。而在解决诚信缺失的路径上，更多的学者认为应当着重从加强信用制度建设方面入手。有学者提出，尽管市场经济体制本身蕴含着社会信用潜力，但这种潜力的发挥需要社会法制系统和社会信用伦理规范的强力支持，需要良好的社会文化和公民诚信道德的道义精神支持。有学者进一步强调指出，在信用制度建设中，应当建立道德责任法制化的信用保障体系，并通过政府管理职能道德化，实现经济、法律手段调节与伦理道德调节的有机结合。

2. 公平及其与效率的关系问题

公平及其与效率的关系问题，一直是经济学、伦理学、政治学等众多学科领域共同关注的焦点问题。近年来，在经济伦理学领域中，学者们的研究主要围绕两大问题展开。第一，如何正确理解公平、公正、正义等范畴？对于这一问题，学者们并没有形成一致的看法。有学者提出，考察公平更多地应当从一种“人本”的伦理维度出发，因为，公平是对人们参与社会经济活动的一种价值上的肯定。经济学家则更倾向于认为，“公平”或“公正”属于人们的主观偏好和价值判断的范畴。因此，不同的公平观念，可能会受到不同的道德标准、价值体系、宗教伦理的影响，公平的标准也会随着社会观念的变化而变化。在市场经济体制下，机会均等是社会公平观念的基本内容。有学者认为，经济伦理领域的公平范畴具有两个层次：一是作为规范的公平原则；二是与效率联系在一起作为经济伦理的重要价值目标的公平原则。还有学者对经济正义这一概念进行了两个层面的解读，指出从形而上的层面看，经济正义强调在经济发展过程中人类如何不以自身异化为代价并实现人自身的自由与全面发展；从形而下的层面看，经济正义是对经济制度及经济活动的正当性、合理性和规范性的研究。

第二，公平与效率之间的关系如何？如何处理好它们之间的关系？对于这一问题，学者们也有不同的理解。一些学者认为，公平与效率是一对矛盾，两者之间是一种对立统一的关系。但是，更多学者强调，公平与效率并不矛盾。如有学者指出，从公平的角度看，机会均等和一定程度的分配平等，可以构成一种最有效率的公平分配标准。还有学者认为，效率并不是一个孤立的概念，在搁置公正问题的前提下，现代经济学、伦理学或一般价值学都无法讨论效率问题。而从我国现实分配政策的角度看，处理公平与效率之间关系的原则并不是一成不变的，“效率优先、兼顾公平”针对的是长期的计划经济所带来的公平有余而效率不足，而在落实科学发展观和构建和谐社会的背景下，更应注重实现公平与效率的均衡。

3. 道德资本问题

道德是否能够成为一种特殊的资本形态？道德资本在实践中如何发挥作用？笔者在近年来的研究中提出并系统论证了“道德资本”范畴，认为道德之所以能够成为一种资本，是因为在社会财富创造过程中，也就是在广义的生产过程中，道德是无处不在并起着独特作用的，经济中充满了“德性”。所谓道德资本，是指道德投入生产并增进社会财富的能力，是能带来利润和效益的道德理念及其行为；它既包括一切有明文规定的各种道德行为规范体系和制度条例，又包括一切无明文规定的价值观念、道德精神、民风民俗等。笔者还分析了道德资本的特点，并系统论证了道德资本在生产、交换、分配、消费等环节中发挥作用的实现机制。有学者专门阐述了道德资本对企业营销活动的作用和影响，认为产品的道德含量、品牌的道德价值、决策的伦理理念、营销过程的伦理投入等都将成为企业的无形资产或道德资本。

对于道德资本这一概念，也有学者提出了质疑。其理由是，一方面，道德在参与经济运行进程时，只是具备资本的某些特点，但不是一种资本实体；另一方面，如果把道德理解成一种资本，在客观上会引导人们更倾向于关注道德的功利性工具价值，而不是道德的社会性目的价值，这在一定程度上消解了道德对于个体和社会的终极意义。事实上，这里的关键问题在于，如何理解“资本”概念。正如有学者所指出的，如果对资本的理解仅仅局限于传统的“物质资本”概念，那么，“人力资本”“社会资本”“文化资本”等一系列概念都不能成立。因此，“道德资本”中的“资本”是一个在内涵和外延上应该扩大并且已经扩大了的新的“资本”概念、广义的“资本”概念。

4. 企业伦理及其建设问题

企业是市场经济活动的主体。20 世纪 70 年代，现代经济伦理学作为一门学科在美国形成之初，其关注的焦点问题就是企业的社会责任问题。在中国，企业伦理问题也始终是经济伦理学研究中的一个热点。21 世纪以来，学者们对企业伦理建构中的理论问题，我国企业伦理的历史演进、现状、模式以及企业伦理的建设机制等问题进行了更加深入的研究。

企业是否是一个伦理实体？企业伦理对企业发展有何作用？有学者提出，企业既是经济实体又是伦理实体，既具有经济性又具有道德性。企业经济行为与伦理行为、企业经济价值与道德价值是无法割裂的，而连接企业经济价值与道德价值是企业对道德的遵循。还有学者认为，企业伦理、企业信用和企业商誉，构成了企业的核心竞争力，能够成为企业的“第一生产力”。

对于我国当前企业伦理的现状及其建设机制，学者们认为，在企业伦理文化背景及建设路径方面，企业应当有自身的个性特点。有学者将企业团队分为“老板—宗法型”“制度—契约型”和“同志—事业型”三类，认为不同类型的企业团队有着不同的企业伦理文化。还有学者分析了当代中国企业伦理演进中具有代表性的几种模式，认为企业伦理模式能够成为企业伦理个性的集中体现，进而成为优秀企业无法复制的文化模式。近年来，一些学者和来自企业一线的管理人员还采用实证调查的方法，通过对品牌企业的个案研究，挖掘其企业伦理内涵，这也在一定程度上增强了企业伦理研究的实践性和可操作性。例如，针对我国知名企业海尔集团，有学者指出，海尔高速成长的力量源泉在于其包括了质量意识、市场意识、用户意识、品牌意识、服务意识在内的质量与品牌文化战略。还有学者认为，海尔成功的关键是其“真诚到永远”的经营理念、将诚信视为企业生命的战略思想以及一系列战略决策。

5. **产权伦理问题**

近年来，伴随着我国市场经济发展中产权制度的改革，产权伦理成为国内经济学界和伦理学界共同关注的热点问题。经济学家们大多认为，产权制度是各种社会制度中最基本的制度。有学者提出，产权制度缺陷必然会引致道德秩序上的混乱，以及经济生活现实与精神伦理间的冲突。有学者提出，基于产权伦理在社会生活和社会伦理中的特殊地位和作用，有必要构建现代产权伦理学并将其作为一个相对独立的伦理学学科来加以研究。对此，也有学者明确提出了不同看法，认为无论从道德的起源还是道德的保障方面来说，产权或产权制度都不是道德的基础，只有建构一个好的、有效的社会赏罚机制，才是让人们遵循道德的根本，而产权制度只是构成这个社会赏罚机制的众多制度之一，在促进和保证企业重信誉方面起些积极作用。

二　研究中存在的问题与薄弱环节

21 世纪以来，我国经济伦理学研究在深度和广度上都取得了可喜的成就，对一些热点问题的研究也更加深入。但是，我们更应清醒地认识到，当前我国经济伦理学研究中还存在着一些薄弱环节，存在一些制约了学科的健康发展的明显问题。在此，笔者无意于贬损任何同行的研究方法与成果，只是希望提出问题并与学者们共同探讨，以期更好地促进我国的经济伦理学研究。笔者认为，当前我国经济伦理学研究中存在的问题与薄弱环节主要表现在四个方面。

1. **学科交叉明显不足**

近年来，我们可以看到一个十分明显的现象：经济学家（即使是一些已经对经济伦理问题进行了很多研究的经济学家）很少参加伦理学界主办的经济伦理学研讨会，而在经济学界对经济伦理问题进行探讨的学术会议上，也很难见到伦理学家的身影。这一现象从侧面反映了当前经济伦理学研究中经济学与伦理学之间的分离。

从学科上划分，经济伦理学是经济学和伦理学的交叉学科。应当说，对经济伦理学之学科交叉性的判断已成为学界不争的基本共识。作为一门交叉学科，经济伦理学的研究理应打破经济学与伦理学的学科界限。阿马蒂亚·森曾经深刻揭示和论证了伦理学与经济学的分离，以及由此导致的现代经济学的贫困和伦理学的缺陷。[①] 我国也有学者明确指出，经济学与伦理学的分离，可能引发的后果是，无视道德考量的经济学蜕化为无情的算计学，而只有道义论尺度的伦理学虚脱为某种不切实际的或乌托邦式的道德说教。因此，经济伦理学的研究，应当打破经济学与伦理学的"明确分工"，促进不同领域学者的沟通与对话，建立一种健全的综合立场，真正体现经济伦理学的学科特性。应当看到，近年来，为解决这一问题，一些学者也进行了有益的尝试。例如，来自不同学科背景的一些学者开始在一些共同关注的问题上进行对话与交流；一些高校和研究机构已经注意到在人才培养和学科梯队的构建上考虑学科交叉的因素；等等。但是，总体上看，迄今为止在我国经济伦理学研究中，所谓健全的经济伦理的"综合立场"仍未真正建立。

2. 对不同的研究方法缺乏应有的包容

经济伦理学的研究不仅需要建立经济学与伦理学两大学科交叉的研究方法，同时，还应运用社会学、统计学、心理学等多种研究方法，开展广泛的调查研究工作，并进行深入的个案分析和综合概括，从而使理论研究与实证研究相结合。

然而，在我国当前经济伦理学研究中，重理论轻实证的倾向比较突出。一些学者采用实证调查、案例分析等方法进行的研究，其成果往往缺乏应有的理论深度。这种错误倾向导致我国近年来经济伦理学研究方法较为单一。当然，理论研究对经济伦理学是十分必要的。但是，只有对不同的研究方法的充分的包容，才能创造更为宽松的学术研究氛围。我们不难看到，当前国外的经济伦理学研究，更多采用的恰恰是实证研究的方法，而在当前国外企业伦理研究中，个案研究可以说是一种十分常见的研究方法，这是很值得我们思考和借鉴的。

---

① 参见［印］阿马蒂亚·森《伦理学与经济学》，王宇、王文玉译，商务印书馆2000年版。

3. 对我国经济发展中一些热点问题的关注尚显不足

当前我国经济伦理学的研究，更多的是停留在对一些理论问题的阐述和分析上，而对我国经济发展中现实热点问题的研究却明显滞后或不足。正因如此，尽管21世纪以来我国经济伦理学研究成果斐然，其实践应用价值却依然未见明显提高。

中国是一个有着九亿农民的农业大国。农村、农业和农民问题这一“三农”问题，始终是中国经济社会发展中的重要问题。经济学、社会学、政治学等学科对此进行了大量的理论研究和实证分析，相比较而言，经济伦理视角下的乡村研究，无论从深度还是广度上来说都相距甚远，以至于在一定意义上可以说，乡村成了中国经济伦理学研究中“被遗忘的角落”。无论是中国传统乡村经济发展中的伦理问题，还是当前备受社会关注的农民工工资、农民社会保障、农民工子女就学等现实问题都未能在我国经济伦理学研究中得到应有的重视，有些问题的研究甚至还是一片空白。

此外，对于下岗失业、教育收费、医疗制度改革和房地产业的发展等，这些已成为近年来与我国改革进程相伴随的热点问题，当前我国经济伦理学研究也鲜有涉及。而对于目前我国经济发展中出现的一些新的现象，如国企改制中的资产流失和人员安置问题；传媒的虚假信息及对个人隐私的侵犯；高科技发展中的自主创新和知识产权保护；治理商业贿赂中的道德调控机制等。尽管个别学者有所思考，但总体上看，还缺乏在学界引起反响的高质量成果。

4. 研究成果良莠不齐，创新性成果较为少见

近年来，高校和科研机构片面量化的科研评价机制导致学术研究上的浮躁之风日盛，重量而轻质在一定程度上影响学术的发展。在我国当前经济伦理学研究中，这一问题也十分突出。一些研究者在未对经典著作进行全面、细致的文本研究的情况下，仅仅从个别语句进行解读，从而造成十分明显的误读；一些学者在进行实证研究时，没有对所研究的问题进行大小、深入和全方位的社会调查，所获取的数据和得出的结论缺乏可信度；有些学者在对一些新的现象和问题进行分析时，为了抓时效而未做深入的学理透视，研究成

果成了浮于表面夸夸其谈的应景之作；在对国外著作的引进和翻译中，少数译者由于缺乏专业研究背景，一些关键术语和命题处理不当甚至出现明显错误，对读者造成误导，也给整个学术研究带来难以弥补的后果。应当说，这些问题的存在，已经对我国经济伦理学研究的健康发展产生了十分不利的负面影响。

三 未来走向与发展趋势

根据国内外经济伦理学的发展态势及我国经济发展的现实需要，笔者认为，在今后几年中，我国经济伦理学研究将呈现出三个方面发展趋势。

1. 基础理论研究不断加强并呈现出鲜明的时代性

全面深入的基础理论研究是一个学科夯实基础的重要条件。今后，关于我国经济伦理学的研究内容、方法、基本原则、规范以及中西经济伦理思想史、马克思主义经济伦理思想研究将得到进一步加强。与此同时，越来越多的学者也认识到，理论研究的生命力在于同时代的紧密结合。因此，学者们要在进一步加强基础理论研究的同时更为注重其时代性。例如，在对经济伦理学基本范畴的研究中，将密切关注和结合当前我国经济社会发展中的热点问题，而不是仅仅局限于概念和范畴的逻辑推演。在马克思主义经济伦理思想研究方面，将加强对马克思主义经典作家的文本解读，尤其是从经济伦理视角对《资本论》《1844 年经济学哲学手稿》《1857—1858 年经济学手稿》等经典著作进行解读，在此基础上对马克思主义经济伦理思想的当代价值进行时代性阐发。在中国传统经济伦理思想研究方面，应更为关注传统经济伦理思想在我国当代社会的时代价值，分析传统经济伦理思想与现代市场经济观念之间的紧张、冲突与和谐，探寻其与我国市场经济条件下道德建设有机融合的可能性及具体路径。在对西方经济伦理思想的研究中，一方面将对一些著作进行更加深入细致的理论阐发；另一方面将更加密切关注其最新进展，通过多种途径加强与国外经济伦理学界的交流，掌握并引进其最新研究成果，从而为我国经济伦理学研究提供更高更新的学术信息平台。

2. 应用研究更加关注热点问题并增强服务功能

经济伦理学的研究，源于实践、用于实践。漠视现实、脱离实践的经济伦理理论，将永远只是“书斋里的自娱自乐”。今天，伴随着中国经济的不断发展，一些新的现象和问题出现在人们的视野当中，也使人们产生了一些新的困惑和矛盾。以经济伦理的独特视角去帮助人们释疑解惑，关注现象并解决问题，无疑应当成为中国经济伦理学研究的重中之重。我们十分欣喜地看到，近年来，越来越多的学者认识到这一问题，以敏锐的热点捕捉能力或大量的实证调查研究丰富了我国经济伦理学应用研究的成果。可以预见，在今后的一段时期中，学者们将会对现实热点问题有更强的关注意识和服务意识，有越来越多的研究成果能够服务于我国经济社会的发展。从研究内容上看，关于我国经济社会发展中的特色问题、热点问题的研究将更加广泛和深入。从研究方法上看，学者们将更加注重借鉴社会学、政治学、统计学、心理学等学科的研究成果和方法，注重通过广泛的社会调查获取第一手资料，从而更加全面真实地反映和描述某一领域伦理道德的“实然”。只有在此基础上提出的“应然”，才会是更具针对性和实践操作意义的能够成为决策的参考意见和建议。也唯有如此，经济伦理学的实践力才能真正得以张扬。

3. 体系构建与问题研究同时并进

我国当前经济伦理学研究中关于“体系构建”与“问题研究”究竟孰重孰轻的问题，学界有着不同的看法。有学者认为，在没有充分的理论前提和思想准备的情况下构建经济伦理学体系，既使经济伦理研究方法上难以有所突破，又在一定程度上制约了对现实经济伦理具体问题的研究。因此，现在不宜考虑设计出一个令人满意的经济伦理学学科体系，而应当加强“问题意识”，重点研究经济社会发展中具体的经济伦理问题。笔者认为，抽象地说，体系构建与问题研究孰先孰后的问题是个伪命题，两者并不矛盾，而是相互支撑、相互促进的。因为构建经济伦理学的理论体系和学科体系，能够推动问题研究更加系统化、专业化；而对经济生活中具体问题的关注和研究，既是经济伦理学体系构建的前提和基础，也能够更好地充实体系的内容。应当看到，近年来，一些学者已经在构建体系方面进行了一些尝试和努力。但总体上说，我国经济伦理学尚未形成一个较为完善的理论体系和学科体系，这已经成为当前经济伦理学研究和学科建设中的“瓶颈”。现实地说，在我国经济伦理学研究的起步阶段，在缺乏充足的研究成果为构建体系提供基础的情况下，必须将问题研究作为最紧迫的工作，以问题研究为核心来带动体系构建。相信在构建体系与研究问题这两大车轮的驱动下，未来中国经济伦理学研究必将走向新的阶段。

（原载《哲学动态》2007 第 3 期，人大复印报刊资料《伦理学》2007 年第 7 期全文转载，与王露璐合撰）

重建市场经济的道德坐标

社会主义市场经济体制的建立和完善，促进了我国经济社会的全面发展，在给人们的社会生活带来深刻影响的同时，也使人们的道德观念和价值观念在利益整合与分化的基础上发生冲突与碰撞。这是社会主义市场经济完善过程中道德冲突下行为选择的社会性后果。

一　市场经济条件下存在四种道德冲突

道德冲突，是人们在道德关系中进行道德选择时所面临的不同道德观念、道德信念、思想动机及其行为的一种矛盾状态。市场经济条件下道德冲突现象纷繁复杂，归纳起来主要有四种。

其一，功利与道义相冲突。在社会主义市场经济条件下，一些人秉持着“逐利利己利人”的思想，放任私欲的发展，认为在对私欲的追求过程中满足私利的同时也可以给社会带来客观效益，也是在为大多数人谋福利。这种以自我为出发点的道德理念往往导致的直接社会后果就是极端个人主义、拜金主义和享乐主义的泛滥，社会道德风气的败坏。

改革开放以来，共同富裕思想的提出，为社会主义市场经济体制的建立和完善确立了道德价值目标，那就是在个人追求利益达到一定富裕程度之后，要通过先富帮后富，逐步实现共同富裕。这就是说，经济行为的切入点是个人利益，但其行为的出发点及其最终目的应该是个人利益和社会利益的高度统一，并由此实现功利和道义的高度统一。而现实是义利冲突依然严峻，见利忘义、唯利是图的缺德行为还在较为严重地腐蚀着社会有机体。

其二，个人与集体相冲突。社会主义市场经济体制的建立，使利益主体多元化，个体的地位和价值得到尊重，从而增强了经济社会发展的活力。社会经济结构深刻变动，原有的利益格局发生了变化，一些新的利益集团逐步形成，从而引发新的利益矛盾。虽然随着社会主义市场经济体制的完善，各方面利益关系，如中央与地方、地方与地方、政府与企业、企业与个人、个人与个人之间利益关系更加趋于合理，适应了生产力发展的需要。但各个利益主体都有各自的具体利益，都希望在社会主义市场经济体制的调整完善中不受损失或得到尽可能多的利益，特别是多种经济成分和多种分配方式的存在和发展，使不同利益群体的收入差距拉大，利益矛盾更加多样化、复杂化，表现在人们在道德冲突中的道德选择行为上，就会出现诸如借国有企业改制侵吞国有资产、借口保护地方利益而损害集体和国家利益等不道德行为。

其三，效率与公平相冲突。效率既是经济学的概念，但是也具有对于效率进行价值评价的伦理学含义。因此，并不是任何有效率的经济行为都值得鼓励。

社会财富的创造的确改变了人们的生活，但是，我们没有重视注重效率背后的不平等社会现象的出现，导致了贫富悬殊和两极分化，也带来了一系列的社会问题。随着我国工业化、城镇化和经济结构调整的加速，随着我国经济成分、组织形式、就业方式和分配方式的多样化，发展不平衡的矛盾日益凸显，社会利益关系日趋多样化。当前和今后相当长一段时间内，我国经济社会发展面临的矛盾和问题，尤其是效率与公平的冲突可能更复杂、更突出。

其四，代际利益的冲突。这实际上是平等观的冲突，反映的是当代人的发展与后代人的发展的关系。在市场经济条件下，片面追求效率，导致的结果是高能耗、高污染的畸形发展，会造成人类生存环境的恶化。从当今全球性的生态危机可以看出，只顾及本代人的发展会损害后代人的利益，会损害社会的可持续发展能力。

当代人的实践方式和实践效果在一定的程度上预先规定了下一代人的生活条件，如果上一代人给下一代人留下的财富要少于他们从前辈人那里所继承的，就意味着上一代人“透支”了下一代人的财富，甚至上一代人使下一代人的生存状况变差了，并对下一代人的发展造成了损害。

二　社会要求和个体选择的矛盾引发道德冲突

道德冲突是社会矛盾在道德意识和行为领域的特殊表现，其实质是人们利益关系的冲突所带来的社会道德要求和个体道德选择之间的矛盾冲突。道德冲突并不是在当今时代才出现的，从古至今，道德冲突都以不同的形式存在着。一般来说，在社会大变革的历史时期，道德冲突会表现得特别集中和突出，同时促进道德理论的繁荣和发展。

社会主义市场经济条件下的道德冲突，是在利益整合与分化基础上产生的道德价值观念的矛盾选择及社会行为后果。在道德冲突情况下进行道德选择的主体是立足于自身的，道德选择所依据的价值观念往往并不是自觉地从社会利益出发，尤其是在行为主体选择的社会自由度扩大的情况下，这种现象更为普遍。综观社会主义市场经济条件下道德冲突产生的原因，主要有三个方面。

首先，市场经济的双重效应。市场经济对道德具有双重影响。社会主义市场经济在促进社会主义生产力发展方面的作用是毋庸置疑的，它创造了社会主义道德意识强大的物质基础，为社会主义道德建设创设必要的物质条件。但是应该看到的是，我国市场经济的生产力基础并不是高度发达的，在生产力发展落后与不平衡基础上的生产关系不是纯而又纯的公有制，而是以公有制为主体，多种所有制经济并存的基本经济制度。也就是说，存在着各种形式的私有经济成分。因此，私有经济条件下的自利倾向，往往会导致市场经济条件下的诸如拜金主义、享乐主义、自私自利、极端利己主义等违背社会主义道德的资产阶级价值观念的猖獗。反映在经济活动中，就是假冒伪劣、诚信缺失、商业贿赂、生态污染等道德失范现象。

其次，利益多元的价值取向。在市场经济条件下，人们的利益意识和竞争意识得到增强，道德价值取向多元化，个体道德价值评价标准呈现多层次的特点。这使个人道德选择的自由度扩大，选择能力得到增强，在一定程度上削弱社会主导价值观的导向功能，国家观念、社会责任意识、集体意识被淡化，从而导致道德冲突。

最后，不同文化的相互激荡。我国社会主义市场经济的建立和完善是在改革开放过程中多种文化交融、碰撞条件下展开的，中国的传统文化当中维护旧经济基础的道德意识不会随着新经济基础的建立而立即消除，它与社会主义道德意识必然会发生冲突，并且会随着我国市场经济的发展，与资本主义腐朽思想一起沉渣泛起。尤其是西方文化及其道德观念，必然地会随着我国改革开放的发展，以其可能的方式影响我国的道德理念和价值取向，由于中外经济、社会、文化、历史等背景的不同，也必然产生价值观的碰撞和对立。因此，在市场经济的发展过程中，面临着多重文化背景的道德冲突。

三 调适和化解道德冲突需要道德和法制支撑

面对市场经济条件下的道德冲突，党的十六届六中全会提出必须坚持用发展的办法解决前进中的问题，大力发展社会生产力，更加注重发展社会事业，更加注重解决发展不平衡问题，推动经济社会协调发展，不断为社会和谐创造雄厚的物质基础。并在社会主义核心价值体系基础上建设和谐文化，从而为调适与化解道德冲突提供智力和德力支撑。

把握市场经济的价值导向。在社会主义初级阶段，我们发展市场经济要充分认识到个人私利与集体利益的辩证关系。社会主义市场经济的利益协调总则是具有公正价值取向的集体主义道德原则。党的十六届六中全会指出，要适应我国社会结构和利益格局的发展变化，形成科学有效的利益协调机制、诉求表达机制、矛盾调处机制、权益保障机制。坚持把改善人民生活作为正确处理改革发展稳定关系的结合点，正确把握最广大人民的根本利益、现阶段群众的共同利益和不同群体的特殊利益的关系，统筹兼顾各方面群众的切身利益。

在社会主义市场经济条件下倡导的集体主义原则，不是那种“虚假”的集体主义，而是真实的集体主义。真实的集体主义应当包含对个人利益或局部（部分）利益的肯定，这样的集体主义才能促进社会主义市场经济的健康发展。在社会主义市场经济条件下，倡导集体主义必须以人民利益为基础。没有人民利益这个基础，不是全心全意为人民服务，那么集体主义就变了味，集体主义就会成为小团体主义或地方保护主义的“遮羞布”，就会导致集体贪污腐败，以至于堂而皇之地侵吞国有资产及挪用国家拨款等肆无忌惮的不法行为大行其道。唯利是图、自私自利的极端利己主义是与共同或集体利益相对立的。我们要反对把共同或集体利益与局部或个人利益完全对立起来的倾向。

私德与公德协调发展。在利益整合与分化基础上的道德冲突使人们在道德行为的选择上，面临着公德与私德的矛盾。公德与私德的关系反映了个人与社会的利益关系。私德反映对个人及其相关利益的增进与协调，公德反映了对公共利益或社会利益的增进与协调。随着市场经济的发展，公共生活领域的扩大，使得社会公德的作用日益重要。

社会主义市场经济是以公有制为主体的，这使公德与私德的协调发展成为可能。现今的私德是相对于已定位了的公德而确认的，就更广和更深意义上来说，私德是公德的一部分，私德就是公德。当然，公德并不是自然而然就可以自动生成的，特别是我国还存在私有制的经济成分，在此基础上的私德发展带来的社会后果会对社会公德的发展产生不利的影响。

因此，党中央针对社会主义市场经济发展过程中出现的问题，诸如是非、善恶、美丑界限混淆，拜金主义、享乐主义、极端个人主义有所滋长，见利忘义、损公肥私行为时有发生，不讲信用、欺骗欺诈成为社会公害，以权谋私、腐化堕落现象严重存在等问题，大力倡导公民道德建设，提出了“二十字指导方针”，即爱国守法、明礼诚信、团结友善、勤俭自强、敬业奉献的基本道德规范，努力提高公民道德素质，促进人的全面发展。

法律与道德共建并举。化解市场经济条件下的道德冲突，除了要靠根植于内心的信念支撑的道德观念之外，还要靠具有强制功能的法律。

道德实际上就是良心接纳、顺从了的最高法律；法律是公民普遍认同的最低道德。道德建设与法制建设是相辅相成的。从某种意义讲，道德较之法律更为重要，意义更为重大。因为道德观念决定着人们的价值取向、价值目标、生活方式与行为方式，所以道德水平的提高会加强人们的守法意识，使法律的实施得到广泛的社会舆论、传统习惯和内心信念力量的支持，使法律的作用更强大、更有效。法律能否被执行，取决于道德觉悟的驱动，如果没有道德水准，没有一定的自觉守法的道德意识，破坏法律或逃避法律的制裁就会成为社会的普遍现象，法律就会失去其存在的意义。

道德调整的多为人的内心世界和思想信念，形成有效的约束机制是十分艰难的过程。法律则以其明确性、制度性和威严性弥补了道德手段的不足。以法律来推进道德建设，社会主义道德规范才能扎根于现实生活。否则，没有一个有效的约束与奖惩机制，公共服务意识无法确立，甚至道德高尚者最终可能成为社会中的弱势群体。因此，依法治国需要同时进行道德建设，而完善法治又是道德建设的必由之路。法治和德治并举才能有效地倡导社会主义市场经济的价值观念，营造和谐的精神家园。

（原载《中国教育报》2007 年 4 月 24 日）

论经济与道德之关系的思维模式
——以马克思、韦伯和斯密为例

研究经济与道德之关系问题是关乎经济伦理学一般理论形成的关键，而探讨经济与道德之关系的思维模式将有助于我们对经济与道德之关系问题的正确把握。本文着重叙述当代经济伦理学理论建构中需要关注的三位经典式权威人物，他们是马克思、韦伯和斯密。在我看来，此三者代表了三种不同的理论路径，而对这三种不同理论路径的梳理将有助于开拓对经济与道德关系问题探究的理论视野。

路径一：历史共性的经济根源论

熟悉马克思及其学说的人都不会否认：在唯物史观的立场上，经济与道德之间存在着一种具有历史共性的规律性关系，即尽管经济与道德之间会有发展的不平衡性，但经济不仅在存在基础上控制着道德的产生与发展，同时，道德的历史活动过程也必须在一定经济关系的制约中找寻自身的价值。换句话说，离开社会的经济基础和物质生活条件，人类的道德现象就无法获得独立自足的解释。

20 世纪 70 年代，罗尔斯《正义论》的出版所引发的诸种理论思潮，曾不同程度地波及英美马克思主义研究领域。于是，在“马克思与正义”这一题旨下，展开了一场具有西方马克思主义伦理学特色的大规模论战。这场论战起源于这样一个问题，即马克思在文本中曾大量地使用“剥削”“强盗”“骗子”等饱含道德价值评价的词汇，来剖析和谴责资本主义社会经济的非道德性和反道德性，这是否意味着在马克思的理论中暗含着某种正义的道德原则或标准？如果有，它又将会是一种什么样的原则或标准呢？争论的一方认为，资本主义的生产方式及其经济组织形式在资本主义体系内具有历史的合理性和正当性。马克思一般是在非道德主义的立场上对其进行历史评价的而不带任何道德色彩。另一方则认为，马克思使用这些词汇来谴责资本主义经济剥削和压迫，实际上依然表明在他的理论中存在着某种正义的道德原则或标准，而且，这种道德原则或标准不可能产生于资本主义生产方式本身，否则它就不能作为价值依据对其进行道德评价。该观点中一种较为流行的看法认为，它是一种以人的自由或人的自由发展为基本价值立场的超历史的普遍正义原则。[①]

资本主义的生产方式及其经济组织形式是资本主义社会的历史本质。在唯物史观的立场上，如果说道德作为一种意识形式只能是受制于它的社会历史本质，尤其受制于该社会的经济本质，那么资本主义道德是否能成为评价资本主义经济的合法性根据呢？表面上看，这显然是一个悖论。然而，实质上，这里存在着一个被争论双方都忽视了的问题。这一问题是：资本主义道德和资本主义社会中的道德是两个不同的范畴。如果仅仅把资本主义社会中的道德完全理解为资本主义道德，那么由资本主义经济所决定的资本主义道德显然不能作为评价的合法性依据。这样一来，把马克思的道德谴责理解为用更加高级的社会形态的道德（共产主义道德）或是用超越历史的某种道德原则来谴责资本主义经济的论断也就不足为奇了。因为，这是可想象到的两条最好的捷径。但问题是，（1）马克思从未标榜过什么所谓的超历史的普遍正义原则或永恒的道德评价标准，相反，马克思一贯反对脱离具体的历史情境和社会境遇来抽象地谈论问题。他曾在《德意志意识形态》中说道："然而，在考察历史运动时，如果把统治阶级的思想和统治阶级本身分割开来，使这些思想独立化，如果不顾生产这些思想的条件和它们的生产者而硬说该时代占统治地位的是这些或那些思想，也就是说，如果完全不考虑这些思想的基础——个人和历史环境，那就可以这样说：例如，在贵族统治时期占统治地位的是忠诚信义等等概念，而在资产阶级统治时期占统治地位的则是自由平等等等概念。"[②]

① 参见 Noman Geras, *The Controversy about Marx and Justice*, *New Left Review*, 1985; *An Addendum and Rejoinder*, *New Left Review*, 1992。

② 《马克思恩格斯全集》第3卷，人民出版社1960版，第53页。

（2）马克思关于共产主义社会理论只是一种科学的社会构想理论，许多具体问题还尚未涉及，尤其是共产主义道德的相关问题。因此，马克思对资本主义社会的道德批判之价值来源还不是系统地建立在社会主义和共产主义基础上的共产主义道德思想，而是资本主义社会中的进步道德。当然不可能是资本主义道德。事实上，在马克思看来，共产主义不是横空出世的怪物，而是在资本主义社会的胚胎中发展出来的。换句话说，这意味着资本主义社会中孕育着共产主义成长的因素，共产主义经济以及道德蕴含在资本主义经济及其道德的发展过程中。因此，在这个意义上，马克思对资本主义社会经济之道德谴责的价值根源则可以被理解为在资本主义社会中具有共产主义性质的那些正在成长中的道德因素。

由是观之，在经济与道德之关系问题上，马克思的理论作为路径资源，价值有二。其一，经济与道德之间存在着第一性问题，即经济决定道德，道德关系最终可归结为经济关系。只有坚持从经济关系出发才能正确认识社会道德。但有一点需要注意，具有历史共性的这种决定性，同样也只有在历史共性中才存在普遍性。换句话说，在某些具体的历史情境中，也有可能是道德发挥着决定作用。其二，道德之于经济而言是内生的而不是外生的。道德关系通过种种中间环节的作用最终可被归结为经济关系。不过，这种中间环节并不是外在于经济或道德的，而是一种内在的紧张关系的演进所必须经历的历史活动阶段。

不过，遗憾的是，马克思在道德的经济根源论中突出地强调了经济的一边却并没有来得及详细地从道德的一边论说对经济生活的干预功能和改造作用，以及两者之间更为具体细致的复杂关系。而这一方面则为韦伯所特别关注。

路径二：历史个性的行为决定论[①]

韦伯虽然深受马克思的影响，不过，他也曾经在不同的场合反

---

① 总体上看，韦伯对于经济基础与上层建筑关系的认识由于受到马克思的影响，与马克思十分接近，不过《新教伦理与资本主义精神》倒是有其特色，故而这里的概括限定在对韦伯这一文本的解读。

对过马克思的历史唯物主义观点，并把他看作“经济决定论”式的朴素的唯物主义。在韦伯看来，他既反对“对文化和历史所做的片面的唯灵论因果解释”，也反对“同样片面的唯物论解释”，而是“每一种解释都有着同等的可能性”。[①] 在对新教禁欲主义的研究结论中，他指出：“这里我们仅仅尝试性地探究了新教的禁欲主义对其他因素产生过影响这一事实和方向；尽管这是非常重要的一点，但我们也应当而且有必要去探究新教的禁欲主义在其发展中及其特征上又怎样反过来受到整个社会条件，特别是经济条件的影响。”[②] 由是观之，韦伯似乎在经济与道德关系的问题上更加注重两者的相互关系。他既重视经济条件对道德生活的限制，也重视道德观念对经济生活的影响，并强调两者之间的相互作用。其实，问题并非如此简单。

让我们先来考察一下韦伯的分析方法。在《新教伦理与资本主义精神》的第二章，即“资本主义精神”这一章里，韦伯在谈到对资本主义精神的概念的分析视角时说道：“从历史概念的方法论意义来说，这些概念并不是要以抽象的普遍公式来把握历史实在，而是要以具体发生着的各种关系来把握，而这些关系必然地具有一种特别独一无二的个体性特征。”[③] 当代英国著名社会学家吉登斯认为，韦伯与马克思不同，他更关注的是人的社会行动而非社会结构。虽然经济因素的确重要，不过理念和价值观具有同样的影响力。他坚信人类的动机和理念是变革背后的动因，思想、价值和信念具有推动转变发生的力量。他不相信外在于或独立于个体的结构。相反，他认为：“社会的结构是由行动之间复杂的相互影响型塑的。”[④] 换句话说，在韦伯那里，他并不认为在经济与道德之间如马克思所说具有一种规律性的历史共性。特定时期的变革是作为自为的个体的

① ［德］马克斯·韦伯：《新教伦理与资本主义精神》，于晓等译，生活·读书·新知三联书店1987年版，第144页。

② ［德］马克斯·韦伯：《新教伦理与资本主义精神》，于晓等译，生活·读书·新知三联书店1987年版，第143页。

③ ［德］马克斯·韦伯：《新教伦理与资本主义精神》，于晓等译，生活·读书·新知三联书店1987年版，第143页。

④ ［英］安东尼·吉登斯：《社会学》，赵旭东等译，北京大学出版社2003年版，第18页。

创造性活动的产物。并且，也只有这种创造性的个体行为才是历史发展的动因和前进力量。于是，我们可以发现，在韦伯看来：经济与道德虽然相互渗透，不可分割，但实际上并没有哪一方具有绝对的控制力；而一切有赖于人的创造性行为。也就是说，人类行为是经济动机或道德动机相互作用的复杂过程，而所谓的社会结构则是这一过程的结果，而不是相反。这和马克思从社会关系的角度看待人类行为是一种截然相反的路径。在韦伯这里，人类行为具有历史个性的决定性意义，历史个性意味着没有横贯历史始终的“经济决定论”或“唯灵论”，是经济动机主宰人类行为还是道德动机主宰人类行为完全取决于一定历史时期各种行为因素的复杂变动。这是一种具有历史个性特征的偶然性结果，而正是这种具有偶然性的结果才构成了经济的或者是道德的在特定历史时期的个性决定意义。

因此，如果单从表面上看，似乎韦伯比马克思更加重视和强调道德对经济的影响。然而，在我看来，这只是个错觉。韦伯在《新教伦理与资本主义精神》中的分析，持有的只是一种社会学历史个案研究的实证性立场（“价值中立”是韦伯的思想原则）。虽然韦伯并不抽象地脱离历史谈论问题，然而在他看来，历史事实所反映出的经验现象只是一种社会实在，它并不一般地表现为在经济与道德的关系上存在着一种有规律可循的普遍必然性原则。因而，历史个性就是其本身所表现的那样，只是一种个性的实在。所以，在这个意义上，韦伯之路径显然缺乏马克思之路径的那种强烈的历史责任感和明确的道德价值方向感。这样一来，问题就在于：如果在经济与道德的关系上并不存在一种明确的价值圭臬和有规律可循的原则与方向，那么这种以历史案例为经验模本的行为教学法，是否可以成为人类在其发展道路上可资参阅的导向性读本？这是一个值得深思的问题。不过，且不论其历史观与价值立场究竟如何，韦伯的路径为细致而深入地分析经济伦理问题提供了一种方法论资源。这种方法尤其侧重于道德对经济行为的干预和影响能力。换句话说，他强调了马克思并没有来得及强调的另一方面。需要说明的是，韦伯对经济与道德之间关系所做的研究，从某种意义上说，还只属于一种社会实在意义上的历史叙事。实际上，他并没有提出什么一般性理论，而只是用事实说明了一个重要的观点。但是，值得注意的是，韦伯对人类行为的个性推崇以及对其决定意义的强调恰恰和当代西方经济伦理学以人类行为为切入点来看待经济动机与道德动机有着相通之处。而韦伯有关人类行为对社会结构的形塑性解释则和当代制度经济学以演化博弈来叙述社会建制过程有着异曲同工之妙。

路径三：人性决定论

斯密这位“现代经济学之父”，由于其两本知名的且分别涉及经济学与伦理学的著作（《国富论》和《道德情操论》）而成为当今经济伦理学研究中尤为重要的经典式人物。虽然韦伯首倡了“经济伦理”这一概念，不过，当人们从韦伯的经验性图景中观察到了经济伦理现象，且承认了经济伦理的实在性，继而打算深入经济伦理研究的内核中去的时候，那脍炙人口的“经济人”与“道德人”的斯密悖论就随即浮出水面。同时，许多有关对经济与道德的关系问题的认识或经济伦理学研究的理论路径，就是从此悖论开始的。于是，虽然斯密的理论在时间顺序上要早出现于前两者，但我们在这里将把他看作离我们“最远的最近之人”而位列于此。与前两者的路径有所不同，在经济与道德的关系上，斯密的理论似乎既不强调历史共性（马克思），也不彰显历史个性（韦伯），而表现出一种不十分明确的人性二元论立场。其实，众所周知，斯密并不曾明确地把他的两部著作联系起来加以考察经济与道德的关系问题。那么，问题就在于，重释斯密学说的理论就意味着，并不是斯密的路径会必然地影响现代经济伦理学研究，而是为什么在经济与道德关系问题研究的现代路径中，会回到斯密那里？会回到人性假设那里？这是一个比重释斯密问题更值得考虑的经济伦理问题。

大多数斯密的追随者和信奉者，都坚信自己正确地理解着他的一种理念，即我们不是从屠户、酿酒师和面包师的善行当中指望我们的餐宴，他们只关心他们自己的利益。我们不是出于他们的仁慈进行交换，而是出于他们的自爱。于是，屠户、酿酒师和面包师只关心我们的钱，我们只需要他们的产品，结果是交易行为使双方受益。经济学的推理即从以下开始：人是自利的，这是人性之根本体现。每个人都试图使自己获得更多的利益，并且只关心自己所获得的利益。那么，市场就是一个在于给人们提供为了满足个体自利需要的相互交换的互利性场所。这样，个人的私利就会通过市场的互利方式（“看不见的手的调节”）而惠及于整个社会。然而，在诺贝尔经济学奖获得者、印度的阿马蒂亚·森看来，这根本就不是斯密的本意，而是其后继者的误读和曲解。不过，现代经济学却恰恰是从这个路径中走出来的。结果是：当经济伦理学开始关注经济与道德关系问题的时候，当伦理学知识和经济学知识进行对话的时候，则无一例外地沿着经济学的这种知识路径开始讨论起人性假设问题来，并在“人性”这个时髦概念的旗帜下研究经济与道德的关系。

如果说，马克思只是交代了规律性的历史共性原则及其价值方向而没有涉及具体的经济伦理问题，韦伯虽然提出和分析了问题却没有指明方向或提供理论，那么斯密的学说似乎可以达到两者兼顾。表面上看，一方面，这种理论路径既探讨以“活生生”的人性为前提，充分地考虑到人的行为动机的始源性和多样性，也即突出了人的个性；同时，另一方面，由于人的这种人性条件是一切历史的、社会的人所共有的，那么只要是在“人性”这一概念下，它同时也就获得了人类的共性。实际上，以人为价值立场而谈论人性本无可厚非。在马克思和韦伯那里，这一立场同样存在。只不过，对马克思而言，就人谈人等于空话，人是现实社会关系的产物，人性是历史社会在人的自然属性之基础上所塑造的以社会属性为本质的人的共性与个性的统一。要实现人的自由价值和真实的自由，就要改变表现为人的本质规定性的各种社会关系，尤其是经济关系。人是在这种关系改变的过程中改变自己以实现自身自由的。而在韦伯那里，他则更加强调人类行为的创造性和对社会制度的建构能力，尤其是在变革时期。只是，韦伯把人与社会结构之间的互动关系看作第一位的，他强调行动而不看重单独的某一方面的决定性力量。两者虽然都具有人的价值立场，但并没有把人的外在性关系归结为由人的“内在性”所外化的产物。而斯密的理论（抑或是他的追随者的误解）虽然回到了人，却回到了抽象的“类人”，回到了费尔巴哈式的“人”的概念之下，那将会是一条走不通的死胡同。

在经济与道德的关系问题上，通过对三种思想资源与理论路径的梳理，我认为，以人性理论解释经济与道德之间的关系是不科学的，应当给予扬弃。我们更倾向于把人性假设的问题看作一种行为动机的结构关系问题。换句话说，以人类总体行为为本，经济行为或道德行为只是总体行为的某种向度。单向度的某种行为不能替代总体行为。具体地说，即不能以经济行为代替人类行为，不能以经济行为等价于理性行为。不过，动机的价值根源却不在于人性，而是社会关系体系与行为之间互动关系的结果。而在两者的互动关系中，我们还是坚持马克思的社会关系本体论立场。由此，不难看出，从马克思到韦伯再到斯密，是一个从社会关系结构——人类行为——动机的由人之外而向人之内的递进过程，这一过程同样也可以从人之内的一方向人之外的一方推演。关键在于，把握这三个环节以及在涉及具体情况时的推演顺序将是正确地认识和处理经济与道德之间关系的科学方法和有效路径。

（原载《道德与文明》2007 年第 3 期）

论经济与伦理的内在结合

近年来，经济与伦理之间的关系问题已成为新兴的边缘性交叉学科经济伦理学所关注的重点问题。然而迄今为止，虽然人们已经习惯于“经济伦理”这一提法，但是诸如“经济伦理是什么”这些经济伦理学的元理论问题仍然没有得到很好的解答，以至于在理论和实践上都无法厘清经济与伦理之关系。鉴于此，本文试图廓清经济与伦理的逻辑联系，阐明两者的相互依存关系，即在经济领域中不存在无伦理的经济，也没有无经济的伦理。

一　问题的缘由及其意义

20 世纪 70 年代后期，经济伦理学作为一门新兴的学科首先在美国诞生。随后不久，该学科在 80 年代的欧洲与 90 年代的中国落地生根。[①] 虽然上述地区因各自不同的历史文化传统、商业组织形式及其政治条件而发展着不同的经济伦理模式与经济伦理学道路，然而，经济伦理问题的出现却呈现出一种具有普遍意义的特征，即在许多学者看来，把经济与伦理结合起来考虑乃至于经济伦理学的诞生，与其说是一个学术事件，不如说是经济社会与知识界在20 世纪后半叶经历了商业活动的种种“丑闻”之后，所反映出的一种新的学术心态和理论构想。

然而，尽管经济伦理运动在全球范围内广泛而持续地进行着，

---

① 参见 De George，Richard T.，“The status of business ethics past and future”，in *Journal Business Ethics*，volume 6，issue 3，1987；王小锡、朱金瑞、汪洁主编《中国经济伦理学 20 年》，南京师范大学出版社 2005 年版。

经济伦理学也在跨学科的知识对话中快速地发展，但是迄今为止，经济与伦理之内在结合依然缺乏一个明确的价值主旨和系统的理论框架为其提供合法性的知识根据。对经济伦理学诸元理论问题的规避延缓了经济伦理学一般理论的形成，也阻碍了经济伦理学的学科建设。正是在这种情况下，当今国外经济伦理学界十分推崇和倡导一种“面向问题与行动”的经济伦理学。正如乔治·恩德勒所言：“我的提议并不是关于经济伦理学的一般理论，我认为提出这种理论的时机还未成熟。毋宁说我所提出的只是对经济伦理学的一种概念理解，它通过把几个基本特征整合起来而提倡一种‘自上而下’的方法。这一方法关注的重点是‘面向问题与行动’的事业。”[①] 美国著名经济伦理学家理查德·狄乔治也在文章中说到，经济伦理学旨在提供一种围绕问题的系统化的行动框架以整合各门学科知识，改变各个层面上经济行为的伦理质量。[②] 需要说明的是，这种具有整合功能的框架至今仍未形成。

经济伦理学一般理论研究所呈现出的这一状况是事出有因的。其关键在于学科间的知识交叉不足，而其根源则出自学科间深层次的知识隔阂。2000 年，美国《经济伦理学季刊》（*Business Ethics Quarters*）编委，明尼苏达大学战略管理学、哲学教授诺曼·布维（Norman E. Bowie）在应邀为该刊创刊 10 周年所撰写的《经济伦理学，哲学和下一个 25 年》一文中认为，没有一种学科知识能够像道德哲学这样给经济伦理学提供一个系统的知识框架和有力的理论根据。然而美国的道德哲学家们似乎很不情愿委身于经济伦理学研究，而管理学的教授们由于对伦理学知识的缺乏往往无法解决一些深层次的理论问题。道德哲学家们在研究经济伦理问题的时候，所持的依然是功利主义、道义论和美德伦理学等传统的伦理学主流知识，且只是把经济伦理现象作为这些传统知识的理论外化与经验素材。[③]

---

① ［美］乔治·恩德勒：《面向行动的经济伦理学》，高国希、吴新文等译，上海社会科学院出版社 2002 年版，第 53 页。

② 参见 De George，Richard T.，“The status of business ethics past and future”，in *Journal Business Ethics*，volume 6，issue 3，1987。

③ 参见 Bowie，Nognan E.，“Business ethics，philosophy，and file next 25 years”，in *Business Ethics Quarterly*，volume 10，issue 1，2000。

而这样做往往会使许多经济伦理问题最终流变为传统的伦理学知识系统内的问题。

正是从这个意义上说，如果我们无法找到经济与伦理内在结合的知识依据，从而促进经济伦理学一般理论的形成，那么经济伦理学学科知识的合法性就将受到质疑，经济伦理学就将被别的学科理论指使而丧失其独立性。其直接后果是，许多产生于不同经济领域中的专门性问题在发生两难选择的时候往往找不到理论的支撑及其知识根据，而倘以某些宏观宽泛的理论叙述来对待这些专门性问题又显得不够实用，难以奏效。因此，“面向问题”这种形式上看似合理的行动框架，如果在理论体系上缺乏必要的基础，那么其实践路径就可能流化为不同行动方案轮流坐庄的策略性格局，而最终使统一的行动框架无法实现。事实上，经济伦理学的行动框架至今仍未形成的关键原因，就在于其缺乏一般理论。不过，经济伦理实践与一般理论所存在的这种紧张关系，其根源在于经济伦理学所涉及的各门学科知识间的紧张关系，这种紧张关系突出地表现为各学科间的逻辑思维方式以及知识立场之间存在着隔阂。正如阿马蒂亚·森在《伦理学与经济学》中所认为的，“经济理论对深层规范分析的回避，以及在对人类行为的实际描述中对伦理考虑的忽视”，“使现代经济学已经出现了严重的贫困化现象”。[1] 这一隔阂同时也发生在20世纪末我国经济学界出现的所谓“经济学讲不讲道德”的争论中。

二　经济的内在道德性及其结构

根据马克思主义的道德发生学，人类社会的道德现象是无法脱离相应的经济生活条件而获得独立自足的解释的。因此，相应地，任何一种经济体系都会内生出一定的道德要求。经济的这种内生性道德突出地表现为对一定经济体的规范维系和价值支撑作用。对于认识经济的内生性道德，我以为有四点是关键。

① ［印］阿马蒂亚·森：《伦理学与经济学》，王宇、王文玉译，商务印书馆2003年版，第13页。

1. 关系共存

狄乔治曾经区分过两种意义上的经济伦理学，以分别看待不同的经济伦理问题：一种是商业道德意义上的，另一种是学术研究意义上的。两者的区别在于：前者以一般性的道德原则或规范来影响经济生活，诸如不应说谎、不许偷窃、不能欺骗等，在这个意义上，道德是外在于经济生活的，道德原则或道德规范应用于经济领域与运用于其他社会领域并无二致；后者即学术研究意义上的经济伦理学，则试图把一种伦理学的行为方式通过某种经济学与伦理学共享的框架植入经济活动中，以改良各个行为层次上的伦理质量，改善经济生活。[①] 在我看来，狄乔治的这种学科知识的划分方法，实际上恰恰是现代社会看待经济伦理问题的两个不同视角：前者是以道德旁观经济，后者则是两者互动。一般而言，社会结构可以被看作按照一定的规则建立的社会关系体系。社会经济结构表现为以经济关系为主体所建立的人们从事共同经济活动的行为方式。然而，每一种经济关系并不单一的只是经济属性的体现；在社会关系的意义上，它还包含着各种关系的协调原则（道德价值的协调原则是其中之一）、集体意识、人格角色等共有基础，这是伦理关系在经济关系中存在的前提。在经济关系中，以道德价值为协调原则的伦理关系客观地存在于经济关系中。相应地，在经济结构中同样也存在着由这种伦理关系所决定的道德结构体系。现代经济伦理学正是对这种互存性结构（它可以称为经济有机体）的自觉与实践。

2. 机制共建

虽然社会经济结构当中所包含的道德结构体系是作为必要条件客观存在的，但这并不意味着它必然会为社会主体意识所意向。这一点突出地表现为在经济学中把道德结构体系作为固定值或保持不变的假设条件而悬置起来的现象。从经济与道德的现实关系上讲，

---

① 参见 De George, Richard T., "The status of business ethics past and future", in *Journal Business Ethics*, volume 6, issue 3, 1987。

“这是一种经济联系从社会与文化准则中脱离出来的过程，这个过程有利于一种更强大的经济自身规律”①。依此，道德只能是一种被选择或提供价值选择理论的学说，它必须梳洗干净以等待“经济王权”按照自己的标准进行挑选。不过，经济的这种独立化过程却在现实的市场经济运行机制中出现了问题。市场的负外部性以及公共产品的生产、分配等问题，使市场具有不可避免的失灵现象。政治干预也同样具有局限性（政府失灵）。事实表明，即使是充分的制度设计及安排也不能消除市场机制本身所固有的缺陷。更何况在市场中，市场机制内所悬置的那些外在条件也开始逐渐发生变化。社会的结构性变动或微调会改变原有机制的运作理路。而机制在重组的过程中需要各方的共建力量。正是在这个意义上说，道德不仅仅是在利益关系发生冲突情况下的调停人，而且要参与到那些固定值和假设条件的修改方案中去。市场机制需要采纳道德的建议，并把它们容纳到自身的运行机制当中。所以，道德不应仅仅作为限制条件而出现在机制当中，而应构成运行机制的共建部分。

3. 实践共行

所谓“实践共行”，实际上关乎经济生活中道德行为的可能性问题。在韦伯的《新教伦理与资本主义精神》所描绘的时代以前，经济实践上的成功从个体或社会的成就评价上说，是次于道德评价的，这意味着道德价值是自足的。韦伯在书中所描绘的时代，是一个在社会成就评价的意义上使经济行为和道德行为相统一的时代。赚钱是一种符合上帝意志的天职。它不仅仅是正当的，更为关键的是它在道德评价上获得了正面意义。于是经济行为开始成为向善德行的一部分。然而在后韦伯时代，人们对个人或社会的经济成就评价开始优于道德评价。经济行为由不雅到正当，再到具有正面意义，逐渐获得了在社会成就评价上的价值优先地位。虽然这并不意味着在现代社会中经济成就具有个人或社会成就意义上价值评价的绝对优先权，然而道德评价在现代社会中确实已经失宠。由此，现代意义

---

① ［德］彼得·科斯洛夫斯基：《伦理经济学原理》，孙瑜译，中国社会科学出版社1977年版，第4页。

上经济与道德在实践层面上的再度融合将是不同于以往时代的：它不但在行为的动机层面更加强调多元化和去经济中心化，更为重要的是，经济行为的动机将被看作一种复杂的结构而不是简单的层级关系；同时在行为的效果上，道德评价虽然承认了经济行为的正当性和善意义，但同时也保持了它对经济行为的牵制力和在更高价值层级上的独立性和优先性。

4. 价值共享

现代西方经济学中流行以非道德主义为标识的经济理性主义。它首先区分出事实与价值两个领域，并把经济行为确定为事实，把道德行为确定为价值，并根据事实和价值的不可通约性而排斥道德价值。然而，在现实社会生活中，我们很难看到所谓纯粹的事实或纯粹的价值。实际上，并不像许多经济学家所认为的那样，经济现象是事实，道德现象是价值。两者的正确关系应是：经济现象不仅仅是“事实”，也含有“价值”；道德现象也不仅仅是“价值”，还含有“事实”。因此，在知识社会学的意义上，说经济是“价值无涉”或“价值中立”是站不住脚的。但同时，我们也不能在下述意义上说经济具有价值意蕴，即由于经济学不做价值选择和价值判断，因而也构成了一种价值立场。事实上，经济学中的许多假设条件和知识前提往往是以道德价值为基础的。经济学必须说明它在有助于社会发展以及涉及自由、平等、正义等价值问题上所做的选择和所作出的贡献。这样，道德与经济在价值领域就不单纯是一种价值和事实的关系；它们需要澄明各自的立场，并在对话和共识的基础上共享某些事实与价值。

以上四个特点是对经济与伦理内在结合的结构性描述。现代经济与伦理之间关系的深层次结合不是上述某一个方面的单向度展开，而是四个方面的共有互融。正是在这个意义上，道德是内在于经济当中并具有一定存在结构的；从社会存在到社会意识，它渐进地表现为结构—机制—行为—价值四个层级与环节。它们是使经济能够保持良好运行状态所必要的维系规范与价值支撑。不过，对经济的内在道德性及其结构的认识依赖于个人或社会的伦理自觉，个人或社会的自觉与否往往直接关系道德在经济领域中的在场或不在场。

这种在场或不在场的特性是道德以自在状态或自为状态存在于经济当中的条件。

三 经济之外在道德

如果道德是内生于经济的，一切经济活动中都客观必然地包含着某种道德价值属性，那么，道德作为经济存在之维系规范与价值支撑无疑会对经济产生相当的依附性。正是在这个意义上，市场经济中以“趋利”为动机的所谓经济理性行为就必然会孕育或滋生出利己主义的道德价值意识。然而问题是，通常对经济理性行为和市场经济制度所持之道德批判的价值根源从何而来？这一诘问意味着由一定经济体所内生出的道德价值是否能够形成或演变为一种“异己”的道德自省力量？事实上，这关乎经济与伦理之结合的相容程度问题。换句话说，经济的内在道德是否存在着合理性限度？内生性道德是否具有对一定经济体进行全面评价的资格？

尽管“经济帝国主义”受到来自各方的批判，然而不可否认的是，“经济帝国”确实以强势的社会控制力和庞大的知识意识形态左右着我们这个时代。一如著名的经济社会学家博兰尼所写的：“假如不废绝社会之人性的本质及自然的本质，像这样的一种制度将无法在任何时期存在，它会摧毁人类并把他的环境变成荒野。而无可避免的，社会将采取手段来保护它自己，但不论社会采取哪一种手段都会损伤到市场的自律，扰乱到工业生活，进而以另一种方式危害到社会。正是这种进退两难的困境使得市场制度发展成一种一定的模式，并且终于瓦解了建立在其上的社会组织。”① 如果博兰尼的刻画能被接受，那么这意味着社会是被镶嵌在市场中的，由此市场就构成了社会的价值基础而不是相反。市场领域中所推崇的价值需要将会凌驾于总体社会的价值需要之上。与市场的这种实际控制力相投合的是，现代经济学源于此并基于此而构造了相应的知识意识形态及其霸权话语。在森的《伦理学与经济学》中，他指出：“一般

① ［匈］卡尔·博兰尼：《巨变：当代政治、经济的起源》，黄树民等译，台北：远流出版公司1999年版，第59—60页。

来说，在主流经济学中，定义理性行为的方法主要有两种。第一个方法是把理性视为选择的内部一致性；第二个方法是把理性等同于自利最大化。”[①] 与此同时，经济学把这种被定义了的理性行为等同于人类的实际行为。由此，人类的实际行为就由自利最大化的内部一致性而扩展至外部一致性，并以此来解释人类的全部行为。[②] 这样，自利最大化的理性行为就成为解释其他行为诸如政治行为、道德行为、法律行为等的根据。

然而，人类行为在事实上的复杂多样性表明，尽管其他各种形式的人类行为在归根到底的意义上可能受制于经济行为，但是这些行为本身却存在着自己的价值底线。从经济与伦理的关系来看，至少可以从两个方面来诠释。其一，政治系统内的道德价值与经济系统内的道德价值之相容程度是有限的。政治领域内的自由和平等概念所包含的价值内容要比经济领域中的自由和平等概念丰富得多。经济对自由与平等的价值理解如果仅仅以遵守市场经济规则为标准，那么源于起点不平等的结果不平等在经济领域中就是合理的。而政治正义则是试图对这种经济自由加以限制，以确保政治民主的实施“惠及少数的最不利者”[③]。其二，这一限度性解释同样发生在经济系统内的价值与历史文化的价值之间的冲突中。制度经济学认为，每一个社会的制度体系都可以以正式制度与非正式制度两种形式来划分。而那些先进的经济制度（正式制度）之所以移植到某个社会而无法产生预期效果，其原因在于它和该社会的非正式制度之间发生了冲突。非正式制度通常指历史文化传统，尤其是社会道德传统习俗，它包含着一定文化共同体中对某些基本价值的理解及其所持立场。

正是在这个意义上，任何经济体实际上都无法脱离一定社会所提供的文化价值、传统基础以及必要的政治条件。而这些市场经济的环境条件所持之价值立场，在事实上往往并不符合经济思维逻辑

---

① ［印］阿马蒂亚·森：《伦理学与经济学》，王宇、王文玉译，商务印书馆2000年版，第18页。

② 参见［印］阿马蒂亚·森《伦理学与经济学》，王宇、王文玉译，商务印书馆2000年版。

③ 万俊人：《市场经济与民主政治——从经济伦理的角度看》，《哲学研究》2000年第4期。

与价值立场，这就使得市场经济在扩张其行为方式与价值意识时，不可避免地将与其他社会子系统发生价值冲突。这突出地表现在经济之内在道德与外在道德的矛盾关系中。简单地说，当由经济系统内所产生的内在道德与以整体社会为价值立场的经济之外在道德发生不可调和的冲突时，外在道德就会对内在道德提出重组和调整的要求，以寻求一种新的社会价值结构与序列。

从这个意义上讲，经济之外在道德与内在道德是有所区别的。所谓经济的内在道德是指一切经济活动所具有的道德属性；经济的内在道德客观地存在于一切经济行为当中，对经济存在着依附性。而经济的外在道德是对经济内在道德的一种调整和超越。这种调整首先“将道德视为社会意识形式和社会规范形式”作为价值立场，剥离了道德对经济的绝对依附性，不再单纯地以经济领域中所产生的道德价值为唯一标识。在我看来，对经济之外在道德的这种价值理解及其立场，才是对一定经济体所持之道德批判的价值根源。那么，经济之内在道德与外在道德是两种不同的道德吗？两者之间是一种什么样的关系呢？在我看来，任何一种起源于物质经济基础的社会意识形式都会具有一种社会普遍意义的价值调节与规整机制。从经济与伦理的关系来看，这一机制也就是经济之外在道德与内在道德相互作用的关系实质。道德、法律、宗教等具有社会普遍规范价值的社会意识形式，一旦被赋予整体社会的效用和立场，就会综合其他社会子系统之价值而形成对整体社会而言具有普适性的价值立场及其规范形式。而这正好说明，经济与伦理的相容的一面是经济之内在道德的体现，而与其相冲突的一面则是经济之外在道德的体现。换句话说，如果经济能够在以社会整体价值立场为依据的外在道德的基础上重新调整自己内在的道德价值结构，那么经济之内在道德与外在道德之结合就是可能的。

四　道德的经济意义及其价值实现

讨论经济与伦理之内在结合的关键在于，我们可以在科学地认识经济与伦理之内在关系的基础上，运用已有的道德资源，提炼并设计出伦理与经济的特殊结合方式，重新认识道德对经济的功用。

在这个意义上，我们引入作为社会再生产过程中价值动力的“道德生产力”概念与作为价值投资资源的“道德资本”两个概念。

所谓“道德生产力”，是“道德是精神生产力”的简称。它是这样一种精神性的生产力，即作为社会劳动生产力的精神方面，它是物质生产力的精神内涵与价值要素，往往表现为社会劳动生产力中成型的道德意识结构、道德价值共识以及共同的道德行为方式。道德生产力作为精神生产力的一种，与物质生产力互为依据，相辅相成。以往学界有人在看待“道德生产力”的时候，常常把它归结为一种“道德万能论”在生产力概念上的“泛化”，并在哲学范畴中通过对物质与精神的一般性区分来批驳作为精神生产力的道德形式。其实精神生产力是马克思提出的概念。那么在马克思那里，我们是否能通过精神生产力的概念内涵而推出道德生产力的结论呢？

马克思、恩格斯曾在《德意志意识形态》一书中论述了“原初的历史的关系的四个因素”，即“生产物质生活本身”的物质生产资料的生产、“需要的再生产”、“生命的生产”以及“一定的共同活动方式”的社会关系的生产。经典作家在这里说的是生产力历史状况的物质方面，只是由于“人们所达到的生产力的总和决定着社会状况”，因此才“始终必须把‘人类的历史’同工业和交换的历史联系起来研究和探讨”。[1] 可以看出，经典作家虽然强调生产力总和的物质方面的决定性作用，但实际上并没有用“物质生产”的实体概念来代替生产力总和的物质方面。而在其文本的语境中，马克思把历史生产的每一种具体的形式，总是放在社会历史情境中加以考察的。即使是有关“意识”的生产，也是放在历史的社会状况中来把握的。这意味着，马克思在谈到分工使不同的生产相分离的时候，指的是一种由“受分工制约的不同个人的共同活动产生了一种社会力量，即扩大了的生产力”[2] 的社会生产。在这个意义上，现实生活中并没有单纯独立的物质生产和精神生产的实体性的社会劳动形式。因此，在马克思看来，物质生产和精神生产只不过是同一种生产即社会生产的两个不同的分工门类，反映的是社会生产的物质

① 《马克思恩格斯全集》第3卷，人民出版社1960版，第33—34页。

② 《马克思恩格斯全集》第3卷，人民出版社1960版，第38页。

和精神两个不同方面。而且必须注意的是，经典作家认为，正是资本主义使这种分工造成“社会活动的固定化”和“异化”，因而需要扬弃之。

事实上，社会生产力作为不同类型生产状况的能力表达方式，是生产的物质方面和精神方面相互作用的结果。“因此作为物的生产力的物如果不渗透进精神的因素就不能使其成为社会劳动生产力，只是一种物的存在而已。”[①] 正如20世纪80年代初一些苏联学者所认为的，“精神生产可以确定为：由专门分出来在自己内部组织起来的一群人即社会的意识形态阶层进行的特殊社会形式的意识生产”[②]。换句话说，作为精神生产力的道德是由一定社会的知识阶层与政治阶层所进行的特殊的“意识生产”。这种由特定的意识形态阶层所进行的“意识生产”，是社会生产体系之外在道德要求的体现。它是基于社会整体发展的价值立场对社会生产力内部的道德结构所进行的规划与调整，其目的在于积极地引导社会生产朝着符合人的发展需要与社会发展需要的方向健康地前行。

然而，如何把具有精神生产力性质的道德要素与社会生产结合起来以实现经济效益呢？这需要我们把道德作为一种无形资产的价值资源进行投资。在经济学中，投资是以一定的利润回报为前提的。因此，投资物一般被看作可以产生价值增值的资本。正是在这个意义上，我们需要把道德作为一种可进行价值投资的资本，从而引入“道德资本”概念。

所谓道德资本是这样一种资本形态，它是道德投入生产并增进社会财富的能力，是能带来利润和效益的道德理念和道德行为。道德资本与其他资本不同，它不仅促进经济价值的保值、增值，而且作为一种社会理性精神，其最终目标是为了实现经济效益与社会效益的双赢。[③] 道德资本的经济功效主要有两个方面。

1. 道德资本首先必须是一种被意识到了的价值投资。“被意识

---

① 王小锡：《经济的德性》，人民出版社2002年版，第130页。

② ［苏］托尔斯特赫：《精神生产——精神活动问题的社会哲学观》，安起名译，北京师范大学出版社1988年版，第148页。

③ 参见王小锡、华桂宏、郭建新等《道德资本论》，人民出版社2005年版。

到了的价值投资”意味着，行为主体对经济活动的道德条件以及可以利用的道德资源有着清晰的认识，并有能力自觉地运用和操作这些道德资源投入生产的各个环节中去。在市场经济条件下，道德资本突出地表现为企业共同体自身的文化建设。其重点在于产生具有普遍约束力与规范导向性的行为模式。道德资本在社会效益上的价值实现将优化企业的社会形象，增加消费者对企业文化的认同感，提高企业的声誉。在企业内部，特别是在人力资源上，道德资本的价值实现将表现为企业职工个人道德素质的提高、企业职工间人际关系的和谐、企业整体凝聚力的增强、企业员工责任感的提升等。道德资本也能从精神层面提高企业科技人员的积极性和创造性，进而提高研发速度与生产的合理化进程，从而促进企业专利权、专营权的科学运用。

2. 道德资本是克服市场失灵的有效方法。在经济外部性问题（这里主要指外部负效应）上，道德资本的价值实现能够弥补经济调节的部分缺陷。外部负效应可以通过经济手段予以解决，即让企业的外部性问题内部化，使企业自己承担外部的负效应成本。不过，此种经济解决方式虽然有一定价值，但它往往使企业把对外部性的价值评价仅仅转变为一种内部的收益分析过程，这是一种把社会责任量化为经济标准的简单做法。如果企业的某些责任是不能被量化的，或者某些责任具有比经济任务更加重要的价值优先性，那么这种内化经济外部性的方式就应该被限制在一定范围内。相反，道德资本是从动机决策上预先考虑外部性问题。不同的经济方案依据不同的价值标准被同样地加以考虑。这样，成本被事先考虑进收益分析，达到了社会成本的内部化效果；同时，企业在决策过程中，能够事先依据不同的行动方案来考虑责任的价值优先性问题。所以，这是从根本上解决经济外部性问题的良方。

在公共产品问题上，道德资本还可以在一定意义上规避“搭便车”行为的出现，从而保证公共产品的生产和社会供给问题。森曾指出，解决公共产品问题可以通过三种方案来实施：一是建立公有企业；二是出台经济政策和制度安排；三是企业主把公共产品的生产作为决策动机加以考虑。森认为前两种方法需要耗费大量的社会成本，而这种成本反过来又会落到公众身上，成为一种额外的社会负担。因此最好的办法莫过于第三种，即企业在决策动机中就对公共产品的生产发生兴趣，从而在根本上解决这一问题，不过对于企业来说，如果提供公共产品无利可图，甚至负成本经营，那么绝大多数企业将不会如此行事。所以，在这里需要指出的是，如果企业开始经营道德资本，它其实是可以从表面上看似无利可图的公共产品的实物资产形态中获得精神层面的利益的，因为这是企业树立信誉、提高知名度、促使企业无形资产和有形资产同时增值的一种优化选择。

（原载《哲学研究》2007 年第 6 期，人大
复印报刊资料《伦理学》2007 年第 10 期全文转载）

简论经济德性

严格说来，德性一词在伦理学理论体系和日常话语的语境中是中性的，它体现为道德主体的品质的道德认知、道德践行的境界与德行习惯和趋势。换句话说，德性就可以分为善的德性和恶的德性。不过，惯常的理论话语一般将德性作为一个褒义词来出场，将其界定为体现道德主体卓越品质的崇高道德境界和善行习惯与趋势。

尽管对于德性问题存在着许多概括，但是对于作为经济伦理学基本范畴的“经济德性”，中外思想史上鲜有学者给予专门性的概念界定的工作。的确，相对于经济和道德关系问题的浩繁阐释，“经济德性”一词的解释则显得相对“贫困”得多。不过，古今中外先贤的有关思想为开启智慧之门提供了方便的钥匙，通过对先贤思想的解读、分析和概括，不仅可以了解经济德性范畴的认知历史和全景图，而且可以给予经济德性以现代意义上的界定和厘清。

一　经济德性之思想渊源

回溯我国古代思想史，古代思想家们大都从经济与道德、利和义的关系上来理解经济德性的含义，主要体现在四个方面。

其一，经济德性即经济之适度行为。早在春秋时期的晏婴认为，“义，利之本也”（《左传·昭公十年》）。即是说，利益（或经济）之本在于道义、道德。而这道义、道德指的就是得利过程要适度、谦让和付出。他说，“夫民厚而用利，于是乎正德以幅之，使无黜嫚，谓之幅利。利过则为败”（《左传·襄公二十八年》）还说，“让，德之主也，让之谓懿德”（《左传·昭公十年》）。

其二，经济德性即经济之道义和道义之经济。先秦孔子说：“邦有道，贫且贱焉，耻也；邦无道，富且贵焉，耻也。”（《论语·泰伯》）这就是说，经济的发展和生活的富裕，要讲道义，有道义就必然有经济的发展和生活的富裕，否则就是可耻的。在这里，经济、利益与趋善的德性是相辅相成、合而为一的。

主张功利主义的墨家与上述主张德性主义的儒家在经济德性的理解和把握上，有着殊途同归之妙。墨家代表墨子在其功利主义思想体系的范围内认为经济德性是获利之道义或由义获取之利，从而将义和利有机地统一了起来。他认为，“义，利也”（《墨子·经上》）。在墨子看来，“有利”才真正谈得上义，否则义就不可理解，因为义是由利益来规定的。在此，观照经济德性之概念，墨子在将义和利等同起来的同时，实际上说明了经济的德性在于获利之道义或由义获取之利。

其三，经济德性即人的德性、社会的德性。持此观点的代表人物是汉代的董仲舒。他认为，“天之生人也，使之生义与利。利以养其体，义以养其心；心不得义不能乐，体不得利不能安。义者，心之养也；利者，体之养也”（《春秋繁露·身之养重于义》）。这一义利统一、身心统一之思想引申至经济德性思想指的是经济与道德或利益与道德是互为存在的，是人生之必须、是社会之必须。换言之，经济的德性说到底就是人的德性、社会的德性。

其四，经济德性即天理之所宜之经济之义。宋代朱熹说：“义利之说，乃儒者第一义。”（《朱子文集》卷二十四）并说：“义者，天理之所宜”，“利者，人情之所欲”（《论语集注·里仁》）。因此，“凡事不可先有个利心，才说着利，必害于义。圣人做去，只向义边做”（《朱子语类》卷五十一）。对朱熹这一思想稍加引申即可得出经济德性是指天理之所宜之经济之义。

在西方思想史上，也没有学者专门对经济德性范畴进行界定，也都只是在阐释经济学理论或经济伦理思想时以不同的视角偶尔论及经济德性问题。西方对于经济德性的看法主要归纳为三点。

其一，经济德性即经济自由。西方思想史上许多学者都认为经济德性在于经济自由，唯有自由才有经济主体积极性的充分发挥，也才有经济的公平交易和最大限度的效益。被称为自由市场主义的鼻祖亚当·斯密（Adam Smith）的观点就很具代表性，其经济自由主义思想长期影响着西方经济学的发展。斯密经济学说的中心思想是自由放任主义。他认为，每个人都力图实现自身最大的利益（利润），并没有考虑公共利益问题，也谈不上为了公共利益而放弃个人利益，人们受着“一只看不见的手”的指导，去尽力达到一个并非他本意想要达到的目的。也并不因为事非出于本意，就对社会有害。他追求自己的利益，往往使他能比在真正出于本意的情况下更有效地促进社会利益。在斯密看来，人之本性是利己的、求私利的，但利己的行为客观上又会增进公共利益。[①] 同时他认为，“一种事业若对社会有益，就应该任其自由，广其竞争”，还说，人们之所以对追求财富感兴趣，是虚荣而不是舒适或快乐，正是这种荣辱之心激起了人类的勤勉心，鼓励着人们去创造物质文明和精神文明的奇迹。[②] 因此，斯密指出，任何束缚都不利于人们追求私人利益，也不利于社会财富的增加和使社会财富的分配达到平等的原则，因此，最好的经济政策就是给私人的经济活动以完全的自由，包括自由雇佣工人，自由竞争，自由贸易，互通有无，互相交易，并任其发展，不应当人为地加以干涉。[③]

其二，经济德性即经济之善恶行为。近代英国经济学家、伦理学家伯纳德·曼德维尔（Bernard Mandeville）认为，在一切社会中为善是每个社会成员的责任。因此，美德应该受到鼓励，恶德应该遭到反对。同时，他又认为，追求私利是人的天性，私人的追求自利的行为即“恶行”（诸如贪婪、挥霍、奢侈和虚荣等）有助于社会公益，人的种种需要，人的恶的德及缺点，加上空气及其他基本元素的严酷，它们当中孕育着全部艺术、技能、工业和经济社会繁荣等。而且，需要、贪婪、嫉妒、野心，以及人的其他类似特质，则无一不是造就伟业的大师。因此，激励人们努力的根源并非什么造福公众的精神，而是众多的欲望。由此可见，伯纳德·曼德维尔并不主张私人从恶，但他的经济德性是指促进经济发展的经济之善

① 参见章海山《经济伦理论——马克思主义经济伦理思想研究》，中山大学出版社2001年版。

② 参见张旭坤编《西方经济伦理思想史18讲》，上海人民出版社2007年版。

③ 参见顾肃《自由主义基本理念》，中央编译出版社2005年版。

和经济之恶。①

其三，经济德性即为相互服务。法国后古典经济学家巴斯夏（C. F. Bastiat）的著作《和谐经济论》反映了他的经济德性思想。在他看来，经济的德性就是体现为“服务”的经济和谐原则与交换行为。他认为，“在资本主义社会，和谐的建立是以交换为基础的。这种服务的内容就是相互提供服务。服务是为满足他人欲望而做出的努力。人们在交换中，可以相互帮助，相互替代对方工作，提供相互的服务。人类社会生活要求不断地避免痛苦和追求满足和愉快，只有通过相互交换才能达到这一目的。在自由交换的前提下，每个人的努力都能够交换到用以满足自己欲望的服务。一个人为满足他人欲望作出努力，就为别人提供了服务，同时别人又为他提供了另一种服务，这就形成了两种服务的交换”②。

尽管中外思想家关于经济德性的表述各不相同：有的侧重于经济行为之道义，有的侧重于经济行为之功用，有的侧重于经济行为之适度，还有的侧重于经济行为之形式及其效益，等等。尽管莫衷一是，但均从独特的视角给我们以理论和实践的启迪。

二　经济德性之含义

首先要明确的是，经济德性不是经济和德性或经济和道德的简单、机械的相加，经济和德性或经济和道德正如一枚硬币的两面一样，是某种社会现象的两个方面。我曾撰文指出，就经济和道德的关系来看，经济不是一个纯而又纯的投入产出的物质的或数量的问题，它必然地内含着伦理问题。不内含伦理的经济无法理解，也不可能存在。③ 因此，经济一定是道德性的经济。就市场经济与道德的关系来看，“市场经济是道德经济”这一命题有其客观的现实依据。在市场经济条件下的“自利”和“利他”的最基本的道德矛盾的存

① 参见张旭坤编《西方经济伦理思想史18讲》，上海人民出版社2007年版。

② 吴宇晖、张嘉昕编著：《外国经济思想史》，高等教育出版社2007年版，第152页。

③ 参见王小锡《经济伦理学的学科依据》，《华东师范大学学报》（哲学社会科学版）2001年第2期。

在和解决，更能说明经济与道德之关系的不可分割性。在社会主义市场经济条件下，应该通过道德教育（广义的）和道德规范来实现经济运作中的客观的道德“应该”。作为社会现象的经济德性可以从六个维度来加以把握。

1. 经济德性是经济行为的价值取向及其所体现的崇高境界

正如前文述及，所有经济行为客观上都有着一定的价值取向，只是存在趋善和趋恶的区别，作为本文的意指趋善意义上的经济德性，其价值取向至少体现为为自己谋正当之利和为社会造最大之福。在此意义上，为自己谋利和为社会造福是并不必然地发生矛盾，往往是一种统一的关系，换言之，自身获利和造福社会是互为存在和互为促进的，这是崇高的经济行为之道德境界。的确，经济体（企业）或个人的经济行为首先考虑自身的利益是完全正常的，但应该是在为了社会、服务社会的过程中来获得的，假如唯利是图，甚至损人利己的经济行为是一种缺乏经济德性的表现，必将遭人唾弃。

2. 经济德性是经济主体所应该承担的道德责任

任何一个经济主体（包括企业或个人），其产生、生存、发展繁荣都离不开社会的支持。具体说来，这种支持主要有三：一是经济主体需要社会的智力支持，没有文化知识和专业技术的经济行为主体是不具备生存基础和基本条件的；二是经济主体需要政府引导和政策的扶持，唯此才能有行动的依据和经营的条件保证；三是经济行为一定是需要利益协调与工作协作的行为，哪怕是最简单的商品买卖双方的商业经济行为，至少有着相互信任的基本要求，否则，买卖就不能成功。更何况，作为企业的经济行为的正常展开，也需要社会方方面面的关心和支持。因此，任何经济主体在其存在那天起就客观上内含着对他人和社会的道德责任。换句话说，对他人和社会承担道德责任是经济主体的存在本质。在此层面上可以说，经济主体在一定意义上就是道德实体。任何经济主体，只要不承担对他人和社会的责任，就会失去其生存的理由和条件，必然地要遭到社会的唾弃和抛弃。

3. 经济德性是经济道德规范

经济德性是由经济主体的精神境界和道德行为体现出来的，其基本前提是对经济道德责任的把握和对体现经济道德责任的经济道德规范体系的认同和执行。事实上，经济德性就是系统履行道德规范要求的经济行为。任何经济活动的任何环节都有着“应该”与“不应该”的道德考量，都有着作为行动依据的道德规范体系。唯此，复杂的经济行为才能在规范、有序、理性中实现最大限度的经济效益。所以，经济道德规范就是经济的精神因素，就是经济活动的内在依据和核心内容。

4. 经济德性是经济行为主体的道德修养与人格培养

经济活动是人的活动、是人际关系的活动。经济行为所要履行的道德责任、遵守的道德规范体系都要有经济行为人在行动中具体落实。然而，经济行为人需要是自觉的行为主体，才能使经济道德责任和道德要求落实到具体的经济行为中。换句话说，人有德性才能使经济有德性，经济德性在于人的德性。因此，作为经济主体的人，需要在经济活动中自觉修身养性，提高道德觉悟，真正认识到经济是道德的经济，并以有效的理性经济行为说明经济德性的存在与价值。

5. 经济德性是持久的经济品质

经济活动的成就最终由经济活动的成果体现出来。作为经济活动成果的产品的质量在一定意义上取决于经济行为人的道德素质。产品设计的人性化程度、制造产品中对用户责任心的渗透程度，以及产品销售承诺的兑现程度等与人的价值取向和道德自觉有着密切的关系，缺少甚或没有基本的道德觉悟，产品质量将必然地受到影响。优质产品意味着一定内含经济德性。持久的经济品质不仅仅在于优质的产品质量，更在于经济行为人稳定而又形成经济行为习惯的道德品质。只有这样，经济活动才能成为崇高经济品质的一部分，也是体现为崇高经济品质的动态部分，这也彰显了经济德性的本色。

6. **经济德性是经济自由**

经济自由就是在经济关系和经济利益关系实现平等的基础上依据一定经济规律和法则而形成的与自由经济意志相一致的自主经济行为。

经济自由主要表现在三方面内容。其一，劳动者的生产劳动的自由。即劳动者自由支配自己的劳动时间，干自己想干的事情，实现自己想实现的经济目标。不过，前提是劳动者必须能够自觉地实现自己能够实现的“生存指数”①，否则，劳动者将不可能实现最理想的经济行为效益。其二，经济交易是自由的。交易是现代经济发展的基本形式和手段。交易的目的一是为了得到自己想得到的东西，二是为了实现自己的最大效益，三是为了获取更好的生产和生活条件，进而进一步扩大再生产。因此，在什么时候、什么情况和条件下、什么地点跟谁交易，这应该完全是劳动的自主行为。其三，投资与消费的自由。投资是经济活动的重要内容和形式，投资目的就是获取更大更多的收益，因此，投资者有权利决定自己的资本投向。同时，投资所获得的效益，投资者有着自由消费的权利。在一定意义上，消费本身也是投资。合理的消费就是合理的投资。

应该说，经济自由并不是经济任意行为，经济自由有其内在的依据和条件。实现经济自由的必要条件有三。

其一是把握规律。经营者应该主动认识和把握经济尤其是自己所从事的经营领域的基本规律，唯此才能把握经济行为的主动权。马克思在对人类由必然王国进入自由王国的过程的论述中指出：“这个自然必然性的王国会随着人的发展而扩大，因为需要会扩大；但是，满足这种需要的生产力同时也会扩大。这个领域内的自由只能是：社会化的人，联合起来的生产者，将合理地调节他们和自然之间的物质变换，把它置于他们的共同控制之下，而不让它作为一种盲目的力量来统治自己；靠消耗最小的力量，在最无愧于和最适合

① 这里的“生存指数”指的是人的诸如身体健康状况、文化水平、心理素质、道德觉悟等生存内容。每一个人由于其生存的主客观条件不会完全一样，努力的程度不一样，因此，人们的“生存指数”往往会不一样。

于他们的人类本性的条件下来进行这种物质变换。但是，这个领域始终是一个必然王国。在这个必然王国的彼岸，作为目的本身的人类能力的发挥，真正的自由王国，就开始了。但是，这个自由王国只有建立在必然王国的基础上，才能繁荣起来。工作日的缩短是根本条件。”① 正因为自由是对必然的认识和对客观世界的改造，所以，要实现经济自由，必须真正了解经济，按经济规律和基本法则展开经济活动。绝对不能错误地认为，经济自由就是经济放任。事实上，放任的经济行为是不自由的行为，是限制甚或遏制经济活动的行为。

其二是确立经营责任意识。经济自由与经济责任是辩证统一体，换句话说，经济自由是与经济责任相一致的自由。要想获得经济活动的自由，经营者必须树立责任意识。因为经营者的所有经济行为都是社会活动，都要在社会的支持下才能正常进行，假如无视社会的发展规律和要求，假如无视利益相关者的利益，客观上将会破坏正常社会关系尤其是社会合作关系。在这种情况下，不能得到社会支持或不在社会正常关系下的经济活动是不自由的经营活动。因此，要获得经济自由就应该承担相应的社会经济责任，让理智的经济理念和经济举动与人的内心深处的经济意志和经济欲望相一致。实践已经充分证明，不讲经济责任的经济行为，或者没有限制的体现经济意志的经济欲望及其行为一定是寸步难行的行为。正如有论者指出，作为经济主体的企业，“体现自己责任的最重要也是最现实的方式就是实现清洁生产”。“努力降低物耗和能耗，实现无公害化”，并进而不断“促进环境状况的改善”。② 的确，这是一个很有见地的观点。实际上，企业坚持清洁生产，不仅有利于经济社会的快速发展，而且有利于企业自身经营理念的不断完善和经营效益的不断提高，因此，清洁生产就是理性生产、高效生产。这是真正的自由经济境界。

其三是完善政策法规建设。既然经济自由不是经济活动中的

---

① 《马克思恩格斯全集》第46卷，人民出版社2003年版，第928—929页。

② 刘湘溶：《人与自然的道德话语：环境伦理学的进展与反思》，湖南师范大学出版社2004年版，第139—140页。

随心所欲，那么，在我国就很有必要从三方面着手。一是通过法制建设，以合理的政策法规来保护经营者的自由权利。二是要排除人为的政策干扰。尤其是政府部门，要明确和摆正自己的位子和职能，应该通过有效的政策法规举措，营造良好的经营环境，指导经营者在激烈的经济竞争中自由经营，唯此才能实现高效经营。三是加强经营者之间的合作。所有的经济活动都是社会性活动，而高效的经济活动一定是充分利用各种社会关系资源，在直接或间接利用多种作用因素的情况下，经营者才能获得充分的经营主动权。否则，人们的经营活动将是被动的、不自由的。为此，经营者要善于合作、诚信合作，创造有利于经济快速发展、和谐发展的经济自由局面。

综上所述，经济德性是经济行为应有的道德责任及其崇高的价值取向和持久的经济品质。

三 经济德性之功能

经济德性的或经济道德理念，或经济价值取向，或持久经济品质等要素，都能发挥其特殊的功用。就总体意义上来说，经济德性的功能主要有五个方面。

1. 净化社会环境

经济德性意味着经济行为主体具有时代所要求的经济道德理念、经济价值取向和经济品质。有着经济德性的经济行为主体的举动必然影响到经济行为的全过程，人们在生产、交换、分配、消费、销售、服务、享用过程中将会以理性态度对待经济行为的各个环节，使得经济发展成为和谐经济，并由此提升全社会生产和生活的道德化程度，真正实现社会和谐。尤其是在社会主义市场经济条件下，社会环境的净化更需要经济德性。1970 年诺贝尔经济学奖获得者、美国麻省理工学院教授萨缪尔森曾这样对中国记者说：“在当今没有什么东西可以取代市场来组织一个复杂的、大型的经济。问题是，市场是无心的，没有头脑的，它从不会思考，不顾忌什么。”无独有偶，1990 年诺贝尔经济学奖获得者、美国纽约市立大学教授马克维茨也这样对中国记者说："市场没有心脏和大脑，因而不能指望市场自身能够自觉地意识到它所带来的严重的社会不平等，更不能指望市场自身来纠正这种不平等。""市场经济需要不同的心脏和大脑，而道德便是—— 一种心脏和大脑，而且是一种不可或缺的心脏和大脑。"① 由此可见，经济德性不仅是市场经济社会发展的晴雨表，而且更是社会环境净化的重要精神依据和社会条件。从另一角度来说，但凡经济缺乏德性，甚至在经济活动中唯利是图、坑蒙拐骗、弄虚作假等，这不仅使经济活动不能正常进行，而且会造成社会风气的败坏。

2. 增强经济力

作为经济建设能力的经济力，可以从物质和精神两个方面来考量和培育。经济建设中物质和技术是基础，然而，物质和技术的功能的发挥均需要作为经济行为主体的劳动者和相关劳动组织等的参与、协调等功能或能力的发挥。其中，经济德性有着不可替代的特殊作用。一方面，经济德性为经济行为明确正确的价值取向和行动目标，"它作为一种看不见的理性之手或理性力量，能促使所有投入生产过程的资本实现理性化运作，牵引着人们实现利润的最大化"②。这样，经济活动就有着虽看不见但强劲的动力。另一方面，经济德性可以不断提高经济主体的道德素质，进而不断提高劳动者的劳动积极性，促进物质和技术功能的充分发挥。"假如人不能作为真正的或完美意义上的人而存在，甚至成为一个消极被动甚至反动的'存在物'，那么不管技术设备有多好、物质资源有多丰富，其生产力水平注定是提不高的。"③ 再一方面，"要把生产中人的积极性调动起来，在相当程度上还有赖于在生产关系中人与人的矛盾的解决，有赖于人们在生产中的地位和物质利益关系的正确处理"④。显然，经济德性可以协调企业等经济组织内外的各种利益关系，以形

① 夏伟东：《市场经济是道德经济》，《新视野》1995 年第 3 期。

② 王小锡、华桂宏、郭建新等：《道德资本论》，人民出版社 2005 年版，第 8 页。

③ 王小锡：《论道德资本》，《江苏社会科学》2000 年第 3 期。

④ 刘贵访：《论精神生产力》，广西人民出版社 1994 年版，第 106 页。

成"1+1>2"的经济行为合力，从而保证经济发展的有效、快速的运转。

3. 提升物质文明程度

物质文明是社会主义文明建设的基础，然而物质文明建设也需要精神文明、政治文明，以及制度文明的支撑。经济德性作为精神文明的重要内容和主要标志，它在提升物质文明程度上有着独到的作用。一方面，经济德性为创造物质文明提供精神境界。所有物质的创造都是为人所用，创造的物质（物品）当然是科技含量越高越好，然而，科技含量高并不能说明物质（物品）的最终质量，因为物质（物品）的质量除了耐用和用之有效果外，还取决于在多大程度上满足"人性"需求，即能最大限度地好用和用好。在商业竞争日趋激烈的今天，几乎所有的企业都在探寻品牌长盛不衰的秘密。然而，当我们将眼光投向星巴克、可口可乐、宝马、索尼、柯达、麦当劳等众多世界知名企业时，就不难发现，尽管他们的成功有着各自不同的道路和经验，但却有着共同的规律，即孜孜不倦地探求消费者内心的价值需求，并针对他们更深层次的需求，创造出人性化的体验。星巴克提供给顾客的不仅仅是咖啡，而且是除了工作和家庭以外的"第三空间"；可口可乐的"快乐无限"，始终代表了自由自在与活力的价值观；索尼以其带来的最新最酷的视听享受，让人们体验科技进步带来的真正快乐；柯达销售的不是单纯的相机和胶卷，而是"永恒的瞬间"和"瞬间的永恒"；麦当劳留在人们心目中的不仅是汉堡和薯条的好滋味，更是"常常欢笑"的生活理念。[①] 因此，在某种意义上说，经济德性就是物质文明的"灵魂"。另一方面，经济德性为创造物质文明积聚最佳人气和力量。物质文明的创造过程是集体智慧和集体力量的积聚过程，这需要人们有十分自觉的协调和协作精神，经济德性是实现人际关系和谐，引导人们相互支持、实现双赢或多赢并提升物质文明程度的重要条件。正如R. 爱德华·弗里曼和小丹尼尔·R. 吉尔伯特在评价《追求卓越》一书中指出："优秀企业的秘诀在于懂得人的

① 参见马连福《体验营销——触摸人性的需要》，首都经济贸易大学出版社2005年版。

价值观和伦理，懂得如何把它们融合到公司战略中。”① 这就是说，企业的发展或利润的增加依赖于在正确价值观基础上的伦理关系及其协调和谐。

4. 标杆经济行为

经济行为最直接的目的是物质利益，然而，如何创造或实现物质利益，即物质利益实现过程采取的手段和运用的途径是什么，这是十分复杂的经济行为工程。经济德性是所有经济行为的标杆，“在很多情况下，顾客服务和质量本身就是目标，利润只是副产品”②。正如美国著名企业默克董事长乔治·W. 默克（George W. Merch）所说：“我们要始终不忘药品旨在救人，不在求利，但利润会随之而来。如果我们记住这一点，就绝对不会没有利润；我们记得越清楚，利润就越大。”③ 显然，只要坚持经济目的与道德目的相一致，坚持道德理念与物质理念的统一，坚持以道德规范为行动准则，物质创造过程一定会是理性、快速和高效的。对此，斯坦福大学教授詹姆斯·柯林斯（James C. Collins）和杰里·波拉斯（Jerry I. Porras）曾经做出过一些论证，他们通过对18家长期成功（至少有45年卓越经营经历）的企业与18家对照企业进行长达6年的比较研究后发现：“它们追求利润。然而，它们也追求范围更广泛的、意义更深远的理想。……目光远大的公司在追求理想的同时却又得到了利润。它们两方面都做到了。”④

同时，经济德性还是一切合理有序的经济活动的价值认同依据。经济活动从形式到内容是多种多样的，多种多样的经济活动能否有统一的经济理念、统一的经济目标和统一的经济道德手段，就要看有没有统一的价值取向，而价值认同的依据是经济德性。正是在这

---

① 周祖城：《管理与伦理结合：管理思想的深刻变革》，《南开学报》（哲学社会科学版）1999年第3期。

② 周祖城：《管理与伦理结合：管理思想的深刻变革》，《南开学报》（哲学社会科学版）1999年第3期。

③ ［美］詹姆斯·柯林斯、杰里·波拉斯：《基业长青》，真如译，中信出版社2003年版，第5页。

④ ［美］詹姆斯·柯林斯、杰里·波拉斯：《企业不败》，刘国远等译，新华出版社1996年版，第70页。

个意义上，当代德国学者彼得·科斯洛夫斯基（Peter Koslowski）在分析市场经济的德性时说："经济不仅仅受经济规律的控制，而且也是由人来决定的，在人的意愿和选择里总是有一个由期望、标准、观点以及道德想象所组成的合唱在起作用。"①

5. **协调经济利益关系**

德性是关系范畴，经济德性就是经济关系范畴，它是经济领域各种关系尤其是利益关系的协调与和谐的道德要求与道德习惯。在经济活动中，经济行为主体均有自己的行为目的，而且各种经济目的之境界及其实现目的的手段与方法、目的的呈现形式与功用都有着不同的内容，甚至有着本质的差别。而有些差别是无碍大局的，甚至是经济发展的特色和条件，但是，有些差别则是竞争各方的损人利己的不正当经济理念和举措，任这些不正当经济理念和举措的存在与发展，这势必影响竞争各方的利益和发展，最终也必定影响当事经济行为主体。经济德性有着协调各种经济活动并使之实现双赢或多赢的功能。事实上，但凡经济发展顺利的单位或地区，已经形成的公正、公平、诚信、协作等经济德性自觉地在发挥着利益各方的协调和促进作用。正如斯蒂芬·R·柯维（Stephen R. Covey）所言的"唯有基本的品德能够为人际关系技巧赋予生命"② 一样，也唯有经济德性才能为各种经济利益关系的和谐共处赋予技巧。

（原载《道德与文明》2008 年第 6 期，人大复印
报刊资料《伦理学》2009 年第 2 期全文转载）

---

① ［德］彼得·科斯洛夫斯基：《资本主义伦理学》，中国社会科学出版社 1996 年版，第 3 页。

② Stephen R. Covey: *The Seven Habits of Highly Effective People: Restoring the Character Ethic.* New York: Simon and Schuster, 1989, p. 21.

金融海啸中的中国伦理责任

金融危机正如同多米诺骨牌效应席卷全球，从发达国家到发展中国家，从金融领域到实体经济，波及范围广、影响程度深、冲击强度大。其间，中国的姿态和作为，与国际社会的行动缓慢而见效甚微相比，成为金融海啸黑幕上少有的亮色。从伦理视角加以审视，的确有三个层面的问题值得考问。

第一，金融危机的实质是什么？可以说是理念和责任的危机。一方面，是理念的危机。金融海啸翻江倒海、摧枯拉朽，造成了资金缩水、股票暴跌、银行告急甚或国家破产。金融危机背后的作乱者究竟是谁？最近召开的 G20 集团金融峰会的联合声明不加点名地以“一些先进国家的决策者、管理者和监督者没有充分理解和应对金融市场的风险”的字眼，指责美国的落后理念是金融海啸的“幕后黑手”。尽管美国市场经济模式和金融秩序确实存在巨大的理念和责任的“黑洞”，但他们从来不根本性地解决问题，甚至“为了解决一个问题，却创造一个更大的问题”。此外，美国人的高消费建立在向未来借钱的基础之上，“花明天的钱过今天的幸福日子”成为大多数美国人的生活理念。在美国，无论是家庭还是政府，都不怕负债累累、债台高筑，以至于美国财政一直存在着别人想想都吓得要死的巨额赤字。

另一方面，是责任的危机。美国金融行业过分求利而不顾应尽的监管责任，金融监管远远跟不上金融创新的步伐。美国经济学家约瑟夫·斯蒂格利茨谈到，全球性金融危机与金融业高管的巨额奖金有一定关联，因为奖金“刺激了高风险行为”，即使他们失去了饭碗，他们仍能带着一大笔钱走人。在巨大利益诱惑面前，责任意识早已被抛至九霄云外，荡然无存。

第二，在金融海啸中中国已经和应该承担怎样的责任？此间，中国履行责任坚持“内外兼顾、通力合作、共度时艰”的原则。在国际反应普遍迟缓的情势下，中国沉着、冷静地采取一系列“救危”举措，掀起了一股“挽狂澜于既倒，扶大厦之将倾”的“中国旋风”，不仅赢得国人的信任和支持，而且受到国际社会的普遍好评。中国责任包括国内责任和国际责任。

一是国内责任。面对金融危机，中国立足国内，首先把自己国内的事情做好。中国及时采取应对危机的措施，打出扩大内需、刺激经济增长的“王牌”，正如胡锦涛同志所强调的，保持经济增长是应对金融危机的重要基础。中国政府宣布 4 万亿元的投资计划以拉动内需，刺激经济增长。世界银行行长罗伯特·佐利克在 G20 集团金融峰会上赞誉“中国是一个很好的榜样”。世界银行高级副行长、首席经济学家林毅夫也认为，中国经济保持稳定、快速发展，就是对世界经济的一大贡献。

二是国际责任。应对国际金融危机最好的方式就是加强各国在应对危机方面的合作和协调。只有所有国家共同参与、共度时艰，才能为最终战胜危机带来希望。中国没有“明哲保身”，而是将心比心、推己及人，表现出同舟共济于“地球村”的诚挚善意和挺身承担国际责任的勇气，以高度负责的态度对待危机，积极参与国际行动，通力合作，共同应对金融危机。胡锦涛同志在 G20 集团金融峰会上强调指出，中国愿继续本着负责任的态度，参与维护国际金融稳定、促进世界经济发展的国际合作，支持国际金融组织根据国际金融市场变化增加融资能力，加大对受这场金融危机影响的发展中国家的支持。法国总统萨科齐赞扬道，中国对重塑国际金融体系至关重要。这些做法不仅可以进一步夯实中国外交的基石，而且彰显了中国的伦理责任和道义精神，体现了对于新型国际体系构建的一种远见卓识。当然，中国绝不会也不应该承担超出自己能力范围的所谓“大国责任”，否则，这又是一种相悖于“负责任”的行为。

第三，中国“救危”行动的背后传达了什么信息？在金融海啸中，中国的姿态和作为给世人留下了深刻印象，也给世界人民战胜金融海啸“恶魔”以信心。中国行动的背后，留给人们“中国何以如此”的疑问。

声望源于成就，魅力来自实力。说到底，中国担负国际责任绝不是勉强而为，而是一个30年来始终升腾向上的大国的水到渠成之举。改革开放30年，中国的综合国力跃升到了一个新的平台。物质力提升的同时，中国的文化力也与日俱增。尤其是近些年来，中国在国际舞台上始终扮演着特殊而重要的角色。作为政治大国、经济大国的中国在国际舞台上的表现稳健且活跃，国际活动空间大大拓展，行动力令人“刮目相看”，负责任的大国形象已然确立。应对金融危机，如果离开中国这样一个负责任、讲道义的大国的参与，必将大为失色，甚至陷入困局。

多难兴邦。我们完全有理由相信，在应对四川汶川大地震那场“天灾”中有着完美表现的日益强盛的中国，在国际社会的通力合作之下，一定能够转“危”为“机”，在与金融海啸这场“人祸”的鏖战中续写新的传奇，使中国经济和国际地位跃升到一个新的高度。法新社一篇题为“中国成为亚洲金融危机大赢家”的文章中肯地评论道，“如果说1997年亚洲金融危机有赢家的话，则非中国莫属”，“因处变不惊而备受称赞的中国已崛起为经济强国，并似乎对另一场金融危机做好了更充分的准备”，“这场危机起到了一个意想不到的作用：推动中国继续沿着自己选择的道路（即在严格控制金融体系的前提下开放经济）前进”。

笔者认为，所有这一切，在深层上都源于中国多少年来一以贯之并在近些年进一步彰显的伦理责任和道义精神，其本身也是这种伦理责任和道义精神的逻辑必然。

（原载《中国教育报》2008年12月4日，与张志丹合撰）

经济道德观视阈中的“囚徒困境”博弈论批判

“囚徒困境”，其原文为“The Prisoner's Dilemma”，又译为囚犯的两难困难，囚犯难题等。这个是大约在1950年首先由社会心理学家梅里尔·M.弗勒德（Merril M. Flood）和经济学家梅尔文·德雷希尔（Melvin Dresher）提出来的，后来由诺贝尔经济学奖获得者约翰·纳什（John F. Nash）的导师艾伯特·W.塔克（Albert W. Tucker）明确地叙述了这种“困境”，纳什有两篇关于非合作博弈的重要文章分别发表于1950年和1951年。塔克的这项工作同纳什的著作一起被认为基本上奠定了现代非合作博弈论的基石。因此，囚徒困境的重要性自然不言而喻。[①]

囚徒困境作为博弈论中的一个经典范例，其博弈理论渐渐为经济学、哲学、伦理学和管理学等诸多学科的研究所重视，一些学者把囚徒困境之博弈理论视作理解和指导当代经济活动的重要理论依据，更有甚者把它作为企业竞争中必须考量和选择的博弈“圣典”和道德理路。辩证地看待这一研究现象，其基本研究理路无可非议，因为这至少是促进人们深入研究相关社会现象的一种特殊的思维路径和方法。但经济领域近年热衷于囚徒困境的博弈理论的研究，似乎唯有囚徒困境之博弈理论才能说明经济领域的竞争之态势和竞争之激烈。有人搞经济理论学术研究言必称“囚徒困境”，甚至认为，经济伦理研究如果不涉及此一理论，就无异于徘徊在真正的学术殿堂大门之外，无法进行真正的、高水平的学术对话。这一现象让人不禁疑惑：果真囚徒困境的博弈理论有如此神奇，甚或可以统揽经

① 参见李伯聪、李军《关于囚徒困境的几个问题》，《自然辩证法通讯》1996年第4期。

济理论研究或统领经济活动？果真囚徒困境的博弈理论能够厘清当今各种经济利益关系和经济道德关系？实际上，把囚徒困境的博弈理论套用于当今经济活动领域，是市场经济条件下极具功利色彩的、信息极不对称的、非合作性的处于“生人圈”之中的经济竞争理论。因此，对其局限性加以揭示，并厘清其适用范围，还囚徒困境的博弈理论以本来面目，这不仅无损于我们利用囚徒困境的博弈理论来进行经济理论及其相关理论研究，而且可以开辟囚徒困境的博弈理论所未涉足的理论“空场”，推进经济理论研究和其他相关的理论研究不断走向深入。基于此，本文试从经济伦理的语境对囚徒困境进行深度检讨，以期为走出囚徒困境的“漩涡”指明方向。

一 囚徒困境之德性假设

囚徒困境的故事讲的是两个具有犯罪嫌疑的囚犯甲、乙，被警察分别关在了两个隔离的房间中，警察对这两个囚犯分别进行审讯。在审讯中，警察向他们分别提供了三个选项，并让他们做出选择：第一，若他们中的一个坦白了事实真相，那么坦白的将只判 3 个月监禁，而没坦白的将被判 10 年刑；第二，若他们都坦白了，那么他们都将被判 5 年的刑；第三，若他们都不坦白，那么他们都将判 1 年的刑。假设充分保障囚犯的决策权，让他们选择对自己最有利的行为方式，结果发现他们都坦白了事实的真相，于是都被判了 5 年的刑。

很显然，这对两个囚犯来说并不是最佳的选择，于是构成了所谓的囚徒困境：即两个囚犯都试图选择对自己最有利的行为方式，结果却发现陷入了对双方不利的境遇。为什么他们会导致如此的结果呢？这是因为两个囚犯本性是利己的，他们的选择都会把个人利益的最大化作为目标，都会通过严密的逻辑推理去追求一个对己最佳的点，即“纳什均衡点”。[①]

作为囚徒甲，他的推理如下：假如我选择坦白，那么乙要是不

① 故事中两个囚犯由于无法串供，因此，他们都只是选择对自己最有利的坦白的策略，并因此被判 5 年，这样的情节和结局被称为“纳什均衡”，也称作非合作博弈均衡。

坦白，我将只判 3 个月监禁，即使他坦白，我也只会被判 5 年刑；假如我选择不坦白，那么乙要是坦白，我将被判 10 年刑，即使乙不坦白，我还是要判 1 年刑。因此，我不会去冒被判 10 年刑的风险而去选择不坦白。也就是说选择坦白对我是最佳的。同理，囚徒乙也会做出同样的推理。由此不难看出，囚徒甲、乙的推理就个人而言是合理的，且是他们各自的最佳选择，这样的选择使两个囚犯陷入了困境。

尽管人们对囚徒困境的故事耳熟能详，尽管囚徒困境的故事在经济学等相关学科理论中都被引为经典性的事例，但是，熟知非真知。其实很多人并未意识到囚徒困境的理论悬设。如果仔细加以考量的话，不难看出，囚徒困境的故事是某种虚构的情节，它存在明显的“漏洞”，而这些“漏洞”恰恰是囚徒困境的局限性之所在。

造成囚徒困境的预设有三：一是每个囚徒必须知道博弈规则及其后果；二是每个囚徒必须是理性的，即总可做出对自己最有利的判断，譬如一个不那么理性的囚徒就很可能径直选择不坦白，这是最重要的；三是囚徒之间必须相互隔离，不可订立攻守同盟，亦无法获悉对方的选择倾向。正如有论者指出，“囚徒的苦恼在于他们不能商量沟通”①。但后来的研究表明，弱化这些预设困境仍然成立。

其实，首先应该讲明的一点是，陷入困境的绝不限于囚徒，任何谋求对自己有利的理性双方可用“经济人”（或理性人）代之，都有可能陷入这种困境中。囚徒也不限于两个，涉及多方的博弈之时可能更为复杂一些，但那不过是“大规模的”囚徒困境甚至囚徒之间是否联络的问题。关于囚徒之间是否订立攻守同盟问题，当然是应该考察的层面，这些并不具有根本性的意义，因为这些协议约束力实际上很难保证，谁也无法保证对方信守诺言而不背信弃义。“因为，这一博弈模型预设博弈者是来自霍布斯世界中的‘豺狼人’，即每个人都是他人财物的可能掠夺者。在这种博弈中，既然人人都无道德感，就无所谓守信、履约和恪守承诺问题。”② 概要说

① 郑也夫：《走出囚徒困境》，光明日报出版社 1995 年版，第 201 页。

② 韦森：《经济学与伦理学——探寻市场经济的伦理维度与道德基础》，上海人民出版社 2002 年版，第 96—97 页。

来，囚徒困境的德性假设主要有三个。

其一，其主旨思想是宣传功利主义[①]，一切以“可能的结果”作为犯罪嫌疑人坦白与否的依据。按理，故事情节应该从法律和道德角度支持和鼓励坦白，然而，故事始终没有涉及该不该坦白的问题，虽然故事表面上是主张犯罪嫌疑人坦白，但其情节构思是想要说明坦白与否是一场博弈，犯罪嫌疑人在博弈中选择了坦白。

其二，警察对嫌疑人的审讯缺乏法律依据和法律支持。该情节不管在哪个国度和地区，都会认为分开审讯嫌疑人是对的，这是审讯中技术层面的内容。但是，在没有弄清楚案情时就确定某种态度下的刑期，显然是不合法律程序的。同时，按故事情节来看，警察是掌握了嫌疑人的犯罪事实的，因为不管嫌疑人的交代态度如何都得判刑，然而，嫌疑人都坦白各判服刑 5 年，都抵赖各判服刑 1 年，其中一个坦白而另一个抵赖，坦白的可轻判 3 个月监禁，抵赖的判刑 10 年。这一推理也没有法律依据，甚至存在着严重的逻辑错误，两者都坦白和两者都抵赖服刑年限倒错，一个坦白而另一个抵赖的服刑年限与两者都坦白或都抵赖有严重不一致。因此，故事情节中的博弈不是理性意义上博弈，实际上非常近似于冒险性的赌博。

其三，故事情节主张一切从自身的利益出发来思考问题，而且把对方看成同样的自私自利者，所以，谁也不愿意承担责任或冒险抵赖。在这个故事里，且不说警察的行为有诱导人们趋功利之意味，两个嫌疑人的举动没有体现博弈中有道德和博弈中应该讲道德的理念。所以，囚徒困境故事除了主张赌博式的盲目博弈之外，实在缺乏更深刻的哲理来启发人们的理性行动。基于这些判断，我们可以得出结论，囚徒困境的德性假设本身存在显见的矛盾和问题。

二 囚徒困境的经济道德审视

尽管囚徒困境对于经济博弈有一定的启示和价值，但若将囚徒

---

① 阿马蒂亚·森的观点对此的批判是有力的，他认为：“真正的问题应该在于，是否存在着动机的多元性，或者说，自利是否能成为人类行为的唯一动机。”（参见［印］阿马蒂亚·森《伦理学与经济学》，王宇、王文玉译，商务印书馆2000年版）

困境作为一个经典的经济博弈范例加以普世化，除了存在违背基本的哲学逻辑——以特殊代替一般的错误之外，还存在其他一些难以规避之问题。因为我们不应该就博弈谈博弈，尤其是就功利性博弈谈功利性博弈，因为纯粹的功利主义博弈论有它自身难以克服的缺陷，而且会带来严重的社会伦理问题。而如果换一个视角来考察的话，对囚徒困境做经济道德考量，一个全新的视阈就会呈现在我们面前。概要说来，在经济道德的视阈中，囚徒困境是建立在三大基本假定的基础上：一是信息不对称；二是竞争中的非合作性；三是“生人圈”的背景。

1. 信息不对称的博弈

囚徒困境是在信息不对称情况下的博弈，博弈者只关注自己的利益，所谓唯利是图，“唯我独尊”。他不仅不相信任何利益相关者，甚至完全把竞争者当成敌人，这会使任何一方博弈者失去在愿意合作情况下的许多经济建设的资源。

应该说，囚徒困境所讲的信息不对称，在市场经济领域，在企业之间的竞争中也有类似之处。比如，在信息不对称的情况下，如果公开信息就怕被人利用，使自己上当吃亏。尽管此举并非万能之策，尽管不公开信息会出现互相打压或互相挤压的情况，由于完全有可能在自己的信息不公开的情况下获得更多的利益，因此企业往往选择封锁信息，即信息不合作态度。这是经济领域中所存在的一种不争的事实。然而，必须清醒地认识到，所谓囚徒困境中的信息不对称所带来的问题，很可能导致没有经济信息交换的竞争摩擦，造成无谓的资源消耗和浪费。这不仅影响经济活动的良性有序的运转，损害企业的经济效益，更可能影响人的情绪、伤害人们的感情。

2. 竞争中的非合作性

在市场经济条件下，竞争不可避免。但是，竞争却有着性质的差别，一种是恶性的竞争，另一种是良性的有序的竞争。而所谓良性竞争是奠立在合作基础之上的，尊重他人和团体利益的竞争行为。这里就引出了竞争与合作的关系问题。从哲学上讲，竞争与合作的关系是既相互区别又相互依赖、相互促进、相互统一的辩证关系。

这里我们引用西方经济学中一个经典的例子来诠释竞争和合作的关联。在地狱里，人们吃稀饭，因为只有长勺（自己吃是没法把稀饭送入口中的），自己争先恐后地抢着吃，只能用手来抓，结果只能被烫得皮开肉绽；相反，在天堂里，人们非常注意相互合作，相互舀着来给对方吃，结果大家吃得既饱又好。这个例子生动而形象地表明了“理性合作即天堂，恶性竞争即地狱”的道理，表明了竞争与合作的内在关联，如果人为地把某一方面推向极端，必然会滑向另一极，正所谓“两极相通”。

正是在此意义上，无合作的绝对的竞争或无竞争的绝对的合作，无论在哪个时代都是少之又少的。因此，需要保持二者之间的必要张力。可见，囚徒困境实际上是建立在非合作性基础上的恶性竞争，即只要对我有利，不管别人的利益甚或死活，这是对社会生活中某些极端行为的一种抽象，而不代表一种积极健康社会的主流，因而将其“泛化”的普适性的逻辑就是非理智之举。

3. “生人圈”的背景

囚徒困境是在“生人圈”中进行的，且博弈者之所以只关注自己的利益，不相信任何利益相关者，主要是缺乏熟人圈的伦理道德的钳制。熟人圈伦理的运作机制和“生人圈”有着明显的异质性。熟人圈中人们在竞争时容易按照伦理规范去进行，一般不会做出过分出格的行为，因为一旦如此，其可能的后果是他就会失信于人，声誉扫地。而在“生人圈”，人们在竞争时往往更容易按照利益逻辑去进行，一般很容易做出出格的行为，因为即便如此，他也不会遭到周围生活圈的人们的评价和谴责，依然可以“怡然自得”，而不会失信于人，声誉扫地。

如果联系到中国传统社会的背景，我们恐怕就会更容易地看到上述这点。中国的传统社会是一个熟人的社会，即，“这是一个‘熟悉’的社会，没有陌生人的社会”[①]。乡土社会的信任是一种人格信任，这种信任不是建立在法律和契约的规定之上的，而是“发生于

① 费孝通：《乡土中国　生育制度》，北京大学出版社 1998 年版，第 9 页。

对一种行为的规矩熟悉到不假思索的可靠性”[①]。在传统社会的人际交往中发挥作用的，是“特殊主义”和“普遍主义”的原则。[②] 在此原则之下，信任度随不同熟悉程度的交往对象而有所不同。

尽管当前中国已经初步建立起了社会主义市场经济体制，但是，传统社会的伦理秩序依然有力地影响着现实经济生活。因而，从此意义上说，囚徒困境应是建立在基本的不信任基础上的，可以确定其属于一种在“生人圈”背景中进行博弈的情况，因而，在当代中国社会其普遍性也受到质疑。尽管我们承认，现代经济的发展越来越从熟人圈走向“生人圈”，但是对于当下中国来讲，靠熟人圈来发展企业，进行商务活动仍然是经济活动的一个重要层面。就个体来讲，熟人圈则是经常遭遇的一种现象。因而，但就此点来说，如果拿囚徒困境这个建立在“生人圈”的背景之上的博弈理论来进行普世化的推理和运用，必然会遭遇与现实的巨大裂口。

总之，囚徒困境的确有其存在的合法性悬设。应该承认的现实是，尽管囚徒困境的博弈论并非我们想象得那样简单，尽管可以进行多重博弈，尽管并非所有的经济学家都将囚徒困境博弈论奉为“经典”，甚至某些经济学家已经意识到在囚徒困境中切入道德的因素，但是他们似乎并未真正地解决问题。在此层面上，可以说，楔入道德维度对于全新视阈的获得是十分必要的。否则，我们就只能在囚徒困境所预设的旧靴子里打转。因此很有必要颠覆囚徒困境之传统思想范式，为改正其逻辑错误并走出其逻辑束缚铺平道路。

三　走出囚徒困境的可能路径

尽管我不主张把囚徒困境故事作为社会各领域竞争的经典范例，但至少目前在社会科学各学科领域可以被广泛引用和观照，而且可以用囚徒困境故事作延伸，为经济竞争服务。实际上，如果将囚徒

---

① 费孝通：《乡土中国　生育制度》，北京大学出版社 1998 年版，第 10 页。

② “特殊主义”和“普遍主义”是 T. 帕森斯和 E. A. 希尔斯提出的概念。他们认为，特殊主义是凭借与行为之属性的特殊关系而认定对象身上的价值的至上性，而普遍主义则独立于行为者与对象在身份上的特殊关系。参见 Parsons, T. and Shils, E. A. , *Toward a General Theory of Action*, Cambridge: Harvard University Press, 1951。

困境普世化，就显然地至少违背了特殊不能代替一般的基本哲学逻辑。因为在我们看来，经济领域中不仅存在利己主义而且存在利他主义[①]，不仅存在信息极不对称的个人理性，而且存在信息共享的集体理性，不仅存在竞争而且也合作，不仅存在恶性竞争导致的尔虞我诈而且也存在良性竞争带来的互惠共赢。

因而，走出囚徒困境的可能路径是，经济活动的参与者（即所谓"囚徒"）超越个人功利的计算理性，而达到谋求群体功利的集体理性，以一种参与式的合作精神介入竞争过程，从而摆脱囚徒困境所预设的僵局。下面择要阐述走出囚徒困境的三大可能路径：一是以集体理性代替功利的计算的个人理性；二是以合作精神介入理性竞争；三是坚持"道德人"与"经济人"的统一。

囚徒困境故事把人当作不讲道义的利己主义者，假如设想两个嫌疑人很友好，又都敢于承担责任，其结果会更理想。当然，这样就可能形成"困境"不严重或不存在"困境"的局面，博弈的程度就会减弱。不过，对囚徒困境的情节做道德性修改，应该更适合当代经济社会中的博弈，也更适合作为"道德经济"的社会主义市场经济条件下的经济博弈。为此，我们理解的博弈应该是道德博弈，经济博弈应该是道德经济博弈。需要指出，我们把伦理道德引入博弈论，不仅重视道德的工具价值而且注重其内在价值。

首先，从走出囚徒困境的三大可能路径之一即以集体理性代替功利计算的个人理性说起。囚徒困境反映了一个深刻的问题，这就是个人理性与集体理性的矛盾。有论者指出，"囚犯难题具有极深刻的含义，它解释了何以短视地以利益为目标将导致对大家都不利的结局"[②]。谁都想占便宜，但是谁都占不到便宜，这就是所谓"理性的无知"（rational ignorance），它表明了"利己之心是如何导致不合作的、污染的和扩军备战的世界——一种恶劣、野蛮和使生命短促

---

① 关于利他主义，它可分为绝对（无条件）利他主义和相对（有条件）利他主义，相较而言，后者更为普遍。威尔逊在《D. T. 坎贝尔的〈论生物进化与社会进化及心理学与伦理传统之间的冲突〉》一文中指出，他赞同坎贝尔教授的观点，认为人和社会的利他主义分为两种基本形式：一是无条件利他主义，二是有条件利他主义。

② 茅于轼：《生活中的经济学》，上海人民出版社 1993 年版，第 254 页。

的生活方式”①。早在200多年以前，市场经济的鼻祖亚当·斯密提出了著名的“无形手”理论：本性利己的“经济人”为追求个人利益最大化的目标而理性行动时，会在一只看不见的手的操纵下，达到社会资源最优配置和增进社会福利，实现整个社会的繁荣。但现实的市场经济中“无形手”的理论在很多领域出现失灵现象，且大多数情况下不能导致资源的最优配置，增进社会福利。原因何在呢？现代经济学认为，造成市场失灵的原因在于市场机制本身，即市场无法解决公共物品供给、外部效应、信息不对称、垄断等问题。细心考察不难发现，其中深层的原因是由于个人理性的简单相加并不等于集体理性，换言之，每一个人都是理性的，想做出对自己有利的选择，而这种选择所得来的结果却是“集体的非理性”“理性本身的非理性”。由此可见，走出囚徒困境的可能路径就要以集体理性代替功利计算的个人理性，否则，所谓走出只能是某种“画饼充饥”的幻想而已。

其次，走出囚徒困境的三大可能路径之二是理性竞争、加强合作。保证以集体理性代替个人理性，并加强竞争中的必要合作才能走出囚徒困境。正如有论者指出：“囚徒只有共同合作才是他们最佳的选择，这样的选择会使他们达到‘帕累托最优’状态，这种状态下，囚徒双方的利益都会实现最大化，也就是说对双方都会有利，所以，合作才是他们摆脱困境的唯一出路。”②

从不同的社会制度层面上看，不同制度对于竞争机制的影响很大。在社会主义市场经济条件下，企业完全可以合作双赢或多赢。退一步说，即使是在资本主义条件下，恶性的竞争也是不受欢迎的。不可否认，企业在经营过程中一定会有商业机密需要保护，就保护知识产权角度来说，法律支持，道德也是允许的。而且，保护商业机密，有利于促进企业的创新、改革等良性竞争。当然，在社会主义市场经济条件下的企业，更多地强调合作，因为，一是适当地公

---

① ［美］保罗·A. 萨缪尔森、威廉·D. 诺德豪斯：《经济学》，高鸿业等译，中国发展出版社1992年版，第926页。

② 李刚、黄正华：《“经济人”与“道德人”——从囚徒困境谈起》，《内蒙古农业大学学报》（社会科学版）2004年第2期。

开一些信息有利于减少交易成本，一味地互相打压或互相挤压，只会增加摩擦成本，甚至由于信息不对称的互相打压或互相挤压而造成收不回应该收回的成本的局面。这不仅影响企业扩大再生产，也影响社会的经济效益，最终影响的还是全社会的利益。二是加强企业之间的合作，有利于充分利用信息、社会和物质资源。尽管企业之间的竞争在任何情况下都是激烈的，但是社会化的大生产及其企业之间的生产经营链使得任何企业都离不开社会和其他企业的帮助，与其因为互相之间的不合作带来了许多企业经营困难，还不如尽可能做到信息共享，必要之时联合行动，在政策和道义允许的范围内，将资源利用到极致，将摩擦减少到最小，将效益提到最高。否则，就很难走出恶性竞争的泥潭。①

最后，走出囚徒困境的三大可能路径之三是坚持“道德人”与“经济人”的统一。由于囚徒困境式的经济或企业博弈理论是建立在经济人假设和建立在企业利己主义道德观基础上的，要保证信息对称和以合作精神介入竞争过程，还必须要从人性上着眼，不然，就很难保证“囚徒”最终不滑向自利主义的泥潭。亚当·斯密在其著作《国富论》和《道德情操论》中分别提出“经济人”和“道德人”的概念，“经济人”自利，“道德人”利他，“道德人”中蕴含着“仁爱”因素。可见，这点对于重构囚徒困境的人性基础十分必要。“道德人”可以克服狭隘“经济人”的自利观，“道德人”和“经济人”的统一，由原来竞争中的“我赢你输”的对抗性、排斥性的思维方式而变为“我赢你也赢”的合作性的思维范式，这种利他与利己的思维范式引入，不仅会为最终走出囚徒困境敷设人性底线，而且会带来现实层面的巨大效益。正如约翰·沃特金斯说道：“假如在社会中道德主义者占一个很大的多数，比如说95%或更多，那么，对一个人转向道德主义的激励就会相当强。”“将会出现一种带头羊式的效果（band wagon effect）：如果道德主义已经在这个社会传播得相当广的话，则可望它的传播会更广。”② 在这样的社会中，具

① 参见王立刚《冲出恶性竞争的囚徒困境》，《青年记者》2005年第9期。

② 转引自 R. Campbel and L. Sowden ed. , *Paradoxes of Rationality and Cooperation*, *Prisoner's Dilemma and Newcomb's Problem*, Vancouver, The University of British Columbia Press, 1995, p. 74.

有道德维度的互惠博弈模型在人类生活世界中就有了现实性，正如韦森说：“即使在任何制度化的现代市场经济中，尽管法律规则的体系化的程度之高以至于制度性规则已渗透并规制着社会生活的方方面面，但在人们的日常生活和商业活动中，道德感、道德心、良知、诚信和常理（common sense）仍在很大范围和很大程度上支配着人们的行动和选择。”①

综上所述，现代经济学中的囚徒困境博弈理论尽管有其价值，但是，由于在此语境中的囚徒困境及“纳什均衡”是与伦理无涉的（non-ethical），实际上很难契合于现实生活的实践场。换言之，置换囚徒困境的语境，把它从“道德虚无特区”（韦森语）拉回到经济道德语境中来，不仅是走出囚徒困境的必要途径，而且是合理诊断和把握现实经济世界的正确理路。

（原载《江苏社会科学》2009 年第 1 期，人大复印报刊资料《伦理学》2009 年第 4 期全文转载，《新华文摘》2009 年第 8 期全文转载）

① 韦森：《经济学与伦理学——探寻市场经济的伦理维度与道德基础》，上海人民出版社 2002 年版，第 103 页。

完善意义上的经济是内含伦理道德的经济

究竟什么才是完善意义上的经济？经济和伦理道德是“二律背反”，还是有着本质关联？这些问题始终困扰学者，各派观点纷争，难以达成共识。争论的立场：一是从“自利最大化”的“经济人”假设出发，认为经济是“道德无涉”的理性自利结果；一是从人的好生活和社会繁荣发展出发，认为经济只是人类生活的一部分，经济行为的合理与否，最终取决于伦理道德的引导和评判。从古典经济学派强调经济范畴在一定意义上也是伦理道德范畴，到现代经济学家提出的新经济人假设，都从不同角度揭示了经济与伦理道德的关联性。

以“经济人假设”为前提的经济把“自利最大化”解释为理性，把理性行为视为唯一的经济行为动机，从而把一切经济行为的动机和效果都归结为自利的结果，继而再从自利的结果出发，反过来为假设前提做辩护。由此，人的好生活被片面理解为经济地位的改善，社会的繁荣发展仅仅是物品的丰足和财富的堆积。“经济人假设”虽不否认有伦理道德的存在，但在经济生活和伦理道德生活之间划了一道泾渭分明的界限。然而，仅仅就投入、产出、效益等纯物质、纯数据（量）概念来考量经济活动或经济生活质量和社会发展水平，不仅无法触及经济的本真内涵，而且易使人误入歧途。这次全球性“金融海啸”和我国的“三鹿奶粉”事件表明，在经济运行过程中缺乏对人的生活质量和社会发展的责任意识是产生经济危机之“多米诺骨牌”效应的深层次根源之一，企业若是缺乏理论道德责任，坑害顾客，甚或破坏社会进步，最终必将招致毁灭性的惩罚。

完善意义上的经济是带着“道德体温”的经济，原因有二。其一，经济活动是现实生活中的人的活动，是处理人与人、人与社会之间经济利益关系的活动，它总是要反映人、人际关系、人际利益关系的本质，体现人和人际关系发展与完善的程度。而经济活动又受制于体现着人和人际关系完善程度的道德觉悟。因此，经济既是人类理性精神的一种活动方式，也是社会利益关系的主要存在方式。只有发现人和人际、人伦关系的堂奥，才能真正理解什么是完善意义上的经济。事实上，经济与伦理道德从来都互为表里、相互依存。印度著名经济学家、诺贝尔经济学奖获得者阿马蒂亚·森就曾指出，尽管忽略了伦理学方法的现代经济学照样也能获得相当丰硕的成果，但经济学要使自己具备更强的说服力，就必须对经济行为中的“社会相互依赖关系”做更深刻的思考。这里所说的“社会相互依赖关系”本质上内含着伦理道德关系，而对这种关系的思考在一定意义上也就是伦理道德思考。其二，无论从出发点、发生过程还是归宿来看，经济活动都与伦理道德密切相关，人类经济行为的动机是多元的、复杂的和相互影响、相互渗透的，不存在只是为了利润增值的经济活动。德国著名经济伦理学家彼得·科斯洛夫斯基曾明确指出，“经济不仅仅是由经济规则来控制的，而是由人来决定的，在人们的意愿和选择中，经济上的期望、社会规范、文化的调节和道德上的善良表象的总和一直在起作用。因此，这种总和在经济行为和经济理论中，也必须得到考虑并反映到经济行为的道德特性上来”。

因此，完善意义上的经济是真正符合人的好生活和社会繁荣发展要求的经济，也是体现“道德—经济生态”的经济，能够与人文、生态协调共生的经济。其核心是以人为本，基本样态是循环经济、生态经济，价值旨归是可持续发展。20 世纪以来，人类社会普遍面临着环境危机、能源危机和生态危机，引发这些危机的操盘手是片面的经济行为，但单纯依靠现代经济体及其经济学已无力化解这些危机问题，需要伦理价值的指引和道德规制的约束，这就是“道德—经济生态”的价值和意义。

“道德—经济生态”中所体现的新伦理价值观主要包括：在认识和使用自然资源时，不仅考虑其开发利用能力，而且要充分考虑其对自然和社会生态系统的维系和修复能力，维持生态系统的良性循环，维护资源的再生与再利用；不仅考虑人对自然和社会的改造能力，而且重视人与自然、人与社会和谐相处的能力，促进人的自由全面发展，推动社会的持续进步。可见，这一新价值观要求人类在从事经济活动时，不是把自身置于自然和社会这个大系统之外，而是将自己作为这个大系统的一部分。从某种意义上说，伦理经济的当代形态在实质上是一种体现自然生态要求的经济。那种认为“发展经济总是要以牺牲伦理道德为代价”，“等经济发展了再谈伦理道德也不迟”的观点，是对完善意义上的经济的曲解。

（原载《中国社会科学报》2010 年 2 月 23 日）

消费也有个道德问题

一

宽泛地说，消费有生产消费和生活消费之分。前者是社会再生产过程中的一个环节，是指生产资料的耗费和流转；后者是指生活资料的消耗，目的是满足个人的生活和发展需要。就生活消费来说，它是个人行为，源于人的各种需要，但基本前提却是社会的生产条件、分配制度和消费文化。而且，消费也绝不是与伦理无涉。就拿食物消费来说，“饿了要吃”是人的基本需要，但千百年来，“能吃什么”“能吃到什么”以及“如何吃”的问题却取决于社会的食物供应条件、食物分配体制和包括生存价值观在内的饮食文化。所以，一定的社会条件在根本上规定了消费的对象、形式和实现方式，在这一基础之上，才有源自需要的个人消费选择，这就是生活消费的社会本质。

如今，在市场经济条件下，人们的物质生活和精神生活都得到了极大的改善，消费对象和消费方式也日新月异、形式多样。但是，一些不合理或有违道德要求的消费现象也比比皆是，归结起来，主要有四类。

过度消费。按照西方消费主义文化的漂亮说法，过度消费也叫超前消费；稍带贬义地说，就是透支消费。过度消费的情况有两种，一是超出个人当前支付能力的消费，另一种则是纯粹的浪费。以前者为例，在美国的次贷危机中，有相当一部分尚欠支付能力的消费者在全额贷款购房的情况下，还将按揭房再次抵押给银行购买第二套房。无疑，这种消费方式最终只会带来社会信用的破产和资源的浪费。

身份消费。贺岁片《大腕》中有这样一句经典的台词："什么叫成功人士，你知道吗？成功人士就是买什么东西，都买最贵的，不买最好的！"事实上，这就是所谓的身份消费，也就是用消费能力来标榜不同的社会地位、社会身份，甚至是人格尊卑。可以说，身份消费是一种极不正常的消费方式，它不仅会损害社会的公平正义观，还会扭曲人们对个人社会成就的评价，从而助长等级观念，败坏社会风气。

奢侈消费。世界上有专门的奢侈品消费市场，也有特定的奢侈品消费人群。近些年来，奢侈品消费也风靡国内。据世界奢侈品协会发布的报告，截至2009年1月，中国奢侈品消费总额达86亿美元，占全球市场的25%，首次超过美国，成为世界第二大奢侈品国。虽说奢侈品消费视个人的支付能力而定，但在我们这样一个资源有限、人口众多的发展中国家，绝不能提倡奢侈品消费。如果奢侈品消费滋长了奢靡之风，还掺进了身份消费的成分，则要坚决抵制。

高碳消费。相对于低碳消费而言，高碳消费是指那些高能耗和不环保的消费方式。在日常生活中，高碳消费不仅和社会的经济结构有关，还和人们的生活方式和消费习惯有关。就前者而言，如果社会的产业结构是高碳型的，那么消费者在很大程度上也就只能消费高碳商品。不过，这里所说的高碳消费主要针对的还是个人的生活方式和消费习惯。据说不少欧洲人有个"有趣"的生活习惯，喜欢在冬天开着暖气着夏装，夏天打着凉风着冬装。显然，若要提倡低碳消费，人们势必都应根据相应的低碳标准合理地调整自己的生活习惯。

二

上面提到的这些不合理的消费现象是由许多原因综合而成的，道德缺失则是其中的重要因素。实际上，现实中的生活消费不是经济学所理解的纯而又纯的物质消耗过程，而是一种内含着道德理念、伦理关系、精神境界的行为方式和生活方式。为此，我们可以从考察消费与人、消费与自然生态、消费与社会之间的相互关联去把握生活消费的道德内涵。

消费与人的生存、发展和完善。人要求生存、谋发展、促完善，消费一定的生活资料是基本前提和必要条件。从哲学上讲，消费是人和外部世界进行能量交换和精神沟通的纽带，是外部世界的内化方式。同时，在理想的意义上，消费是人的自我完善与发展的必要途径和实现方式。通过生理代谢和精神代谢，人不但可以维持生命、积蓄精力、强健身体，还可以储备知识、活化思维、吸纳价值。当然，消费何种质量的生活资料在很大程度上直接决定了人的体质、心理、素质、能力和品质。换句话说，消费对象和消费方式不仅满足着人的需要，也塑造着人的需要和人本身。所以，在消费对象的选择上和在消费方式的实现上，就存在一个合不合理、健不健康的问题，人的消费的合道德性关键就在这里。什么是健康合理的消费，什么又是道德的消费，这不仅是个生活智慧上的问题，也是一个道德认识上的问题，说到底，就是需要的合理性和实现的正当性问题。首先，需要的满足和实现取决于人的价值追求和理想信念，取决于人对“应当如何生活”和“想要成为什么样的人”的回答。其次，需要的满足和实现取决于人的能力。这种能力既包括人的体力、精力和思维水平，也包括人的生活经验和支付能力。最后，需要的满足和实现还取决于人的价值选择，也就是人在选择消费对象和实现方式时所依循的价值观念和价值标准。值得注意的是，消费对象和消费方式只不过是人完善自我的一种手段，倘若倒过来把手段当作了目的，那么，结果就会蜕变成商品在消费着人、奴役着人。日常生活中所说的“房奴”“车奴”等就是现实的写照。

消费与自然生态的可持续发展。随着全球经济产能的大规模扩张和人类消费能力的急剧膨胀，人们对未来的能源使用前景和自然生存环境产生了危机感。从人类社会的可持续发展角度来说，“耗费”和“再生”显然构成了一对基本的矛盾。如果人类的消耗超出了能源和生态的再生速度，那么资源就会逐渐耗尽，自然生态系统就会丧失功效，人类生存便无从谈起。所以，为了维持自然生态和人类社会的可持续发展，生活消费必须有所节制，必须朝着更加科学合理的方向发展，必须更加符合一定的道德价值要求。归结成一个思路便是：要开源节流。所谓开源，就是要开发新能源和清洁能源，大力发展循环经济和低碳经济，调整产业结构和经济增长方式，从而在保护自然生态环境的基础上用好能源；所谓节流，就是在开源的过程中，在满足一定消费需求的条件下，转变不环保、不生态、高能耗的生活方式和生活习惯，把生活消费限制在合理可控的范围之内。

当然，我们要摒弃守财奴式的消费观念，主张生态性节俭的伦理取向。所谓生态性节俭，是指在消费品充裕的条件下，通过适度消费来发挥消费的最大作用；而在消费品相对匮乏、不能充分满足消费需求的情况下，使有限的消费品能够得到合理的均衡配用，从而可以产生更好的经济效益和社会效益，提高生活幸福指数的节俭。

消费与社会和谐。道德性消费不仅是完善人的消费、推动自然生态可持续发展的消费，还是协调和促进合理人际关系的消费，是和谐消费。在现实生活中，我们不难发现，在消费资料一定的条件下，有些人的多消费就意味着另一些人的少消费；有些东西消费光了，别人就没法消费等等。这说明，消费资料和消费需要之间会构成一对矛盾，不同的消费选择和消费方式会牵动一定的人际关系和利益关系。进一步说，消费行为对人际关系和利益关系的拨动还会影响人们的消费观念和消费态度，甚至是人们的价值观和人生观。比方说，前面提到的过度消费、身份消费和奢侈消费往往会诱发有些人的消费攀比心理和等级观念。这样的消费行为若是散播开来，无疑会极大地败坏社会风气，激化社会矛盾，影响社会和谐。所以，反过来看，道德的消费就应该是促进社会人际和谐的消费，从而有助于人们树立正确的消费观、价值观和人生观的消费方式。消费者在明了自己“究竟需要什么”的同时，还要知荣辱、明是非、辨美丑。应当知道，所有正当的消费品都是劳动者的劳动结晶，没有劳动者在社会化大生产中的分工协作，就不会有丰裕的劳动产品可供选择；反之，若是消费者都不顾及他人和社会的利益，大肆挥霍、骄奢淫逸，那么最终或许也就不会再有消费品可以选择了。

三

搞清楚消费的社会属性和功能作用，目的还是为了找到一种合道德的消费模式和生活方式，以实现人的美好生活。就目前来看，低碳消费方式无疑正是这种消费模式最新、最集中的代表。无疑，低碳经济是时代的发展趋势，在低碳消费问题上，我们既要破除低碳消费的“非道德性神话”，也要破除低碳消费的“道德性神话”，将其厘定在合理的位置上，以最大限度地发挥其积极功效。从根本上讲，提倡低碳消费并不是要降低生活标准，而是要倡导一种环保、人本、和谐的道德价值。这种价值观合乎时代潮流，顺乎社情民意，是一种科学、文明、健康的消费模式和生活方式。它对缓解能源紧张的矛盾、实现经济增长方式的转轨和社会和谐来说，都不失为明智的美善之举。

（原载《光明日报》2010 年 6 月 1 日，《新华文摘》2010 年第 15 期全文转载）

简论道德消费

消费是社会经济再生产过程中的重要环节，是人类社会生活的基本内容之一。没有循序渐进的消费需求，就不会有稳步攀升的社会生产和经济增长。低迷的消费需求不仅会影响经济增长，还会影响人们的生活质量，从而不利于人的完善和社会的进步。一般说来，消费有物质消费和精神文化消费之分，两者既相对独立又互相蕴含，而人类的生产和生活消费行为总是物质消费和精神消费的统一体。尤为重要的是，人类物质与精神文化生活的丰富程度恰恰就体现在物质消费和精神消费两者之间的结构比例关系之中。当然，每个时代都会在一定的生产力条件下，在人们的社会生活观念中发展着自己的消费内容和消费结构，然而，进步的消费结构和消费内容一定是体现时代进步要求的道德消费。

道德消费内含社会主义道德目的，这也是促进经济发展的必然要求。从表面上看，消费是消费主体（可以是个人，也可以是各种类型的集体等）在消耗物质产品和精神产品，但事实上，消费又不只是消耗，从本质上说，消费应该是发展中的消费，是发展中的投入。因此，消费是物质与精神生产、经济社会发展和日常社会生活过程中不可或缺的重要环节。这就是马克思反复强调的消费生产着生产，“消费的需要决定着生产”① 的道理。当然，作为发展中的消费和发展中的投入，消费必定是理性意义上的消费。这就是说，作为人类生存发展的一种基本生活方式和重要内容，消费应该起到对于人性、人心和人际关系的积极意义和完善功能，应该可以作为新的发展力量，对人的精神力和体力的再生产发挥重要作用。因此，

① 《马克思恩格斯选集》第2卷，人民出版社1995年版，第17页。

既然消费是消费主体用于物质和精神再生产、人类再生产的投入或投资，那么，这样的消费一定不会是无用消费、浪费或破坏性消费。

道德消费是负责任的消费。理想状态的消费是消费行为的应该状态，是承担道德义务和道德责任的理性消费，是符合经济、社会、生活的发展要求并体现出应该状态的生态性消费。同时，道德消费也是一种维权消费，即体现在消费行为中的道德要求会有助于维护主体权利。比如说，企业维权消费就是要尽可能地生产出符合人性要求、有利于提高生活质量的消费品；个人维权消费就是要保证消费的合理、有益。这种负责任的道德消费行为有利于资源的利用效率和使用成本，并在资源的消耗中产生最大效益，诸如实现身体健康、身心愉悦、理念进步、能力提高等；它能使资源的利用方式更为公正合理，从而使利益相关者的利益分配更为公平，进而对人际关系的和谐、人际的优势互补和精诚合作起到效益最大化的促进作用；它能最大限度地保护生态环境，从而为经济社会的可持续发展创造条件。事实上，和谐人际下的道德消费必然会自觉地关照和顾及自然环境与社会环境的生态要求，从而使消费的结果能够受益于良好的生态环境；它能引导人们节俭用物，排除奢侈、无效的消耗，排除虽有近效但无远益的即时消费，从而达到发展高效能消费，防止短期（视）性、掠夺性消费的目的。

道德消费积聚企业道德资本。既然消费是社会再生产过程中的重要环节，是经济社会发展的一种主要的驱动力，那么，道德消费就不会只是个人的事情，它必定也会涉及从事生产和销售活动的各类企业。尤其是生产性企业，由于它们生产消费品的过程同时也是消耗资源的过程，因此，它们既是消费品的生产者，也是消费品的消费者，因而是一个特殊的消费者。企业的道德消费行为，不仅会促进员工素质的全面提高，还能促进利益相关者之间的关系协调，从而在企业管理中形成“1 +1 >2”的人际合力，节约应该节约的资源，充分发挥各种资源的功能和使用效率，为企业的科学发展提供特有的“道德资本”。反之，企业的消费活动若是被异化了，就必然会导致企业的畸形发展，甚至会破坏正常的经济活动并最终导致企业破产。此类案例已不胜枚举。比如三鹿奶粉事件就是企业和当事人缺失消费道德所造成的。三鹿公司忘记了消费者是企业生存和发展源泉的观念，根本就没有意识到消费品被消费就是一种再投入或再投资过程的科学理念，同时也丧失了要向用户负责的起码的道德精神。可以毫不隐讳地说，当企业经营的“道德链条”断裂之时，也就是企业灭顶之灾的来临之日。

道德消费主张生态型的消费节俭方式。到了今天，我们应该反思一下过分节俭或守财奴式的消费理念。其实，在一定程度上，过分节俭或守财奴式的消费是一种滞后型消费，它既是对该进行消费投入而没有投入的物质产品在时间、空间和内容上的损耗，也是对该进行消费投入而没有投入的精神文化品在功能和作用上的耗损。换句话说，一方面是消费品被闲置，另一方面是消费主体得不到应有的生活消费品，这样一来，不仅是社会的经济发展势必会受到消极影响，人们本来可以达到的生活质量也势必会受到影响，这不符合消费的生态要求。生态型的消费节俭方式是指，要尽量提供充裕的消费品，但应该通过适度消费、有限消费、赠予消费等方式促进消费能量和消费作用的发挥；而在消费品还不能充分满足消费需求甚至还处于匮乏状态时，节俭就应该使有限的消费品尽可能地达到时空均衡和受益合理，从而达到最大的使用效率和需求满足度，产生更好的消费结果。因此，要引导消费，要积极鼓励理性的消费。尤其在当下出现全球性的金融危机时，在全球经济陷入困境以及增长放缓甚至停涨的时候，如何协调好生产与消费的关系以及消费结构就显得非常重要。这就十分需要社会去消费该消费的东西，节约该节约的东西，以维持经济的稳定和增长。由是观之，消费是一种精神、是一种觉悟。正是在这个意义上，党和政府如今才会大力强调“拉动内需”或“刺激消费”的政策举措。这些政策，从其出发点来讲，都是想达到一种生态型消费，或理性消费，或道德消费的境界，但这并不因此就否认了节俭的美德。

就目前的情况来看，要想达到道德消费的理想水平，就必须遵循四个经济伦理原则。

一是消费要与消费能力相等。消费能力包括物质消费能力和精神消费能力。“超能力”的消费，不是投入或投资，而是对“再生产”和“发展”的阻碍或破坏。“低能力”的消费，不是节俭，而是滞后型消费，它不利于“再生产”和“发展”。作为美德的节俭消费不会是“超能力”的消费；当然，不铺张浪费，也不意味着要像“守财奴”式的该消费而不消费。不过，在像学校教育、医疗卫生等公共消费能力总体不足的情况下，我们还是需要大力提倡节俭的。当然，节俭型的公共消费是为了更加理性、更符合“应当”要求的消费。

二是消费要与生态要求一致。这里同时有社会生态要求和自然生态要求。消费毕竟是对物质产品和精神文化产品的消耗，因此，这种消耗既要考虑社会成员的共同需求，也要考虑利益分配的公正性和社会发展的可持续性；既要考虑自然的生态存在，也要考虑人类社会与自然生态之间的相互关系；既要考虑当代人的消费需要，也要顾及后代人的利益，绝不能“吃子孙饭，断子孙路”。

三是消费要与风俗习惯协调。消费内容和消费方式不可能是随心所欲的。特定地区或特定人群对消费内容和消费方式是有一定的特殊要求和消费偏好的，因此，消费势必要符合社会所认同的标准和社会生活的风俗习惯。但是，奢侈的消费，甚或伤风败俗的消费是异化消费，这会给“再生产”带来不小的麻烦。我们主张健康的、绿色的消费，唯此才能使消费真正回归人的真实需要并为丰富人的本质创造条件，从而也才能使这样的消费行为真正成为经济社会发展的投入或投资。

四是消费要与经济社会发展趋势相一致。消费既然是一种投入或投资，那么消费行为就时刻要与经济社会的发展要求相契合。尤其是要避免那些“无用的拥有”和“无用的消耗”，因为它们不能发挥合理的消费功能并产生具有积极意义的经济价值和道德价值。因此，道德消费可以说是经济社会发展的动力源，它会时刻考虑任何一种消费行为的积极意义，考虑物质和精神文化产品的消费理念和消费方式。

（写于2010年5月）

谁之增长？何种包容性？

——包容性增长的伦理解读

“包容性增长”（Inclusive Growth）又译“共享式增长”，这一概念最早由亚洲开发银行在2007年提出，主要指在发展进程中将关注的重点从应对严重的贫困挑战转向支持更高和更为包容性的增长。当前，这一概念成为我国学术界热议的焦点。值得注意的是，包容性增长并非纯粹的经济范畴，它内含着不可忽视的价值取向和伦理理念。如果不从伦理视角解读包容性增长的深刻内涵，我们就无法形成对这一概念全面而准确的理解，更无法在正确的理论指导下实现包容性增长的现实目标。套用美国学者麦金太尔对正义问题发出的伦理追问，对包容性增长的伦理解读必须面对和回答的问题是：谁之增长？何种包容性？

一　谁之增长：公正共享的价值目标和全面发展的精神内涵

包容性增长不是少数社会成员或群体利益和财富的增长，而是全体社会成员共享发展成果的均衡性增长；不是单纯物质财富的增长，而是物质财富和精神财富的全面增长。由此，公正共享的价值目标和全面发展的精神内涵，成为包容性增长的核心要义。

一方面，包容性增长关注每一个社会成员的生存和发展，强调全体社会成员机会均等地共享发展成果。改革开放以来，社会主义市场经济的发展冲破了传统计划经济体制的束缚，从而极大地促进了效率的提高和财富的增长。但是，市场经济的趋利本性及资本逻辑的作用，加之相当一段时期以来以降低普通劳动者权益和福利为代价的经济发展方式，使原本因地区、资源、自然条件、社会环境等因素造成的贫富差距进一步拉大。这意味着，经济发展的成果仅仅被部分社会成员和群体享有，而相当一部分社会成员却未能在社会财富的增长中实现自身利益的增长和生活水平的提高。应当看到，只有让每一个普通劳动者充分共享发展成果，经济发展才能获得持久增长的动力，社会稳定才能获得基本的秩序保障。换言之，公正共享既是当前我国经济发展的基本价值目标，也是各项改革与发展政策不可或缺的伦理要求。

具体而言，基于公正共享的价值目标，包容性增长至少应当有三个方面的基本要求。第一，强调每一个社会成员在学习、求职、工作、发展、福利、享受等方面享有同等的权利和机会，从而最大限度地实现“起点的公平”。事实上，唯有机会和权利平等才能平和人们的心态，激发人们的劳动积极性。在教育、就业、医疗、社会保障等方面给社会成员同等的权利和机会，不仅在“起点”上尽可能消除了各类社会矛盾，稳定了社会情绪，而且客观上能够促进人们竞争意识的增强，从而为经济社会发展提供持久的动力。第二，强调制度和规则的公平，为每一个社会成员创设公平交易和竞争的环境，从而最大限度地限制、避免或降低因制度缺失而导致的特权利益或违法利益，以实现“过程的平等”。第三，强调在初次分配和再分配过程中坚持“效率与公平兼顾，更加注重公平”的原则，高度关注弱势群体的生存与发展，通过各种不同形式的“利益补差”或“利益回补”，最大限度地平衡各种利益关系，从而实现“结果的公平”。

另一方面，包容性增长关注个人和社会发展的精神层面，强调物质财富和精神财富的共同增长，蕴含着全面发展的精神内涵。

就宏观层面而言，包容性增长是在物质文明、精神文明、政治文明、生态文明“四位一体”的社会系统工程中实现社会的全面进步。包容性增长认同物质财富增长对社会发展的基础性意义但反对将其视为社会发展的唯一价值指向和判断标准。30 多年来，“以经济建设为中心”“发展才是硬道理”的政策驱动，在造就我国经济高速增长的同时，也在相当程度上造就了“GDP 增长”的发展模式和评价标准。“GDP 增长 = 物质财富的增长 = 社会财富的增长 = 发展”，由这一判断逻辑出发，GDP 所指向的物质财富增长成为发展的主要（甚至唯一）指标，精神财富的创造和精神文化的发展成了可有可无的点缀。不难看出，此种评价标准预设的价值判断是：物质财富的增长与人民生活质量的提高及社会繁荣进步之间存在着必然的正相关关系。然而，与经济增长相伴随的"道德缺失""环境恶化""幸福悖论"等现象和问题，使这一价值判断及基于其上的"GDP 中心主义"日渐受到质疑。包容性增长这一概念的提出，对于矫正财富、增长、发展等概念上"精神缺失"的理论误区及其在实践中导致的"GDP 增长"模式，倡导涵盖物质财富和精神财富的共同增长和全面发展，无疑有着极其重要的现实意义。

就微观层面而言，包容性增长强调人的自由和全面发展，尤其关注人的精神生活的充实和精神境界的提升。马克思曾经指出，在资本主义社会物化关系造就的强大经济力面前，人的本性遭到了严重的异化，个人逐渐成为物的奴隶，成为社会生产实现利润的工具。恩格斯更是一针见血地指出："在这种贪得无厌和利欲熏心的情况下，人的心灵的任何活动都不可能是清白的。"① 也正是在对资本主义制度造成的物役、异化等现象进行批判的基础上，马克思提出，代替那存在着阶级和阶级对立的资产阶级旧社会的，将是这样一个共同体，"只有在共同体中，个人才能获得全面发展其才能的手段，也就是说，只有在共同体中才可能有个人自由"②。他认为，在这样的社会中，"个人的独创的和自由的发展不再是一句空话"，"每个人都能自由地发展他的人的本性"③，过着"能满足一切生活条件和生活需要的真正的人的生活"。④ 诚然，比之马克思主义经典作家所强调的共产主义社会，仍处于社会主义初级阶段的中国社会还相距甚远。但是，无论从社会成员的个体或整体来看，对物质财富的过度关注及其所导致的空虚、焦虑、烦躁、不安等精神状态，已然成为影响生活质量提升和实现个人自由和全面发展的重要因素。从这

① 《马克思恩格斯全集》第 2 卷，人民出版社 1957 年版，第 564 页。
② 《马克思恩格斯文集》第 1 卷，人民出版社 2009 年版，第 571 页。
③ 《马克思恩格斯全集》第 2 卷，人民出版社 1957 年版，第 626 页。
④ 《马克思恩格斯全集》第 2 卷，人民出版社 1957 年版，第 626 页。

一意义上说，包容性增长以其强调精神财富增长的基本内涵将使人作为真正的人而存在着，从而为实现人的自由和全面发展提供了基本的逻辑前提和实践根基。

二 何种包容性：多元与差异背景中和谐发展的伦理诉求

如果说，全体社会成员物质和精神财富的全面增长为包容性增长提供了基本的价值目标，那么，“包容性”则规约了通向这一目标的伦理路向。“包容”一词，本有容纳、宽容之意，我们不难从这一概念中捕捉到不同价值理念和生活方式的相互理解和共生关系。从这一概念出发，包容性增长承认价值理念多元化、发展水平差异化、发展模式多样化的基本态势，强调通过沟通交流、利益调节和相互借鉴等方式实现社会财富的全面增长和共享，体现了多元与差异背景中和谐发展的伦理诉求。

首先，包容性增长为多元与差异背景中的合作共赢提供了共同的发展理念。毋庸置疑，发展的差异性、文化的多样性，已是当今社会人们普遍接受的共识性问题。如何使不同国家和地区通过经济全球化进程中的相互合作实现双赢和多赢，必须寻求一种能够得到不同发展水平和文化传统的国家和地区认同的发展理念。包容性增长内含的协调发展、成果共享、公平正义、以人为本等要求，可以而且应当成为一种具有普适性的新型发展理念。2009 年 11 月 15 日，胡锦涛同志在亚太经济合作组织上发表题为“合力应对挑战　推动持续发展”的重要讲话，首次提出“倡导包容性增长”。2010 年 9 月 16 日，胡锦涛同志又在第五届亚太经合组织人力资源开发部长级会议开幕式上发表题为“深化交流合作，实现包容性增长”的致辞，进一步强调指出，“实现包容性增长，切实解决经济发展中出现的社会问题，为推进贸易和投资自由化、实现经济长远发展奠定坚实社会基础，这是亚太经合组织各成员需要共同研究和着力解决的重大课题。”从中，我们不难发现，包容性增长既是“中国话语”也是“世界话语”，基于这一共同的发展理念实现各国之间的合作发展，有利于实现全球经济的稳定增长，能够使更多的人享受到经济全球化和经济发展的成果，并使得弱势群体、贫困人口都能得到有效的保护。

其次，包容性增长是一种经济与伦理相互交融、内在共生的新型增长方式。伴随着我国经济的快速增长，贫富差距的扩大、生态环境的恶化等问题及其所引发的人与人、人与自然的冲突和矛盾愈加凸显。从一定意义上说，正是“GDP 中心主义”导向下传统经济增长方式的伦理缺失，导致了各种社会矛盾的加剧和激化。究其根源，长期以来对经济与伦理分割式理解，导致“增长”在理论上被视为纯粹的经济范畴，在实践中以单纯的经济指标加以衡量。然而，正如诺贝尔经济学奖获得者阿马蒂亚·森所指出的，正是经济理论对深层规范分析的回避，以及在对人类行为的实际描述中对伦理考虑的忽视，造成了现代经济学已经出现了严重的贫困化现象。事实上，经济与伦理在本质上是内在统一的。包容性增长正是基于经济与伦理相统一的基本立场，摒弃了传统增长方式单一的经济向度，以其公正共享、以人为本、全面发展的伦理指向，成为一种经济与伦理相互交融、内在共生的新型增长方式。易而言之，包容性增长并不排斥经济总量的增长，而是强调通过提高经济发展质量和增加社会财富，为全体社会成员物质和精神财富的增长创造物质基础，强调通过更加公正的政策不断消除人民参与经济发展、分享经济发展成果方面的障碍，强调通过着力保障和改善民生真正实现发展为了人民、发展依靠人民、发展成果由人民共享。

最后，包容性增长创设了所有社会成员融入发展进程共享发展成果的实践路径。包容性增长是所有社会成员的共同发展，它将不同性别、年龄、职业、健康状况、富裕程度的所有社会成员包容于社会经济发展进程之中，力求通过建立、健全完善的最低生活保障制度、医疗保障制度、收入分配制度、人才选用制度等，使全体社会成员共享社会经济发展的成果。当然，包容性增长并非一种平均主义的共享，相反，它充分尊重个体能力、水平的差异性和发展模式的多样性，认同在市场经济条件下由自然条件和资本、能力等多种因素造成的地区和个人富裕程度差别及其激励性意义。但与此同时，包容性增长特别关注弱势群体的生存和发展，强调通过必要的政策倾斜为弱势群体提供更多的发展机会。换言之，包容性增长以

“能者上，庸者下，弱者不掉队”的发展逻辑，将所有社会成员“一个都不能少”地纳入其创设的发展路径，从而使公平与效率的兼顾获得了最为广泛的实践基础。

（原载《中国教育报》2010年11月15日，与王露璐合撰）

论道德的经济价值

20世纪下半叶以来，道德的经济价值问题颇受争议。60年代开始，美国等发达国家就已有学者讨论企业的社会责任问题。尽管有一些经济学家认为，企业的各种活动只是为了增加利润，并以此抵制学术界和社会各界关于企业应当承担其社会责任的呼吁，但却无法阻止人们对企业社会责任问题进一步的研究。从70年代起，一批哲学家突破学科界限，把道德理论引入商业领域，并最终发展出经济伦理学。[①] 2002年的“安然事件”和2008年席卷全球的金融危机，促使西方学术界进一步重新思考：道德究竟能对经济生活起到多大的作用？道德的经济价值如何体现？

20世纪90年代初，社会主义市场经济在中国确立伊始，学界就围绕道德的经济价值问题展开了激烈的论辩。论辩各方的主要观点可以归纳为两类：“道德无用论”，认为市场经济可以自发地趋向完善，道德对市场经济而言并没有价值；“道德万能论”，强调社会道德的作用无处不在，道德不仅可以促进市场经济建设，甚至能够主导市场经济发展。“道德无用论”和“道德万能论”尽管都涉及道德的经济作用和社会功能，但严格来讲都不是在经济伦理学的意义上讨论道德的经济价值问题。不过，这场讨论对我国经济伦理学学科的形成和发展起到推动作用。[②] 20世纪90年代中期，有学者提出了“市场经济是道

---

① 参见 Richard T. De George, “The Status of Business Ethics: Past and Future”, in *Journal of Business Ethics*, vol. 6, 1987。

② 在我国，作为学科意义上的经济伦理学的研究始于20世纪90年代初，发表了一批以研究经济伦理学的对象、经济的伦理内涵、伦理的经济意义、商品经济与道德进步是否一致、赚钱与讲道德能否融通、传统的经济伦理观念是什么等为主要内容的文章，同时，专门研究经济伦理学原理的著作也有问世。经过近十年的发展，中国经济伦理学学科体系建设基本完成。

德经济”的观点，认为市场经济是“规则经济”，道德就是规则和规范。“所谓规范市场经济，实际就是规范市场经济的行为主体（个人、群体和社会）的行为。”① 不久，经济学界发生了一场关于经济学该不该讲道德的争论。②“道德无用论”“不道德的经济学”之类的观点遭到许多经济学家和伦理学家的批评，在某种程度上，学界形成了一种共识：市场经济有不可或缺的道德维度，经济学应该讲道德。③ 经济学学者韦森的观点具有一定的代表性：“市场秩序有着伦理之维；道德支撑着市场的运行。看不到这一点，将是一个理论的‘道德色盲’。”④ 为此，他提出“当代经济学与当代伦理学应当恢复对话与沟通”⑤。回溯西方经济思想史，经济学应该讲道德并不是今天才有的理念，凯恩斯（J. M. Keynes）就已提出：“经济学在本质上是一门道德科学，而不是自然科学。”⑥ 诺贝尔经济学奖获得者阿马蒂亚·森则明确指出：“经济学与伦理学的分离已经导致了福利经济学的贫困化，也大大削弱了描述经济学和预测经济学的基础”，“随着现代经济学与伦理学之间隔阂的不断加深，现代经济学已经出现了严重的贫困化现象”。⑦ 可见，经济学不能无视道德，经济学研究离不开道德之维。

无论在国内，还是在国外，学界对道德的经济价值问题的认识都经历了一个逐步发展的过程，并且都还有待于进一步丰富和深入。其原因，一方面是既有的经济学话语体系对这类问题的排斥效应，另一方面

---

① 夏伟东：《市场经济是道德经济》，《新视野》1995 年第 3 期。

② 参与争论的代表作有：樊纲：《经济学家谈道德》，《经济学消息报》1994 年 12 月 8 日；刘福寿：《经济学家不讲道德吗?》，《探索与争鸣》1995 年第 7 期；贾春新：《经济学能远离道德吗?》，《财经科学》1995 年第 6 期；樊纲：《“不道德”的经济学》，《读书》1998 年第 6 期；盛洪：《道德·功利及其他》，《读书》1998 年第 7 期；姚新勇：《“不道德”的经济学的道德误区》，《读书》1998 年第 11 期；罗卫东：《经济学与道德——对经济学某些倾向的反思》，《浙江学刊》2001 年第 5 期；等等。

③ 20 世纪 90 年代中期至 21 世纪初阐释经济或经济学要讲道德的主要代表作有：《经济学的伦理问题》（厉以宁著，生活·读书·新知三联书店 1995 年版）、《道德：经济活动与经济学研究的一个重要变量》（张军撰，《中国社会科学》1999 年第 2 期）、《论市场经济的道德维度》（万俊人撰，《中国社会科学》2000 年第 2 期）、《经济学家如何讲道德》（徐大建撰，《道德与文明》2002 年第 5 期）等。

④ 韦森：《经济学与伦理学》，上海人民出版社 2002 年版，第 69 页。

⑤ 韦森：《伦理道德与市场博弈中的理性选择》，《毛泽东邓小平理论研究》2003 年第 1 期。

⑥ 转引自韦森《经济学的性质与哲学视角审视下的经济学》，《经济学》第 6 卷第 3 期。

⑦ ［印］阿马蒂亚·森：《伦理学与经济学》，王宇、王文玉译，商务印书馆 2000 年版，第 79、13 页。

是传统的伦理学研究尚不能达到有效分析现代经济行为的水平。如果我们把道德的经济价值问题进一步分解为道德有无经济价值和道德如何转化为经济价值两个子问题，那么学界主流对前者的回答无疑是肯定的，而对后者却仍没有给出满意的解答。本文拟从道德与现代市场经济的正向价值关联出发，通过考察道德作为一种特殊的生产性资源所具有的经济价值，阐释道德在经济价值转化过程中的积极作用及其合理性限度，以推动我国社会主义市场经济的进一步发展和完善。

一 道德：可以带来经济价值的“生产性”精神资源

一切使用价值的创造归根结底都来源于生产，因此，对道德在经济活动中所起作用的考察须从生产出发，具体分析道德在生产过程中以何种方式参与使用价值的创造，这也是学界所谓“道德生产力”[①] 概念提出的背景。

生产理论始终是学者们关注的热点问题。尽管观点存在差异，但学者们大都肯定生产过程中精神要素所起的作用。亚当·斯密在《国富论》中把单纯的体力劳动认定为“唯一的生产力”，但在《道德情操论》中又强调了道德在生产中的作用。李斯特和施托尔希强调，生产的发展必须要有人的体力、智力和道德力的培养，否则不会生产财富。[②] 马克思以广义生产理论，强调了精神生产是生产中不可或缺的环节，包括道德在内的精神生产直接影响和制约着“狭义

① 道德作为一种意识借影响劳动者这一生产力要素以何种态度投入生产过程，调节生产力要素间的联结方式，节约活劳动和生产资料，并最终提高劳动生产率。正如经济学学者陈彩虹所言：“道德等意识形态对于人类社会的进步具有根本不可或缺的重大价值”，“道德意识形态作为‘有用’的意识存在，历史和现实都告诉我们，它实实在在地帮助人类社会节约了各类成本，实现了较大的效益”。（陈彩虹：《道德与功利——现代经济学的一种理解和现代经济学面临的选择》，《东南学术》2001 年第 6 期）德国学者米歇尔·鲍曼在《道德的市场》一书中提到“道德生产力”一词，但没有专门阐释“道德生产力”概念。不过，米歇尔·鲍曼的“道德生产力”也是指道德在经济活动中的作用（参见［德］米歇尔·鲍曼《道德的市场》，肖君、黄承业译，中国社会科学出版社 2003 年版）。笔者赞同“道德生产力”概念，借以表明道德在创造使用价值过程中的作用。需要指出的是，这里所说的“道德生产力”概念意指渗透于物质生产力之中并发挥着特殊作用的精神因素，而非某种独立的实体存在。

② 参见景中强《论马克思精神生产理论的经济学来源》，《理论与改革》2003 年第 2 期。

生产”的方向。[1] 事实上，生产过程中物质生产力的形成，有赖于包括道德在内的精神力量的参与。“人本身单纯作为劳动力的存在来看，也是自然对象，是物，不过是活的有意识的物，而劳动本身则是这种力在物上的表现。”[2] 所以，“没有人的作为‘主观生产力’及其观念导向，生产力将是‘死的生产力’，不能成为‘劳动的社会生产力’”[3]。道德作为一种特殊的生产力，是活劳动的“主观生产力”，是物质生产力的精神支撑和价值灵魂。在创造使用价值的生产过程中，道德不是以直接、显性的方式发挥作用的，而是以间接、隐性的方式，渗透在生产过程中并物化在活劳动的对象化产物上。对于这一问题，我们可以从宏观与微观、静态与动态等维度加以分析。

首先，从宏观与微观维度来看。从宏观上亦即对社会总体而言，道德可以为生产的发展营造良好的劳动生产环境和必要的社会条件，减少生产发展的“社会成本”。现代的社会化大生产不是单一的物质生产，而是一种全面的社会生产。道德作为生产内在构成的精神要素，在其中发挥着特有的作用，但长期以来却一直被忽视。[4] 在创造使用价值的生产过程中，一方面，道德作为生产者关于产品“好用”“耐用”“高效地用”等为人的设计理念，参与了产品功能的规定，并最终通过生产符合人的合理需求的优质产品这一物化形式体现出来；另一方面，道德作为规范的尺度，在活劳动的物化过程中参与了生产活动条件和劳动组成方式的规定。在这里，道德作为生产的“非制度约束”[5]，是提高产品

---

① 马克思的生产理论有“狭义生产理论”和“广义生产理论”之分。“狭义生产”是指物质资料的生产；“广义生产”是指包括物质资料的生产、人的生产、精神生产、社会关系的生产在内的整个人类社会的生产和再生产。参见俞吾金《作为全面生产理论的马克思哲学》，《哲学研究》2003 年第 8 期。

② 《马克思恩格斯文集》第 5 卷，人民出版社 2009 年版，第 235 页。

③ 王小锡：《再谈“道德是动力生产力”》，《江苏社会科学》1998 年第 3 期。

④ 尽管物质生产是基础并主导其他生产，但是其他生产也会以各种方式不同程度地影响制约物质生产的发展水平，道德正是通过各种方式渗透到其他生产之中，并通过间接的方式来影响物质生产的。

⑤ 这里的“非制度”因素是指人们在长期的社会生活中逐步形成的习俗、伦理道德、文化传统、价值观念、意识形态等对人们的行为产生非硬性约束的规则规范。诺斯认为，在人类行为的约束体系中，非正式制度具有十分重要的地位，即使在最发达的经济体系中，正式规则也只是决定行为选择的总体约束中的一小部分，人们行为选择的大部分行为空间是由非正式制度来约束的。参见［美］道格拉斯·C. 诺斯《制度、制度变迁与经济绩效》，刘守英译，上海三联书店 1994 年版，第 140 页。

质量和减少社会生产成本的必要条件。当然，参与创造使用价值的道德必须是一种共识道德，唯此，道德参与创造使用价值才是可能的。

从微观上看，道德作为劳动者个体的精神动力和价值支撑而参与使用价值的创造。首先，道德是社会生活中人与人之间应然关系的反映，是伦理关系在价值观念中的凝结；道德上的"应该"引导人们通过认知和实践达成理性的生存方式。其次，道德上的"应当"揭示人的理性发展方向和社会的理性发展趋势。作为生产力第一要素的劳动者，需确立其人生价值，遵循合理的道德规范，才能够适应社会的发展。再次，作为劳动者品质和素养的道德，是决定其劳动态度的稳定器。没有基本的道德素养，劳动者的"活劳动"就会成为纯粹工具性的、"死的生产力"。当然，劳动者个体的道德"偏好"只有在生产过程中成为直接的社会道德形式时，才能够创造使用价值。因此，能够参与创造使用价值的道德，总是那些已经内化为劳动者的价值观念并成为其固定的行为方式的道德规范，偶然的道德觉悟或一时的道德冲动难以转换为劳动者的固定行为方式并参与使用价值的创造。

其次，从静态与动态维度来看。静态地看，道德参与创造使用价值的方式有两种。一是道德以社会生产力的形式参与其中。"因为任何生产力都是一种既得的力量，是以往的活动的产物。可见，生产力是人们应用能力的结果，但是这种能力本身决定于人们所处的条件，决定于先前已经获得的生产力，决定于在他们以前已经存在、不是由他们创立而是由前一代人创立的社会形式。"① 这些"社会形式"作为人们在社会生产中的共同活动方式，无疑包括作为社会意识形式的道德。二是道德以劳动产品的形式体现在使用价值中。"可见，在劳动过程中，人的活动借助劳动资料使劳动对象发生预定的变化。过程消失在产品中。它的产品是使用价值，是经过形式变化而适合人的需要的自然物质。劳动与劳动对象结合在一起。劳动对象化了，而对象被加工了。在劳动者方面曾以动的形式表现出来的东西，现在在产品方面作为静的属性，以存在的形式表现出来。"②

---

① 《马克思恩格斯文集》第10卷，人民出版社2009年版，第43页。

② 《马克思恩格斯文集》第5卷，人民出版社2009年版，第211页。

恩格斯指出，劳动“还包括经济学家没有想到的第三要素，我指的是简单劳动这一肉体要素以外的发明和思想这一精神要素”[①]。在生产过程中，伴随着活劳动的物化，“发明和思想这一精神要素”也物化在劳动产品中。显然，恩格斯这里所说的“精神要素”中包含着道德的成分。不过，在创造使用价值的过程中，道德在劳动产品中的凝结有其特殊的方式。道德不能直接改变劳动对象的自然属性，也无法直接塑造劳动产品的属性，因而不能直接创造产品的使用价值。但是，道德能够通过劳动者的行为方式作用于其他生产要素而塑造劳动产品的属性和实现其功能的优化，从而使产品更好地满足人们的需要，并由此实现其参与创造使用价值的功能。简言之，所谓道德参与创造使用价值即劳动者在生产过程中将一定的道德价值凝结在劳动产品中从而使其更好地满足人的需要。从这一意义上说，人的需要的合理性限度，是道德实现其参与创造使用价值的合理性限度的依据之一。

动态地看，道德参与使用价值的创造是一个过程。一般认为，生产工具是生产力发展水平的标志，而劳动者的道德状况与生产力的发展水平则具有正相关性。首先，生产力水平不能仅从生产力要素的静态构成加以衡量，还应根据生产力要素的整合效应进行衡量。生产力要素的整合效应是指合理、有效地配置劳动者、劳动工具和劳动对象之间的组织方式，使其最大限度地发挥生产系统的合力。然而，生产力要素的合理配置离不开道德的考量，如前所述，道德通过影响劳动者的行为进而影响生产效率，较高的道德境界可以增强劳动者的责任心，决定着劳动者与劳动工具、劳动对象的结合方式及合理性水平，进而较大限度地发挥劳动工具和劳动对象的作用。其次，道德是协调人际关系的重要手段，是优化劳动关系的精神纽带。劳动共同体内部的和谐关系，能够有效地减少人际的“摩擦消耗”，起到关系“润滑剂”的作用。现代化的社会化大生产过程是以复杂的社会分工和价值交换为基础的，即使是最简单的产品生产也有赖多方合作才能完成。合理的道德观念有助于劳动者树立合作性竞争的理念，有利于提高生产效率，创造出更多的社会财富，并

① 《马克思恩格斯文集》第1卷，人民出版社2009年版，第67页。

由此推动社会生产和社会交往朝着更加合理的方向发展。最后，生产力水平并不等同于一时的生产效益。只顾眼前，不顾长远，无视环境伦理，不讲生态道德，这种使用价值的创造过程根本上是对生产力的破坏。这也表明，只有同社会发展的理性价值目标保持正向关联，道德才可以真正创造使用价值。

综上所述，道德是现代化大生产不可或缺的精神要素。作为伦理关系的价值凝结和规则体系，道德普遍地存在于社会生产过程中，生产的有效性和经济的高效益都与社会道德密切相关。正是在这一意义上，我们说道德在使用价值创造中的作用能够转化为可以带来经济价值的“生产性资源”，道德能够成为一种可以带来经济价值的精神生产力。

二　资本形态的道德对价值增值与约束资本的独特作用

道德作为一种精神资源，在创造价值的过程中同样发挥着独特的作用。在经济活动中，有助于创造利润的一切道德因素都可归入精神资源的范畴。道德作为一种精神资源，具体包括道德规范、价值观念、社会习俗等。正是基于对道德作为一种精神资源在价值创造和增值过程中的独特作用，一些学者甚至将其提升到道德资本的高度。①

① 国内学者罗卫东和王泽应等分别于1998年、1999年提到“道德资本”概念（参见罗卫东《论道德的经济功能》，《中共浙江省委党校学报》1998年第1期；王泽应、刘湘波《论道德资本要素对市场经济低效困境的化解》，《湖南师范大学社会科学学报》1999年第5期）。1999年，笔者在两篇文章中提出并初步阐释了“道德资本”概念（参见《道德视角下的知识经济》，《德育天地》1999年第2期；《21世纪经济全球化趋势下的伦理学使命》，《道法与文明》1999年第3期）。2000年，笔者在《论道德资本》一文中对“道德资本”概念做了系统阐释，道德资本问题受到学界的关注（参见2000—2009年各卷《中国经济伦理学年鉴》）。此后，笔者又以系列论文论证了道德资本的作用方式和存在理由等，参见《道德资本与经济伦理——王小锡自选集》，人民出版社2009年版。2003年，西班牙学者西松（Alejo jose G. Sison）出版了《领导者的道德资本——为什么美德如此重要》（中央编译出版社于2005年翻译出版了该书的中文版），对道德资本的作用方式、培育与管理做出了系统的论述。尽管在论述角度上有所区别，但笔者赞同西松的观点，即道德资本能够引导、规范、制约和协调经济行为，确保生产和经营活动的合理性，最大限度地实现经济效益。笔者认为，道德资本是在广义资本观下对道德经济价值的一种概括，强调道德以其独特的功能促进经济效益的提高。

需要指出的是，这里所说的“道德资本”概念中的“资本”并非马克思使用和论述的经典“资本”概念，而是资本一般视阈下的范畴。[①] 社会道德能够以其特有的引导、规范、制约和协调功能作用于生产过程，促进经济价值增值。因此，从资本一般概念出发，道德作为影响价值形成与增值的精神因素具有资本属性。换言之，道德资本是体现生产要素资本的概念，是广义资本观下的“资本”概念。它不同于马克思政治经济学中作为反映或批判资本主义社会制度和经济关系的分析工具的“资本”概念。在马克思看来，资本不是物，资本是带来剩余价值的价值；资本是经济范畴，更是经济关系范畴，它体现了资产阶级和工人阶级之间的资本剥削雇佣劳动的关系。而道德资本则把道德视为一种有价值的生产性资源，以此来分析道德在经济价值增值过程中特殊的功能和作用，这是“道德资本”概念与马克思“资本”概念的区别，也是理解道德资本的理论空间和逻辑边界的起点。经济学学者罗卫东明确地将道德的经济功能及其作用称为道德资本：“道德的经济功能与资本相类似，它介入经济活动，会带来较大的利益。我们可以借用布尔迪厄的宽泛的‘资本’概念称其为‘道德资本’。”[②] 从社会效用来看，道德资本不单是促进价值物保值和增值的精神要素，更是一种蕴含社会理性精神的价值目的，以实现经济效益与社会效益的双赢。

作为精神资源的道德具有规范性和目的性这双重价值。就前者而言，道德作为一种工具理性，对人发挥着规范和约束的作用，以与社会发展保持正向价值关联的价值为目标。但道德绝非一种纯粹的工具理性，以资本形态出现的道德在为价值增值服务的同时也在一定程度上对资本产生约束作用。因此，作为精神资源的道德是“作为资本形态的道德”和“有道德的资本”的统一，这是其特有的社会价值属性。

道德在价值增值过程中的作用主要体现在三个方面。第一，道德通过激活有形资本来提高其增值能力。资本的本性在于运动，只

---

① 所谓资本一般是指资本的价值源于活劳动的价值创造过程，所有在价值的创造与增值中影响活劳动发挥作用的物质和精神因素都具有资本属性。

② 罗卫东：《论道德的经济功能》，《中共浙江省委党校学报》1998 年第 1 期。

有不断地运动，才能实现价值的创造与增值。道德对有形资本的激活，首先体现在能够加快有形资本的运行速度。道德通过组织制度的道德化设计以及对人的潜能的激发，实现资源的优化配置，盘活有形资产，而且能够使生产者更为积极主动地投入生产活动中，提高生产效率。其次，道德还可以不断地物化并蓄积在有形资本当中，通过企业信誉和品牌竞争力等形式，形成资本存量，提高有形资产的附加值。最后，道德能够推动科技进步，促进成果转化。

第二，道德通过优化"毗邻效应"来减少交易费用。如果企业不讲道德，社会诚信缺失，市场秩序混乱，极易滋生种种投机甚至违法行为。因此，"道德是重要的！……道德能降低市场交易的成本，促进经济的增长"①。尤其是道德资本能够优化经济活动，把某些无效率的"毗邻效应"转化为有效的"毗邻效应"。艾伦·布坎南在《伦理学、效率与市场》中曾提到，市场的批评者们一直认为，毗邻效应（或外差因素）的普遍性和严重性是市场不能取得有效结果的关键所在。道德对无效率的"毗邻效应"的消解体现在企业决策过程中通过对"有害的第三方效应"的考虑，使消极的外差因素内部化。他还指出，积极的外差因素（有益的第三者效应）也是无效率的。如接种疫苗不仅对本人有益，其他没有接种疫苗的人也能从中"获益"，因为接触和感染传染病的概率降低了。道德可以通过强化责任意识，促使市场经济条件下的个人自主地控制行为，形成相对一致的行为方式，从而杜绝"搭便车"的可能。例如，道格拉斯·C. 诺思（D. C. North）就认为，"这些观念导致人们限制他们的行为，以至于他们不会做出像搭便车那样的行为"②。因此，道德不仅能够降低甚至免去"正式制度"设计的成本，而且能够将不必要的"交易费用"降至最低，最终建立起一种和谐的交易环境。

第三，道德通过规范和引导实现金融资本的增值。在资本市场的运作中，道德的功能表现为对资本市场的规范，使其更加理性化。目

---

① 张军：《道德：经济活动与经济学研究的一个重要变量》，《中国社会科学》1999 年第 2 期。

② 道格拉斯·C. 诺思：《经济史中的结构与变迁》，陈郁等译，上海三联书店 1991 年版，第 50 页。

前，无论是国际金融市场，还是国内金融市场都有待进一步规范，金融领域的道德缺失和信用体系的不完善在很大程度上影响了现代金融体系的高效运行。[①] 给金融资本"注入"道德资源或加强道德约束，能够提高金融机构从业人员的道德水平，确保第三方评价机构公正地出具审计报告，保证信息的真实可靠性；不仅能够规范上市公司治理，杜绝内幕交易；还能够引导金融资本的合理流向，在兼顾社会效益的前提下带来金融资本的增值。2001 年 7 月 31 日，英国《金融时报》股票交易所国际公司推出了 8 种名为"FTSE4GOOD"的"道德指数"。在解释推出"道德指数"的原因时，该公司行政总裁梅克皮斯表示，"投资方在选择投资对象时，越来越多地希望挑选那些有社会责任感的公司。近期，投向这方面的资金是以往的 4 倍"[②]。"道德指数"的推出，便是道德规范和引导资本市场最好的例证。

三　企业经营：道德经济价值的实践考量

在市场经济运行过程中，道德的经济价值主要通过企业的道德经营[③]体现出来。因此，企业的经营活动是对道德经济价值的实践考量。在社会主义市场经济条件下，作为经济活动的主体，企业不仅要追求经济效益，还要追求企业发展的"合道德性"，实现企业的道德经营。正如经济学学者张军所说："一个企业虽生产'私人产品'，但企业的生产力却是个'公共产品'。单有自利动机并不能保证企业的效率，企业也需要自利以外的道德价值，如团队精神和企业文化等。在这里，道德起着十分重要的作用。"[④] 因此，企业的经营管理者应当认识到道德是企业的核心竞争力，道德经营是企业实现可持续发展的必由之路。

企业道德经营内容丰富，主要包括道德管理、道德营销和道德

① 2008 年爆发的全球金融危机，其主要原因之一就是金融领域内道德资本的缺失。参见王小锡、张志丹《金融海啸中的中国伦理责任》，《中国教育报》2008 年 12 月 4 日理论版。

② 刘桂山：《英国推出"道德"股指》，《北京青年报》2001 年 7 月 12 日。

③ "道德经营"不是指"经营"道德，而是指具有道德理性的企业经营活动。

④ 张军：《道德：经济活动与经济学研究的一个重要变量》，《中国社会科学》1999 年第 2 期。

领导三个方面。只有通过多维度道德经营模式，企业才能最大限度地开发和利用人力资源，充分调动员工的潜能，提高产品的市场占有率，最终铸就企业的核心竞争力。

（一）道德管理与人力资源开发

在中外管理思想史上，把人力资源看作一种重要的价值资产是现代以来才有的。现代管理学家雷恩认为，人力资源价值的凸显源于两方面。一方面，在企业管理实践中，工业心理学试图建立起人员管理的科学基础，“人尽其才”的职业设计取代了选配“头等工人”的方案。另一方面，现代人力资源管理相对于以往的人员管理而言，更强调战略设计。[①] 通过雷恩对管理思想史的梳理，不难发现，多维度地开发人的智力潜能和各类素质是现代企业管理实践的核心，以人力资源管理为中心的企业管理活动越来越多地蕴含着规范性和目的性的道德考量，笔者称之为“道德管理”。这种道德管理本质上是一种合道德的人本管理，能够最大限度地开发和利用人力资源，铸就企业的核心竞争力。其作用表现在三个方面。

首先，就组织结构而言，道德管理可以拓展员工的自由工作空间，道德的柔性管理有助于在企业建立起弹性的组织结构。传统管理学认为，尽可能小的管理跨度可以保证管理者对下属的严密控制。与之相应，组织结构的设计往往追求高度的专业化。其最大缺陷是导致组织的僵化，管理的人性化程度不高，且缺乏活力。现代管理学则认为，较大的管理跨度有利于组织效率的提高，组织设计应追求“扁平化”，在部门设计上应避免过度的专业化，应以灵活的团队组织代替僵化的部门划分。[②] 管理跨度的扩大与部门设计的多样化拓展了员工的自由工作空间。道德管理有利于企业不断地适应外部环境，及时发现并处理各种偶然的突发性事件，改善企业内部的人际关系。

---

① 参见［英］丹尼尔·A. 雷恩《管理思想的演变》，赵睿等译，中国社会科学出版社 2000 年版。

② 参见［美］斯蒂芬·P. 罗宾斯《管理学》，黄卫伟等译，中国人民大学出版社 1997 年版。

其次，就管理活动的主体而言，道德管理从人的多层次需要出发，激发人的创造性潜能，进而提高企业的综合创新能力。在传统的企业管理中，管理活动往往只看重作为管理对象的人的低层次需要，缺乏对人的高层次需要的足够重视。现代企业管理实践多以人的全面发展为前提，更多地把较高层次的需要作为人的自我实现的优化选择，从而在更高层次上激发了人的创造潜能。

最后，就管理与效率和业绩的关系而言，道德管理可以通过团队合作的方式不断形塑企业的人际合力，有助于企业提高效率和业绩。德鲁克（P. F. Drucker）认为，在新型组织中，“传统部门的职责将发生巨大的变化，主要负责标准维护、人员培训和工作分配，而不是具体处理业务”，这种转变要求团队“需要更高程度的自律，并更多地强调个人在人际关系和沟通交流中的责任”。[①] 这种团队合作关系的建立，一是依靠组织目标或组织职能的导向力，二是依靠合作道德的聚合力。从某种意义上说，合作道德在发挥团队功能上起着更为关键的作用，它有助于在团队中形成良好的人际环境，大大降低团队内部的“人际摩擦成本”，提高效率和业绩，这一点在市场经济条件下显得尤为重要。实践也证明，由合作道德维系的团队组织，往往更加稳固和高效。

（二）道德营销与市场占有率

营销是企业与消费者之间价值交换关系的体现。科特勒（Philip Kotler）认为，现代市场营销由一个庞杂的营销网络体系组成，其过程序列包括五个环节——境内后勤、操作、境外后勤、上市销售和服务；其支撑系统由四个部分构成——采购、技术发展、人力资源管理和公司基础设施。[②] 总体上看，现代企业营销活动主要涉及三大类关系——企业间关系、企业内的部门间关系和企业与消费者之间的关系。

---

① ［美］彼得·德鲁克：《新型组织的出现》，中国人民大学出版社、哈佛商学院出版社1999年版，第6—7页。

② 参见［美］菲力普·科特勒《营销管理——分析、计划、执行与控制》（英文版第9版），清华大学出版社1997年版。

在营销过程中，一个成功的企业必须协调好与各种利益相关者的关系。企业的营销活动不仅要让消费者满意，更要在讲求诚信的基础上，建立起企业与利益相关者之间的信任关系。这种信任关系不仅是维系互利关系的纽带，更有助于企业提高竞争力。正是在这个意义上，我们可以说基于市场信任的企业营销实际上是一种合道德的营销战略，它可以通过三个途径提高企业的市场占有率。

其一，道德营销能够塑造品牌竞争力。科斯洛夫斯基在《伦理经济学原理》一书中提出，“当今经济中的非物质性活动比物质性活动增长得快，（服务型）经济的文化方面的东西比工业经济的物质生产增长得快。评价商品中象征性的和非物质性的价值成分随着经济物质的饱和在向物质性商品价值方面增长”①。因而，在市场经济条件下，产品销售实际上是一种文化销售，其功能在于促使消费者认同商品输出的文化价值观念。价值认同一旦形成，消费者就会接受作为文化价值的符号的产品，产生习惯性甚至依赖性的购买行为。因此，成功的企业往往能够通过对产品文化及其价值观念的输出，与消费群体建立稳固的信任关系，从而塑造企业自身的品牌竞争力。

其二，道德营销能够树立企业信誉。企业信誉是一种无形资产，它是企业在长期的信用关系中不断累积起来的市场信任度。道德营销至少可以通过以下三个方面提升企业的信誉：一是企业和供应商之间通过长期合作建立起来的信任关系，它可以降低交易成本，使商品流通过程保持高效低耗；二是企业与消费者之间的信任关系，它主要体现在消费者对产品功能、质量和销售服务的满意度上；三是企业树立诚实守信的社会形象，通过提高美誉度来开发潜在的消费需求。

其三，道德营销能够提高组织绩效。现代市场营销是由营销网络构成的一组价值链，包括采购供应、技术研发、人力资源管理和支撑保障体系等一系列环节。这一营销网络以营销活动为核心统筹各类资源，确保企业在最短的时间内，以最好的服务为消费者提供最满意的产品。在营销活动中，只有各部门通力合作以保障信息交

---

① ［德］彼得·科斯洛夫斯基：《伦理经济学原理》，孙瑜译，中国社会科学出版社 1977 年版，第 123 页。

流的通畅，保障利益相关者的利益实现，最终才能实现组织绩效的整体提升。例如，技术研发离不开销售服务部门反馈的市场信息。实际上，真诚的合作关系是产品信息与市场信息在组织内部畅通无阻的前提条件。没有充分的信息交流，就没有相互的信任，就不能保证相关者利益的充分实现，更不会有真正的合作。因此，一件客户满意的商品，表面上看是功能、价格、售后服务的体现，实质上却是道德理念的"物化"形式。

（三）道德领导与企业发展

领导者和管理者是两个不同的概念。罗宾斯在《管理学》中将二者区分为："管理者是被任命的，他们拥有合法的权力进行奖励和处罚，其影响力来自他们所在的职位所赋予的正式权力。相反，领导者则可以是任命的，也可以是从一个群体中产生出来的，领导者可以不运用正式权力来影响他人的活动"，"领导者是那些能够影响他人并拥有管理权力的人"。[①] 真正的领导者既有职业角色特征，更重要的是富有人格魅力，"服从具有魅力素质的领袖本人，在相信他的这种魅力的适用范围内，由于个人信赖默示、英雄主义和楷模榜样而服从他"[②]，具有韦伯（Max Weber）所说的"魅力型"统治类型的特征。这种人格魅力并不是职位赋予的，而是源于某种道德领导力。恩德勒通过对领导行为的特征分析，提供了一个典型的道德内化图式，即关系结构——角色人格——责任。他认为，真正的领导行为应当包含道德属性，领导行为应该是道德领导。领导者之所以要讲求道德，主要原因有二：从外部讲，"世界上现代市场经济发展趋势，是作为非经济因素的人文因素（包括道德因素）越来越渗透到经济活动的各个领域中，而且影响越来越大，甚至在企业家之中以无意识或潜意识形态起作用"[③]；从内部讲，"领导因被赋予决策权而在组织中享有的自由活动空间。领导所享有的行为空间越大，

---

① ［美］斯蒂芬·P. 罗宾斯：《管理学》，黄卫伟等译，中国人民大学出版社 1997 年版，第 412 页。

② ［德］韦伯：《经济与社会》上卷，林荣远译，商务印书馆 1997 年版，第 241 页。

③ 章海山：《经济伦理及其范畴研究》，中山大学出版社 2005 年版，第 265 页。

他对于调动资源（调动潜能）就越重要，责任也就越大，从而领导伦理学在企业职能关系中的意义也就越大"[①]。对企业而言，企业家的道德领导力具有直接或间接的经济价值。合道德的领导行为是实现企业价值增值的来源之一，是推动企业可持续发展的一种企业伦理精神。

企业家的道德领导力与企业发展的内在关联主要表现在三个方面。第一，道德领导可以激发企业家和员工的创业精神，为企业发展注入不竭的精神动力。在市场经济条件下，领导者一般有指挥、协调和激励三个方面的作用，领导伦理学称之为带头、团结和"核心队员"三种作用。[②] 道德领导能激发管理者和员工的创业精神，为企业发展注入不竭的精神动力。[③] 道德领导在激励下属朝着既定的组织目标前进的同时，还能与下属共同思考企业的发展战略，极大地调动下属的创造性。

第二，道德领导有助于企业家领导力的发挥，促进团队精神的形成。企业的发展离不开合作的团队，这在很大程度上要依赖于企业家的道德领导力。西松在《领导者的道德资本》一书中提出，"领导力是一种存在于领导者与其被领导者之间的双向作用的、内在的道德关系。在领导关系中所涉及的双方——领导者和被领导者——通过相互作用，在道德上相互改变和提升。由此，在道德上的领导就成为主要的领导途径，基于此，个人及其所服务的组织都具有伦理道德性。领导力丰富了个人道德，使个人道德不断成长，

---

① ［德］霍尔斯特·施泰因曼、阿尔伯特·勒尔：《企业伦理学基础》，李兆雄译，上海社会科学院出版社2001年版，第151页。

② 参见［德］霍尔斯特·施泰因曼、阿尔伯特·勒尔《企业伦理学基础》，李兆雄译，上海社会科学院出版社2001年版。

③ 伦敦经济学院的森岛通夫在《日本何以成功？西方的技术和日本的民族精神》（胡国成译，四川人民出版社1982年版）中，把日本的民族精神放在该国以规则为基础的行为模式下加以考察。罗伯特·韦德在《驾驭市场》（吕行建译，企业管理出版社1994年版）中都强调了"儒家伦理"在日本商业精神中的作用。另一位日本经济学家青木昌彦在《日本经济中的信息、激励和谈判》（朱泱、汪同三译，商务印书馆1994年版）中用博弈论的逻辑解释了日本人的合作敬业精神和行为规范。这些文献提供了经济学家研究道德领导问题的丰富成果。（参见张军《道德：经济活动与经济学研究的一个重要变量》，《中国社会科学》1999年第2期）

并有助于形成良好的组织文化”，可见，“领导力的核心是伦理道德”。[①] 缺乏道德力的领导，难有真正的领导力，难以带领一流的团队。实践证明，那些创造了辉煌业绩并以人格魅力影响公众的企业家，不但是企业文化的象征，更是企业团队的精神领袖。

第三，道德领导可以促进企业承担社会责任，为企业的发展营造良好的社会环境。普拉利（Peter Pratley）认为，“市场需求迫使企业降低成本、调整战略、减少投入和减少员工。但是企业家在面临市场巨大压力的同时，也必须重视道德考虑。企业经理只有将道德要求整合于企业政策之中，才能取得更好的绩效”[②]。道德领导要求企业家勇于承担社会责任，不仅要对自己的企业负责，还要对社会负责。《2007 年中国企业经营者成长与发展专题调查报告》调查了 4586 名企业经营者，结果显示，超过九成以上的企业家认为，“优秀企业家一定具有强烈的社会责任感”[③]。可见，越来越多的企业家开始认可企业的社会责任，而社会责任感也越来越成为优秀企业家的评价标准之一。具有社会责任感、身体里“流淌着道德血液的”[④] 企业家，会带动企业担负起更多的社会责任。这势必为提升企业存量资本的层次，为企业进一步的发展营造良好的社会环境和舆论氛围。

四 余论

本文强调社会道德与经济行为之间的正向价值关联，一方面意在破除学界在理解道德之经济价值问题上的外在化和表象化缺陷，力图探明二者之间复杂的正向互动关系及其内在规律；另一方面也试图通过对道德价值二重性的分析和对企业经营过程的考量，找到一种经济伦理现象的认识模式和分析框架，从而矫正各类源于知识

---

① ［西班牙］阿莱霍·何塞·G. 西松：《领导者的道德资本》，于文轩、丁敏译，中央编译出版社 2005 年版，第 49—50 页。

② ［美］普拉利：《商业伦理》，洪成文、洪亮、仵冠译，中信出版社 1999 年版，第 107 页。

③ 《2007 年中国企业经营者成长与发展专题调查报告》（2007 年 4 月 15 日），http：//business. sohu. com/20070415/n249440719. shtml。

④ 温家宝：《用发展的眼光看中国——在剑桥大学的演讲》，《人民日报》2009 年 2 月 4 日。

结构和学科立场的理论偏见，最终消除在理解经济与道德关系问题上的分离解释。笔者认为，用上述架构去分析和论证道德的经济价值，虽不能完全涵盖对经济伦理之正向理解的所有方面，却能够阐明道德之经济价值的主要方面，有助于去除经济伦理学研究中“外在论”的消极片面性。

需要强调的是，尽管本文着意从上述三个方面凸显道德的正向经济价值，但这并不意味着笔者忽视或否认道德之经济价值的有限性即其合理性限度问题。相反，我们始终清醒地认识到，对“道德的经济价值”的正确理解必须以对“何种道德在何种情况下具备经济价值”这一问题的清晰界定作为基本的理论前提。否则，对道德的经济价值的认识势必会因界限和条件的模糊而陷入泛道德主义的困境之中。也就是说，道德只有内化为经济主体的自觉意识并进入生产过程之中，才能发挥精神生产力和价值增值的作用；并且，只有符合社会发展规律的道德方能对经济行为产生正向的推动作用，否则，不仅不能促进经济的发展，反而会阻碍经济的发展；但是，日常生活道德规范并不一定直接产生经济价值。可见，满足一定的前提和条件的道德的经济价值才能得以实现。

首先，只有当社会的基本经济制度安排获得充分的道德资源的支撑和持续供应，道德才有可能创造使用价值和实现价值增值。能够创造使用价值和实现价值增值的道德首先指的是社会道德。这意味着，只有当道德成为一种充裕的社会资源时，只有当道德资源的供应持续而稳定时，社会道德创造使用价值和实现价值增值才是可能的。道德并不会直接向经济价值转化，而必须以社会的基本经济制度安排为条件。一般而言，社会的基本经济制度安排不仅是社会利益流的导向标，其中也蕴含着一定的伦理原则和道德目的，只有蕴含道德考量的经济制度或者经济政策，才能产生最佳经济效益。

其次，规范的市场运作需要公正和诚信的道德环境，只有在这一条件下，道德经营才有可能。市场经济是规则经济，是按照一定规则进行交易的经济。而市场经济要实现正常运营，其规则的设计和安排势必要蕴含一定的伦理原则和价值标准，而市场公正就是首要的原则和标准。通常以市场公正为基本框架的交易体系是市场信任的前提。但是，市场公正并不一定导致市场信任。只有当宏观的市场公正和微观的主体诚信同时趋向活动主体时，建立以公正原则为基础的信任关系体系才是可能的。而且，也只有达到这一点，才可以说市场环境的“道德指标”是合格的，市场运作才是顺畅的。反之，市场就会蜕变成纯粹的利益角逐地。在这种情况下，所有作为资本投资的道德都会沦为投机的道德。同时，不道德的市场环境又会向企业内部渗透，瓦解企业的凝聚力和向心力，使道德经营无从谈起。这样，那些追求“道德经营”的企业反而会成为道德的牺牲品。因此，没有良好秩序的市场道德环境，也就没有真正的“道德经营”。在米歇尔·鲍曼看来，经济市场要以“道德市场”为保证，“一个社会如果在现代生活关系的条件下对追求个人利益原则上采取放任自流的态度，无疑将造成一种发展趋势，这种发展趋势势必将摧毁任何一个社会的基础，从而也将摧毁其自身的基础”[①]。

最后，只有当企业或其他经济行为主体自觉承担基本的社会责任并充分履行“利益相关者”的行为角色时，道德才有可能带来较高的工作绩效和生产效率。一般说来，企业在经营管理过程中，存在着利益相关者的网络关系结构。要实现利益相关者各自利益的最大化，社会责任意识就应该成为指导利益相关者网络关系建构的基本原则。尤其是在企业内部，社会责任意识可以激活并整合所有管理要素，并把各项“工作要求”转变为责任心和义务感，从而带来工作绩效和生产效率的提高。相反，若企业缺乏社会责任意识，经营管理就会因为道德的缺失而蜕变成纯粹的“工作治理”，进而导致利益相关者网络关系的畸形。美国次贷危机引发的全球性经济危机，其深层次原因正是由于金融机构基本社会责任感的缺失。

可见，在现代经济生活条件下，道德不会自然地或自发地带来经济价值。超出上述界限或失去上述前提条件的支撑，道德的经济价值及其价值转换便无从实现或难以维系。更有甚者，假如社会运行机制不健全，道德发挥经济作用的条件不具备，那么，讲道德者吃亏，不讲道德者反而赚大钱的畸形社会现象也会不时地出现。这正好说明，在复杂的社会进程中，道德及其经济价值问题应该引起

① ［美］米歇尔·鲍曼：《道德的市场》，肖君、黄承业译，中国社会科学出版社 2003 年版，第 28 页。

人们足够的重视。

综上所述，道德的经济价值问题既是一个复杂的理论问题，也是一个重大的现实问题。从经济伦理学的观点看，任何经济行为都包含道德的人类行为，即使是“不道德”的经济学，也是以利己主义为伦理基础和道德前提的。探讨道德的经济价值要针对经济学中的伦理利己主义问题，为人类经济行为提供一个超越伦理利己主义的理论分析框架，以合理的道德理性去引导和矫正含有不合理价值观念的经济理性，探索一条更加健全合理的社会发展道路。

（原载《中国社会科学》2011 年第 4 期，《新华文摘》2011 年第 23 期全文转载，人大复印报刊资料《伦理学》2011 年第 10 期全文转载）

诚信是经济发展的核心竞争力

诚信，简言之，诚实且有信用。应当说，在中外思想史以及经济生活的实践中，诚信始终是一个被关注的热点问题。

孔子不仅以“人而无信，不知其可”将“信”视为立人之道，更以“民无信不立”，将“信”提升为立政之本。马克斯·韦伯在探究以禁欲主义为核心的新教伦理与西方资本主义兴起之间的“选择性的亲缘关系”时，援引富兰克林的“信用就是金钱”说明“诚实—信誉—金钱”之间的逻辑关系。而弗兰西斯·福山通过对一些国家和地区社会信任度的实证研究，阐述了“信任”在其经济发展中的不同作用和效果，并由此得出结论：一个社会信任程度的高低是影响其经济发展的重要文化因素。历来经济发展的经验教训也告诉我们，讲诚信则兴，不讲诚信则衰，这已经成为经济发展的“铁律”。

一

诚信与经济发展历来是密不可分的，而在社会主义市场经济建设不断深入和完善的今天，诚信更成为经济发展的核心竞争力。其原因有三个方面。

第一，诚信是社会主义市场经济中不可或缺的特殊资源。首先，市场经济条件下的产品生产、销售和服务由自由市场的自由价格机制引导，也正是在这一意义上，市场经济又被称为自由市场经济。在这一经济体系中，经营什么、怎样经营等由经营者自主决定，与谁合作、怎么合作、合作的目标和方向等也由经营者自主选择。然而，我们不难想象，这样的自由经济离开了诚信，就会成为尔虞我诈、互相拆台的经济，所谓的自由经济也不可能真正实现。社会主义市场经济正是要通过包括诚实守信在内的完善的道德体系促进和保障自身的健康发展，从而成为真正意义上的自由经济。由此，诚信成为维系社会主义市场经济的核心纽带。其次，市场经济条件下的社会化大生产并非投入、产出、效益等纯物质的经济过程，而是利益相关者之间的合作经济、“链条式”经济。利益相关者的任何一方或任何一个环节的诚信缺失，都会导致整个经济秩序的混乱，并带来经济发展的严重挫折。最后，市场经济是法治经济，而法治的实现必须以政府与企业、企业与企业、企业与职工、职工与政府等诸多关系中的基本信任度作为逻辑起点，否则，法治的目标就会模糊不清，法治的过程也会沦为形式。从这一意义上说，诚信建设是社会主义市场经济建设的根基。

第二，诚信是企业道德形象的根本，是企业在市场竞争中实现发展的核心竞争力。经济的发展速度很大程度上取决于企业的发展效益，企业的发展效益取决于企业产品和服务的营销状况，而企业产品和服务的营销状况又取决于企业的诚信经营。可以说，大量中外企业以自身的繁荣或衰败为企业发展与诚信经营之间的此种关联提供了生动的实践例证。如果企业在产品设计和生产过程中真诚地面对用户，最大限度地满足人性化需求，以达到用户生活和生产的最佳目的，在销售和服务过程中始终兑现承诺，做到诚信销售和诚信服务，必然会在赢得顾客信任的同时不断扩大市场占有率。反之，即便是国际或国内知名品牌，只要在产品设计、生产、销售和服务中出现偷工减料、以次充好、夸大功能和空头承诺等失信问题，就会导致企业道德形象的毁损，并带来产品销量的下降和企业利润的减少，更可能因此葬送企业的前途。

第三，诚信是降低经济交易费用的重要路径。经济的发展与交易的内容、品种和频率有着十分密切的正向关系，可以说，交易的内容或品种越多，交易的频率越高，产生的效益也就越好。然而，经济交易的内容或品种越多，交易的频率越高，越是要求诚信交易。因为，交易中的利益相关者都想获取更多的利润，如果缺乏基本的信任，交易各方往往互相封锁应予公开的经济信息，从而使信息获取过程耗费了大量原本可以节约的精力和资源。更有甚者，经济主体为了自身的利益不惜破坏正常的经济信息渠道，或窃取经济信息，或制造虚假信息，此类不诚信的行为会造成更多的“摩擦消耗”，并进而影响经济效益和经济发展速度。相反，如果交易各方以诚相待，不仅可以减少许多无谓的消耗，而且能够形成诚信的投资环境，更好地吸纳各种经济资源。换言之，讲诚信不仅能够通过降低交易费用提高经济效益，而且可以改善投资环境，从而为经济的高效发展创造有利的条件。

二

应当看到，尽管诚信之于经济发展过程的核心竞争力作用十分显见，然而，由于我国经济转型时期的运行机制和相关制度尚在逐步完善的过程中，加之市场自身存在的趋利性、自发性等消极因素，也在一定程度上遮蔽了诚信在经济生活中的重要性和必要性。近年来诸多诚信严重缺失的现象在一定程度上提醒并强化了人们对诚信问题的关注，但是，诚信要真正成为经济发展的核心竞争力，仍然需要有一个理念培育和制度完善的过程。因此，这就需要我们展开系统的经济诚信建设工程，使诚信不仅在理论上、观念上而且在实践中真正成为我国经济发展的核心竞争力。具体而言，当前我国经济诚信建设应当主要关注三个问题。

第一，普及经济诚信理念，建设现代诚信经济。诚信不仅是一种道德要求，也是经济行为本身应有之义。经济诚信或诚信经济是不可分割的一体之社会现象。在经济生活中，离开诚信内涵的经济是畸形经济，这样的经济不是真正意义上的经济。近年来，无论在理论还是实践层面，“经济中心论”或“经济至上论”在我国可谓大有市场。从宏观经济社会发展中的“GDP中心主义”，到企业“利润最大化”的价值导向和经营模式，及至个人行为选择和社会评价中“财富优先论”的出现，都在相当程度上映射出我国当前经济发展理念上的道德缺失。因此，在社会主义市场经济建设中，应当使诚信理念渗透进经济建设的各个环节和各个方面。经济管理的目标与手段、产品的设计和制造、商品的销售与服务、用户意见的反馈与落实，都应该始终贯彻诚信于公众、诚信于顾客、诚信于同行、诚信于职工的基本理念。唯此，社会主义市场经济才能真正成为诚信经济。

第二，建立健全社会诚信体系，完善企业诚信管理制度。诚信作为一种经济道德要求，其践行固然需要经济主体的理念和自觉。但是，在当前社会主义市场经济条件下，单纯依靠经济主体的理念和自觉，显然不足以真正有效地建立和完善诚信经济。这就需要将诚信道德要求制度化，依靠制度的外在强制性和运行机制的科学性保障和促进诚信经济的形成。就目前情况来看，作为我国经济制度重要内容的信用制度，是经济制度道德化的重要范式，也是经济诚信制度建设的重要内容。通过在全社会建立健全经济诚信体系，将诚信贯穿于生产、交换、分配、消费各个经济运行环节之中，形成经济诚信网络，使诚信成为经济主体和经济行为在任何时间、地点和情境下都必须遵守的行为原则。还应看到，在市场经济条件下，企业是最为重要的经济主体，企业诚信是经济诚信建设的核心内容。因此，应当特别重视和加强企业诚信管理制度的建立和落实。近年来我国出现的一些严重食品安全问题，根源是经济诚信的缺失，而其直接原因是企业缺乏完善的诚信管理制度。试想，如果企业在设计、生产、销售及售后服务各个环节的管理制度中都能渗透并严格执行诚信要求，毒奶粉、瘦肉精等问题食品能够最终在市场上出现吗?

第三，依靠政府、公众和媒体的多方力量，为经济诚信建设提供良好的舆论氛围和外在监督。近年来我国经济生活中的诸多诚信缺失现象，在相当程度上源于缺乏有效的社会评价和监督机制。经济主体的失德失信行为得不到应有的谴责和惩戒，导致其在对利益的追求中失去了应有的伦理规约。因此，应当建立完善的诚信监督机制，使守信者利益得到保障，失信者利益遭受损失，从而建构经济主体的诚信与利益之间的正相关关系。这就需要以政府为主导，建立全面、系统且具实践操作性的企业诚信和个人诚信档案，并以此作为其经济活动的重要参照和社会评价的重要依据。同时，政府应当充分发挥监督作用，及时公开和惩罚各类经济主体的失信行为，从而加大其失信成本。此外，应当有效发挥公众及媒体的监督作用，从而在经济诚信建设中形成政府“自上而下”和社会力量“自下而上”的双重作用。尤其值得注意的是，以网络为代表的新兴媒体以其快捷性、互动性和一定程度的隐匿性打破了传统社会舆论传播中的时空制约和环境束缚，已然成为在经济诚信建设中发挥导向和监督作用的新型力量。近年来，一些企业的严重失信行为往往是通过网络得以广泛传播并最终受到惩处的。因此，充分利用和发挥网络等新型媒体的导向宣传和舆论监督作用，是当前我国经济诚信建设的有效路径。

（原载《光明日报》2011 年 11 月 22 日，《上海人大月刊》2011 年 12 月 5 日转载，《新华文摘》2012 年第 3 期全文转载）

“真正的经济”是内含道德的经济

经济是人的经济，是社会利益关系发生、发展的特殊存在方式，是人和人际关系或人际利益关系的本质的反映。马克思在谈论“真正的经济”的时候，其中重要的基本理念之一是“真正的经济”是不断训练人、发展人的经济，是不断处理和生产人与人之间相互关系的经济。他指出：“真正的经济——节约——是劳动时间的节约（生产费用的最低限度——和降到最低限度）。而这种节约就等于发展生产力。可见，决不是禁欲，而是发展生产力，发展生产的能力，因而既是发展消费的能力，又是发展消费的资料。消费的能力是消费的条件，因而是消费的首要手段，而这种能力是一种个人才能的发展，生产力的发展。”[①] 换言之，经济是关注人和人的发展、关注道德，与道德共生存的经济。经济在本质上不只是投入、产出和效益等问题，更在于经济一定是内含道德的经济。因此，笔者认为，离开了道德视角，经济不可能被正确地理解和把握。经济概念不是纯物质或物质活动概念，它必然内含道德要素。同时，通过对经济现象的解析也可以清晰地看出，作为理解经济的基础或切入点的产权、作为经济活动的核心或前提的生产劳动、作为经济持续运行的分配与交换行为和作为最佳经济状态的“帕累托佳境”等，均与道德有着十分密切的关系。

一　产权与道德

经济活动的一个重要前提是产权问题，产权是整个经济活动的

① 《马克思恩格斯全集》第31卷，人民出版社1998年版，第107页。

逻辑起点，也是经济活动的利益之依据。但是，作为经济活动之前提的产权如果失去道德内涵，就难以发挥其特有的经济作用。因此，研究经济或产权及其基本德性首先应当研究产权道德。

从哲学伦理学意义上说，产权"即财产权利，是一定社会所确认的人们对某种财产或资产所拥有的各种权利的总和，是基于一定的物的存在和使用的人们之间的一种权利关系，是人的社会存在的肯定方式"①。有人认为，作为财产权利的产权仅仅是经济活动的基础而已，至多是一种法律规定或法律关系，与道德没有必然的联系。事实上，财产权利不仅仅意味着拥有或使用财产，而且还包括使财产增值以扩展自己的产权。这也是经济活动得以延续、社会得以繁衍的最基础和最根本的经济行为和经济理念。在财产增值、产权扩展的过程中，产权道德发挥着不可或缺的作用。

（一）产权所有合理与否，本身就是一种道德现象

应当看到，"产权是谁的"和"产权应当是谁的"并不是一回事，随之而来的是，在财产增值和产权扩展的过程中，劳动和劳动关系的表现形式和本质也并不一样。资本主义条件下资产阶级拥有的产权，由于其资本的本质决定了社会劳动是"异化劳动"，资本家和工人的劳动关系是对立而不可调和的阶级关系的具体表现形式。这就是说，资产阶级产权是资产阶级道德的最集中的经济体现。趋善意义上的道德化程度不断加强的社会，"产权应当是谁的"这一理念越来越清晰而科学。在我国社会主义经济改革过程中，明晰产权，明确经济活动角色，最大限度地遏止剥削与不平等的权利关系已经逐步凸显社会主义制度和社会主义道德的适时性和先进性。

（二）产权明晰才有可能最大限度地节约资源和产生效益，真正使经济成为道德经济

产权明晰是经济道德最基本的要求，当然，这种符合趋善意义的经济道德要求十分清楚地明确"产权应当是谁的"。产权清晰，人们便会对某一财产或资源享有排他性的占有、使用、收益和处置权，

① 罗能生：《产权的伦理维度》，人民出版社2004年版，第43页。

人们可以自主地来支配自己的财产的使用，完整地获得产权所产生的收益，由此，激发人们经济的积极性和创造性，从而最大限度地降低经济活动成本。相反，假如产权不明晰，人们不知道生产和交易的收益归谁所有，或者不知道经济活动的收益分成，人们自然就会降低经济活动的积极性。同时，一定的产权界定是市场交易的前提，假如交易权属不分你我，人们很容易发生争夺，这必然导致资源利用效率的降低和社会生活的混乱。尽管这种不分你我的产权使用或收益不一定发生争夺或外部冲突，但是，由于产权界限不清，收益结果分配也必然不清，往往导致人们不想也不愿意尽心尽职地去通过劳动或交易最大限度地发挥产权的作用。这客观上是对资源的浪费，是不道德的经济行为。[①]

（三）产权交易需要道德，产权决定交易道德原则

产权的一部分是用来交易的，产权交易能否成功或双赢，往往取决于交易规则是否合理，即是否符合交易活动过程中的应然要求。因此，产权交易的正常展开，必须有科学合理的交易规则，其中体现交易应然的道德准则是最基本也最能体现公平的交易规则。同时，产权决定交易道德原则。符合理性或道德性意义上的产权，其交易原则应该是公平合理的。既然财产权属清晰且合理，那么，交易双方各自有权决定某次交易行为的成立与否。而且，交易双方往往在讨价还价中提高交易的合理性或公正性。反之，假如财产权属不清晰，或虽清晰但财产权属不合理，那么，就很有可能产生侵权行为，有的甚至将侵权行为贴上“合理”或“道德”的标签，加强了产权交易侵权行为的欺骗性。

总体而言，健全的产权道德“将有效地调节和规范人们的产权关系，减少产权交易中的矛盾冲突，促进人们产权合作关系的形成和合作效率的提高，从而促进产权资源的优化配置，提高产权运行效率”[②]。

---

① 参见罗能生《市场经济、道德权利与产权伦理》，《伦理学研究》2003 年第 2 期。

② 罗能生：《市场经济、道德权利与产权伦理》，《伦理学研究》2003 年第 2 期。

二 生产劳动的本质在于道德升华

生产劳动是人类生存和发展最基本的物质资料生产的实践活动。生产劳动创造财富，也创造人的素质尤其是道德素质。而且，生产劳动的本质在于人类道德的完美展示和道德境界的升华。生产劳动最能直接说明经济一定是内含道德的经济。

（一）生产劳动肯定人自身的存在和人生存的价值

生产劳动一定是人的生产劳动，是生产劳动者在自己意识的支配下利用一定的生产资料作用于劳动对象的物质生产过程。生产劳动过程及其成果不仅充分说明人之为人的本质特征，还能够展示人的存在理由和生存意义。这既是人的道德之根本所在，也是人的道德之逻辑起点。在物欲横流的资本主义社会，人的生产劳动不仅不能肯定人自身的存在及其存在价值，而且生产劳动及其成果成了异己的力量，成了压迫生产劳动者自身、摧残人性的手段或工具。尽管如此，作为资本家的“资本”的一部分，工人通过生产劳动不断地把自己“转换”成“雇佣工人”。正如马克思所说：“一方面，生产过程不断地把物质财富转化为资本，转化为资本家的价值增殖手段和消费品。另一方面，工人不断地像进入生产过程时那样又走出这个过程：他是财富的人身源泉，但被剥夺了为自己实现这种财富的一切手段。因为在他进入过程以前，他自己的劳动就同他相异化而为资本家所占有，并入资本中了，所以在过程中这种劳动不断对象化在为他人所有的产品中。因为生产过程同时就是资本家消费劳动力的过程，所以工人的产品不仅不断地转化为商品，而且也转化为资本，转化为吮吸创造价值的力的价值，转化为购买人身的生活资料，转化为使用生产者的生产资料。可见，工人本身不断地把客观财富当作资本，当作同他相异己的、统治他和剥削他的权力来生产，而资本家同样不断地把劳动力当作主观的、同它本身对象化在其中和借以实现的资料相分离的、抽象的、只存在于工人身体中的财富源泉来生产，一句话，就是把工人当作雇佣工人来生产。”① 可见，在不理性的社会制度下，生产劳动是违背人类道德的活动。当然，从历史发展的宏观意义上说，人的生产劳动永远是社会发展和人类进步的力量源泉。生产劳动违背人类道德的现象只是不理性的社会制度造成的，所以，改变不理性的社会制度是升华人类道德的重要路径和手段。

（二）劳动说明人的基本权利和道德价值的获得

“劳动在获得其商品价值的同时，也获得了它所特有的社会价值和道德价值。从道德伦理的角度看，人类的合道德性意义也正在于此。由于劳动及其成果可以获得这种人的道德价值，所以，劳动本身也就成了人类（确切地说是合格的成年劳动者）的一种基本权利，这种权利既具有生存权的一般价值意义——作为劳动者基本的生存方式；也具有道德权利的特殊价值意义——作为劳动者自身人格、尊严或荣耀的自我表达与社会认肯方式。”② 反之，不劳动者就会失去生存的基本权利，以生存意义为核心的道德价值也就无法体现。事实上，人的权利和道德价值的实现无不与劳动有着密切的关联性。其一，唯有劳动才能获取应有的利益，包括物质利益和精神利益。就物质利益来说，人生存的基本物质条件必定与劳动的绩效有关。就精神利益来说，人的政治权利、文化享受权利、获得名誉权利乃至话语权的大小都与人的劳动态度和劳动成果有着不可分割的关联性。其二，唯有劳动才能显示人的崇高的人生境界和道德觉悟，也才能说明人的生存价值。游戏人生、不劳而获的人对自身和社会是有愧的，他们醉生梦死、腐朽没落的生活态度使其生存意义不齿于社会。

（三）生产劳动锤炼人类的品质

生产劳动是最复杂的人类活动，也是人类征服自然的最根本性的活动。在生产劳动过程中，生产劳动者的品质不断得到升华。正如马克思所说，在生产过程中，生产者在改变客观条件的同时也改

---

① 《马克思恩格斯全集》第44卷，人民出版社2001年版，第658—659页。

② 万俊人：《道德之维——现代经济伦理导论》，广东人民出版社2000年版，第236页。

变着自己。具体来说，一是生产劳动者将会养成求真的品质。生产劳动要顺利进行且获得理想的效益，生产劳动者必须不断探索真理，发展科学技术。同时，要坚决抵制各种各样的伪科学，唯此才能使生产劳动与人类发展要求同步。二是任何生产劳动都要求人们付出智力、能力和财力等，这需要劳动者有乐于付出的理念，有吃苦耐劳甚至勇于牺牲的精神。同时，智力的积累、能力的培养和财力的积聚，都需要生产劳动者具备刻苦、奋斗之精神。三是生产劳动是改造自然、创造财富的人类最普通也最艰巨的活动，它需要人们相互之间的协调和团结，并在不断形成合力的基础上推进生产劳动的进程，提高生产劳动的效益。现时代的生产劳动更需要而且更能够培养和锤炼人们务实求真、奋力拼搏、团结协作的精神。

（四）生产劳动催生道德规范并影响各种社会关系的和谐与发展

人类的生产劳动是集体或集体性质的活动，生产劳动要顺利进行，需要协调生产劳动者之间的关系。同时，随着社会化大生产的发展，人类生产劳动的分工越来越细，人们在生产劳动中的相互依赖程度越来越高，每一个劳动者在生产劳动之关系链中的地位和作用越来越重要。再者，人类的生产劳动与整个社会都直接或间接地发生着这样或那样的关系，各种关系都会对生产劳动产生一定的影响。因此，生产劳动中必然会形成一定的协调各种生产劳动关系的道德规范。

生产劳动只有在一定的道德规范制约或指引下才能顺利进行。并且，生产劳动社会化程度的提高，生产劳动的和谐进行和发展，客观上又必然促进全社会人际关系的协调与和谐。同时，由于生产劳动道德规范是社会道德规范的基础和核心，它将会延伸或繁衍出社会生产和生活各领域的道德规范，并由此推动全社会的和谐发展。

三　分配和交换的可持续依据是公正与平等

作为主要经济现象的分配与交换是人类生存和社会发展的重要经济行为，离开了分配或交换之经济行为，社会的生产和生活链条将会脱节，社会的生产和生活也将难以正常进行。进一步来说，分配和交换之经济行为的正常进行必须依靠公正与平等。从一定意义上说，公平分配与交换是人类社会经济行为持续发展的前提和条件。

（一）关于分配

一般而言，任何社会的分配都可分为生产资料的分配和生活资料的分配。一方面，作为主要表现为生产条件分配的生产资料分配，直接关系到生产和再生产的速度和效益问题，也直接影响到生活资料的生产和分配问题。生产资料的分配涉及所有制和产权问题，所有制和产权制度的合理与否，直接决定公正与平等存在的条件和依据。假如所有制和产权制度不能适应社会历史发展的要求，甚至有悖于社会历史发展进程，那么，生产资料的分配是不可能做到公正与平等的。可以说，在所有制和产权制度不公平的情况下，所谓分配公正与平等只能是片面的或虚假的公正与平等。另一方面，作为生活资料的分配也是十分复杂的道德经济现象。就我国目前的分配现状而言，复杂性体现为分配依据和分配方式的多样性[①]、分配对象的复杂性和分配原则、分配政策的严格针对性。在当前复杂的生活资料分配过程中，分配多寡并不是分配合理与否的依据。分配的合理性来自对分配主体及其利益关系的正确确认和把握，来自对分配依据和方式的科学认识和正确定位，来自对以公正与平等为核心的分配原则和分配政策的正确制定。换言之，充分体现当今时代经济道德之应然的公正与平等是我国生活资料分配的基本理念和原则。再一方面，道德分配是极具人性意义的现时代分配方式。我国著名经济学家厉以宁教授曾提出先后递次的“三次分配”：一是按市场准则进行的收入分配即所谓的第一次分配；二是在政府主持下的收入分配即所谓的第二次分配；三是基于道德信念而进行的收入分配即所谓的第三次分配。诸如个人自愿交纳、捐助和捐赠等都属于道德分配。道德分配有着调节甚至化解分配矛盾、维持社会公正与平等的特殊作用。[②]

---

① 我国主张的是以按劳分配为主体、多种分配方式并存的制度。在多种分配方式中，有按劳动成果分配，有按技术、信息、资本或股份、无形资产等生产要素分配，等等。

② 参见王小锡主编《经济伦理与企业发展》，南京师范大学出版社 1998 年版。

由是观之，分配是经济现象，更是诉求公正与平等之道德实体。同时要指出的是，“社会的公正分配当然要体现社会道义的普遍要求，但这绝不意味着它可以完全超脱社会的经济现实状况，而将社会伦理道德考量擢升为社会公正分配的唯一价值根据。恰恰相反，真正的社会公正分配必须是符合权利与义务平等原则的分配，而不是或者只按照义务原则或者只按照权利原则的片面倾向性分配。也就是说，社会的公正分配必须同时体现社会的经济公正、制度公正和伦理公正，任何单方面的价值诉求都是片面的、偏向性的，因而是不公正的”①。

（二）关于交换

就交换来说，交换活动与分配活动是相互依存的持续经济活动的重要环节。分配需要公正与平等，交换同样也需要公正与平等。交换表面上是以作为一般等价物的货币为桥梁的产品交易，根本上是人际利益的交换，是人的“特殊的自然需要”的交换。因此，交换客观上需要公正与平等。对于这一问题，马克思曾进行了充分的阐释，他指出：“交换行为不仅设定并证明交换价值，而且设定并证明作为交换者的主体，至于说交换行为以外的内容，那么这个处在经济形式规定之外的内容只能是：（1）被交换的商品的自然特性，（2）交换者的特殊的自然需要，或者把二者合起来说，被交换的商品的不同的使用价值。因此，这种使用价值，即完全处在交换的经济规定之外的交换内容，丝毫无损于个人的社会平等，相反地却使他们的自然差别成为他们的社会平等的基础。如果个人A和个人B的需要相同，而且他们都把自己的劳动实现在同一对象中，那么他们之间就不会有任何关系；从他们的生产方面来看，他们根本不是不同的个人。他们两个人都需要呼吸，空气对他们两个人来说都是作为大气而存在；这一切都不会使他们发生任何社会接触；作为呼吸着的个人，他们只是作为自然物，而不是作为人格互相发生关系。只有他们在需要上和生产上的差别，才会导致交换以及他们在交换中的社会平等化；因此，这种自然差别是他们在交换行为中的社会

---

① 卢风、肖巍主编：《应用伦理学导论》，当代中国出版社2002年版，第151页。

平等的前提，而且也是他们相互作为生产者出现的那种关系的前提。从这种自然差别来看，个人［A］是个人B所需要的某种使用价值的所有者，B是A所需要的某种使用价值的所有者。从这方面说，自然差别又使他们互相发生平等的关系。但是，他们因此并不是彼此漠不关心的人，而是互为一体，互相需要，于是客体化在商品中的个人B就成为个人A的需要，反过来也一样；于是他们彼此不仅处在平等的关系中，而且也处在社会的关系中。"①

当然，交换客观上需要公正和平等与交换实现公正和平等是有区别的。也就是说，交换顺利进行并产生效益，需要有一系列的体现公正与平等要求的行为规范来制约人们的交换行为。从一定意义上来说，没有交换道德，就没有正常和合理的交换行为，也就没有正常的生产劳动和正常的经济运作过程。换句话说，交换道德是正常交换的支柱，是经济正常运行的灵魂。

四 "帕累托佳境"中的道德理念

"帕累托佳境"② 在一定意义上就是经济道德佳境，也是最能说明经济内含道德的典型思维模式。事实上，"真正的经济"是内含道德的经济，完整意义上的表述应该是道德佳境下的经济才是"真正的经济"。

"帕累托佳境"（Pareto Optimality，亦称帕累托最优、帕累托最优状况、帕累托优态、帕累托效率）是指资源分配的一种状态，即可分配资源和享受资源人数既定的情况下，从一种分配状态转换到另一种分配状态，在不使任何人境况变坏的前提下，不可能再使某些人的处境变好。帕累托改进（Pareto Improvement，亦称帕累托改善）是指一种变化，在没有使任何人境况变坏的前提下，使得至少一个人变得更好。这就是说，实现"帕累托佳境"就意味着不可能再有帕累托改进的余地；帕累托改进是达到"帕累托佳境"的路径

① 《马克思恩格斯全集》第30卷，人民出版社1995年版，第196—197页。

② 意大利经济学家、社会学家维尔弗雷多·帕累托（1848—1923年）在收入分配的研究和个人选择的分析中提出了"帕累托佳境"的概念。

和方法。由此，我们可以看到，"帕累托佳境""背后隐藏的完全是一个道德约束，即如果资源配置已经达到了不减少一部分人的福利就不能增加另一部分人的福利的地步，那么就已经达到最优了，再不需要减少一部分人的福利来增加另一部分人的福利，那样做对整个市场来说毫无意义。反过来，如果市场未达到帕累托最优，则可以对它进行帕累托改进，亦即增进了一部分人的福利，但却没有损害另一部分人的福利"①。

"帕累托佳境当然是一种经济学和效率原则。它所揭示的是当一种经济实现帕累托佳境时，各种社会资源的利用和财富的分配都达到了一个均衡的状态，没有过剩也没有不及，因而效率是最高的，社会福利得到了最大的实现。但是，帕累托佳境并非只靠经济学的原则就能够实现，其中也蕴含着一些基本的道德精神，或者说，只有在一定的社会道德原则能够得以贯彻践行的前提下，帕累托佳境才是可能达到的。"② 其一，"帕累托佳境"就是经济公平佳境。资源分配要实现"帕累托佳境"，其手段和目的都必须是公平的，否则就谈不上资源最佳配置，更谈不上人与人之间的平等。所谓帕累托改进，其目的就是让资源做最优最合适的分配。这里的"最优最合适"指的就是尊重人的劳动，关注和实现人的应有利益，资源实现没有浪费没有偏差的分配。并且，资源的最优配置是通过市场交换来实现的，公平交易才能实现效用的最大化，否则就会造成生产与贡献的偏离，减弱人们对下一轮生产的积极性，减少生产性资源的投入，客观上就会减少社会财富的创造，这样就丧失了实现"帕累托佳境"的基础，更谈不上实现"帕累托佳境"。其二，"帕累托佳境"就是共创共赢的佳境。"帕累托佳境"既是资源分配状况，也蕴含着资源实现的最好态势。而资源实现的最好态势取决于通过最优分配促使人们达到最优的生产劳动积极性，也取决于人们在社会生产劳动过程中的团结协作和奉献精神。在一定的市场机制下，竞争是资源配置尤其是生产资源配置过程中必然出现的状况，而且理

① 杨充霖：《市场与良心——论市场经济的道德内涵》，《哲学研究》2003 年第 3 期。

② 唐凯麟：《建构和谐社会的基石：经济和道德的良性互动与协调发展》，《毛泽东邓小平理论研究》2005 年第 6 期。

性意义上的竞争有利于实现资源配置中的最佳状态和效益。因此，利益相关者只有共同携手努力，相互支持、相互促进，才能实现双赢或多赢。其三，“帕累托佳境”就是诚信佳境。资源分配总是一定的人按一定的规则分配，然而，包括资源存量、分配依据、分配方法和分配结果等资源分配的全部信息应该公开，这样可以大大降低交易费用，减少人们在经济活动中获取和辨识信息的费用、谈判和监督费用以及由于违约造成的种种成本，充分利用已有资源做最佳分配并发挥最佳效益。相反，如果一个社会欺诈成风，交易中尔虞我诈，人们不得不将大量的精力、时间和金钱用于相互防范和解决各种欺诈所造成的纠纷，由此造成大量资源不能用于生产性活动，也使社会丧失大量可以创造出来的财富。[①] 其四，“帕累托佳境”是劳动产品或经济成果充分人性化的佳境。劳动产品或经济成果都是人们生活和再生产的资源，这些生活和再生产的资源在多大程度上符合人性需求，就能在多大程度上提升人们的生活和生产质量，也就能在多大程度上促进经济社会的发展。

（原载《伦理学研究》2011 年第 5 期）

① 参见唐凯麟《建构和谐社会的基石：经济和道德的良性互动与协调发展》，《毛泽东邓小平理论研究》2005 年第 6 期。

经济伦理学研究中的创新与致用

我走上学术道路有一个从被动到自觉、从痛苦到快乐的过程。记得20世纪80年代初自己刚留校工作时，还没有确立“学术是在高校立身之基”的理念。随着时间的推移，社会对学术的要求越来越高，我便以相当多的精力投入学术研究，并逐步由留校时的学术启蒙，向构建具有自己特色的学术平台转变。经过30多年的学术磨炼，我以经济伦理学为研究方向，并深切体会到学术的深奥和乐趣。从事学术研究已经成为我人生的一大幸事。

我的主要研究方向为伦理学原理、经济伦理学、中外经济伦理思想史、马克思主义道德观等。在学术研究中，我先后主持了“商业伦理与企业核心竞争力研究”等多项国家哲学社会科学基金项目的研究工作，并主持教育部人文社会科学重点研究基地重大招标项目“经济伦理道德研究”课题和4项省、部级人文社会科学规划项目的研究工作。

在创新理念的指导下，我提出并系统论证了“经济德性”“道德资本”“道德生产力”等概念，并在调查研究的基础上展开对我国企业的“道德资产评估”的研究工作，形成了自己的学术特色。

我认为，经济一定是内含道德的经济。经济概念不是纯物质或物质活动概念，它必然内含道德要素。不包含道德的经济是畸形经济。离开了道德视角，经济不可能被正确地理解和把握。经济的快速发展需要有与之相适应的经济德性。经济德性是经济行为应有的道德责任及其崇高的价值取向和持久的经济品质。

我曾经提出，道德是生产力。生产的发展是生产力的物质方面和精神方面共同作用的结果。精神生产在劳动过程中直接参与活劳动的对象化过程，这是理解“道德也是一种生产力”的逻辑前提。

马克思认为，生产力包括物质生产力和精神生产力。精神生产力是与物质生产力相对的一个概念，是由知识、技能和社会智慧等要素共同形成的力量。物质生产力和精神生产力之间存在着辩证关系。一方面，生产过程中物质生产力的形成，有赖于包括道德力在内的精神力量的参与。另一方面，物质生产力是精神生产力的物质载体。道德作为一种精神生产力，是活劳动的“主观生产力”，是物质生产力的精神支撑和价值灵魂。当然，道德转化为劳动生产力的过程，不同于物质生产力转化为劳动生产力的过程，不是以直接、显性的方式，而是以间接、隐性的方式，物化在劳动生产过程中，物化在活劳动的对象化产物上。

我曾经还提出，道德是资本。所谓道德资本，是指在经济活动中，有助于活劳动创造剩余价值（利润）的一切道德因素。需要指出的是，“道德资本”概念中的“资本”并非马克思的经典资本概念，而是资本一般视阈下的范畴。资本的价值源泉在于活劳动的价值创造过程，所有在价值形成过程或价值增值中影响活劳动发挥作用的物质和精神因素都具有资本属性，这就是资本一般。科学的道德能够以其特有的引导、规范、制约和协调功能作用于生产过程，促进经济价值增值。因此，从资本一般这一概念出发，道德作为影响价值形成与价值增值的精神因素具有资本属性。换言之，道德资本是体现生产要素资本的概念，是广义资本观下的“资本”概念。它不同于马克思政治经济学中作为反映或批判某种社会制度和经济关系的分析工具的“资本”概念。在马克思看来，资本不是物，资本是带来剩余价值的价值；资本是经济范畴，更是经济关系范畴，它是体现资产阶级和工人阶级之间的资本剥削雇佣劳动关系的作为资本特殊的范畴。道德资本基于资本一般的理论视阈，把道德视为一种有价值的生产性资源，以此来分析道德在经济价值增值过程中特殊的功能和作用，这正是“道德资本”概念与马克思“资本”概念的区别，也是理解道德资本的理论空间和逻辑边界的起点。

企业无形资产中应该包括道德资产。企业道德资产是指能够在企业经营活动中帮助获得更多利润的道德理念和道德活动因素。如企业道德领导、道德经营理念、道德性管理制度、产品销售的责任承诺、员工的道德素质等。既然是企业道德资产，就应该可以做定

量和定性的评估

我始终认为，学术的生命力在于创新，而创新绝不只是“形而上”的思维，也不只是对肤浅的“应用”的探讨。因为，独取前者或后者，要么是某种缺乏依据或根基的“理论谎言”“伪命题”，要么是缺失“灵魂”的表象罗列与堆积。进言之，离开了应用或没有应用价值，忽视当今社会现实或不去观照当今社会现实的所谓“形而上”的理论研究，或者缺乏理论透视和理论支撑的所谓“形而下”的应用研究，皆与学术研究的本真精神相悖。事实上，真正的学术创新永远是“形而上”和“形而下”的自觉结合的产物。有鉴于此，我的经济伦理学研究力图开拓两者相结合的理路。

学术的生命力在于其应用价值，能够服务于物质文明和精神文明建设。

（原载《中国社会科学报》2012 年 7 月 23 日）

略论经济自由

经济运行或企业经营的效果往往受到经济活动之自由度的影响和制约。发展经济或实现经济效益最大化需要实现真正的经济自由。在当今新的经济社会历史条件下，我们有必要进一步厘清自由、经济自由及其实现路径。

一　经典自由观与自由新视界

自由一词可谓中外学术界各个学科和领域都会涉及的一个范畴，由于学科视角、生产生活环境、立场观点等不同，对自由概念历来有各种不同的阐释。对自由概念的科学认识和把握只有在历史唯物主义的指导下才能实现。

（一）马克思主义经典作家关于自由的论述

马克思主义经典作家认为，真正的自由是与社会平等联系在一起的。在私有制社会尤其是在资本主义社会，所谓自由都是不平等条件下的自由。马克思与恩格斯曾指出："人们每次都不是在他们关于人的理想所决定和所容许的范围之内，而是在现有的生产力所决定和所容许的范围之内取得自由的。但是，作为过去取得的一切自由的基础的是有限的生产力；受这种生产力所制约的、不能满足整个社会的生产，使得人们的发展只能具有这样的形式：一些人靠另一些人来满足自己的需要，因而一些人（少数）得到了发展的垄断权；而另一些人（多数）经常地为满足最迫切的需要而进行斗争，因而暂时（即在新的革命的生产力产生以前）失去了任何发展的可能性。由此可见，到现在为止，社会一直是在对立的范围内发展的，在古代是自由民和奴隶之间的对立，在中世纪是贵族和农奴之间的对立，近代是资产阶级和无产阶级之间的对立。这一方面可以解释被统治阶级用以满足自己需要的那种不正常的‘非人的’方式，另一方面可以解释交往的发展范围的狭小以及因之造成的整个统治阶级的发展范围的狭小；由此可见，这种发展的局限性不仅在于一个阶级被排斥于发展之外，而且还在于把这个阶级排斥于发展之外的另一阶级在智力方面也有局限性；所以‘非人的东西’也同样是统治阶级命中所注定的。这里所谓‘非人的东西’同‘人的东西’一样，也是现代关系的产物；这种‘非人的东西’是现代关系的否定面，它是没有任何新的革命的生产力作为基础的反抗，是对建立在现有生产力基础上的统治关系以及跟这种关系相适应的满足需要的方式的反抗。”① 在私有制社会里，一部分人无偿占有另一部分人的劳动，这必然造成人的最不自由的社会生产、生活状况。一方面，财产所有者尽管是生产过程的支配者，但是他们在私有制条件下必定受制于贪婪的欲望而成为不自由的人；另一方面，平民或无产者不占有生产资料，他们在受压迫受剥削的残酷生存条件下生产、生活，是最不自由的人。这充分说明，在私有制尤其是在资本主义的阶级对立及不平等存在的社会里是谈不上真正的自由的。

恩格斯进一步明确指出，在共产主义制度下，“不再有任何阶级差别，不再有任何对个人生活资料的忧虑，并且第一次能够谈到真正的人的自由，谈到那种同已被认识的自然规律和谐一致的生活”②。当然，作为共产主义社会第一阶段的社会主义社会，由于其社会制度已完全不同于资本主义制度，因此，真正的自由才开始实现。还说，“自由就在于根据对自然界的必然性的认识来支配我们自己和外部自然；因此它必然是历史发展的产物”③。由此我们不难看出，经典作家把自由理解为对自然、社会发展规律的正确认识和应用。因此，在消除了阶级对立，社会平等不断实现的社会里，真正的自由不仅可能，而且是生活现实。同时，作为个人来说，“只有在

① 《马克思恩格斯全集》第3卷，人民出版社1960年版，第507—508页。
② 《马克思恩格斯文集》第9卷，人民出版社2009年版，第121页。
③ 《马克思恩格斯文集》第9卷，人民出版社2009年版，第120页。

共同体中，个人才能获得全面发展其才能的手段，也就是说，只有在共同体中才可能有个人自由”①。

列宁曾在批评资产阶级关于“绝对自由”的言论时说：“资产阶级个人主义者先生们，我们应当告诉你们，你们那些关于绝对自由的言论不过是一种伪善而已。在以金钱势力为基础的社会中，在广大劳动者一贫如洗而一小撮富人过着寄生生活的社会中，不可能有实际的和真正的‘自由’。”② 他还指出：“只有在共产主义社会中，当资本家的反抗已经彻底粉碎，当资本家已经消失，当阶级已经不存在（即社会各个成员在同社会生产资料的关系上已经没有差别）的时候，——只有在那个时候，‘国家才会消失，才有可能谈自由’。只有在那个时候，真正完全的、真正没有任何例外的民主才有可能，才会实现。也只有在那个时候，民主才开始消亡，道理很简单：人们既然摆脱了资本主义奴隶制，摆脱了资本主义剥削制所造成的无数残暴、野蛮、荒谬和丑恶的现象，也就会逐渐习惯于遵守多少世纪以来人们就知道的、千百年来在一切行为守则上反复谈到的、起码的公共生活规则，而不需要暴力，不需要强制，不需要服从，不需要所谓国家这种实行强制的特殊机构。”③ 在列宁看来，真正的自由的实现一定是在没有压迫和剥削的公正、平等的社会中。原因在于，只有公正、平等的社会才能实现“真正完全的，真正没有任何例外的民主”，而且，事实上，在完全公正、自由的社会谈民主已经没有意义，民主在这样的社会是“虚词”。在没有暴力和强制，不需要被迫服从的社会，人获得了真正的自由。

从马克思主义经典作家的论述出发，笔者认为，人的真正自由的获得，或者说真正的自由成为生活现实，依赖于社会制度的高度完善。在不合理的经济制度或经济体制下永远不可能有真正的经济自由。易而言之，在社会制度不断变革或完善的进程中，人们只能不断地趋于真正的自由，或者说行进在实现真正自由的过程中。以公有制为主体的社会主义社会为实现经济自由创设了制度条件，也

① 《马克思恩格斯文集》第1卷，人民出版社2009年版，第571页。
② 《列宁专题文集：论无产阶级政党》，人民出版社2009年版，第169页。
③ 《列宁专题文集：论马克思主义》，人民出版社2009年版，第260页。

唯有社会主义制度才能推动人的自由的真正实现。

（二）自由的现时诠释

对自由的理解和阐释可谓众说纷纭，五花八门。诸多不同思想体系，如自由主义、绝对自由主义、新自由主义等对自由有不同的理解和论说，也有从自由与责任、自由与公平、自由与法制等概念关系的角度来进行研究和界定的。其中，有的观点只是西方绝对自由理念的直接移植，有的观点只是经验式的表述，还有的观点只是对自由做社会表层意义上的概括。总体而言，在关于自由的诸多界定中尚缺少在马克思主义经典论说的基础上反映时代特点和要求的深刻且精当的表述。

应该说，真正的自由是“欲望”或“自愿”和“正当的理性的指导”或约束的统一。早在古希腊，亚里士多德在解释“德性”和“正当”概念时就指出，“德性由于我们自己，出于我们的自愿”，“德性是顺从正当的理性的指导的”。他还进一步说：“行为的原因，是意志或审慎的选择，这种选择的原因，是欲望和我们对于所求的目的的一切合理概念，因此，选择须有理性或思维的训练，也须有习性的趋向，因为正当和不正当的行为，若没有理智和道德的性格二者的结合，必都是不可能的。”① 这就是说，意志的正确选择或符合德性要求的、正当的选择，我们也可以理解为真正的自由的选择，这种自由的选择不只在一般欲望的实现，而在“有理智能力的欲望”② 的实现。亚里士多德这一思想对于我们今天正确把握自由概念具有十分重要的启发意义。詹世友先生曾在《公义与公器：正义视域中的公共伦理学》一书中对自由做出了具有现代含义的比较独到而深刻的理论透视，为我们理解诸如政治、经济、新闻、言论等自由提供了有价值的参照观点。他认为，自由是人的深层的整体意义上的“观念、欲求、情感、情绪、思想、期望”等的意志自由，进一步说，“人的深层心理如果是一个相互渗透、融合、生长着的整体，则它就是我们行为的整体的、起因的原因，而不受其他东西的

---

① 周辅成：《西方伦理学名著选辑》（上），商务印书馆 1964 年版，第 310—312 页。
② 周辅成：《西方伦理学名著选辑》（上），商务印书馆 1964 年版，第 312 页。

支配和决定。这就说明，我们的深层自我是自由的。如果我们的理智观等没有与深层心理融合在一起，就会对深层自我的自由造成妨碍”①。因此，真正的自由是人的理智的欲望、情感和举动与人的心灵深处的意志获得高度的统一，所以既不能放任意志自由，也不能限制过多的意志自由。而且，尽管意志的深层自由意味着个人的独特性，但需要有公共法律对自由意志加以公共理性的限制和引导。由此，笔者认为，自由是对自然、社会发展规律的正确认识和应用。其一，人作为客观世界或社会的一分子，在遵循客观规律的同时，其自身的生存和发展、精神理念和生活行为有着特殊的规律。因此，要想获得真正的自由，人们必须真正懂得自身心灵深处的意志。这种意志并非凭空形成，而是社会生活的产物。因此，人应该弄懂弄通客观世界是什么，它对于人来说有何种重要的意义。如果仅有自己独到或独立的意志，不懂和不尊重经济社会发展的客观规律，或者自身意志与客观世界的要求不相吻合，就难以形成理智观。其二，人们建立在把握一定的科学和理性文化价值观基础上的理智观，应该主动影响和融合人的深层心理，净化人的心灵，形成有着充分依据的理性的自由意志，并由此形成符合客观世界的要求的自由境界。其三，既然意志的深层自由意味着个人的独特性，那么，培养真正的人的独特性是实现人的自由的依据。然而，“个人的独特性”体现的自由是对他人和社会的关怀和尊重，是对公共自由的认同和支持，是对公共理性基础上的公共法律的支持。换言之，作为人的自由依据的“个人的独特性”不是独立不拘，而是在关心他人和社会的基础上充分体现公共理性的意志自由的“个人的独特性”。其四，人的意志自由是社会生活的产物。只有当人的意志自由受到经济社会合理制度的制约和引导，并与理性意义上的制度相吻合、相匹配时，才是我们理解的真正的自由。然而，人们心灵深处的意志既然是社会生活的产物，而社会生活又是十分复杂的“自为”世界，自然界又是不可能穷尽认知的“自在”世界，因此，人们的“观念、欲求、情感、情绪、思想、期望”等难以与客观世界绝对吻合，很容

① 詹世友：《公义与公器：正义论视域中的公共伦理学》，人民出版社 2006 年版，第 31—32 页。

易出现自由的无限制状态。这就需要人们不断检验自己的意志，自觉接受正确的法律法规的制约，使自身理智的欲望、情感和举动与心灵深处的意志相吻合，言行举止与客观世界的规律或要求一致，从而实现真正的人的自由。为此，创制符合人的理智的深层自我要求的经济社会制度，是实现真正自由的必要条件。

二 经济自由的实践意蕴

借鉴马克思主义经典作家对自由的阐释和学界对自由的现时诠释，笔者认为，经济自由是在经济关系和利益关系实现平等的基础上，依据一定经济规律和法则而形成的与自由经济意志相一致的自主经济行为。

经济自由主要表现在三个方面。其一，劳动者生产劳动的自由。即劳动者自由支配自己的劳动时间，为实现自己的经济目标从事自己愿意从事的生产劳动。不过，前提是劳动者必须能够自觉地实现自己能够实现的“生存指数”①，同时真正实现劳动者的价值取向与深层心理在理性意义上的一致。否则，劳动者将不可能实现最理想的经济行为效益。其二，经济交易的自由。交易是现代经济发展的基本形式和手段，交易的目的是双方满足自己的需求并实现利益最大化。因此，交易的时间、地点和方式应该完全是经济主体的自主行为。其三，投资与消费的自由。投资是经济活动的重要内容，投资的目的是获取更大的收益，因此，投资者有权利决定自己的资本投向。同时，投资者有自由消费其投资所获得的收益的权利。从一定意义上说，消费本身也是一种投资，合理的消费就是合理的投资，这也是个体经济行为与社会经济发展的统一。

当然，这里需要强调的是，经济自由所强调的经济主体的自主行为并非随心所欲的自主，而应该是在严格遵守经济应当及经济规则的基础上的自主。正如唐凯麟先生所指出的：“市场经济确实提倡

① 这里的“生存指数”指的是人的身体健康状况、文化水平、心理素质、道德觉悟等生存内容。每一个人由于其生存的主客观条件不会完全一样，努力的程度也不一样，因此，人们的“生存指数”往往会不一样。

自由竞争、自主经营，但这种自由和自主是在一定规范的框架中进行的，而不是任意妄为的。而且，一定的统一规范，正是保障每一个市场主体自由的基本条件。如果没有一个统一的规范，人人都任意妄为，那么任何人的自由都将受到危害而无法保持。因此，市场自由的基本法则就是：要自由就要立规、守规、护规。”① 从对经济自由的上述理解出发，经济自由与经济竞争之间的关系常常表现出复杂的表征和内涵。表现为经济自由的经济竞争，在一定社会背景下是不自由的经济行为，在一定的条件下又是经济自由的代名词。

资本主义条件下的自由竞争是“弱肉强食”的争斗。“在资本主义市场运动过程中，竞争主要表现为资本之间的利益竞争、劳动之间的利益竞争以及资本和劳动之间的利益的竞争。”“资本竞争是十分激烈、残酷和无情的，这与资本人格化的资本家的个人品质无关，它完全由资本竞争的规律决定。”资本竞争的结果会使资本日趋集中，从而更进一步地为资本的自由运作开辟道路，促进生产力的迅猛发展。但是这样的发展是在“大鱼吃小鱼、大资本吞并小资本”的无情竞争中实现的，同时也是在“资本家为了榨取工人更多的剩余价值，不惜冲破工作日的道德的和自然的界限，以至于摧毁工人肉体、精神直至生命”的过程中实现的。因此，尽管资本主义条件下的竞争具有一定的历史的社会发展的意义，但本质上是以大量消耗甚至破坏社会物质和精神资源为代价的。②

当然，资本主义发展到一定历史阶段，市场经济的游戏规则在竞争中越发成熟，“弱肉强食”的竞争往往不再表现为明目张胆地“缺德”取利。至少，不讲诚信或公开坑害顾客的行为会遭到唾弃，政府在一定程度上也会对各种“缺德”行为给予一定的干预和协调。但是由于资本主义市场经济的制度属性决定了政府的干预终究是有限的，竞争中无谓的摩擦消耗始终存在，这是资本主义条件下无法解决的问题。而且，资本主义的自由竞争始终以“弱肉强食”为原则，以优胜劣汰为目的。国外已有学者对此做出总结，“积极的竞争

① 唐凯麟：《伦理大思路——当代中国道德和伦理学发展的理论审视》，湖南人民出版社2000年版，第81页。

② 章海山：《经济伦理及其范畴研究》，中山大学出版社2005年版。

方法又叫自由经营、自由放任、适者生存，有人称之为‘狗咬狗’方法。这一方法的支持者认为，企业活动和生活中的主要责任一般要‘自己做主’。这就是说，要建立和维持不受各级政府妨碍的企业。我们无论谈及经营、劳动或消费者，关键都要尽其所能地运用一切方法，取得企业所赚利润的最大份额。根据这种观点，地方性和全国性经济所应采取的最好方法是自由放任（即‘让人们干想干的事情’）、自由经营和竞争。这种方法的理论根据是：如果所有企业经营者都尽可能积极地进行完全的自由竞争，那么，能向消费者物美价廉地供应这种商品的企业，就应该同其他企业自由竞争。这样，所有幸存者——成功的企业、政府和消费者，都将得到好处。小企业或新企业如果不能在竞争中存活下去，就会被淘汰，正如丛林中较弱的动物被较强者吃掉一样。另一方面，即使企业通过吞并或毁灭较小企业而使自己更加壮大稳固，在竞争过程中也是可以接受的。从这种观点出发，任何国家和民族的目标，就是要允许个人为了财富和势力而积极地相互竞争，因为消费者只能从这一过程中获利，以最低费用换取最好的产品和劳务。这种观点的倡导者认为，这是自由民主社会所应坚持的最有意义，在某些情况下也是唯一可能的观点”①。

尽管社会主义市场经济主张自由竞争，但是其制度属性使其主张和鼓励的是正当的、理性的自由竞争。这种正当的、理性的自由竞争绝不以大量消耗甚至破坏社会物质和精神资源为代价。在现时代，诸如通过商业贿赂取得经营机会或提高市场占有率、通过盗用信誉或商标欺骗消费者、通过窃取商业机密妨碍竞争对手的正常经营活动、通过虚假广告或错误信息误导或欺骗消费者等不正当竞争手段依然存在。② 要解决这些问题，就需要通过与社会主义市场经济相契合的经济伦理来引导正当的理性的竞争。这种经济伦理原则和规范是符合经济社会发展要求并能促进经济建设正常进行的行为准则，它能最大限度地节省和保护社会生产和生活资源，尤其能够保

① ［美］J. P. 蒂洛：《伦理学理论与实践》，孟庆时等译，北京大学出版社1985年版，第336—337页。

② 参见纪良纲主编《商业伦理学》，中国人民大学出版社2005年版。

护劳动者的劳动条件，激发劳动者的劳动积极性。因此，社会主义市场经济条件下的竞争体现的是“无情的竞争”与“竞争的有情”的一致性。当然，社会主义市场经济条件下正当的、理性的自由竞争需要政府的宏观调控来保护才能充分发挥社会主义制度的优越性。政府的宏观调控既要通过价格、财政、税收、资源开发利用等经济杠杆的调节制约非理性经济活动，同时也要发挥道德手段的教育、协调、规范等作用。通过社会主义道德教育，让人们认识和辨别经济行为的善与恶、崇高与卑鄙，从而自觉反对和抵制欺行霸市、强买强卖、垄断市场、哄抬物价、封锁信息、欺骗同行等破坏经济运行的不道德行为，真正做到公平竞争，共同保障市场经济的理性自由运行机制，最终实现双赢或多赢。

社会主义市场经济条件下的竞争必然涉及资源和资源利用，而在这种资源和资源利用的竞争中，要想实现真正的自由，必须使竞争基于保护生态的前提。忽视了生态责任和生态保护的竞争，要么因为无限制、无休止地开采利用资源而破坏资源的可持续利用，要么在恶性竞争中损害人力资源的完善与发展。换言之，这种竞争或过度消耗物质和精神资源，或滥用、乱用既有资源，或破坏资源的有机和协调使用。这些经济现象导致经济活动难以持久地正常运行，经济行为最终也将失去真正的自由。这就要求，首先，经济主体应当在坚持生态责任和生态性利用资源的过程中成为生态性主体，在充分和完美发挥自身能量中体现经济自由的“个体独立性”依据；其次，资源的开采与利用应当在有利于资源保护、利用和再生的状态下进行，这样的经济行为才能成为真正自由意义上的经济行为；最后，基于生态保护的资源利用是对自然环境和社会环境的维护和发展，这会给经济行为主体越来越多的自由，从而越来越趋向于真正的经济自由。

还应看到，社会主义市场经济竞争与合作精神是统一的，竞争就意味着合作。这是因为，“市场经济作为一种社会化的交换经济，它需要在分工基础上的协作；作为一种交换经济，它需要交换双方的协调。不论是工作上的协作还是经济上的协调，都离不开一定的合作，都需要主体之间有着一定的合作精神”，“所以，从一定意义上说，市场经济也是一种合作经济”，“没有合作，就没有竞争，也不可能在竞争中获胜。对于社会主义市场理性精神来说，合作精神更具有特殊意义”。[①] 事实上，经济竞争中的合作是实现经济自由的重要条件，也是经济自由的重要表征和本质内涵。

三 经济自由的实现

经济自由不能被理解为任意的经济行为，它的实现有其内在的依据和条件。笔者认为，经济自由的实现至少需要五个条件。

第一，把握规律。经营者应该主动认识和把握经济活动尤其是自己所从事的经营领域的经济现象和活动的基本规律，唯此才能把握经济行为的主动权。马克思在对人类由必然王国进入自由王国过程的论述中指出：“这个自然必然性的王国会随着人的发展而扩大，因为需要会扩大；但是，满足这种需要的生产力同时也会扩大。这个领域内的自由只能是：社会化的人，联合起来的生产者，将合理地调节他们和自然之间的物质变换，把它置于他们的共同控制之下，而不让它作为一种盲目的力量来统治自己；靠消耗最小的力量，在最无愧于和最适合于他们的人类本性的条件下来进行这种物质变换。但是，这个领域始终是一个必然王国。在这个必然王国的彼岸，作为目的本身的人类能力的发挥，真正的自由王国，就开始了。但是，这个自由王国只有建立在必然王国的基础上，才能繁荣起来。”[②] 为此，要实现经济自由，必须真正了解经济，按经济规律和基本法则展开经济活动。绝对不能错误地认为，经济自由就是经济放任。事实上，放任的经济行为并不是真正自由的行为，而恰恰是限制甚或遏制经济活动自由的行为。国外的所谓新自由主义，看上去是为了经济的快速发展，不主张政府干预经济行为等，要让经济不受任何限制地自由发展，其结果是经济的发展受到严重影响。因此，可以说，不受约束或理性制度干预的所谓自由经济行为，其实是最不自由并必将遭到自然规律制裁的经济行为。

---

① 唐凯麟：《伦理大思路——当代中国道德和伦理学发展的理论审视》，湖南人民出版社2000年版，第86页。

② 《马克思恩格斯文集》第7卷，人民出版社2009年版，第928—929页。

第二，确立经营责任意识。经济自由与经济责任是辩证统一的，换言之，经济自由是与经济责任相一致的自由。要想获得经济活动的自由，经营者必须树立责任意识。其原因在于，经营者的所有经济行为都是社会活动，都要在社会的支持下才能正常进行。假如经营者无视社会的发展规律和要求，无视利益相关者的利益，其行为往往会破坏正常的社会关系尤其是社会合作关系。在这种情况下，经济活动不能得到社会支持，也无益于社会正常关系的维系，因而必然是一种不自由的活动。因此，经济主体要获得经济自由就应该承担相应的社会经济责任，让理智的经济理念和经济举动与人的内心深处的经济意志和经济欲望相一致。实践已经充分证明，不讲经济责任的经济行为，或者没有限制的体现经济意志和经济欲望的行为一定是寸步难行的行为。近年来，我国食品安全问题频发，正是一些食品企业不受约束的所谓经济自由行为的恶果。这些企业在生产时忘却责任，不守规则，任意在食品生产中掺假，结果不仅影响了企业的发展，甚至就此葬送了企业的前程。

第三，完善政策法规建设。经济自由不是经济活动中的随心所欲，在我国当前社会主义市场经济条件下，要实现经济自由需要有完善的法律、法规和制度保障。当前，我国经营市场存在的一些混乱现象及由此造成的经营活动的受限或不自由，在很大程度上源于我国相关经济政策法规的不完善。这就要引起我国经济决策部门和经营者的足够重视。一方面，需要通过法制建设，以合理的政策法规来保护经营者的自由权利；另一方面，要排除人为的政策干扰，通过有效的法律、法规和相关政策举措，扼制不良经济行为，营造良好的经营环境，指导经营者在激烈的经济竞争中实现真正自由和高效的经营。

第四，加强经营者之间的合作。所有的经济活动都是社会性活动，而高效的经济活动需要充分利用各种社会关系资源。只有在直接或间接利用多种作用因素的情况下，经营者才能获得充分的经营主动权。否则，其经营活动将是被动的、不自由的。在经营活动中封锁没必要封锁的经营信息，制造无端无谓的摩擦，甚至做出损人不利己的举动，受害的首先是行为主体本身，因为这样的经营者最终会失去应该有的社会关系资源，失去必须有的合作条件。为此，经营者要善于合作，创造有利于经济快速、和谐发展的经济自由局面。

第五，完善经济自由意志。真正的经济自由意志应该是由科学的经济理念、理性的物质欲望、道德性情感和进取性经营期望等构成。为此，经济主体或经营者应该通过学习和研究，真正把握经济运行规律，深刻理解经济的道德内涵和道德的经济价值，确立不讲道德和道德责任将会失去真正的经营自由的观念；应该使物质欲望自觉地契合于经济社会的客观要求，绝不混同于物欲横流之中，欲望没有节制或欲望没有符合理性意义上的限制，那么，满足欲望的同时也就是经济行为受限的开始，因为没有节制或限制的经济行为最终会受到经济规律的惩罚和社会舆论的扼制；应该把对崇高价值的追求与合理的经济目标科学、理性地统一起来，唯其如此才能实现经济自由意志与经济社会客观要求和人的理智观的统一，达到真正的经济自由。

（原载《道德与文明》2012 年第 5 期）

认识经济需要德性视角

为什么近几年国产奶粉的市场份额在减少，制奶企业大多境况不佳，而洋奶粉要么挺进中国市场，要么吸引中国客户跑进外国市场。这里的根本原因是中国奶业忽视甚或缺失作为经济灵魂的经济德性。

经济有没有德性问题，在学界有着不同的看法。有的经济学家认为，经济就是投入、产出、效益等物质及其数量概念，与道德或德性无关。甚至有经济学家由此指出，经济学家关注或研究道德或德性问题是“狗拿耗子多管闲事”。还有的明确强调，经济就是经济，道德就是道德，等经济发展了再谈道德问题也不迟。在伦理学界，也有学者认为，经济讲利，道德讲义，是风马牛不相及的两回事。甚至认为道德或德性沾上经济，要么美化了经济，要么亵渎了道德。诸如此类观点，都是学科交叉理念缺失的体现，是亟待纠正的一种偏见。

经济是有德性的。德性和经济德性是什么？德性一般是指一定社会的道德主体在崇善的道德境界支配下为实现道德理想而自觉履行道德义务的持久品质。进而言之，经济德性是经济行为的价值取向及其所体现的崇高境界，是经济主体的道德素质与人格修养，是经济活动中应该承担的道德责任，是理性、持久的经济品质。因此，经济德性是经济与道德的耦合体，是经济与道德关系的合理存在样式。说到底，经济德性是经济的灵魂。为此，经济德性既是经济发展的重要资源和依据，也是科学认识经济及其规律的不可或缺的核心内容。

认识经济需要有德性视角。诺贝尔经济学奖获得者阿马蒂亚·森在《伦理学与经济学》一书中曾指出，经济学与伦理学的分离已经导致了福利经济学的贫困化，也大大削弱了描述经济学和预测经济学的基础。随着现代经济学与伦理学之间隔阂的不断加深，现代经济学已经出现了严重的贫困化现象。阿马蒂亚·森是在说明，离开或缺乏经济德性理念，经济学将会是贫困的，加以引申，离开或缺乏经济德性理念，经济也将是不发达的。反观我国的经济学研究，不难发现，经济学理论总体滞后于经济发展，经济学家在一些重要的经济现象面前要么集体失语，要么发表不着边际的评说。这不能不说与忽视或缺少德性视角有关。事实上，正如德国著名经济伦理学家科斯洛夫斯基在《伦理经济学原理》一书中所说，对经济理论和道德伦理之间的界限根本不能做严格的界定，因为一般的经济行为与这两种理论必定都有联系。因此，唯有充分的经济德性视角，才能深刻地认识经济和经济规律。

经济发展不可缺少经济德性。因为，经济德性意味着经济行为主体具有时代所要求的经济道德理念、经济品质和劳动积极性，有着经济德性的经济行为主体，其行动必然影响包括生产、交换、分配、消费在内的经济行为的全过程。经济主体在生产、销售、服务、享用过程中将会以理性态度对待经济行为的各个环节，使得经济发展成为和谐经济，并由此提升全社会生产和生活的道德化程度，真正实现经济社会的和谐发展。同时，经济行为最直接的目的是物质利益，然而，如何创造或实现物质利益，即物质利益实现过程采取的手段和运用的途径是什么，是十分复杂的经济行为工程。经济德性是所有经济行为的标杆，只要坚持经济目的与道德目的相一致，坚持道德理念与物质理念的统一，坚持以道德规范为行动准则，物质创造过程一定会是理性、快速和高效的。再者，经济德性就是经济关系范畴，它是经济领域各种关系尤其是利益关系的协调与和谐的道德要求与道德习惯。在经济活动中，经济行为主体均有自己的行为目的，而且各种经济目的之境界及实现目的的手段与方法、目的呈现形式、目的的功用都有着不同的内容，甚至有着本质的差别。有些差别是无碍大局的，甚至是经济发展的特色和条件。但是，有些差别则体现为竞争各方损人利己的不正当经济理念和行动。如果任由这些理念和行动存在与发展，势必影响竞争各方的利益，最终也必定影响经济行为主体。经济德性有着协调各种经济活动并使之实现双赢或多赢的功能。事实上，但凡经济发展顺利的单位或地区，往往已经形成公正、公平、诚信、协作等经济德性并发挥着在利益各方的协调和促进作用。正如有学者说，“唯有基本的品德能够为人际关系技巧赋予生命”，也唯有经济德性才能使各种经济利益关系的和谐成为可能。

（原载《中国社会科学报·哲学版·学者个人专栏》
2013 年 12 月 9 日，发表时有删节）

道德目的是精神和物质的统一

“道德的目的是什么”，这是一个简单且复杂的问题。说简单，是因为这一问题是不是问题的问题，道德的目的在于道德有用，就是让人学会做人，获得更多利益。说复杂，是因为在如何理解有用、做什么样的人、利益又是在什么层面和角度上，众说纷纭，莫衷一是。

与理解道德目的相关的问题是“人类为什么需要道德”。这原本也是一个不难解答的问题。而且，回答清楚了这一问题也就回答了“道德的目的是什么”。然而，就这个问题历来也是“公说”“婆说”不一样，且有的回答大相径庭。客观唯心主义者认为，先在于客观世界的精神决定人和人类社会的存在，道德也随之被决定。作为客观唯心主义的集大成者黑格尔的思想极具代表性，他认为，人类社会连同道德都是由绝对精神外化而来的，道德作为人的自由意志的一个环节，它因人、人类而存在。在黑格尔看来，自由意志体现为抽象法、道德、伦理三个逐步递进的精神现象，其中道德是主观内心的法则，是自我生存的应当的规定，因此，道德因人的存在而存在（尽管黑格尔认为人的本质的绝对精神的真正体现在伦理）。进而言之，在黑格尔那里，道德目的是说明人和人的存在。主观唯心主义者（或理性主义者）普遍认为，道德决定于人们的“善良意志”，道德天生于人的“良心”。“人是目的”是康德的重要道德理念，在他看来，人之为人在于人是有理性的，就是说人是讲道德的，而且，人天生具有“善良意志”。因此，道德目的是要激发和说明体现为“善良意志”的道德。“人之初，性本善”是我国传统的主观道德论理念，既然这样，那么，道德目的就是要开发人们的善心，让人性得以真正体现。不管是唯心主义还是理性主义，他们都没有能说明道德的终极目的应该是什么。而不能弄清终极目的的道德目的论始终只是没有根基的半拉子理论。一个时期以来，国外的基因决定道德论大概应该属于传统的天生道德论范畴。历来一部分思想者，他们的道德目的观与以上观点相左，这些人以旧唯物主义者居多。他们认为，道德目的就是利益，有利则为德，甚至认为利即道德。这样一来，就可能出现道德目的本身不道德的现象。因为，只顾及利益，忽视或不顾及获得利益的手段道德与否，往往出现与道德背离的行动。

就我国理论界的现实理念来看，我认为弄清楚“道德的目的是什么”很有必要。因为目前我国理论界仍然存在历史上两种截然对立的意见。有人说，道德的目的就是要提升人们的精神境界，成为自觉履行道德义务的人。这说法没有错。但是，问题是，如何说明人们的精神境界是高的？自觉履行道德义务又是为了什么？还有人说，道德的目的就是获利，所谓利益是当今道德的代名词。这里的问题是，如何获利？利益如何享用？不能正确地回答这些问题，甚至唯利是图、享乐至上，利益将是缺德的代名词。事实上，不从经济社会的发展、人的素质的全面提高等角度去考量，一定说不清人们的精神境界高低和是否履行道德义务。如果坚持道德与获得更多利益无缘，强调所谓的道德只能是人本的，不能是物本的，那所谓的伦理学家们会是虚伪的道德空谈家。当然，如果说道德就是为了获利，那就忽视了道德是促进人的完善和人际关系和谐的本质指向。

道德目的应该是精神目的和物质目的的统一。在马克思主义看来，道德目的就是要“使人的世界即各种关系回归于人自身”。尽管这是经典作家讲的社会主义高级阶段和共产主义的道德目的，但适用于现在对道德目的的深刻理解和把握。所谓把“人的世界”回归于人自身所蕴含之意是指社会成员应该具有崇高的精神境界；在完美的社会中，“即在个人的独创的和自由的发展不再是一句空话的唯一的社会中”[①]；“与人相称的地位”，即“每个人都能自由地发展他的人的本性”，过着“能满足一切生活条件和生活需要的真正的人的

---

① 《马克思恩格斯全集》第3卷，人民出版社1960年版，第516页。

生活"[1]；劳动已经不仅仅是谋生的手段，而且成了生活的第一需要。从某种意义上说，回归人的世界就是回归人的关系，因为人的世界是由人、人的关系组成的。在马克思主义看来，之所以把"人的关系回归于人自身"的原因是由人的本质决定的，因为在马克思主义的视阈中，"人的本质不是单个人所固有的抽象物，在其现实性上，它是一切社会关系的总和"[2]。即是说，人是处于一定历史条件和关系中的个人，人的本质是人的真正的社会联系。简言之，人不是任何实体性的东西，而是关系性的范畴，因此，把"人的世界回归于人自身"就意味着必然地要求把人的关系即人的和谐关系回归于人自身。道德目的在这里的侧重点是强调人的完善和人际关系的和谐，侧重人的智慧与精神内涵。但是，从宏观和严格意义上来说，马克思主义的道德目的观强调人的完善和人际关系的和谐，这就是体现为精神利益与物质利益统一的道德目的观。再进一步，强调人的完善和人际关系的和谐，其终极目的是在于经济社会的发展。而且，事实上，评价人们的道德觉悟，除了对人的完善和人际关系和谐的考量外，更重要的是要考量道德在促进经济社会发展中的终极性作用和效益。这也是道德存在的理由和依据。

（原载《中国社会科学报·哲学版·学者个人专栏》
2013 年 12 月 23 日，发表时有删节）

① 《马克思恩格斯全集》第 2 卷，人民出版社 1957 年版，第 626 页。
② 《马克思恩格斯文集》第 1 卷，人民出版社 2009 年版，第 505 页。

道德是经济发展不可或缺的支撑力量

经济与道德并不是风马牛不相及，两者有着十分密切的关系。近年来在经济领域出现的食品问题、医药问题、工程问题、矿难问题等都说明，发展经济不能忽视道德及其作用，一旦经济道德出现问题，经济的发展将会受到严重影响，甚至会形成灾难性的后果。有人担心，用道德去支撑经济发展，甚至让道德帮助赚钱，是将道德工具化甚至亵渎了道德。其实不然，道德的存在意义就在于能促进人的全面发展和人际和谐，并进而促进经济社会的进步。离开了具体的实质性的包括精神文明建设在内的经济社会发展的效果，谈道德的觉悟等都只能是空谈。

经济一定是内含道德的经济。古今中外对经济的理解和把握可谓观点纷呈、莫衷一是，但是，不管从哪个角度理解经济，都不同程度地认为，经济不只是投入、产出、效益等纯物质和物质活动现象和概念，人的主观因素客观上是不可忽视的经济要素。事实上，经济是人的经济，是人际关系之经济，经济活动一定内含着作为经济人的应该和人际利益交往活动的应该，离开了人、人际关系之应该的认识和把握，就难以真正认识经济。即在本体论意义上，经济一定内含着道德，经济与道德共生共存。换句话说，没有道德视角，经济是不可能被正确地认识和把握的，同样，没有道德理念和道德手段，那经济建设也将是不完善的甚至是畸形且没有生命力的。反过来说，畸形经济一定是忽视道德甚或缺德的经济。马克思在撰写鸿篇巨制《资本论》的过程中，是从资本主义的商品切入展开研究的他，而这商品在马克思的眼中不只是货架上琳琅满目的用来买卖的劳动产品而已，他是通过对资本主义条件下的商品内在特质和矛盾的分析，揭示了商品内部的两个对立的经济主体即工人阶级和资产阶级及其不可调和的矛盾，进而由此展开对资本主义矛盾运动的探索和揭示，提出了“异化劳动”理论和资本主义必然会被社会主义代替的科学论断。这是经典的阶级分析法，也是阶级道德分析方法。这就是说，唯有弄清楚资本主义经济条件下的阶级、阶级关系乃至阶级利益关系中的应该与不应该，才有可能更深入地剖析资本主义的剥削与被剥削的商品经济的本质和资本主义发展的基本规律。这说明，经济现象均可以进行道德评价，有经济必有道德问题存在着，要真正认识和把握一定社会的经济和经济现象，道德视角不可或缺。同时也说明，道德能以其特有角度揭示经济活动的本质，道德是一定经济制度或一定经济力量的兴盛的重要推动力量。

道德乃经济发展的特殊力量。经济发展速度决定于生产力的发展水平，但凡先进的生产力一定有快速发展的经济。然而，生产力的发展水平又取决于劳动工具的不断改进与发展，换句话说，劳动工具是生产力发展水平的重要标志，更是提高生产力发展水平的重要推动力量。不过，历史唯物主义认为，“生产力当然始终是有用的具体的劳动的生产力”，而“有用的具体的劳动的生产力”，是由“物质生产力和精神生产力”构成的，而且物质的生产力依靠精神的生产力才得以成立或形成。没有人及其观念导向作为精神生产力或主观生产力，生产力将是“死的生产力”，不能成为社会生产力。马克思说过，机器是死的生产力，只有通过作为主观生产力的人去激活作为死的生产力的机器，社会生产力才可以形成。而道德是精神生产力或主观生产力的基础和核心内容。这是因为，生产力的核心要素是劳动者，而劳动者的道德觉悟直接影响他们的劳动价值观和劳动态度，最终直接决定劳动成果和生产力水平。至于生产力中的劳动工具要素和劳动对象要素，在其体现生产力水平过程中同样离不开道德。劳动工具的认识、改造、利用和发展，离不开人对事物发展规律的认识和适时的对劳动工具的改造和更新，抱残守缺、不愿创新的境界是无法主动更新劳动工具并不断提升劳动工具水平的。同样，就劳动对象来说，并不是体现为劳动对象的资源越丰富就意味着生产力水平越高，其实不然，是否在创新发展、协调发展、绿色发展、开放发展、共享发展的理念下对劳动对象进行生态性开发和利用，即是否在作用劳动对象时既考虑到当代人的利益又考虑到后代人的利益，不仅直接影响当下的生产力水平，而且影响生产力水平的未来持续提高问题。一味地考虑当前或当代人利益，忽视甚至破坏了后代人的利益，这在一定意义上是在破坏生产力水平、影响生产力的发展。所以说，道德也是生产力。

资本的理性、科学运动及其价值增值需要道德。经济发展中的资本理性、科学运动的一个直接目的是价值增值，而作为物质和精神的资本的价值增值不能没有道德要素。资本总是在企业经营的全过程中运作并实现增值的，因此，一是好产品决定于“道德含量”。企业要获得更多利润，产品质量是关键，它决定了产品的市场占有率和销售速度，进而影响企业利润的实现及其增长，并直接影响经济发展速度。通常企业的产品设计和产品质量受制于科学技术、社会文化和道德等因素，其中道德决定产品的价值指向和人性化程度等，这是产品质量的灵魂。忽视甚至排斥人性关怀等道德要素，产品的技术含量再高也不会受到用户的欢迎，因为这样的产品往往实用度和耐用度低。二是产品成本决定于劳动者的道德觉悟。企业要获得更多利润和效益，缩短单位产品的劳动时间、降低成本是关键，这其中，道德同样起着独特的重要作用。在企业的产品制造的过程中，谁缩短了单位产品的个别劳动时间，即单位产品的个别劳动时间低于社会必要劳动时间，谁就降低了单位产品成本。这需要企业营造和谐的氛围，进而可以因和谐协作精神而减少无谓的摩擦消耗和时间的浪费，有效缩短单位产品的个别劳动时间，增强企业产品的市场竞争力。三是提高市场信誉度决定于道德经营。企业的社会信誉度是企业不断扩大市场占有率并获取更多利润的源泉。然而，企业的信誉度的提升要靠道德经营水平。一个不讲道德经营的企业是注定要失败的。尤其是在今天互联网时代，道德显得尤为重要，因为，今天的资本的理性、科学运作不只是实物资本和货币资本的专利，道德资本也不仅仅体现在实物资本和货币资本的精神要素或精神作用上，互联网把现实世界生产和销售中的各种利益关系“电子化”或“虚拟化”，互联网经济或物联网经济，以至于智能经济，改变着人际关系和人际利益关系的生存和发展模式，使得信誉、公正、平等、理性等道德要求成为利益和利润多寡的重要原因。在互联网和物联网时代，道德作为资本要素显现得十分明显。可以说，不讲道德就不要想赚钱，要赚钱就必须讲道德，社会将毫不留情地随时葬送任何缺德的互联网企业。这也说明，道德也是资本。当然，说道德是一种资本，并不是要从道德上来粉饰资本、美化资本，甚或使道德沦为资本增值的伪善工具，而是强调道德可以而且应该为获得更多效益和利润发挥其独特的作用。而且，事实上，道德一方面充当资本的盈利手段，另一方面却是对资本进行“内在评判”。前者是强调在正当意义上获取更多的利润，后者是指资本在追逐利润的同时，也在客观上塑造着人本身，而这些由于人而被提升了的人类物质方面和精神方面反过来又会内在地成为约束资本负面效应的力量，也即对资本的“内在评判”。需要进一步说明的是，“道德资本”与马克思的“资本”概念有着明显的区别。在马克思的政治经济学看来，在资本主义私有制条件下，资本是带来剩余价值的价值；资本是经济范畴，更是经济关系范畴，它体现了资产阶级与工人阶级之间的压迫与被压迫、剥削与被剥削的雇佣劳动的关系。因此，马克思政治经济学中所论及的“资本”，是体现资本主义本质的“资本特殊”的“资本”概念，其本身就是“不道德”的代名词。而道德资本则是体现资本投入生产过程创造和获取新的利润和效益的“资本一般”中的精神资本，是把道德视为一种有价值的生产性资源，并以此来分析道德在资本的价值增值过程中特殊的功能和作用，这是“道德资本”概念与马克思的“资本”概念的区别，也是理解道德资本的理论空间和逻辑边界的起点。

企业家道德是企业发展的精神引领。经济发展在很大程度上要依靠企业的发展，而企业的发展又在很大程度上依赖于企业家的综合素质，这其中尤其是企业家的道德素质。但凡发展顺利甚至发展迅速的成功企业，都有一位有头脑、有境界的企业家身上“流淌着道德的血液”。一是爱国情怀是企业家办好企业之本。办企业、赚利润为的是富国强国，国家强大了，人民可以安居乐业，可以享受尊严、实现“乐活”。与此同时，企业的发展更有保障，企业前途可以随心而就。二是担当社会道德责任是企业家办好企业之根。企业发展就是为了获得更多利润、更好效益，然而，企业家坚持从产品设计、生产、销售到服务的全过程毫无私心地带领企业对社会和用户负责是企业获得社会赞誉和顾客高回头率的重要依据。一个没有责任心甚至坑害社会和顾客的所谓企业家，其行为只会把企业引向死胡同。三是人本管理是企业家办好企业之源。企业要发展并获得更多利润，靠的是企业员工的忠诚和努力。然而，这需要企业家拿出同样的“道德努力”，即一方面要坚持人格平等，企业家首先应该从尊重员工入手，在努力为员工服务的同时，广泛征求员工意见，变“管理全员”为“全员管理”，即企业家的管理目标、管理内容、管理方法和手段是全员集体智慧的结晶，企业实际是在全体员工的思想观念引导下运作的。同时要让企业员工有尊严地工作和生活，进而把企业当作自己的家，并全身心地投入企业发展的工作中去。另一方面，要坚持利益公平，应该让员工在获得感、安全感、发展感、幸福感上不断有所增强，使得员工真正地全力地投入工作，不断增强企业发展活力。再一方面，要身体力行，以身作则，作为企业领导，一言一行要体现崇高的道德境界，要让企业员工做到的，自己率先做到，关键时刻、艰难时刻甚至危险时刻，企业家应该冲在前面，以实际行动有效带领企业员工紧跟经济发展大势，实现物质、精神和社会、企业、个人的双赢或多赢。

（原载《光明日报》2018 年 11 月 26 日，《新华文摘》2019 年第 4 期全文转载）

第二编

马克思主义经典原著伦理解读

简论马克思恩格斯的经济伦理观

在马克思恩格斯的著作中没有使用过“经济伦理”“伦理经济”等概念，但并不意味着马克思恩格斯没有经济伦理思想，在马克思恩格斯的思想体系中，经济伦理思想非常丰富。[①] 可以说，没有马克思恩格斯科学的经济伦理观念，就没有系统、完整和科学的马克思主义政治经济学。正因为此点，我曾在一篇拙文中指出：马克思主义的政治经济学，“透过资本主义的经济现象，提示的是不同类型人的阶级本质，并通过对阶级关系和阶级利益矛盾的分析，尤其是通过对资本主义生产方式内部矛盾运动的分析，揭示了社会发展的基本规律，系统提出了解放全人类，实现人的全面发展的政治原则、政治伦理原则和伦理原则。可以说，马克思主义政治经济学在一定意义上也是一部政治经济伦理学或政治伦理经济学”[②]。当然，研究马克思恩格斯经济伦理观，不只在于从新的特有的角度更深入全面地理解马克思主义，还在于以此为基础理论和基本方法去研究和构建我国当代经济伦理学。

一　所有制的道德与道德化的所有制

不管是作为上层建筑的道德还是作为人的品质和品性的道德，其本质指向是人和人的完善、人际关系及其和谐协调。因此，道德

---

① 参加章海山《经济伦理论——马克思主义经济伦理思想研究》，中山大学出版社 2001 年版。

② 王小锡：《经济伦理学的学科依据》，《华东师范大学学报》（哲学社会科学版）2001 年第 2 期。

以什么样的“样态”存在，发挥怎么样的作用，它不得不受决定着社会经济关系性质并进而影响社会各类人际关系的所有制的影响。

1. 所有制的道德

所有制是所有权关系的一种制度形式，它是各种利益关系的逻辑起点，也是社会道德存在和发展的根源。一方面，生产资料归谁所有，所有者阶级的道德一定是社会占主导地位的道德；在私有制社会里道德总是阶级的道德，正如恩格斯指出：“一切已往的道德论归根到底都是当时的社会经济状况的产物。而社会直到现在还是在阶级对立中运动的，所以道德始终是阶级的道德。”① 另一方面，“表现在某一民族的政治、法律、道德、宗教、形而上学等的语言中的精神生产也是这样。人们是自己的观念、思想等等的生产者，但这里所说的人们是现实的，从事活动的人们，他们受着自己的生产力的一定发展以及与这种发展相适应的交往（直到它的最遥远的形式）的制约”②。这就是说，道德是受制于生产力发展及其与之相适应的“交往的制约”。这里的“交往”首先应该是，而且其本质上是特定的所有权关系基础上的利益关系及其利益交往。更进一步说，这种一定的所有权“关系”的形成，必然地形成一定的生产力内部人与其他要素的关系和生产关系，即形成一定的生产方式。因此，“财产的任何一种社会形式都有各自的‘道德’与之相适应”③。这样一来，“与资本主义生产方式相适应的精神生产，就和与中世纪生产方式相适应的精神生产不同。如果物质生产本身不从它的特殊的历史的形式来看，那就不可能理解与它相适应的精神生产的特征以及这两种生产的相互作用”④。

对此，恩格斯曾具体地指出：“私有制产生的最初的结果就是商业，即彼此交换生活必需品，亦即买和卖。在私有制的统治下，这种商业和其他一切活动一样，必然是商人收入的直接泉源；这就是

① 《马克思恩格斯全集》第20卷，人民出版社1971年版，第103页。

② 《马克思恩格斯全集》第3卷，人民出版社1960年版，第29页。

③ 《马克思恩格斯全集》第17卷，人民出版社1963年版，第610页。

④ 《马克思恩格斯全集》第26卷第一册，人民出版社1972年版，第296页。

说，每个人必然要尽量设法贱买贵卖。所以在任何一次买卖中，两个人在利害关系上总是绝对彼此对立的；这种冲突带有完全敌对的性质，因为各人都知道对方的意图，知道对方的意图是和自己的意图相反的。因此，商业所产生的第一个后果就是互不信任，以及为这种互不信任辩护，采取不道德的手段来达到不道德的目的。”① 恩格斯并强调，“即私有制仍然存在，利益就必然是私人的利益，利益的统治必然表现为财产的统治”，在这种情况下，人性被扭曲，“人们的关系被彻底歪曲，社会合乎人性的生活准则即道德将遭到践踏”。②

由此可见，一定社会的道德受制于一定的所有制形式和经济关系。尽管马克思恩格斯所处时代的私有制条件下的道德状况与当今私有制条件下的道德状况不能一概而论，而且，人类社会生活中存在的共同道德（或称全球道德或称普遍性道德）已被人们逐步认识和认同，但这并没有改变马克思主义的道德本质观，也没有动摇马克思恩格斯经济伦理观的“基石”，因为，在任何情况下，离开所有制形式及其经济关系和利益关系，其社会道德难以被认识和判明，尤其是在现时代，不坚持马克思主义的道德本质观，不认清现时代特殊的利益关系，社会道德将如同是非不清、价值取向混乱的“一堆乱麻”。

2. 道德化的所有制

在阐述所有制形式决定道德的同时，马克思恩格斯还强调所有制形式本身就是一种道德存在。马克思曾经指出，体现为所有制的“所有权也只是表现为通过劳动占有劳动产品，以及通过自己的劳动占有他人劳动的产品，只要自己劳动的产品被他人的劳动购买便是如此。对他人劳动的所有权是通过自己劳动的等价物取得的。所有权的这种形式，正象自由和平等一样，就是建立在这种简单关系上的。在交换价值进一步的发展中，这种情况发生了变化，并且最终表明，对自己劳动产品的私人所有权也就是劳动和所有权的分离，

① 《马克思恩格斯全集》第1卷，人民出版社1956年版，第600页。

② 《马克思恩格斯全集》第1卷，人民出版社1956年版，第663页。

而这样一来，劳动将创造他人的所有权，所有权将支配他人的劳动"[①]。这就说明了，所有制看上去是生产力中人对物的占有和使用关系，其实质是劳动和所有权的关系，是人与人之间的利益关系。而且，这种关系势必影响劳动产品的分配方式，影响人们在社会生活中的角色和地位。这既是道德之"基"，也是道德之"本"。

由此可以看出，马克思恩格斯的经济伦理观中，所有制性质决定产权关系性质并进而决定生产关系性质，而一定的生产关系的要求又集中体现在所有制形式之中。这样一来，不同的社会历史阶段，就会有不同的所有制、产权关系和生产关系。其实，马克思恩格斯在剖析资本主义社会的经济矛盾时，始终在关注着所有制本身的道德性及其所造成的道德性程度问题。

一方面，马克思恩格斯揭示了资本主义的所有制本身及其所造成的不道德状态。马克思劳动异化理论较为集中地说明了这一点。一是劳动自身的异化。马克思指出，在资本主义的私有制条件下，"物的世界的增值同人的世界的贬值成正比。劳动不仅生产商品，它还生产作为商品的劳动自身和工人，而且是按它一般生产商品的比例生产的"。这就说明，"劳动所生产的对象，即劳动的产品，作为一种异己的存在物，作为不依赖于生产者的力量，同劳动相对立"。[②] 同时，劳动本来应该是"自由的生命表现"，"是生活的乐趣"，但在私有制条件下，劳动是为了生存，为了得到生活资料，"劳动成为直接谋生的劳动"。[③] 二是人的异化。在马克思看来，由于劳动异化，"工人同自己的劳动产品的关系就是同一个异己的对象的关系。因为根据这个前提，很明显，工人在劳动中耗费的力量越多，他亲手创造出来反对自身的、异己的对象世界的力量越大，他本身、他的内部世界就越贫乏，归他所有的东西就越少"[④]。这就是说，"劳动对工人说来是外在的东西"，"不属于他的本质的东西"，"因此，他在自己的劳动中不是肯定自己，而是否定自己，不是感到

① 《马克思恩格斯全集》第 46 卷（上），人民出版社 1979 年版，第 189 页。
② 《马克思恩格斯全集》第 42 卷，人民出版社 1979 年版，第 90—91 页。
③ 《马克思恩格斯全集》第 42 卷，人民出版社 1979 年版，第 28 页。
④ 《马克思恩格斯全集》第 42 卷，人民出版社 1979 年版，第 91 页。

幸福，而是感到不幸，不是自由地发挥自己的体力和智力，而是使自己的肉体受折磨、精神遭摧残。因此，工人只有在劳动之外才感到自在，而在劳动中则感到不自在，他在不劳动时觉得舒畅，而在劳动时就觉得不舒畅。因此，他的劳动不是自愿的劳动，而是被迫的强制劳动。因而，它不是满足劳动需要，而只是满足劳动需要以外的需要的一种手段。……外在的劳动，人在其中使自己外化的劳动，是一种自我牺牲、自我折磨的劳动。最后，对工人说来，劳动的外在性质，就表现在这种劳动不是他自己的，而是别人的；劳动不属于他，他在劳动中也不属于他自己，而是属于别人”。[①] 三是人际关系的异化。马克思指出在资本主义的商品经济条件下，“不是人的本质构成我们彼此为对方进行生产的纽带”。“我是为自己而不是为你生产，就象你是为自己而不是为我生产一样。我的生产的结果本身同你没有什么关系，就象你的生产的结果同我没有直接的关系一样。换句话说，我们的生产并不是人为了作为人的人而从事生产，即不是社会的生产。”“我们每个人都把自己的产品只看作是自己的、物化的私利，从而把另一个人的产品看作是另一个人的、不以他为转移的、异己的、物化的私利。”[②] 因此，“对我们来说，我们彼此的价值就是我们彼此拥有的物品的价值。因此，在我们看来，一个人本身对另一个人来说是某种没有价值的东西”[③]。以上足以说明，资本主义的所有制，使得社会出现了劳动异化、人不将人、关系扭曲的历史画卷。

另一方面，马克思和恩格斯在研究和揭示了经济社会发展规律的基础上，构想和展示了道德化的所有制——共产主义。在共产主义社会，“生产资料归社会占有”[④]，劳动者“共同占有和共同控制生产资料”[⑤]。这是经济制度，其实也是道德化的所有制。在这样的制度下，第一，他是“自由人的联合体”，“在那里，每个人的自由

① 《马克思恩格斯全集》第 42 卷，人民出版社 1979 年版，第 93—94 页。
② 《马克思恩格斯全集》第 42 卷，人民出版社 1979 年版，第 34 页。
③ 《马克思恩格斯全集》第 42 卷，人民出版社 1979 年版，第 37 页。
④ 《马克思恩格斯全集》第 22 卷，人民出版社 1965 年版，第 593 页。
⑤ 《马克思恩格斯全集》第 46 卷（上），人民出版社 1979 年版，第 105 页。

发展是一切人的自由发展的条件”①，人与人之间的关系是平等的，和谐与协作是这种平等关系的必然结果。人们在这样的关系中相互观照自身作为真正的人而存在着。第二，劳动肯定了劳动者的“个人生命”，劳动成了劳动者“真正的、活动的财产”，劳动也成了劳动者“自由和生命表现”和“生活的乐趣”。谁都不会因劳动而视劳动为桎梏或者因劳动而对立人与人之间的利益关系。第三，迫使人们奴隶般地服从分工的情形已经消失，从而脑力劳动和体力劳动的对立也随之消失，劳动已经不仅仅是谋生的手段，而是本身成了生活的第一需要，随着个人的全面发展，生产力也增长起来，集体财富的一切源泉将充分涌流，在那个时候，就能完全超出资产阶级法权的狭隘眼界，在全社会通行“各尽所能，按需分配”。这是理想化的社会，更是道德化所有制的体现。

二　经济具有“人格化”的伦理特质

离开了伦理道德的特殊视角，任何形式的经济是不可能被科学透视和理解的。这一点在马克思恩格斯创立的科学的政治经济学理论中展现得尤为充分。马克思恩格斯是在充分关注劳动主体、产权关系、生产关系和利益关系、阶级和阶级关系等经济活动中的“人格化”，尤其是在“人格化”伦理方面的基础上，才使得经济被理解成“人的经济”和“关系的经济”，才有一个完整的科学的对“政治经济”的全面认识和理解。

当然，“马克思和恩格斯从来不夸大道德在经济活动中的作用，从来不从道德上去论证经济的资本主义形态灭亡的必然，而是通过发现和创立剩余价值理论从经济学上论证资本主义灭亡的必然性和共产主义必然来临”②。因为，道德毕竟是经济活动的精神层面，道德不能代替现实经济生活。但不能因此认为马克思和恩格斯在分析资本主义的社会经济矛盾中就排除道德因素，甚或认为马克思主义

① 《马克思恩格斯选集》第1卷，人民出版社1995年版，第294页。

② 章海山：《经济伦理论——马克思主义经济伦理思想研究》，中山大学出版社2001年版，第55页。

者也不从道德上谴责资本主义。[①] 其实，马克思恩格斯的政治经济学理论中，经济主体和经济关系分析法，从一定意义上说就是道德分析法，许多经济伦理关系描述和伦理结论恰恰是资本主义经济矛盾角度的特殊的表述。因此，马克思恩格斯对资本主义经济的独特伦理理论分析既是我们理解其经济伦理观的重要依据，也是我们今天构建经济伦理学体系的重要指导思想和认识方法。

经济的人格化，指的是“经济活动人格化”“经济关系人格化”“经济范畴人格化”以及“物的人格化”等。这里的“人格化”之“人格”，在马克思的经济学方面的著作中，尤其在《资本论》中，“主要指人在经济活动中所支出的精神和体力的总和，或者说人在经济活动中所支出的精神和体力方面的具体体现，基本上不是在人文的、道德的含义上使用”[②]。而本文的主要意图在于研究马克思恩格斯关于经济人格化论述的伦理方面，即经济活动中经济主体的本质、经济关系和经济利益关系、生存方式及其特点、经济运行规则等，以进一步系统揭示马克思恩格斯的经济伦理视角及其思想观念。

在马克思恩格斯的政治经济学理论中，其研究的逻辑起点是商品，研究的核心范畴是资本和劳动[③]，研究的根本性主题是生产力的解放；其重点关注的经济理性“应该”是竞争中的公正和平等，等等。

关于商品。“马克思在《资本论》中首先分析资产阶级社会（商品社会）里最简单、最普通、最基本、最常见、最平凡、碰到亿万次的关系：商品交换。这一分析从这个最简单的现象中（从资产阶级社会的这个‘细胞’中）揭示出现代社会的一切矛盾（或一切矛盾的萌芽）。”[④] 这是因为，商品虽然是物，但是，作为劳动产品的商品具有使用价值和交换价值的二重性，否则，商品就不成其为

① 参见章海山《经济伦理论——马克思主义经济伦理思想研究》，中山大学出版社 2001 年版。

② 章海山：《经济伦理论——马克思主义经济伦理思想研究》，中山大学出版社 2001 年版，第 67 页。

③ 参见章海山《经济伦理论——马克思主义经济伦理思想研究》，中山大学出版社 2001 年版。

④ 《列宁全集》第 55 卷，人民出版社 1990 年版，第 307 页。

商品，而商品的二重性是因为生产商品的劳动具有具体劳动和抽象劳动的二重性，否则，商品的二重性就没有依据。换句话说，作为物的商品，内含着人与人之间的关系。按照马克思的进一步分析，是资本主义的商品经济使这种人与人之间的关系被扭曲了，社会矛盾也随之复杂和激烈。因此，正如马克思所指出的："商品形式的奥秘不过在于：商品形式在人们面前把人们本身劳动的社会性质反映成劳动产品本身的物的性质，反映成这些物的天然的社会属性，从而把生产者同总劳动的社会关系反映成存在于生产者之外的物与物之间的社会关系。"[①] 因此，可以毫不夸张地说，商品是物质实体，同时在一定意义上也是伦理实体。

关于资本。在资本主义商品经济条件下，"资本本质上是生产资本的，但只有生产剩余价值，它才产生资本"[②]。然而，生产剩余价值"只是由于劳动采取雇佣劳动的形式，生产资料采取资本的形式这样的前提，——也就是说，只是由于这两个基本的生产要素采取这种独特的社会形式，——价值（产品）的一部分才表现为剩余价值，这个剩余价值才表现为利润（地租），表现为资本家的赢利，表现为可供支配的、归他所有的追加的财富"[③]。这就表明了，在资本主义条件下，资本就意味着劳动力已成为商品，工人为资本家创造财富，工人与资本家产生了不可调和的剥削与被剥削、压迫与被压迫的矛盾。因此，"在作为关系的资本中——即使撇开资本的流通过程来考察这种关系——实质上具有特征的是，这种关系被神秘化了，被歪曲了，在其中主客体是颠倒过来的……由于这种被歪曲的关系，必然在生产过程中产生出相应的被歪曲的观念，颠倒了的意识，而这些东西由于流通过程本身的变形和变态而完成了"[④]。最明显的是劳动者丧失劳动成果，资本家不劳而获，而资本家的观念却是因为他们而养活了工人。因此，"作为关系的资本"缺乏科学的经济德性。

---

① 《马克思恩格斯全集》第23卷，人民出版社1972年版，第88—89页。
② 《马克思恩格斯全集》第25卷，人民出版社1974年版，第996页。
③ 《马克思恩格斯全集》第25卷，人民出版社1974年版，第997页。
④ 《马克思恩格斯全集》第48卷，人民出版社1985年版，第257—258页。

关于劳动。前面已经谈到，在资本主义条件下，劳动使劳动异化，劳动使人异化，劳动使人际关系异化。最终社会成了异化了的人的社会，“他的活动由此而表现为苦难，他个人的创造物表现为异己的力量，他的财富表现为他的贫穷，把他同别人结合起来的本质的联系表现为非本质的联系，相反，他同别人的分离表现为他的真正的存在；他的生命表现为他的生命的牺牲，他的本质的现实化表现为他的生命的失去现实性，他的生产表现为他的非存在的生产，他支配物的权力表现为物支配他的权力，而他本身，即他的创造物的主人，则表现为这个创造物的奴隶”[①]。可以说，资本主义条件下的劳动是非人的劳动或劳动的非人化。

关于生产力。在马克思和恩格斯的思想中，生产力是物质的，同时，生产力也有其精神因素。事实上，物质的生产力是依靠精神的生产力才得以成立或形成的。否则，作为物的生产力如果不渗透进精神的因素，如果没有人的作为“主观生产力”及其观念导向，生产力将是“死的生产力”，不能称其为“劳动的社会生产力”。这里的“精神生产力”和“主观生产力”也就是马克思在同样意义上使用的“一般生产力”的概念。这是指由知识、技能和社会智慧构成的科学。[②] 而道德科学应该属于“社会智慧”。因此，科学的道德是生产力中的重要内容或因素，在生产力的发展过程中，它起着独特的精神功能的作用。而且，生产力本身的发展也有赖于生产力内部各要素之间的合理联系和理性存在，这种人与物的结合方式在一定意义上就是人与人关系的生存和协调方式，它对生产力的发展起着特定的制约作用。马克思曾指出：“各种经济时代的区别，不在于生产什么，而在于怎样生产，用什么劳动资料生产。劳动资料不仅是人类劳动力发展的测量器，而且是劳动借以进行的社会关系的指示器。”[③] 这又从一个侧面说明了物质的生产力与社会道德有着其特殊的联系。如果忽视生产力的伦理因素，那么对“解放生产力”的理解将会是“软弱无力”的。

---

① 《马克思恩格斯全集》第42卷，人民出版社1979年版，第25页。

② 参见王小锡《道德与精神生产力》，《江苏社会科学》2001年第2期。

③ 《马克思恩格斯全集》第23卷，人民出版社1972年版，第204页。

关于竞争中的“应该”。恩格斯对资本主义条件下的竞争及其道德后果是这样阐述的，“竞争贯串了我们生活的各个方面，造成了人们今日所处的相互奴役的状况。竞争是一部强大的机器，它一再促使我们的日益衰朽的社会秩序或者更正确地说，无秩序的状况活动起来，但是它每紧张一次，同时就吞噬掉一部分日益衰弱的力量。”① 竞争还促使社会犯罪率逐步提高和人的道德的逐步堕落。所以在资本主义社会中，竞争的公正和平等在其本质上来说是不可能实现的。“资本主义市场经济这一经济结构是建立在剥削工人剩余价值基础上的，没有它也就没有资本主义经济形态。工人在表面上平等的公平交易中，恰恰被掩盖了被剥削的这种不平等。因此，可以说资本主义市场经济中的公平，就是不公平。”② 真正的公正和平等只有在实现了人与人之间平等关系的社会主义社会才可能逐步实现。

三　商品拜物教、货币拜物教的道德风险

商品拜物教和货币拜物教是资本主义社会同一经济本质体现的两种不同表现形式，在资本主义条件下，商品作为劳动产品是“人手的产物”，“在拜物教这种意识中，都被反映成为他自身具有生命、彼此发生关系，并同人发生关系的独立自存的东西，反过来成为统治人的东西”。③ 货币作为一种特殊的商品，也在人们的意识中成为独立的东西，正如马克思指出的，“钱是从人异化出来的人的劳动和存在的本质；这个外在的本质却统治了人，人却向它膜拜”④。变成人们唯一的欲望对象，产生“万恶的求金欲”。

商品拜物教和货币拜物教的道德风险是显而易见的。一方面，物欲和贪欲使人“遗忘”了人自身，“它把社会关系作为物的内在

① 《马克思恩格斯全集》第1卷，人民出版社1956年版，第623页。

② 章海山：《经济伦理论——马克思主义经济伦理思想研究》，中山大学出版社2001年版，第229页。

③ 章海山：《经济伦理论——马克思主义经济伦理思想研究》，中山大学出版社2001年版，第135页。

④ 《马克思恩格斯全集》第1卷，人民出版社1956年版，第448页。

规定归之于物"①，没有也不想去知道"社会关系"的存在和重要。所以"拜物教"的结果必然是人情的冷漠和人际关系的淡漠，人自身成了商品即"物"的奴隶。首先，一切生产仅仅是满足"物欲"的形式，"我是为自己而不是为你生产，就象你是为自己而不是为我生产一样。我的生产的结果本身同你没有什么关系，就象你的生产的结果同我没有直接的关系一样。换句话说，我们的生产并不是人为了作为人的人而从事的生产，即不是社会的生产。也就是说，我们中间没有一个人作为人同另一个人的产品有消费关系。我们作为人并不是为了彼此为对方生产而存在。……问题在于，不是人的本质构成我们彼此为对方进行生产的纽带。……我们每个人都把自己的产品只看作是自己的、物化的私利，从而把另一个人的产品看作是另一个人的、不以他为转移的、异己的、物化的私利"②。在这里，人们为物所累，几乎把自己降低到了动物的水平。其次，在一切为自己而生产的社会里，不仅"蒸发"了社会关系，而且"掠夺和欺骗的企图必然是秘而不宣的，因为我们的交换无论从你那方面或从我这方面来说都是自私自利的，因为每一个人的私利都力图超过另一个人的私利，所以我们就不可避免地要设法互相欺骗。……就整个关系来说，谁欺骗谁，这是偶然的事情。双方都进行观念上和思想上的欺骗，也就是说，每一方都已在自己的判断中欺骗了对方"③。

另一方面，"铜臭味"亵渎了人性。马克思曾经指出："一切东西，不论是不是商品，都可以变成货币。一切东西都可以买卖。流通成了巨大的社会蒸馏器，一切东西抛到里面去，再出来时都成为货币的结晶。连圣徒的遗骨也不能抗拒这种炼金术，更不用说那些人间交易范围之外的不那么粗陋的圣物了。正如商品的一切质的差别在货币上消灭了一样，货币作为激进的平均主义者把一切差别都消灭了。但货币本身是商品，是可以成为任何人的私产的外界物。这样，社会的权力就成为私人的私有权力。因此，古代社会咒骂货

① 《马克思恩格斯全集》第46卷（下），人民出版社1980年版，第202页。
② 《马克思恩格斯全集》第42卷，人民出版社1979年版，第34页。
③ 《马克思恩格斯全集》第42卷，人民出版社1979年版，第35页。

币是换走了自己的经济秩序和道德秩序的辅币。"[①] 以至于"有些东西本身并不是商品，例如良心、名誉等等，但是也可以被它们的所有者出卖以换取金钱，并通过它们的价格，取得商品形式"[②]。这样一来，本来不是商品的变成了商品，甚至把一切都变成可以用黄金购买的商品，这势必使得社会生活中黑白、美丑、贵贱、是非不分，甚至一切被颠倒了。[③]

在资本主义条件下，社会经济制度决定了商品拜物教和货币拜物教的道德风险是不可能被避免的，事实上，商品拜物教和货币拜物教现象的出现，其本身就表明社会道德的堕落。

（原载《伦理学研究》2002 年第 1 期，人大复印报刊资料《伦理学》2003 年第 5 期全文转载）

---

① 《马克思恩格斯全集》第 23 卷，人民出版社 1972 年版，第 151—152 页。

② 《马克思恩格斯全集》第 23 卷，人民出版社 1972 年版，第 120—121 页。

③ 参见章海山《经济伦理论——马克思主义经济伦理思想研究》，中山大学出版社 2001 年版。

《资本论》的经济伦理学解读

我曾经在一篇拙文[①]中说过，马克思的政治经济学在一定意义上也是政治经济伦理学，其主要理由是因为马克思在研究资本主义经济现象的过程中，以其特有的伦理视角分析了资本主义社会的经济矛盾和经济规律。可以说，《资本论》就是一部资本主义经济背景下的经济伦理学著作和一幅经济道德生活画卷。

一　经济现象的辩证分析法与道德分析法

《资本论》的研究方法可谓哲学社会科学研究方法之典范。首先，马克思在第2版跋中明确指出，《资本论》应用的研究方法是辩证法，并说："我的辩证法，从根本上来说，不仅和黑格尔的辩证法不同，而且和它截然相反。在黑格尔看来，思维过程，即甚至被他在观念这一名称下转化为独立主体的思维过程，是现实事物的创造主，而现实事物只是思维过程的外部表现。我的看法则相反，观念的东西不外是移入人的头脑并在人的头脑中改造过的物质的东西而已。"[②] 同时马克思指出："辩证法，在其合理形态上，引起资产阶级及其空论主义的代言人的恼怒和恐怖，因为辩证法在对现存事物的肯定的理解中同时包含对现存事物的否定的理解，即对现存事物的必然灭亡的理解；辩证法对每一种既成的形式都是从不断的运动中，因而也是从它的暂时性方面去理解；辩证法不崇拜任何东西，

① 参见王小锡《经济伦理学学科依据》，《华东师范大学学报》（哲学社会科学版）2001年第2期。

② 《资本论》第1卷，人民出版社2004年版，第22页。

按其本质来说，它是批判的和革命的。”[①] 由此可见，马克思在撰写《资本论》过程中，面对的是资本主义的现实，探讨的是资本主义社会的矛盾及其矛盾运动规律，任何主观臆造都不可能使《资本论》成为“工人阶级的圣经。”其次，《资本论》始终坚持从抽象到具体的研究方法，资本主义的本质也因此才得以完整地科学地被揭示出来。马克思在《资本论》第一版序言中说：“不过这里涉及的人，只是经济范畴的人格化，是一定的阶级关系和利益的承担者。我的观点是把经济的社会形态的发展理解为一种自然史的过程。不管个人在主观上怎样超脱各种关系，他在社会意义上总是这些关系的产物。”[②] 这就说明了马克思在探讨资本主义经济现象及其规律的过程中，不是就经济谈经济，就人谈人或就关系谈关系，而是把经济看作人的经济，人的关系之经济，是人化了的自然经济过程，是把人和人际关系看作经济范畴的人格化。正如马克思自己所说：“分析经济形式，既不能用显微镜，也不能用化学试剂。二者都必须用抽象力来代替。”[③] 最后，《资本论》从不主观臆造空洞的结论，始终坚持具体的历史分析法。正如马克思称之为正是描述了自己辩证方法的俄国伊·考夫曼写的《卡尔·马克思的政治经济学批判的观点》一文所说的，“根据他（指马克思——笔者注）的意见，恰恰相反，每个历史时期都有它自己的规律……一旦生活经过了一定的发展时期，由一定阶段进入另一阶段时，它就开始受另外的规律支配……对现象所作的更深刻的分析证明，各种社会有机体像动植物有机体一样，彼此根本不同……由于这些有机体的整个结构不同，它们的各个器官有差别，以及器官借以发生作用的条件不一样等等，同一个现象就受完全不同的规律支配。例如，马克思否认人口规律在任何时候在任何地方都是一样的。相反地，他断言每个发展阶段有它自己的人口规律……生产力的发展水平不同，生产关系和支配生产关系的规律也就不同。马克思给自己提出的目的是，从这个观点出发去研究和说明资本主义经济制度，这样，他只不过是极其科学地

---

① 《资本论》第1卷，人民出版社2004年版，第22页。
② 《资本论》第1卷，人民出版社2004年版，第10页。
③ 《资本论》第1卷，人民出版社2004年版，第8页。

表述了任何对经济生活进行准确的研究必须具有的目的……”①

事实上，纵观马克思全部《资本论》，马克思的辩证分析法始终是与道德分析法密切地联系在一起的。道德分析法堪称马克思的经典分析法。

道德分析法即主体性与价值关系分析法。马克思的《资本论》的研究视角和基本切入点始终是经济现象中（背后）的人和人际关系。正如恩格斯所说：“经济学所研究的不是物，而是人和人之间的关系，归根到底是阶级与阶级之间的关系”，同时指出，“这个或那个经济学家在个别场合也曾觉察到这种关系，而马克思第一次揭示出它对于整个经济学的意义，从而使最难的问题变得如此简单明了，甚至资产阶级经济学家现在也能理解了。”② 因此，如果就经济谈经济，看不到资本主义条件下人和人际关系的特殊本质，就无法揭示资本主义经济的本质及其规律，就不可能产生科学的政治经济学理论。马克思在《资本论》中首先是从分析资本主义社会的财富的元素形式即商品开始的，进而展开了庞大的政治经济学理论体系的构架。然而在这一科学理论体系创造的艰难过程中，马克思自始至终把握住了资本主义条件下经济主体和经济关系的本质，并由此克服了资产阶级经济学家尤其是庸俗经济学理论的见物不见人的原则性或根本性错误。

马克思在考察商品属性时，揭示了其使用价值和价值、具体劳动和抽象劳动的矛盾，展示了商品生产者之间的社会生产关系。在此基础上，马克思在研究商品交换和商品流通的内在规律的过程中，探讨了货币转化为资本的特质，并进而发现了资本家所有的转化为资本的货币的价值增值的本质，那就是劳动力成为商品。至此，作为货币占有者的资本家占有了“劳动力占有者没有可能出卖自己的劳动对象化在其中的商品，而不得不把只存在于他的活的身体中的劳动力本身当作商品出卖”③ 的工人。由于这两个对立的经济主体的存在，使得资本家所有制条件下的经济关系内部形成了不可调和的

① 《资本论》第1卷，人民出版社2004年版，第21页。
② 《马克思恩格斯选集》第2卷，人民出版社1995年版，第44页。
③ 《资本论》第1卷，人民出版社2004年版，第196页。

利益矛盾，“在生产过程中，资本发展成为对劳动，即对发挥作用的劳动力或工人本身的指挥权。人格化的资本即资本家，监督工人有规则地并以应有的强度工作”。并且“资本发展成为一种强制关系，迫使工人阶级超出自身生活需要的狭隘范围而从事更多地劳动”。①而且，处在被压迫被剥削地位的工人阶级的劳动出现了异化现象，劳动异化的同时产生了人的异化和人际关系的异化，使得工人阶级的劳动成果不仅不能说明和肯定自身，而且成为更多的异己力量或更多的资本来对抗剥削、摧残自身，并使得人际关系的利益对立越来越严重，以至于不通过暴力革命就无法使经济主体作为真正自由的理性主体而存在着，从而实现经济关系的和谐与协调。

可以说，没有对资本主义制度下经济主体的本质的充分认识，也就不可能揭示资产阶级和工人阶级的对立关系的本质，也就不可能弄清楚劳动者的劳动成果怎么成了异己的力量。正因为《资本论》所研究的不是物，而是人和人之间的关系，尤其是资产阶级和工人阶级之间的关系，才有可能发现剩余价值理论，也才有可能使面对资本主义的政治经济学成为科学。

二　资本是资本主义的道德实体

资本即能带来剩余价值的价值，这是资本主义生产关系条件下所独有的。资本家作为人格化的资本，只有在资产阶级所有制社会才能得以存在并发挥着资本的作用。

第一，货币向资本转化的前提是资本主义条件下的劳动力的买卖。一方面是资本家有能力买，而且能买到；一方面是工人愿意卖，而且必须卖。资本家占有生产资料，是货币占有者，资本家只有在市场上找到出卖自己劳动力的自由工人的时候，资本才产生。工人一无所有，没有别的商品可以出卖，没有任何实现自己的劳动力所必需的东西，不过，工人是自由人，工人能够把自己的劳动力当作自己的商品来支配，而且工人必须出卖自己的劳动才能生存下去。②

① 《资本论》第1卷，人民出版社2004年版，第359页。

② 参见《资本论》第1卷，人民出版社2004年版。

然而“为什么这个自由工人在流通领域中同货币占有者相遇……自然界不是一方面造成货币占有者或商品占有者，而另一方面造成只是自己劳动力的占有者。这种关系既不是自然史上的关系，也不是一切历史时期所共有的社会关系。它本身显然是已往历史发展的结果，是许多次经济变革的产物，是一系列陈旧的社会生产形态灭亡的产物”。“这种情况只有在一种十分特殊的生产方式即资本主义生产方式的基础上才会发生。”①

第二，资本原始积累使生产者和生产资料分离，并造成了特殊的资本关系。前文已经谈到，货币转化为资本，“只有在一定的情况下才能发生，这些情况归结起来就是：两种极不相同的商品占有者必须互相对立和发生接触；一方面是货币、生产资料和生活资料的所有者，他们要购买他人的劳动力来增殖自己所占有的价值总额；另一方面是自由劳动者，自己劳动力的出卖者，也就是劳动的出卖者”②。马克思接着指出：“商品市场的这种两极分化，造成了资本主义生产的基本条件。资本关系以劳动者和劳动实现条件的所有权之间的分离为前提。资本主义生产一旦站稳脚跟，它就不仅保持这种分离，而且以不断扩大的规模再生产这种分离。因此，创造资本关系的过程，只能是劳动者和他的劳动条件的所有权分离的过程。这个过程一方面使社会的生活资料和生产资料转化为资本，另一方面使直接生产者转化为雇佣工人。”③ 同时，马克思强调指出，这种特殊的资本关系的形成，“首要的因素是：大量的人突然被强制地同自己的生存资料分离，被当作不受法律保护的无产者抛向劳动市场。对农业生产者即农民的土地的剥夺，形成全部过程的基础”④。这样，“原来的货币占有者作为资本家，昂首前行；劳动力占有者作为他的工人，尾随于后。一个笑容满面，雄心勃勃；一个战战兢兢，畏缩不前，像在市场上出卖了自己的皮一样，只有一个前途——让人家来鞣”⑤。因此，资本就意味着剥削和压迫，资本关系在资本主

① 《资本论》第1卷，人民出版社2004年版，第197页。
② 《资本论》第1卷，人民出版社2004年版，第821页。
③ 《资本论》第1卷，人民出版社2004年版，第821—822页。
④ 《资本论》第1卷，人民出版社2004年版，第823页。
⑤ 《资本论》第1卷，人民出版社2004年版，第205页。

义条件下是物对人、人对人的统治和支配关系。

第三，资本的运作使经济主体和资本关系相反或“颠倒”地表现出来。首先，工人的劳动不是在说明和肯定自身及其存在的价值，而是一方面，“工人在劳动中耗费的力量越多，他亲手创造出来反对自身的、异己的对象世界的力量越大，他本身，他的内部世界就越贫乏，归他所有的东西就越少”[①]。另一方面，工人通过劳动所得的工资，表面上是工人生活所必需，是工人自己消耗掉了，而实际上是工人自己生产的可变资本。正如马克思所说，“可变资本不过是工人为维持和再生产自己所必需的生活资料基金或劳动基金的一种特殊的历史的表现形式；这种基金在一切社会生产制度下都始终必须由劳动者本身来生产和再生产。劳动基金所以不断以工人劳动的支付手段的形式流回到工人手里，只是因为工人自己的产品不断以资本的形式离开工人。但是劳动基金的这种表现形式丝毫没有改变这样一个事实：资本家把工人自己的对象化劳动预付给工人。”[②] 再一方面，“商品生产按自己本身内在的规律越是发展成为资本主义生产，商品生产的所有权规律也就越是转变为资本主义的占有规律”[③]。因此，“剩余价值是资本家的财产，它从来不属于别人。资本家把剩余价值预付在生产上，完全像他最初进入市场的那一天一样，是从他自己的基金中预付的”[④]。换句话说，工人创造的剩余价值，更大或更多地成了剥削自己的异己力量。同时资本家占有剩余价值，成为占有更多剩余价值的条件。其次，我在一篇拙文中说，“作为关系的资本”缺乏科学的经济德性。因为“在作为关系的资本中——即使撇开资本的流通过程来考察这种关系——实际上具有特征的是，这种关系被神秘化了，被歪曲了，在其中主客体是颠倒过来的……由于这种被歪曲的关系，必然在生产过程中产生出相应的被歪曲的观念，颠倒了意识，而这些东西由于流通过程本身的变形和变态而完成了”[⑤]。最明显表现是“工人在资本家的监督下劳

---

① 《马克思恩格斯全集》第42卷，人民出版社1979年版，第91页。
② 《资本论》第1卷，人民出版社2004年版，第655页。
③ 《资本论》第1卷，人民出版社2004年版，第677—678页。
④ 《资本论》第1卷，人民出版社2004年版，第676页。
⑤ 《马克思恩格斯全集》第48卷，人民出版社1985年版，第257页。

动，他的劳动属于资本家”①。即劳动者丧失劳动成果，资本家不劳而获。并且，资本主义的工厂实际上把工厂变成了工人的“监狱”，“在工厂中，死机构独立于工人而存在，工人被当作活的附属物并入死机构”，“机器劳动极度地损害了神经系统，同时它又压抑肌肉的多方面运动，夺去身体上和精神上的一切自由活动。甚至减轻劳动也成了折磨人的手段，因为机器不是使工人摆脱劳动，而是使工人的劳动毫无内容”。而且“不是工人使用劳动条件，相反地，而是劳动条件使用工人”。② 再次，在资本关系中，物统治着人。马克思指出：“商品形式的奥秘不过在于：商品形式在人们面前把人们本身劳动的社会性质反映成劳动产品本身的物的性质，反映成这些物的天然的社会属性，从而把生产者同总劳动的社会关系反映成存在于生产者之外的物与物之间的社会关系。”③ 马克思还有针对性地指出：“在资本—利润（或者，更恰当地说是资本—利息），土地—地租，劳动—工资中，在这个表示价值和财富一般的各个组成部分同其各种源泉的联系的经济三位一体中，资本主义生产方式的神秘化，社会关系的物化，物质的生产关系和它们的历史社会规定性的直接融合已经完成：这是一个着了魔的、颠倒的、倒立着的世界。在这个世界里，资本先生和土地太太，作为社会的人物，同时又直接作为单纯的物，在兴妖作怪。”④ 尤其是在工场手工业的生产过程中，由于分工，“每一个工人都只适合于从事一种局部职能，他的劳动力就转化为终身从事这种局部职能的器官”⑤，因此，“工场手工业工人按其自然的性质没有能力做一件独立的工作，他只能作为资本家工场的附属物展开生产活动”⑥。其实，在资本主义社会里，物统治的不仅仅是工人，从《资本论》中可以体会到，资本家的头脑和灵魂客观上也被牢牢地禁锢在物欲中，物或剩余价值的目的，不仅能使资本家丧失人格和良心，必要时可以铤而走险。

---

① 《资本论》第1卷，人民出版社2004年版，第216页。
② 《资本论》第1卷，人民出版社2004年版，第486—487页。
③ 《资本论》第1卷，人民出版社2004年版，第89页。
④ 《资本论》第3卷，人民出版社2004年版，第940页。
⑤ 《资本论》第1卷，人民出版社2004年版，第393页。
⑥ 《资本论》第1卷，人民出版社2004年版，第417页。

三　经济的人格化

《资本论》在研究资本主义经济及其规律过程中，从没有就经济谈经济，而是始终保持经济人格化（即经济主体的经济范畴人格化、经济行为人格化、物的人格化等）的基本思维定式。这的确也是马克思完整、科学地认识资本主义经济、创立科学的政治经济学理论的一个重要前提。不把资本看成资本主义的社会生产关系，就无法揭示资本主义社会的基本经济规律。在这里，我们再从资本主义的主要经济主体、经济实体和经济范畴的分析中就能发现经济人格化之特点。

第一，在资本主义条件下的经济主体都只是经济范畴的人格化。马克思说："我决不用玫瑰色描绘资本家和地主的面貌。不过这里涉及的人，只是经济范畴的人格化，是一定的阶级关系和利益的承担者。我的观点是把经济的社会形态的发展理解为一种自然史的过程。不管个人在主观上怎样超脱各种关系，他在社会意义上总是这些关系的产物。"① 又说："人们扮演的经济角色不过是经济关系的人格化，人们是作为这种关系的承担者而彼此对立着的。"② 资本家之所以为资本家，工人之所以为工人，既不是天生的，也不是由谁主观设定的，他们是资本主义制度下的必然"产物"，是资本主义经济的"主体化"。因此，资本家、工人在资本主义条件下，本质地内含着经济利益、经济关系、阶级关系等。资本家、工人也是"经济本身"。正如马克思在谈到资本论时说道："资本——而资本家只是人格化的资本，他在生产过程中只是作为资本的承担者执行职能——会在与它相适应的社会生产过程中，从直接生产者即工人身上榨取一定量的剩余劳动，这种剩余劳动是资本未付等价物而得到的，并且按它的本质来说，总是强制劳动，尽管它看起来非常像是自由协商议定的结果。"③ 这种剩余劳动体现为剩余价值。在这里，资本家

---

① 《资本论》第1卷，人民出版社2004年版，第10页。
② 《资本论》第1卷，人民出版社2004年版，第104页。
③ 《资本论》第3卷，人民出版社2004年版，第927页。

和工人体现为对立的经济利益关系。

第二，商品与货币是“经济关系”之“化身”。一是商品必须“交换”，是商品本质地包含着必然发生的关系。“一切商品对它们的占有者是非使用价值，对它们的非占有者是使用价值。因此，商品必须全面转手。这种转手就形成商品交换，而商品交换使商品彼此作为价值发生关系并作为价值来实现。”[①] 二是商品交换必然出现货币。这是因为“对每一个商品占有者来说，每个别的商品都是他的商品的特殊等价物，因而他的商品是其他一切商品的一般等价物。但因为一切商品占有者都这样做，所以没有一个商品是一般等价物，因而商品也就不具有使它们作为价值彼此等同、作为价值量互相比较的一般的相对价值形式。因此，它们并不是作为商品，而只是作为产品或使用价值彼此对立着”，“只有社会的行动才能使一个特定的商品成为一般等价物。因此，其他一切商品的社会的行动使一个特定的商品分离出来，通过这个商品来全面表现它们的价值。于是这个商品的自然形式就成为社会公认的等价形式。由于这种社会过程，充当一般等价物就成为被分离出来的商品的独特的社会职能。这个商品就成为货币”。[②] “正是商品世界的这个完成的形式——货币形式，用物的形式掩盖了私人劳动的社会性质以及私人劳动者的社会关系，而不是把它们揭示出来。”[③]

第三，生产、协作造成“畸形物”。马克思指出：“资本主义生产实际上是在同一个资本同时雇佣人数较多的工人，因而劳动过程扩大了自己的规模并提供了较大量的产品的时候才开始的。人数较多的工人在同一时间、同一空间（或者说同一劳动场所），为了生产同种商品，在同一资本家的指挥下工作，这在历史上和概念上都是资本主义生产的起点。”[④] “许多人在同一生产过程中，或在不同的但互相联系的生产过程中，有计划地一起协同劳动，这种劳动形式叫做协作。”[⑤] 然而，这种由分工而形成的生产协作，其主要功能和

① 《资本论》第1卷，人民出版社2004年版，第104页。
② 《资本论》第1卷，人民出版社2004年版，第105—106页。
③ 《资本论》第1卷，人民出版社2004年版，第93页。
④ 《资本论》第1卷，人民出版社2004年版，第374页。
⑤ 《资本论》第1卷，人民出版社2004年版，第378页。

目的是资本家合理使用和节约生产资料，并进而尽可能多地生产剩余价值，因而也就是资本家尽可能多地剥削劳动力。[①] 这样一来，“由许多单个的局部工人组成的社会生产机构是属于资本家的。因此，由各种劳动的结合所产生的生产力也就表现为资本的生产力。真正的工场手工业不仅使以前独立的工人服从资本的指挥和纪律，而且还在工人自己中间造成了等级的划分。简单协作大体上没有改变个人的劳动方式，而工场手工业却使它彻底地发生了革命，从根本上侵袭了个人的劳动力。工场手工业把工人变成畸形物”[②]。在资本主义生产、协作造成“畸形物”的同时，必然地加剧了资本家与工人阶级的对抗性矛盾。

第四，资本主义的劳动资料是资本主义社会关系的指示器。马克思指出：“各种经济时代的区别，不在于生产什么，而在于怎样生产，用什么劳动资料生产。劳动资料不仅是人类劳动力发展的测量器，而且是劳动借以进行的社会关系的指示器。”[③] 在资本主义社会，劳动资料的发展归属和发挥作用的状态如何，直接受制于资本主义的制度，并由此直接展示资本主义的劳动力水平和特有的社会关系。事实上，劳动资料归资本家所有，劳动力水平不可能随劳动的机械化水平提高而提高，反而可能由于劳动的机械化水平的提高而削弱了劳动力水平；同时，劳动者与生产资料的结合也往往是非理性状态的，因为这受到对立的阶级关系的影响和支配。为此，资本主义生产力水平也是资本主义社会关系的指示器。因为，在资本主义条件下，生产力内部的人与物的关系，说到底是工人与资本家的关系。因此，资本主义生产力水平实际上反映着资本主义的生产关系和社会关系。

第五，资本主义的物的人格化。我在一篇拙文中曾指出：“在资本主义条件下，商品作为劳动产品是‘人手的产物’，‘在拜物教这种意识中，都被反映成为他自身具有生命、彼此发生关系，并同人发生关系的独立自存的东西，反过来成为统治人的东西’。货币作为

① 参见《资本论》第1卷，人民出版社2004年版。

② 《资本论》第1卷，人民出版社2004年版，第417页。

③ 《资本论》第1卷，人民出版社2004年版，第210页。

一种特殊的商品，也在人们的意识中成为独立的东西，正如马克思指出的，‘钱是从人异化出来的劳动和存在的本质；这个外在的本质却统治了人，人却向它膜拜’。”[①] 除商品、货币实际在促动和支配着人的行为外，在资本主义的生产资料发挥作用过程中，尤其是“机器的资本主义应用”，机器行使着资本家的剥削功能，实现着资本家压榨工人而赚钱的目的。因此，不仅工人的生存条件受到机器的限制，而且工人完全依附或依赖于机器。这在表面上是机器的应用造成了工人的痛苦，实际上机器的运用在资本主义条件下代表了资产阶级的意志，这样的机器体现了资本家的人格。

物的人格化的另一个视角是资本主义社会关系的物化。马克思说：“商品形式的奥秘不过在于：商品形式在人们面前把人们本身劳动的社会性质反映成劳动产品本身的物的性质，反映成这些物的天然的社会属性，从而把生产者同总劳动的社会关系反映成存在于生产者之外的物与物之间的社会关系。”其实，“商品形式和它借以得到表现的劳动产品的价值关系，是同劳动产品的物理性质以及由此产生的物的关系完全无关的。这只是人们自己的一定的社会关系，但它在人们面前采取了物与物的关系的虚幻形式”[②]。马克思进一步解释说：“使用物品成为商品，只是因为它们是彼此独立进行的私人劳动的产品。这种私人劳动的总和形成社会总劳动。因为生产者只有通过交换他们的劳动产品才发生社会接触，所以，他们的私人劳动的独特的社会性质也只有在这种交换中才表现出来。换句话说，私人劳动在事实上证实为社会总劳动的一部分，只是由于交换使劳动产品之间、从而使生产者之间发生了关系。因此，在生产者面前，他们的私人劳动的社会关系就表现为现在这个样子，就是说，不是表现为人们在自己劳动中的直接的社会关系，而是表现为人们之间的物的关系和物之间的社会关系。”[③] 同时指出：“只有商品价格的分析才导致价值量的决定……但是，正是商品世界的这个完成的形式——货币形式，用物的形式掩盖了私人劳动的社会性质以及私人

① 王小锡：《简论马克思恩格斯的经济伦理观》，《伦理学研究》2002 年第 1 期。

② 《资本论》第 1 卷，人民出版社 2004 年版，第 89—90 页。

③ 《资本论》第 1 卷，人民出版社 2004 年版，第 90 页。

劳动者社会关系，而不是把它们揭示出来。”①

由此可见，在资本主义社会，物与物的关系掩盖了人与人之间的关系，物与人的关系被颠倒了。这恰恰也是资本主义社会经济矛盾的一个重要现实和佐证。

四　劳动和人、人际关系的异化

马克思的异化思想和理论说到底是在揭示资本主义条件下的非人化、非我化、非正常关系化等。

马克思指出：“劳动过程，就我们在上面把它描述为它的简单的、抽象的要素来说，是制造使用价值的有目的的活动，是为了人类的需要而对自然物的占有，是人和自然之间的物质变换的一般条件，是人类生活的永恒的自然条件，因此，它不以人类生活的任何形式为转移，倒不如说，它为人类生活的一切社会形式所共有。”②然而在资本主义社会，资本家“在商品市场上购买了劳动过程所需要的一切因素：物的因素和人的因素，即生产资料和劳动力。他用内行的狡黠的眼光物色到了适合于他的特殊行业（如纺纱、制靴等等）的生产资料和劳动力。于是，我们的资本家就着手消费他购买的商品，劳动力；就是说，让劳动力的承担者，工人，通过自己的劳动来消费生产资料”。这样一来，“工人在资本家的监督下劳动，他的劳动属于资本家”，“产品是资本家的所有物，而不是直接生产者工人的所有物”，就是说，“劳动过程是资本家购买的各种物之间的过程，是归他所有的各种物之间的过程”。③ 工人在资本主义的生产过程中始终处在被动的、被压迫和被剥削的地位，这种不合理的劳动关系造成了特有的资本主义的劳动异化现象。

早在《1844 年经济学哲学手稿》中，马克思就对劳动异化理论做了系统的阐述，《资本论》中以丰富的实例更深刻地佐证和分析了这一理论。首先是物的异化。马克思指出：“工人生产的财富越多，

① 《资本论》第 1 卷，人民出版社 2004 年版，第 93 页。
② 《资本论》第 1 卷，人民出版社 2004 年版，第 215 页。
③ 《资本论》第 1 卷，人民出版社 2004 年版，第 215—217 页。

他的产品的力量和数量越大，他就越贫穷。工人创造的商品越多，他就越变成廉价的商品。物的世界的增殖同人的世界的贬值成正比。劳动不仅生产商品，它还生产作为商品的劳动自身和工人，而且是按它一般生产商品的比例生产的。这一事实不过表明：劳动所生产的对象，即劳动的产品，作为一种异己的存在物，作为不依赖于生产者的力量，同劳动相对立。……工人同自己的劳动产品的关系就是同一个异己的对象的关系。因为根据这个前提，很明显，工人在劳动中耗费的力量越多，他亲手创造出来反对自身的、异己的对象世界的力量就越大，他本身、他的内部世界就越贫乏，归他所有的东西就越少。”[①] 就拿工人创造的剩余价值和获得的工资来说，工人创造的剩余价值越多，就越加强了资本家剥削压迫工人的手段和力度，工人获得的仅能维持生存的工资，也只是“通过花费他的工资和消费他购买的商品，来维持和再生产他不得不出卖的惟一商品——他的劳动力；就像资本家为购买这个劳动力而预付的货币回到资本家手中一样，劳动力作为可以和货币交换的商品也回到劳动市场上来”[②]。

其次是人的异化。“劳动对工人说来是外在的东西，也就是说，不属于他的本质的东西；因此，他在自己的劳动中不是肯定自己，而是否定自己，不是感到幸福，而是感到不幸，不是自由地发挥自己的体力和智力，而是使自己的肉体受折磨、精神遭摧残”，“在这里，活动就是受动；力量就是虚弱；生殖就是去势；工人自己的体力和智力，他个人的生命（因为，生命如果不是活动，又是什么呢?），就是不依赖于他、不属于他、转过来反对他自身的活动”。[③] 因此，“异化劳动使人自己的身体，以及在他之外的自然界，他的精神本质，他的人的本质同人相异化。”正因为劳动使工人非人化、非我化，“所以，成为生产工人不是一种幸福，而是一种不幸”。[④]

再次是人际关系的异化。马克思说：“如果劳动产品不属于工

① 《马克思恩格斯全集》第42卷，人民出版社1979年版，第90—91页。
② 《资本论》第2卷，人民出版社2004年版，第498页。
③ 《马克思恩格斯全集》第42卷，人民出版社1979年版，第93、95页。
④ 《资本论》第1卷，人民出版社2004年版，第582页。

人，并作为一种异己的力量同工人相对立，那么，这只能是由于产品属于工人之外的另一个人。如果工人的活动对他本身来说是一种痛苦，那么，这种活动就必然给另一个人带来享受和欢乐。不是神也不是自然界，只有人本身才能成为统治人的异己力量。”“人同自身的关系只有通过他同他人的关系，才成为对他来说是对象性的、现实的关系。因此，如果人同他的劳动产品即对象化劳动的关系，就是同一个异己的、敌对的、强有力的、不依赖于他的对象的关系，那么，他同这一对象所以发生这种关系就在于有另一个异己的、敌对的、强有力的、不依赖于他的人是这一对象的主人。如果人把自身的活动看作一种不自由的活动，那么，他是把这种活动看作替他人服务的、受他人支配的、处于他人的强迫和压制之下的活动。”[①]说到底，资本主义的所有制，使得资本主义社会的人际关系，尤其是工人与资本家的关系始终处在对立状态。劳动者不得不劳动，资本家不劳而获；劳动者创造越多越痛苦，资本家恰恰在这种情况下越是一种享受和快乐。[②]

五　信用制度的道德审视

马克思认为，信用制度是资本主义发展到一定程度的必然产物。它可以“对利润率的平均化或这个平均化运动起中介作用”，可以使流通货币量减少，“加速商品形态变化的速度，从而加速货币流通的速度”，“进而资本形态变化的各个阶段加快了，整个再生产过程因而也加快了”。但是，在资本主义生产方式下，“信用制度固有的二重性质是：一方面，把资本主义生产的动力——用剥削他人劳动的办法来发财致富——发展成为最纯粹最巨大的赌博欺诈制度，并且使剥削社会财富的少数人的人数越来越减少；另一方面，造成转到一种新生产方式的过渡形式”。[③]

就股份公司来说，“那种本身建立在社会生产方式的基础上并以

---

① 《马克思恩格斯全集》第42卷，人民出版社1979年版，第99页。

② 参见《资本论》第3卷，人民出版社2004年版。

③ 《资本论》第3卷，人民出版社2004年版，第500页。

生产资料和劳动力的社会集中为前提的资本，在这里直接取得了社会资本（即那些直接联合起来的个人的资本）的形式，而与私人资本相对立，并且它的企业也表现为社会企业，而与私人企业相对立。这是作为私人财产的资本在资本主义生产方式本身范围内的扬弃”①。在这种情况下，“实际执行职能的资本家转化为单纯的经理，别人的资本的管理人，而资本所有者则转化为单纯的所有者，单纯的货币资本家。因此，即使后者所得的股息包括利息和企业主收入，也就是包括全部利润……这全部利润仍然只是在利息的形式上，即作为资本所有权的报酬获得的。而这个资本所有权这样一来现在就同现实再生产过程中的职能完全分离，正像这种职能在经理身上同资本所有权完全分离一样。因此，利润（不再只是利润的一部分，即从借入者获得的利润中理所当然地引出来的利息）表现为对他人的剩余劳动的单纯占有，这种占有之所以产生，是因为生产资料已经转化为资本，也就是生产资料已经和实际的生产者相异化，生产资料已经作为他人的财产，而与一切在生产中实际进行活动的个人（从经理一直到最后一个短工）相对立。在股份公司内，职能已经同资本所有权相分离，因而劳动也已经完全同生产资料的所有权和剩余劳动的所有权相分离。资本主义生产极度发展的这个结果，是资本再转化为生产者的财产所必需的过渡点，不过这种财产不再是各个互相分离的生产者的私有财产，而是联合起来的生产者的财产，即直接的社会财产。另一方面，这是再生产过程中所有那些直到今天还和资本所有权结合在一起的职能转化为联合起来的生产者的单纯职能，转化为社会职能的过渡点”②。在这个过渡点上，会产生出一整套投机和欺诈活动，“这是一种没有私有财产控制的私人生产”③。

马克思进一步指出，撇开股份制度不说，“信用为单个资本家或被当作资本家的人，提供在一定界限内绝对支配他人的资本，他人的财产，从而他人的劳动的权利。对社会资本而不是对自己的资本

① 《资本论》第3卷，人民出版社2004年版，第494—495页。
② 《资本论》第3卷，人民出版社2004年版，第495页。
③ 《资本论》第3卷，人民出版社2004年版，第497页。

的支配权，使他取得了对社会劳动的支配权……在这里，剥夺已经从直接生产者扩展到中小资本家自身……但是，这种剥夺在资本主义制度本身内，以对立的形态表现出来，即社会财产为少数人所占有；而信用使这少数人越来越具有纯粹冒险家的性质。因为财产在这里是以股票的形式存在的，所以它的运动和转移就纯粹变成了交易所赌博的结果；在这种赌博中，小鱼为鲨鱼所吞掉，羊为交易所的狼所吞掉”①。

按照马克思的思想，信用制度在资本主义制度下是资产阶级获得更多财富的重要途径和手段，它使得利益矛盾和阶级矛盾更加突出和激烈。因此，“信用加速了这种矛盾的暴力的爆发，即危机，因而促进了旧生产方式解体的各要素”②。

（原载《清华哲学年鉴（2004）》，河北大学出版社 2006 年版）

① 《资本论》第 3 卷，人民出版社 2004 年版，第 497—498 页。
② 《资本论》第 3 卷，人民出版社 2004 年版，第 500 页。

《1844 年经济学哲学手稿》的经济道德解读

《1844 年经济学哲学手稿》（以下简称《手稿》）既是马克思早期的一部经济学著作，也是一部哲学著作。在这部著作中，马克思在用辩证法分析资本主义经济现象的同时，始终坚持以道德及其道德分析方法的视角研究资本主义社会中的经济问题，深刻揭示了资本主义经济活动的本质特征，并在道德批判中力图寻求人类经济活动与道德精神的结合点。当然，“马克思和恩格斯从来不夸大道德在经济活动中的作用，从来不从道德上去论证经济的资本主义形态灭亡的必然，而是通过发现和创立剩余价值理论从经济学上论证资本主义灭亡的必然性和共产主义必然来临”[①]。因为，道德毕竟是经济活动的精神层面，“道德不能代替经济事实”[②]。但不能因此认为马克思和恩格斯在分析资本主义的社会经济矛盾中就排除道德因素，甚或认为马克思主义者也不从道德上谴责资本主义。事实上冠以“政治”修饰词的经济学，其本身就内含着价值判断的因素。马克思恩格斯的政治经济学理论中的经济主体和经济关系分析法，从一定意义上说就是道德分析法。离开了道德审视和道德价值判断，资本主义条件下的人的活动和社会发展之“应该”就难以科学确认，仅凭经济学的数据分析是难以完整、科学地揭示资本主义社会发展规律的。因此，对马克思恩格斯的著作进行经济道德解读，有助于我们更深刻地理解和把握马克思主义。

---

① 章海山：《经济伦理论——马克思主义经济伦理思想研究》，中山大学出版社 2001 年版，第 55 页。

② 章海山：《经济伦理论——马克思主义经济伦理思想研究》，中山大学出版社 2001 年版，第 56 页。

一　经济事实与经济主体及其关系的价值分析

在《手稿》中，经济主体及其经济关系的本质是马克思分析经济问题的出发点，也是马克思区别于国民经济学家的独有的社会科学研究方法。马克思认为，国民经济学家“把应当加以阐明的东西当作前提”①，“把他应当加以说明的东西假定为一种具有历史形式的事实”②，由于阶级局限性，国民经济学家对客观存在的经济事实采取了一种无批判的描述性分析方法，把客观存在的经济事实看作永恒存在、不需说明的。因此，这种研究方法只能确认经济事实，而不能揭示经济事实背后的内在原因。与国民经济学家不同，马克思站在无产阶级的立场上，穿透了资本主义经济事实的表面，对隐藏在经济事实背后的人以及人与人之间的关系进行了深刻的价值分析，准确把握住了资本主义制度下经济主体及其经济关系的本质，克服了国民经济学家见物不见人的根本性错误，从而科学地揭示了资本主义社会经济运动的客观规律。

在《手稿》中，马克思对工资、资本的利润、地租以及异化劳动等经济范畴的分析，都基于这个出发点。马克思从分析决定工资的斗争这一经济事实入手，考察了资本主义制度下资本家与工人之间的经济关系。马克思认为，工资的高低是由资本家和工人之间的敌对斗争决定的。在这一斗争中，正如亚当·斯密所证实，胜利总是属于资本家的。因为，“资本家没有工人能比工人没有资本家活得长久。资本家的联合是常见的和有效的，工人的联合则遭到禁止并会给他们招来恶果。此外，土地所有者和资本家可以把产业收益加进自己的收入，而工人除了劳动所得，既无地租也无资本利息”③。与亚当·斯密只是客观地列举事实不同，马克思认为工资斗争这一经济事实内在地反映出资本家与工人之间不平等的经济地位和对立的经济关系。在工人和资本家为工资的斗争中，吃亏的总是工人。

---

① 《马克思恩格斯全集》第3卷，人民出版社2002年版，第266页。
② 《马克思恩格斯全集》第3卷，人民出版社2002年版，第267页。
③ 《马克思恩格斯全集》第3卷，人民出版社2002年版，第223页。

工人和资本家的经济地位是不平等的，这种不平等的经济地位决定了他们在经济关系上的根本对立。“工人成了商品，如果他能找到买主，那就是他的幸运了。工人的生活取决于需求，而需求取决于富人和资本家的兴致。”① 工人和资本家的利益是如此泾渭分明：“工人和资本家同样苦恼，工人是为他的生存而苦恼，资本家则是为他的死钱财的赢利而苦恼。”② 这种对立关系存在于资本主义社会的任何状态之中。马克思指出，“在社会的衰落状态中，工人的贫困日益加剧；在增长的状态中，贫困具有错综复杂的形式；在达到完满的状态中，贫困持续不变”③。在资本主义制度下，资本家与工人在经济利益上的对立与冲突是无法克服的，只有彻底消灭资本主义生产关系，工人才可能摆脱贫困的生存状态。

马克思在对资本这一经济范畴进行考察时，不把资本只看作物，而看作社会经济关系的表现。他认为：“资本是对劳动及其产品的支配权力。资本家拥有这种权力并不是由于他的个人的或人的特性，而只是由于他是资本的所有者。他的权力就是他的资本的那种不可抗拒的购买的权力。”④ 在这里，马克思把资本归结为资本所有者对他人劳动及其产品的支配权这样一种经济关系，并且强调这种支配权不是由于他的个人或人的特性，而只是由于他是资本的所有者决定的一种客观的经济关系，即资本主义生产关系。马克思进一步探索了资本的本质：“资金只有当它给自己的所有者带来收入或利润的时候，才叫作资本。”⑤ 资本的目的在于为资本家赚取利润，而这一目的的实现，必须通过资本家无偿占有工人的劳动这一雇佣劳动形式来实现。从经济关系的视角来考察资本，使得马克思超越了资产阶级经济学家，深刻地揭示出资本的本质，为其进一步研究资本的运动规律奠定了理论基础。

在对地租的论述中，马克思透过地租这一经济现象，准确地把握了资本主义制度下不同经济主体之间的利益关系。马克思认为，

① 《马克思恩格斯全集》第3卷，人民出版社2002年版，第223—224页。
② 《马克思恩格斯全集》第3卷，人民出版社2002年版，第227页。
③ 《马克思恩格斯全集》第3卷，人民出版社2002年版，第230页。
④ 《马克思恩格斯全集》第3卷，人民出版社2002年版，第238—239页。
⑤ 《马克思恩格斯全集》第3卷，人民出版社2002年版，第239页。

与工资的高低取决于资本家和工人的斗争相同，“地租是通过租地农场主和土地所有者之间的斗争确定的”[①]。这就是说，地租斗争这一经济事实本质上是租地农场主和土地所有者之间对立的经济关系的反映。以此为出发点，马克思进一步研究了不同经济主体之间的利益对抗关系。他说：“在国民经济学中，我们到处可以看到，各种利益的敌对性的对立、斗争、战争，被承认是社会组织的基础。”[②] 马克思以大量的事实论证了土地所有者和整个社会以及和资本主义社会里各个阶级、阶层之间的利益对立关系：其一，土地所有者利益的增长与贫困和奴役的增长是一致的；其二，土地所有者的利益同租地农场主、雇农、工业工人和资本家的利益相敌对；其三，一个土地所有者的利益，由于竞争，也绝不会同另一个土地所有者的利益相一致。而不同经济主体之间利益的对抗，最终归结为阶级对抗，其根源在私有制，“在私有制的统治下，个人从社会得到的利益同社会从个人得到的利益正好成反比”[③]。正是在这一认识的基础上，马克思一方面科学论证了封建土地所有制向资本主义土地所有制过渡的历史必然性，另一方面揭示出私有制必然衰亡这一客观历史规律。

在分析异化劳动时，马克思认为异化劳动这一资本主义经济事实创造了资本家和工人之间剥削和被剥削的经济关系。他尖锐地指出，“劳动为富人生产了奇迹般的东西，但是为工人生产了赤贫。劳动生产了宫殿，但是给工人生产了棚舍”[④]，因此，工人和资本家在物质生活上日益趋于两极分化：“一方面所发生的需要和满足需要的资料的精致化，另一方面产生着需要的牲畜般的野蛮化和最彻底的、粗糙的、抽象的简单化。”[⑤] 经济利益上的根本对立造成了工人和资本家之间不可调和的阶级矛盾：“工人知道资本家是自己的非存在，反过来也是这样；每一方都力图剥夺另一方的存在。”[⑥]

正因为准确地把握了资本主义社会中经济主体与经济关系的本

---

① 《马克思恩格斯全集》第 3 卷，人民出版社 2002 年版，第 254 页。
② 《马克思恩格斯全集》第 3 卷，人民出版社 2002 年版，第 254 页。
③ 《马克思恩格斯全集》第 3 卷，人民出版社 2002 年版，第 257 页。
④ 《马克思恩格斯全集》第 3 卷，人民出版社 2002 年版，第 269 页。
⑤ 《马克思恩格斯全集》第 3 卷，人民出版社 2002 年版，第 340 页。
⑥ 《马克思恩格斯全集》第 3 卷，人民出版社 2002 年版，第 288 页。

质，马克思得出了与国民经济学家不同的结论："整个的人类奴役制就包含在工人对生产的关系中。"① 由此，马克思以消灭异化劳动和私有制为基础，提出了无产阶级革命的必由之路。

二 异化劳动导致劳动关系的非理性化

马克思的异化劳动理论蕴含了丰富的劳动道德思想。马克思在研究异化劳动问题时，一方面阐述了劳动的"应然"的道德特质，另一方面对资本主义生产过程中的劳动关系进行了道德审视。

马克思认为，劳动是人的"自由的有意识的活动"②，也就是说，自由是人类劳动"应然"的道德本质，同时也是人类劳动应当追求的道德目的。自由之所以可能，因为这是人的劳动与动物的所谓生产活动的根本区别所在，"动物的生产是片面的，而人的生产是全面的；动物只是在直接的肉体需要的支配下生产，而人甚至不受肉体需要的影响也进行生产，并且只有不受这种需要的影响才进行真正的生产；动物只生产自身，而人在生产整个自然界；动物的产品直接属于它的肉体，而人则自由地面对自己的产品；动物只是按照它所属的那个种的尺度和需要来构造，而人懂得按照任何一个种的尺度来进行生产，并且懂得处处把内在的尺度运用于对象；因此，人也按照美的规律来构造"③。这一论断表明，劳动不仅仅是实现目的的手段，而且应当被理解为人类自由的基本要素。在劳动中，人应当能够自由地发挥全部潜能，在生产劳动对象、改造自然界的同时自我发展、自我完善，满足肉体与精神的双重需要。只有在劳动中实现了自由，人才能成为具有真正社会意义的人，成为"社会存在物"。

在资本主义社会中，劳动成为使人和人际关系变形并畸形化的异化劳动，丧失了其应然的道德本质。马克思以唯物的、辩证的世界观为指导，考察了异化劳动的表现、后果与起源，对资本主义条

① 《马克思恩格斯全集》第3卷，人民出版社2002年版，第278页。
② 《马克思恩格斯全集》第3卷，人民出版社2002年版，第273页。
③ 《马克思恩格斯全集》第3卷，人民出版社2002年版，第273—274页。

件下非理性化的劳动关系进行了无情的道德批判。

首先是劳动主体与劳动产品关系的非理性化。马克思指出，在资本主义条件下，“工人对自己的劳动产品的关系就是对一个异己的对象的关系”①。而且这种异化已经发展到这样的程度：“工人在劳动中耗费的力量越多，他亲手创造出来反对自身的、异己的对象世界的力量就越强大，他自身、他的内部世界就越贫乏，归他所有的东西就越少。”② 人不仅不能够自由地面对自己的产品，相反，劳动产品已经成为一种资本，日益成为统治生产它的劳动主体的社会力量。因此，马克思得出这样的结论，“工人在他的产品中的外化，不仅意味着他的劳动成为对象，成为外部的存在，而且意味着他的劳动作为一种与他相异的东西不依赖于他而在他之外存在，并成为同他对立的独立力量；意味着他给予对象的生命是作为敌对的和相异的东西同他相对立”③。

其次，劳动主体与自身劳动关系的非理性化。异化劳动不仅表现为工人与其劳动产品关系的非理性化，而且表现在生产活动本身中。马克思认为，在资本主义劳动过程中，工人不但不能够在劳动中发挥其丰富潜能，甚至享受不到劳动的丝毫乐趣。“劳动对工人来说是外在的东西，也就是说，不属于他的本质；因此，他在自己的劳动中不是肯定自己，而是否定自己，不是感到幸福，而是感到不幸，不是自由地发挥自己的体力和智力，而是使自己的肉体受折磨、精神遭摧残。”④ 因此，工人“在生产行为本身中使自身异化”⑤，所以，劳动不再是合乎其道德特质的自由自主的活动，而是被迫的强制劳动。不是为了满足人的需要，而只是满足劳动以外的那些需要的一种手段。于是，“只要肉体的强制或其他强制一停止，人们就会像逃避瘟疫那样逃避劳动”⑥。在这种状况下，劳动主体的生产与生活、劳动与享受完全割裂开来。“对工人来说，劳动的外在性表现

① 《马克思恩格斯全集》第 3 卷，人民出版社 2002 年版，第 268 页。
② 《马克思恩格斯全集》第 3 卷，人民出版社 2002 年版，第 268 页。
③ 《马克思恩格斯全集》第 3 卷，人民出版社 2002 年版，第 268 页。
④ 《马克思恩格斯全集》第 3 卷，人民出版社 2002 年版，第 270 页。
⑤ 《马克思恩格斯全集》第 3 卷，人民出版社 2002 年版，第 270 页。
⑥ 《马克思恩格斯全集》第 3 卷，人民出版社 2002 年版，第 270—271 页。

在：这种劳动不是他自己的，而是别人的；劳动不属于他；他在劳动中也不属于他自己，而是属于别人。”① 在这里，马克思已经看到了资本主义经济关系最本质的特征。

再次，劳动主体与自己的类生活②关系的非理性化。人的类生活是人类的基本机能——劳动本身，“异化劳动，由于（1）使自然界，（2）使人本身，使他自己的活动机能，使他的生命活动同人相异化，也就使类同人相异化”③。异化劳动从人那里夺去了他的类生活，工人无法在劳动中发展自我、完善自我，无法满足丰富多样的个体需要，因而丧失了自觉自愿进行劳动的兴趣，仅仅把实现人类本质的自主活动、自由活动贬低为手段。马克思总结道，“人的类本质——无论是自然界，还是人的精神的类能力——变成对人来说是异己的本质，变成维持他的个人生存的手段”④。人的生产活动不受自己自由意识的支配，而是不自觉地被资本主义生产关系的规律支配，所以，“异化劳动使人自己的身体，同样使在他之外的自然界，使他的精神本质，他的人的本质同人相异化”⑤。这种异化产生的结果是工人作为人的“类特性”的丧失，即马克思所说的：“人（工人）只有在运用自己的动物机能——吃、喝、生殖，至多还有居住、修饰等等——的时候，才觉得自己是自由活动，而在运用人的机能时，觉得自己只不过是动物。动物的东西成为人的东西，而人的东西成为动物的东西。”⑥

最后，人与人关系的非理性化。马克思说：“人同自己的劳动产

---

① 《马克思恩格斯全集》第 3 卷，人民出版社 2002 年版，第 271 页。

② 马克思在《手稿》中提到“类生活”“类本质”“类特性”等概念，是在马克思把人当作“类存在物”的特有的话语背景中的基本概念。在《手稿》中，马克思认为，“人证明自己是有意识的类存在物，就是说是这样一种存在物，它把类看作自己的本质，或者说把自身看作类存在物”。（第 273 页）这种对人的本质的理解是马克思早期的表述，尽管这种表述带有人本主义的影响，但这是马克思对人的本质的历史唯物主义表述的过渡话语，与人本主义有着原则区别，“类存在物”在《手稿》中更多的是表示“社会存在物”理念，而且，事实上马克思已经在《手稿》中意识到人的关系性本质（参阅《手稿》第 294—311 页）。为此，本文为了说明马克思的观点，仍使用“类存在物”及其相关概念。

③ 《马克思恩格斯全集》第 3 卷，人民出版社 2002 年版，第 272 页。

④ 《马克思恩格斯全集》第 3 卷，人民出版社 2002 年版，第 274 页。

⑤ 《马克思恩格斯全集》第 3 卷，人民出版社 2002 年版，第 274 页。

⑥ 《马克思恩格斯全集》第 3 卷，人民出版社 2002 年版，第 271 页。

品、自己的生命活动、自己的类本质相异化的直接结果就是人同人相异化。”① 为什么会出现这样的结果呢？马克思进一步分析道：“如果劳动产品不属于工人，并作为一种异己的力量同工人相对立，那么这只能是由于产品属于工人之外的他人。如果工人的活动对他本身来说是一种痛苦，那么，这种活动就必然给他人带来享受和生活乐趣。不是神也不是自然界，只有人自身才能成为统治人的异己力量。”② 而这个“他人”无疑是资本家。因此，马克思所指的人与人的异化，实质上是指工人与资本家之间的阶级对抗。马克思意识到被物的关系掩盖着的人和人的经济关系才是客观存在的资本主义关系，而这种关系是敌对的、不平衡的。所以他说：“通过异化劳动，人不仅生产出他对作为异己的、敌对的力量的生产对象和生产行为的关系，而且还生产出他人对他的生产和他的产品的关系，以及他对这些他人的关系。”③

三　资产阶级国民经济学的道德缺损

在《手稿》中，马克思对经济问题的分析是和对国民经济学的道德批判交织在一起的。

马克思认为，国民经济学和道德之间并非绝对对立的关系，“国民经济学和道德之间的对立本身也只是一种外观，它既是对立，又不是对立。国民经济学不过是以自己的方式表现道德规律”④。国民经济学有自己的道德定律，如“谋生、劳动和节约、节制”等，其历史功绩是不可否认的：“只有这种国民经济学才应该被看成私有财产的现实能量和现实运动的产物……现代工业的产物；而另一方面，正是这种国民经济学促进并赞美了这种工业的能量和发展，使之变成意识的力量。”⑤ 但是，由于国民经济学是建立在资本主义经济基础之上并为资产阶级服务的，因而不可避免地具有阶级局限性，这

① 《马克思恩格斯全集》第3卷，人民出版社2002年版，第274页。
② 《马克思恩格斯全集》第3卷，人民出版社2002年版，第276页。
③ 《马克思恩格斯全集》第3卷，人民出版社2002年版，第276页。
④ 《马克思恩格斯全集》第3卷，人民出版社2002年版，第345页。
⑤ 《马克思恩格斯全集》第3卷，人民出版社2002年版，第289页。

种阶级局限性决定了国民经济学与道德的对立。马克思指出，“每一个领域都用不同的和相反的尺度来衡量我：道德用一种尺度，而国民经济学又用另一种尺度”①。二者的对立集中表现在国民经济学非人化、反人道的本质。

马克思认为，从表面上看，以劳动为原则的国民经济学，提高了人的身价，宣布人是财富的创造者，但从实质上看，“不过是彻底实现对人的否定而已”②。因为它所讲的劳动是资本主义条件下的雇佣劳动，在雇佣劳动形式下，“人本身已不再同私有财产的外在本质处于外部的紧张关系中，而是人本身成了私有财产的这种紧张的本质”③。尽管如此，亚当·斯密还是把这种异化劳动当成普遍的、永恒存在的，是唯一的政策。所以，马克思认为斯密的学说必然是从“承认人、人的独立性、自我活动等等开始”，而走向彻底的否定人的本质这样一种理论。而斯密之后的国民经济学“自觉地在排斥人这方面比他们的先驱者走得更远”④，马克思以道德批判的方式揭示了国民经济学的本质。

首先，对国民经济学人性基础的批判。马克思说，“不言而喻，国民经济学把无产者即既无资本又无地租，全靠劳动而且是靠片面的、抽象的劳动为生的人，仅仅当作工人来考察”⑤。这表明，在国民经济学的视野里，人不是有着肉体和精神双重需求的自然人，而只是“没有感觉和没有需要的存在物”⑥，只是能够为资本家带来利润的“工人”，除了物质需求外，别无所求。并且，这种物质需求只能以满足最基本的生活需要为限度。马克思愤怒地指出：“国民经济学把工人只当作劳动的动物，当作仅仅有最必要的肉体需要的牲畜”⑦，“工人完全像每一匹马一样，只应得到维持劳动所必需的东西”⑧。国民经济学的人性基础是由其阶级局限性决定的：“国民经

① 《马克思恩格斯全集》第3卷，人民出版社2002年版，第344页。
② 《马克思恩格斯全集》第3卷，人民出版社2002年版，第290页。
③ 《马克思恩格斯全集》第3卷，人民出版社2002年版，第290页。
④ 《马克思恩格斯全集》第3卷，人民出版社2002年版，第290—291页。
⑤ 《马克思恩格斯全集》第3卷，人民出版社2002年版，第232页。
⑥ 《马克思恩格斯全集》第3卷，人民出版社2002年版，第342页。
⑦ 《马克思恩格斯全集》第3卷，人民出版社2002年版，第233页。
⑧ 《马克思恩格斯全集》第3卷，人民出版社2002年版，第232页。

济学不知道有失业的工人，即处于这种劳动关系之外的劳动人。小偷、骗子、乞丐，失业的、快饿死的、贫穷的和犯罪的劳动人，都是些在国民经济学看来并不存在，而只在其他人眼中，在医生、法官、掘墓者、乞丐管理人等等的眼中才存在的人物；他们是一些在国民经济学领域之外的幽灵。”① 所以，“对人的漠不关心” 是国民经济学最本质的特征，是“斯密的二十张彩票”。②

其次，对国民经济学生产观的批判。马克思认为，在国民经济学看来，资本主义生产的目的仅仅是追求利润，而不是满足人的需求。人不是目的，只是资本家赚取利润的手段。他不留情面地批判道：“在李嘉图看来，人是微不足道的，而产品则是一切”③。更明确地说，“李嘉图、穆勒等人比斯密和萨伊进了一大步，他们把人的存在——人这种商品的或高或低的生产率——说成是无关紧要的，甚至是有害的。在他们看来，生产的真正目的不是一笔资本养活多少工人，而是它带来多少利息，每年总共积攒多少钱”④。在国民经济学这一生产观的引导下，资本主义劳动不仅生产了产品，同时也生产出异化的人。“生产不仅把人当作既在商品、当作商品人、当作具有商品的规定的人生产出来；它依照这个规定把人当作既在精神上又在肉体上非人化的存在物生产出来。——工人和资本家的不道德、退化、愚钝。”⑤

最后，对国民经济学分配观的批判。按照国民经济学家的理论，劳动的全部产品本来应当全部属于工人，但是，“实际上工人得到的是产品中最小的，没有就不行的部分，也就是说，只得到他不是作为人而是作为工人生存所必要的那一部分，只得到不是为繁衍人类而是为繁衍工人这个奴隶阶级所必要的那一部分”⑥。国民经济学家却把这种不公平的分配状况说成合理的、永恒的。对此，马克思分析道：“在国民经济学看来，工人的需要不过是维持工人在劳动期间

① 《马克思恩格斯全集》第 3 卷，人民出版社 2002 年版，第 282 页。
② 《马克思恩格斯全集》第 3 卷，人民出版社 2002 年版，第 251 页。
③ 《马克思恩格斯全集》第 3 卷，人民出版社 2002 年版，第 248 页。
④ 《马克思恩格斯全集》第 3 卷，人民出版社 2002 年版，第 282 页。
⑤ 《马克思恩格斯全集》第 3 卷，人民出版社 2002 年版，第 282 页。
⑥ 《马克思恩格斯全集》第 3 卷，人民出版社 2002 年版，第 230 页。

的生活的需要，而且只限于保持工人后代不致死绝的程度。因此，工资就与其他任何生产工具的保养和维修，与资本连同利息的再生产所需要的一般资本的消费，与为了保持车轮运转而加的润滑油，具有完全相同的意义。”[①] 说到底，国民经济学家只是“经验的生意人”，他们的理论出发点是维护资本家的经济利益，而不管工人的死活。马克思讽刺道：“国民经济学这门关于财富的科学，同时又是关于克制、穷困和节约的科学”，“这门关于惊人的勤劳的科学，同时也是关于禁欲的科学”。[②]

四　资本主义制度下经济发展与道德进步的悖论

马克思充分肯定了经济发展对道德进步的促进作用。他热情洋溢地赞美了工业的力量：“工业的历史和工业的已经生成的对象性的存在，是一本打开了的关于人的本质力量的书，是感性地摆在我们面前的人的心理学。”[③] 并且，“只有通过发达的工业，也就是以私有财产为中介，人的激情的本体论本质才能在总体上、在其人性中存在；因此，关于人的科学本身是人自己的实践活动的产物”[④]。这就是说，经济本身的发展并不会阻碍道德进步，并且，只有通过经济的发展，道德进步才能获得相应的物质基础。但是，马克思转而指出，在资本主义制度下经济发展与道德进步存在着不可克服的悖论。

首先，经济发展只见货币不要道德。马克思认为，资本主义经济发展使人的需要异化为对货币的需要，使人的道德水平滑落到了谷底。他预见到，在共产主义条件下，随着生产力的发展，人们创造的物质财富极大丰富，人们的需要也将获得极大的增长。“我们已经看到，在社会主义的前提下，人的需要的丰富性，从而某种新的生产方式和某种新的生产对象，具有什么样的意义。人的本质力量

① 《马克思恩格斯全集》第3卷，人民出版社2002年版，第282页。
② 《马克思恩格斯全集》第3卷，人民出版社2002年版，第342页。
③ 《马克思恩格斯全集》第3卷，人民出版社2002年版，第306页。
④ 《马克思恩格斯全集》第3卷，人民出版社2002年版，第359页。

的新的证明和人的本质的新的充实。”① 但是，“在私有制范围内，则具有相反的意义”②。资本主义生产的目的不是为了满足人的需要，而是追逐最大的利润，攫取最大数量的货币。因而，人的丰富多样的需要被简化为货币的需要。“对货币的需要是国民经济学所产生的真正需要，并且是它所产生的惟一需要。”③ 有了货币就有了一切，所以，对货币的需要是无止境的，“无度和无节制成了货币的真正尺度”④。只有以货币为基础的需要才是真正有效的需要，以人的需要、激情、愿望为基础的需要则成为无效的需要，成为“纯粹观念的东西”。于是，人除了对货币的激情外再没有其他的激情，除了对货币的愿望外再没有其他的愿望，人的意识异化为拜物教徒的意识，“一切情欲和一切活动都必然湮没在贪财欲之中”⑤，人的一切道德都荡然无存。

其次，经济发展以缺德为代价。在资本主义社会里，人的这种异化了的需要成为资本家在生产过程中用以发财致富的手段，使得资本主义经济建立在不道德的基础上。“每个人都指望使别人产生某种新的需要，以便迫使他做出新的牺牲，以便使他处于一种新的依赖地位并且诱使他追求一种新的享受，从而陷入一种新的经济破产。每个人都力图创造出一种支配他人的、异己的本质力量，以便从这里面找到他自己的利己需要的满足。”⑥ 每个人都企图通过损害他人来增加自己的财富，资本家更是利用迎合他人的需要这种卑鄙无耻的手段来发财致富。“随着对象的数量的增长，奴役人的异己存在物王国也在扩展，而每一种新产品都是产生相互欺骗和相互掠夺的新的潜在力量。”⑦ 马克思形象地说明了资本家的生产经营意识：“每一种产品都是人们想用来诱骗他人的本质即他的货币的诱饵；每一个现实的或可能的需要都是使苍蝇飞进涂胶竿的弱点；对共同的人

① 《马克思恩格斯全集》第3卷，人民出版社2002年版，第339页。
② 《马克思恩格斯全集》第3卷，人民出版社2002年版，第339页。
③ 《马克思恩格斯全集》第3卷，人民出版社2002年版，第339页。
④ 《马克思恩格斯全集》第3卷，人民出版社2002年版，第339页。
⑤ 《马克思恩格斯全集》第3卷，人民出版社2002年版，第342—343页。
⑥ 《马克思恩格斯全集》第3卷，人民出版社2002年版，第339页。
⑦ 《马克思恩格斯全集》第3卷，人民出版社2002年版，第339页。

的本质的普遍利用，正像每一个缺陷一样，对人来说是同天国联结的一个纽带，是使僧侣能够接近人心的途径；每一项急需都是一个机会……工业的宦官顺从他人的最下流的念头，充当他和他的需要之间的牵线人，激起他的病态的欲望，默默盯着他的每一个弱点，然后要求对这种殷勤服务付酬金。”① 即使是工人的粗陋的需要，资本家也不会轻易放过，因为“工人的粗陋的需要是比富人的讲究的需要大得多的赢利来源”②。可以说，资本主义的经济活动充斥着贪婪、欺诈和掠夺。

最后，经济发展颠倒了道德的尺度。资本主义经济的发展不仅造成了人的需要异化、经济活动的非道德化，也使得作为交换媒介的货币成为统治人的异己的力量，成为最高的善，社会正常的道德尺度因此而颠覆了。在资本主义社会里，“货币，因为它具有购买一切东西的特性，因为它具有占有一切对象的特性，所以是最突出的对象。货币的特性的普遍性是货币的本质的万能；因此，它被当成万能之物……”③ 这一万能的特性使人和自然的特性发生了颠倒。马克思说，“货币是一种外在的、并非从作为人的人和作为社会的人类社会产生的、能够把观念变成现实而把现实变成纯观念的普遍手段和能力，它把人的和自然界的现实的本质力量变成纯抽象的观念，并因而变成不完善性和充满痛苦的幻想；另一方面，同样地把现实的不完善性和幻想，个人的实际上无力的、只在个人想象中存在的本质力量，变成现实的本质力量和能力”④，货币的力量是如此神奇，“它把个性变成它们的对立物，赋予个性以与它们的特性相矛盾的特性”⑤。不仅如此，在资本主义社会里，货币成为人与人之间联系的纽带，而这个纽带是作为颠倒黑白的力量出现的，破坏了人与人之间合乎理性的关系。“货币作为现存的和起作用的价值概念把一切事物都混淆了、替换了，所以它是一切事物的普遍的混淆和替换，

① 《马克思恩格斯全集》第3卷，人民出版社2002年版，第340页。
② 《马克思恩格斯全集》第3卷，人民出版社2002年版，第345页。
③ 《马克思恩格斯全集》第3卷，人民出版社2002年版，第359页。
④ 《马克思恩格斯全集》第3卷，人民出版社2002年版，第363—364页。
⑤ 《马克思恩格斯全集》第3卷，人民出版社2002年版，第364页。

从而是颠倒的世界，是一切自然的品质和人的品质的混淆和替换。”[①] 总之，货币是衡量一切的道德尺度，是最高的善。

马克思认为，只有消灭私有制实现共产主义，劳动才是人自由的生产活动，才能生产出人作为人而存在的人，人才有可能真正成其为人，人与人之间的关系才可能是一种“用爱来交换爱”“用信任来交换信任”[②] 的正常的、合乎理性的关系。进而，经济社会的发展与道德进步的矛盾才能够彻底消除。

（原载《伦理学研究》2006 年第 5 期，与陈继红合撰）

① 《马克思恩格斯全集》第 3 卷，人民出版社 2002 年版，第 364 页。

② 《马克思恩格斯全集》第 3 卷，人民出版社 2002 年版，第 364 页。

社会主义和共产主义道德的基本特征及其当代启示

——重温马克思、恩格斯、列宁的有关经典论述

以经典文本对马克思主义经典作家关于社会主义和共产主义道德的基本特征的阐述进行专题性的系统梳理，到目前为止鲜有涉及。因而系统梳理这些经典论述，不仅具有理论和学术意义，而且由于这些论述的跨时空性，其对当今中国道德建设亦具有重要实践意义。“共产主义道德”① 这个概念是列宁于1920年10月2日，在俄国共产主义青年团第三次全国代表大会上的《青年团的任务》这篇演说报告中首次提出来的。而对社会主义和共产主义道德的基本特征，马克思、恩格斯和列宁等马克思主义经典作家多有论及。他们以不同的视角，从形成、实质、基础、功能和价值五大层面比较系统地概括了社会主义道德和共产主义道德的基本特征，强调它们是理性自觉、境界崇高的道德体系。时至今日，这些论述仍堪称经典。经典之所以为经典，就在于它历久弥新。重温经典论述，令人颇受启迪。的确，尽管时移世易，马克思主义经典作家对于共产主义道德的基本特征的阐述仍然具有时代价值，它不仅是我们把握中国特色社会主义道德建设规律、反思和批判形形色色的非马克思主义道德观的有力思想武器，而且也是提升人们道德境界和精神境界的不竭思想源泉。

---

① 社会主义道德与共产主义道德在基础、原则、实质和价值观等方面在本质上是一致的，只是在不同的历史阶段有不同话语背景下的表述。

一 形成：在与旧道德斗争中不断完善自我

马克思主义经典作家关于社会主义道德和共产主义道德形成的阐述十分丰富。在马克思主义看来，真善美与假丑恶是相比较而存在、相斗争而发展的。新道德（即社会主义道德和共产主义道德）与旧道德的关系也是如此。它们只有在与旧道德的斗争中才能发展和完善自己。之所以如此，因为道德意识形态具有一定的相对独立性和历史继承性，社会现实中尚且存在旧道德滋生的土壤。列宁深刻地指出："赶走沙皇并不困难，这总共用了几天工夫。赶走地主也不很困难，这在几个月内就做到了；赶走资本家同样也不是很困难的事情。但是，要消灭阶级，建成共产主义就无比困难了。"① 列宁认为，主要困难在于，改变私有制社会里人们从吃奶的时候起就染上的小私有者的心理、习惯和观点——做一个只关心自己而不顾别人的人，要改变人们的旧观念、旧习惯，把广大青年培养成具有共产主义道德觉悟，能自觉地把自己的工作和能力都贡献给公共事业的人，这是无比困难的事业。为什么共产主义道德教育的任务如此艰巨呢？列宁指出："在工人阶级和资产阶级旧社会之间并没有一道万里长城。革命爆发的时候，情形并不像一个人死的时候那样，只要把死尸抬出去就完事了。旧社会灭亡的时候，它的尸体是不能装进棺材，埋入坟墓的。它在我们中间腐烂发臭并且毒害我们。"② 毛泽东也说："一个崭新的社会制度要从旧制度的基地上建立起来，它就必须清除这个基地。反映旧制度的旧思想的残余，总是长期地留在人们的头脑里，不愿意轻易地退走的。"③ 可见，正是由于社会现实中旧道德滋生的土壤存在的长期性，决定了新道德与旧道德之间斗争的长期性。

新道德与旧道德之间的斗争，源于其价值取向、根源和服务对象之区别。其一，新道德认为道德具有阶级性、历史性，而旧道德

① 《列宁选集》第4卷，人民出版社1995年版，第290页。

② 《列宁全集》第34卷，人民出版社1985年版，第380页。

③ 《毛泽东文集》第6卷，人民出版社1999年版，第450页。

则说道德具有普适性和永恒性。列宁早就明确反对道德虚无主义，又反对资产阶级所宣扬的“道德永恒论”。就前者而言，列宁强调了社会主义社会中共产主义道德存在的必要性，而不是资产阶级所认为的“可有可无”甚至可以抛弃；就后者而言，列宁强调道德的阶级性，揭露宗教道德的欺骗性、虚伪性，又强调共产主义道德同无产阶级斗争利益的联系，他说，“我们不相信有永恒的道德，并且要揭穿一切关于道德的骗人的鬼话”①。

其二，新道德与旧道德根源和服务对象不同。旧道德根源于私有制，“正是万恶的生产资料私有制以及由小个体经济即私有者经济在‘自由’交换条件下必然产生（并且经常重新复活）的那种勾心斗角、互不信任、互相敌视、各行其是、尔虞我诈等恶劣风气”②。新道德根源于公有制，服务于无产阶级事业。列宁认为：“在共产主义者看来，全部道德就在于这种团结一致的纪律和反对剥削者的自觉的群众斗争”③，“共产主义道德是为这个斗争服务的道德，它把劳动者团结起来反对一切剥削，反对一切小私有制，因为小私有制把全社会的劳动所创造的成果交给了个人。而在我国，土地已经是公共财产了”④。作为共产主义者就不能有只顾自己不顾别人的心理和情绪，并认为“旧社会依据的原则是：不是你掠夺别人，就是别人掠夺你；不是你给别人做工，就是别人给你做工；你不是奴隶主，就是奴隶。可见，凡是在这个社会里教养出来的人，可以说从吃母亲奶的时候起就接受了这种心理、习惯和观点——不是奴隶主，就是奴隶，或者是小私有者、小职员、小官吏、知识分子，总之，是一个只关心自己而不顾别人的人”⑤。为此，“既然我种我的地，别人的事就与我无关；别人要是挨饿，那更好，我可以抬高价格出卖我的粮食。如果我有了一个医生、工程师、教员或职员的小职位，那么别人的事也与我无关。也许，只要我讨好、巴结有权势的人，

① 《列宁全集》第39卷，人民出版社1986年版，第306页。
② 《列宁全集》第39卷，人民出版社1986年版，第99—100页。
③ 《列宁全集》第39卷，人民出版社1986年版，第306页。
④ 《列宁全集》第39卷，人民出版社1986年版，第305页。
⑤ 《列宁全集》第39卷，人民出版社1986年版，第306页。

就不仅能保住我的小职位，还可以爬到资产者的地位上去"[①]。所以要进行"新的共产主义的教育，反对剥削者的教育，同无产阶级联合起来反对利己主义者和小私有者，反对'我赚我的钱，其他一切都与我无关'的心理和习惯的教育"[②]。同时"将努力消灭'人人为自己，上帝为大家'这个可诅咒的准则"，"努力把'大家为一人，一人为大家'和'各尽所能，按需分配'的准则渗透到群众的意识中去，渗透到他们的习惯中去，渗透到他们的生活常规中去"。[③] 列宁认为，社会主义条件下的工人阶级和劳动人民不可能不受到旧社会的思想影响，不可能一下子克服自己身上的弱点和毛病，他们必须在为共产主义而斗争的实践中，不断改造自己，逐步提高自己的共产主义觉悟。这就是共产主义道德教育的任务。

总之，社会主义道德和共产主义道德的发展是在不断与旧道德的斗争中自我完善的过程，正是在与旧道德的较量和斗争中，不仅彰显了共产主义道德的鲜明特色，而且使共产主义道德能够逐步为人民群众所认同，发挥对社会实践的积极引领和导向作用。

二　实质：真正的人的世界和人的关系的体现

社会主义道德和共产主义道德的实质是真正的人的世界和人的关系的体现，即它们始终如一地关注人的发展与完善、关注人际关系的协调与和谐。在马克思主义看来，占统治地位的旧道德由于其阶级性，不可能把关注人的发展与完善、关注人际关系的协调与和谐作为终极旨归。尽管资产阶级革命实现了政治解放，但是并未实现劳苦大众的普遍解放，劳苦大众抛弃了旧的枷锁，但是套上了"新的枷锁"（道德是其中重要方面）。因此，虽然"任何一种解放都是把人的世界和人的关系还给人自己。"[④]，但是，真正把所谓"人的世界和人的关系还给人自己"[⑤]，并不是靠资产阶级革命带来

① 《列宁全集》第 39 卷，人民出版社 1986 年版，第 306 页。
② 《列宁全集》第 39 卷，人民出版社 1986 年版，第 306 页。
③ 《列宁全集》第 39 卷，人民出版社 1986 年版，第 100 页。
④ 《马克思恩格斯全集》第 1 卷，人民出版社 1956 年版，第 443 页。
⑤ 《马克思恩格斯全集》第 1 卷，人民出版社 1956 年版，第 443 页。

的“政治解放”来实现的，而只能靠无产阶级革命所带来的“社会解放”来实现。

经典作家对于共产主义道德的实质是“人的世界”回归于人自身所蕴含之意有三：其一是指在共产主义社会中，实现了自由的发展；其二是指人作为人而存在着，人的生活得到充分满足；其三是指劳动已经不仅仅是谋生的手段，而且成了生活的第一需要。正如列宁指出：“共产主义劳动，从比较狭窄和比较严格的意义上说，是一种为社会进行的无报酬的劳动，这种劳动不是为了履行一定的义务、不是为了享有取得某些产品的权利、不是按照事先规定的法定定额进行的劳动，而是自愿的劳动，是无定额的劳动，是不指望报酬、不讲报酬条件的劳动，是按照为公共利益劳动的习惯、按照必须为公共利益劳动的自觉要求（这已成为习惯）来进行的劳动，这种劳动是健康的身体的需要。”① 尽管所提出的无偿劳动如果在社会主义阶段可能存在过分理想化的成分，但仍然具有一定的启示和价值。

从某种意义上说，回归人的世界就是回归人的关系，因为人的世界是由人、人的关系组成的。在马克思主义看来，之所以把“人的关系回归于人自身”的原因是由人的本质决定的，因为在马克思主义的视阈中，“人的本质并不是单个人所固有的抽象物。在其现实性上，它是一切社会关系的总和”。② 即是说，人不是任何实体性的东西，而是关系性的范畴，因此，把“人的世界回归于人自身”就意味着必然地要求把“人的关系”回归于人自身。需要指出，把“人的关系”回归于人自身的制度基础是社会主义和共产主义社会所确立的制度框架，没有这一制度框架，所谓回归只是一种“无根的空论”。马克思恩格斯认为，共产主义社会“将是一个以各个人自由发展为一切人自由发展的条件的联合体”。同时，作为具有真正意义的社会主义和共产主义社会这样的体现为“人的关系”的共同体，是实现“人的世界”的条件，因为“只有在共同体中，个人才能获得全面发展其才能的手段，也就是说，只有在共同体中才可能有个

① 《列宁全集》第38卷，人民出版社1986年版，第343页。
② 《马克思恩格斯选集》第1卷，人民出版社1972年版，第18页。

人自由”①。在这样的共同体中，“我为人人，人人为我”的互利互惠的理性的人际关系和交往关系才会蔚然成风、遍地开花。

三　基础：为共产主义事业而奋斗

社会主义道德和共产主义道德不是自然而然形成的，它们不仅需要与旧道德斗争，其基础是共产主义事业的展开。它们是在无产阶级在为共产主义事业的奋斗中产生和形塑自身的，并渗透于为共产主义事业而奋斗的伟大实践中。换言之，共产主义道德不是空洞的说教和无根的浮萍，而是建立在为共产主义奋斗的现实实践基础之上的。我们不仅要有共产主义理想和信念，更要有为共产主义事业奋斗的实际行动。

列宁认为，老一代人的任务是推翻资产阶级，新一代人的任务是建成共产主义社会。他认为，青年一代要完成建设共产主义的任务，不但必须学习现代的科学、技术和文化，还必须把自己培养成具有共产主义道德品质的新人。他指出：“应该使培养、教育和训练现代青年的全部事业，成为培养青年的共产主义道德的事业。”② 为此，青年们只有把自己的训练、培训和教育中的每一步骤同生产者和劳动者不断进行的反对剥削者的旧社会的斗争联系起来，才能学习共产主义。

要做到这点，必须有这样的人尤其是青年一代，他们在有纪律地同资产阶级作殊死斗争中已开始成为自觉的人，成为一个具有高度思想觉悟的共产主义者。列宁对青年寄予厚望，他说，“在这个斗争中，他们中间一定会培养出真正的共产主义者，他们应当使自己的训练、教育和培养中的每一步骤都服从这个斗争，都同这个斗争联系起来。培养共产主义青年，决不是向他们灌输关于道德的各种美丽动听的言词和准则。我们要培养的并不是这些。当人们看到他们的父母在地主和资本家的压迫下怎样生活的时候，当他们自己分担那些开始同剥削者作斗争的人们所受的痛苦的时候，当他们看到

① 《马克思恩格斯选集》第1卷，人民出版社1995年版，第119页。

② 《列宁选集》第4卷，人民出版社1995年版，第288页。

为了继续这一斗争以保卫已经取得的成果，付出了多大的牺牲，看到地主和资本家是多么疯狂的敌人的时候，他们就在这种环境中培养成为共产主义者。为巩固和完成共产主义事业而斗争，这就是共产主义道德的基础。这也就是共产主义培养、教育和训练的基础”[①]。列宁告诉我们，如果失去了社会主义事业和共产主义事业的基础，社会主义道德和共产主义道德将会从根本上失去现实的存在之基。列宁还强调在实践中学习、在社会生活中学习的重要性，强调社会实践中训练、培养和教育的价值。他说：“训练、培养和教育要是只限于学校以内，而与沸腾的实际生活脱离，那我们是不会信赖的。……可是我们的学校应当使青年获得基本知识，使他们自己能够培养共产主义的观点，应该把他们培养成有学识的人。我们的学校应当使人们在学习期间就成为铲除剥削者这一斗争的参加者。共产主义青年团只有把自己的训练、培养和教育中的每一步骤同参加全体劳动者反对剥削者的总斗争联系起来，才符合共产主义青年团这一称号。”[②]

四　功能：社会的主要协调力量

在马克思主义看来，道德是一种历史性的社会现象。列宁认为，所谓“道德永恒论”显然是站不住脚的，“我们不相信有永恒的道德，并且要揭穿一切关于道德的骗人的鬼话。道德是为人类社会上升到更高的水平，为人类社会摆脱对劳动的剥削服务的”[③]。既然资产阶级所宣扬的道德具有虚伪性和历史局限性，那么，以具有革命性、真实性、科学性和实践性的无产阶级的共产主义道德取而代之就是一种自然逻辑，当然这一过程不会一帆风顺。

恩格斯富有远见地认为，共产主义道德将来成为真正的全人类道德。他指出：“在处于战争状态下的现代社会里，文明的增进已经可以减少情欲上的强暴表现，要是在共产主义的、和平的社会里，

① 《列宁选集》第4卷，人民出版社1995年版，第292页。
② 《列宁选集》第4卷，人民出版社1995年版，第292—293页。
③ 《列宁选集》第4卷，人民出版社1995年版，第292页。

情况还不知要好上多少倍呵！在每一个人的身体上和精神上的需求都得到满足的地方，在没有什么社会隔阂和社会差别的地方，侵犯财产的犯罪行为自然而然地就不会再发生了。”“如果说，文明甚至在现在就已经教人们懂得，只有维护公共秩序、公共安全、公共利益，才能有自己的利益，从而尽可能地使警察机构、行政机关和司法机关变成多余的东西，那末，在利益的共同已经成为基本原则、公共利益和个人利益已经没有什么差别的社会里，情况还不知要好多少倍呵！”①

不难看出，恩格斯认为，共产主义道德将来将成为真正的全人类道德是有前提的，这个前提是由于在共产主义社会人与人的利益一致，因此在没有利益冲突的情况下，人在得到与人相称地位的同时，不必担心他人的破坏。恩格斯进一步阐述道：“在共产主义社会里，人和人的利益并不是彼此对立的，而是一致的，因而竞争就消失了。当然也就谈不到个别阶级的破产，更谈不到像现在那样的富人和穷人的阶级了。在生产和分配必要的生活资料的时候，就不会再发生私人占有的情形，每一个人都不必再单枪匹马地冒着风险企求发财致富，同样也就自然而然地不会再有商业危机了。在共产主义社会里无论生产和消费都很容易估计。既然知道每一个人平均需要多少物品，那就容易算出一定数量的人需要多少物品；既然那时生产已经不掌握在个别私人企业主的手里，而是掌握在公社及其管理机构的手里，那也就不难按照需求来调节生产了。”② 列宁也指出：“我们的道德完全服从无产阶级斗争的利益。我们的道德是从无产阶级阶级斗争的利益中引申出来的。”③ 在这样的个人利益一致并按需生产和按需分配的共产主义社会里，真正的人的生活和没有暴力的和谐社会将会被创造。恩格斯说：“我们就应当认真地和公正地处理社会问题，就应当尽一切努力使现代的奴隶得到与人相称的地位。或许你们当中有人觉得，要提高以前被轻视的阶级的地位，就不能不降低自己的生活水平，如果是这样的话，那末就应当记住，

① 《马克思恩格斯全集》第2卷，人民出版社1957年版，第608—609页。
② 《马克思恩格斯全集》第2卷，人民出版社1957年版，第605页。
③ 《列宁选集》第4卷，人民出版社2012年版，第289页。

我们谈的是为所有的人创造生活条件，以便每个人都能自由地发展他的人的本性，按照人的关系和他的邻居相处，不必担心别人会用暴力来破坏他的幸福；而且也应当记住，个人不得不牺牲的东西并不是真正的人生乐趣，而仅仅是我们的丑恶的制度所引起的表面上的享乐，它是和目前享受这些虚伪的特权的人们的理智和良心相矛盾的。我们决不想破坏那种能满足一切生活条件和生活需要的真正的人的生活；相反地，我们尽一切力量创造这种生活。”① 共同的根本利益、恶性竞争的消失、生活的极大改善、社会的和谐，所有这些社会条件使得社会主义和共产主义道德不仅成为为社会发展服务的唯一合适的道德，而且受到广大人民群众的普遍尊崇和积极践行。

正因共产主义道德将成为真正的全人类道德，所以，它就能够成为共产主义社会的主要调节力量。因为在没有竞争、没有暴力的社会里，不再需要法律等暴力性的、强制性的手段，人们具有高度的自觉性和纪律性，所以，共产主义道德自然成了协调社会生活的主要手段就在情理之中了。恩格斯明确地指出：在未来的共产主义社会，公共利益和个人利益协调一致，国家机器将成为多余的东西，社会矛盾将通过“仲裁法庭”（即“道德法庭”——笔者注）来调解。总之，尽管马克思主义经典作家对道德是共产主义社会的主要调节力量的论述离我们今天的现实尚远，但是它仍然可以启示我们在社会主义条件下，更加注重以德治国，提高广大人民的道德素质，逐步推进人与自然、人与社会、人与人之间关系的和谐。

五　价值：平等、自由、权利和义务的统一

马克思主义经典作家对道德的价值层面多有论述，主要涉及坚持社会平等、崇尚真正的自由和坚持权利和义务的统一，这些经典论述在今天仍然具有时代意义和现实价值。

1. 崇尚社会平等

平等观是社会主义和资本主义道德价值观分歧的重大焦点问题。

---

① 《马克思恩格斯全集》第2卷，人民出版社1957年版，第625—626页。

在马克思主义那里，平等总是和一定的阶级要求相联系，而真正的平等只能是无产阶级消灭阶级的要求。在马克思主义经典作家看来，社会主义和共产主义道德崇尚社会平等，当然，同时他们也看到，社会主义阶段的平等和共产主义阶段的平等具有历史性的区别。

在社会主义阶段，马克思指出，在刚刚从资本主义社会中产生出来的社会主义社会，以劳动作为同一尺度来计量的平等，是权利的平等。马克思说："这个平等的权利总还是被限制在一个资产阶级的框框里。生产者的权利是同他们提供的劳动成比例的"，"但是，一个人在体力或智力上胜过另一个人，因此在同一时间内提供较多的劳动，或者能够劳动较长的时间；而劳动，要当作尺度来用，就必须按照它的时间或强度来确定，不然它就不成其为尺度了。这种平等的权利，对不同等的劳动来说是不平等的权利。它不承认任何阶级差别，因为每个人都像其他人一样只是劳动者；但是它默认，劳动者的不同等的个人天赋，从而不同等的工作能力，是天然特权。所以就它的内容来讲，它像一切权利一样是一种不平等的权利"。① 列宁也指出："在共产主义第一阶段还不能做到公平和平等，因为富裕的程度还会不同，而不同就是不公平。但是人剥削人已经不可能了，因为已经不能把工厂、机器、土地等生产资料攫为私有了。马克思通过驳斥拉萨尔泛谈一般'平等'和'公平'的含糊不清的小资产阶级言论，指出了共产主义社会的发展进程，说明这个社会最初只能消灭私人占有生产资料这一'不公平'现象，却不能立即消灭另一不公平现象：'按劳动'（而不是按需要）分配消费品。"② 共产主义第二阶段的平等不同于社会主义阶段的平等。"共产主义的最重要的不同于一切反动的社会主义的原则之一就是下面这个以研究人的本性为基础的实际信念，即人们的头脑和智力的差别，根本不应引起胃和肉体需要的差别……换句话说：活动上，劳动上的差别不会引起在占有和消费方面的任何不平等、任何特权。"③ 平等虽也是资产阶级最喜欢标榜的观念之一，但它所推崇的平等只是针对封

① 《马克思恩格斯文集》第3卷，人民出版社2009年版，第435页。

② 《列宁选集》第3卷，人民出版社1995年版，第195页。

③ 《马克思恩格斯全集》第3卷，人民出版社1960年版，第637—638页。

建社会阶级特权的形式平等。它不仅极力论证只有形式的平等是唯一可能的平等，而且将其视为唯一美好的平等。可是，在马克思主义看来，平等问题其实就是一个要不要超越资本主义的问题。但是，正如历史所显示的那样，超越资本主义、实现共产主义是一个相当漫长的历史过程，同样地，从形式平等进到事实平等也是一个相当漫长的过程。虽然社会主义必须着手创造事实平等的条件，推进社会从形式上的平等向事实平等转变，但事实平等的完全实现，即共产主义的实现，我们却无法推断。这与其说是一个理论问题，不如说是一个实践问题。正如列宁所说的，“至于人类会经过哪些阶段，通过哪些实际措施达到这个最高目的，那我们不知道，也不可能知道”[①]。

2. 崇尚真正的自由

不同制度下的自由，含义和内容大相径庭。资本主义社会的所谓自由都是不平等条件下的自由。马克思和恩格斯认为：“人们每次都不是在他们关于人的理想所决定和所容许的范围之内，而是在现有的生产力所决定和所容许的范围之内取得自由的。……到现在为止，社会一直是在对立的范围内发展的，在古代是自由民和奴隶之间的对立，在中世纪是贵族和农奴之间的对立，近代是资产阶级和无产阶级之间的对立。这一方面可以解释被统治阶级用以满足自己需要的那种不正常的‘非人的’方式，另一方面可以解释交往的发展范围的狭小以及因之造成的整个统治阶级的发展范围的狭小；由此可见，这种发展的局限性不仅在于一个阶级被排斥于发展之外，而且还在于把这个阶级排斥于发展之外的另一阶级在智力方面也有局限性；所以‘非人的东西’也同样是统治阶级命中所注定的。这里所谓‘非人的东西’同‘人的东西’一样，也是现代关系的产物；这种‘非人的东西’是现代关系的否定面，它是没有任何新的革命的生产力作为基础的反抗，是对建立在现有生产力基础上的统治关系以及跟这种关系相适应的满足需要的方式的反抗。”[②] 列宁曾

① 《列宁全集》第 31 卷，人民出版社 1985 年版，第 95 页。

② 《马克思恩格斯全集》第 3 卷，人民出版社 1960 年版，第 507—508 页。

批评资产阶级的关于绝对自由的言论时说："资产阶级个人主义者先生们，我们应当告诉你们，你们那些关于绝对自由的言论不过是一种伪善而已。在以金钱势力为基础的社会中，在广大劳动者一贫如洗而一小撮富人过着寄生生活的社会中，不可能有实际的和真正的'自由'。"[①] 这充分说明在阶级对立和不平等存在的资本主义社会里是谈不上真正的自由的，实际上，真正的自由只能属于社会主义社会和共产主义社会。

恩格斯认为，在共产主义制度下，"不再有任何阶级差别，不再有任何对个人生活资料的忧虑，并且第一次能够谈到真正的人的自由，谈到那种同已被认识的自然规律和谐一致的生活"[②]。列宁也指出："只有在共产主义社会中，当资本家的反抗已经彻底粉碎，当资本家已经消失，当阶级已经不存在（即社会各个成员在同社会生产资料的关系上已经没有差别）的时候，——只有在那个时候，'国家才会消失，才有可能谈自由'。"[③] 当然，作为共产主义社会第一阶段的社会主义社会，由于其社会制度已完全不同于资本主义制度，因此，真正的自由才开始实现。一是"自由就在于根据对自然界的必然性的认识来支配我们自己和外部自然"[④]，如果我们引申一下恩格斯的这句话，或是概括经典作家的思想，即可把自由理解为对自然、社会发展之规律的正确认识和应用，这实际上是在认识论维度的自由观。众所周知，社会主义社会是一个消除了阶级对立、社会平等不断实现的社会，在此社会中真正的自由不仅可能而且是生活的现实。二是作为个人来说，"只有在共同体中，个人才能获得全面发展其才能的手段，也就是说，只有在共同体中才可能有个人自由"[⑤]。这里，恩格斯强调了个体自由获得的社会依赖性，如果没有制度构架的革命性重构，所谓真正自由的实现只能是一厢情愿的幻想而已。当然，自由是在历史过程中逐步展开的。

---

① 《列宁全集》第12卷，人民出版社1987年版，第96页。
② 《马克思恩格斯选集》第3卷，人民出版社1995年版，第456页。
③ 《列宁全集》第31卷，人民出版社1985年版，第85页。
④ 《马克思恩格斯选集》第3卷，人民出版社1995年版，第456页。
⑤ 《马克思恩格斯选集》第1卷，人民出版社1995年版，第119页。

3. 坚持权利与义务的统一

社会主义道德和共产主义道德的主要特点之一是坚持权利和义务的统一。所谓权利和义务的统一，就是说，权利的享有和义务的履行是不可分离的，每个社会成员都应尽自己所能为社会作贡献（尽义务），同时有应该享受社会提供的物质和精神的满足（享权利）。正如恩格斯说："我们的目的是要建立社会主义制度……赞同者应该承认他们彼此之间以及他们同所有的人之间的关系的基础是真理、正义和道德。他们应该承认：没有无义务的权利，也没有无权利的义务。"①尽管权利和义务的统一是具体的、历史的，是一个不断展开的过程，尽管权利与义务之间还有相当差距，应然和实然、理论与现实在现实生活中还总是存在这样那样的矛盾，但不论在任何时候，这种"统一观"都是社会主义道德和共产主义道德不变的价值追求。当然，"统一观"实现、差距的解决"只有通过实践方式，只有借助于人的实践力量，才是可能的"②。

六 几点当代启示

马克思主义经典作家马克思、恩格斯和列宁在长期的革命岁月和理论生涯中，从形成、实质、基础、功能、价值等层面阐述了社会主义道德和共产主义道德的基本特征。这些阐述能够对我们具有学术和实践启示。它启示我们在理论层面上认清社会主义道德和共产主义道德的基本特征，把握当前和今后社会主义道德建设的一些基本规律；在实践层面上，它有助于我们在社会主义市场经济条件下更加自觉地发挥道德对于社会生活的积极作用，实现以人为本、科学发展和社会和谐、民生改善。概要说来，这些启示主要有五方面。

（1）马克思主义经典作家关于社会主义和共产主义道德是在与旧道德的斗争中不断地发展和完善自己的观点，启示我们，在有阶

---

① 《马克思恩格斯全集》第21卷，人民出版社1965年版，第570页。

② 《马克思恩格斯全集》第42卷，人民出版社1979年版，第127页。

级社会中，道德意识形态领域不存在绝对的纯粹的主导力量，对立面的统一是普遍存在的“常态”。在今天我们的社会主义市场经济的社会中，旧道德尤其是资产阶级时而会道德沉渣泛起，甚至有时会相当泛滥。资产阶级道德往往打着“中性”“普世”“客观”和“永恒”的幌子，到处招摇，并借着市场经济的自发性力量来发挥自己的影响，在此情势下，社会主义道德建设面临空前的挑战，这是我们必须着力解决的道德建设的课（难）题。

（2）马克思主义经典作家关于社会主义道德和共产主义道德的实质是始终关注人的发展与完善、关注人际关系的协调与和谐观点，具有重要的现实意义。应该承认，社会主义道德和共产主义道德基本特征的真正落实，尤其是它将“人的世界和人的关系回归于人自身”不可能一蹴而就，它是一个长期的历史过程，需要在实践中反复尝试，不断推进，才能最终到达目的地。因此，这就要求我们，必须坚持道德要求的超越性和现实性之间的必要张力，结合具体的社会历史条件不断地改善人的世界和人的关系，这样，才能促进以人为本、科学发展和社会和谐、民生改善的目标的实现。正是在社会主义道德和共产主义道德在新的层面上发挥它对社会和谐、民生改善的积极功能、提升人们的道德境界和精神境界的过程中，放射出先进道德的理性光芒和人性光芒。

（3）马克思主义经典作家关于共产主义道德的基础是为共产主义事业而奋斗的观点，一是启示我们加强社会主义道德对于现实的引领作用、对于社会主义事业的服务作用；二是启示当今我国社会主义道德建立的基础是中国特色社会主义事业，我们社会主义道德建设必须与现阶段的共同理想、与我们当前所走的道路和所干的事业紧密联系起来，将道德建设扎实地铺设在现实之基上。简言之，社会主义道德要在服务现实的同时引领现实，在指导实践的同时不断从实践中汲取营养。

（4）马克思主义经典作家关于共产主义道德的功能和作用是共产主义社会的主要协调力量基础，是为共产主义事业而奋斗的观点，能使我们深刻地认识到，尽管在社会主义阶段，法律和其他制度有其相当的应用空间，但是要想真正发挥其功能，必须很好体现社会主义道德和共产主义道德的要求，不然，法律和纪律的认同及其功能发挥必将大打折扣。社会主义道德在社会主义条件下对于社会风尚的良性发展是关键性的，因而在社会主义条件下要发扬社会主义道德风尚，实现社会和谐、民生繁荣。

（5）马克思主义经典作家关于社会主义道德和共产主义道德的价值取向是坚持社会平等、崇尚真正的自由和坚持权利和义务的统一的观点，具有重要的理论和实践意义。今天，尤其在市场领域盲目崇拜有关抽象平等的声音“不绝于耳”，但是，不得不重视机会平等、事实平等等现实平等问题，否则，就会陷入西方主流意识形态的陷阱之中。同样道理，今天所谓“抽象的”自由观已经是相当泛滥的了，重思马克思主义经典作家所阐述的具体的历史的自由观十分具有理论、现实和时代价值。至于权利和义务的统一的思想也启示我们在二者的对等中去思考道德主体的道德责任与道德权利问题。

客观地说，马克思主义经典作家关于社会主义道德和共产主义道德基本特征的阐述，确实博大精深，是加强道德建设的不竭思想源泉。但不无遗憾的是，学界对这些阐述尚存在一些误解，大体有两种倾向。一曰“过时论”。此论认为，由于今天我们在搞社会主义市场经济，而经典论述则未涉及在此历史情境中的社会主义道德论述，因而关于共产主义道德的论述就不再具有现实性。二曰“照搬论”。此论认为经典论述虽然没有涉及社会主义市场经济的情境中的社会主义道德论述，但它仍然无条件地适合于今天的现实。如果说，“过时论”由于过分强调经典论述的历史性而忽视了其中的恒久性内核，因而犯了“全盘抛弃”“一概否定”的错误，那么，“照搬论”由于过分强调经典论述的恒久性内核而忽视了其历史性，因而容易犯思想僵化和教条化的错误。需要指出，尽管理论界对马克思主义经典作家关于社会主义道德和共产主义道德基本特征的阐述的认识在深度和倾向上不尽相同，原因尽管五花八门，但是集中到一点，恐怕是没有很好地坚持马克思主义辩证法“扬弃”——即批判继承的方法论来进行分析。上述“两论”概莫能外。

因此，只有以科学而辩证的视阈，与时俱进地审视马克思主义经典作家的经典阐述，才能驱散认识的“迷雾”，走出各种理解误区，全面而准确地理解和坚持社会主义道德和共产主义道德，并在此基础上，根据世情、国情、社情和德情的变化，不断阐发和应用马克思主义经典作家的有关道德观的经典论述，服务于我国社会主义精神文明建设。

（原载《伦理学研究》2009 年第 2 期）

第三编

中国传统经济伦理思想

中国传统功利主义经济伦理思想

功利主义经济伦理思想是与德性主义经济伦理思想相对立而存在的，它的主要特点是在经济与伦理的关系上认为经济重于伦理，利益重于或等于道义；利是社会伦理的基础，道义的前提是利或利人；“交相利”是“圣王之法”“天下之治道”。

一　功利主义经济伦理思想在先秦的创立

1. 先秦墨家是与儒家相对立而存在的一种学派，该学派正视社会经济生活，重视利益之存在，竭力主张以利去规定伦理道德。其创始人墨子（约公元前468—约前376年）是战国时期思想家、政治家，他以利为其哲学指导原则，以独特的义利关系观念，提出了与儒家经济伦理思想相对立，但却具有重要理论和实践意义的经济伦理思想。

墨子首先竭力反对儒家“罕言利”的态度，大谈“兴天下之利，除天下之害”（《墨子·兼爱下》）。孔子将义和利对立起来，墨子则在谈利的同时，没有忽视义及其重要性。他认为，“万事莫贵于义”（《墨子·贵义》），“天下有义则治，无义则乱”（《墨子·耕柱》），因此，义是真正的“天下之良宝”。与此同时，墨子还在其功利主义思想体系的范围，将义和利统一了起来。他认为利人为义，不利人为不义，故“义，利也”（《墨子·经上》）。在墨子看来，有利才真正谈得上义，否则义就不可理解，因此，义是由利来规定的。在这里，墨子实际上是将义和利等同了起来，是在两者的等同中揭示其统一的。这一“义，利也”的思想，实际是形而上学的理论命题，忽视了两者本质的逻辑的联系。尽管如此，墨子关于义利关系的经济伦理思想较之孔子的义利观更贴近社会生活现实，更多了一层理论阐述。假如说孔子的义利观强调理性的作用，那么墨子的义利观则试图揭示理性的本质内涵和价值导向。这是儒家经济伦理思想所不能及的。

墨子的“义，利也”的思想明确了功利主义的伦理指向和道德目的，这一思想在我国古代伦理思想发展史上是极其有价值的。可惜的是长期被人们忽视，更没能由此启发人们重视伦理指向和道德目的的理论研究。尽管历代统治阶级都把伦理道德作为稳定其统治地位的手段和工具，但对于伦理的正确指向和道德的逻辑目的，他们是弃之不问的，尤其是伦理道德的经济意义和物质目的从来没有（当然也不可能）得到真正的体现。

我认为，墨子的义利关系观，尤其是他对伦理指向和道德目的的自觉认识，也值得我们今天在面对社会主义市场经济的现实时好好思索。因为，只有充分认识到现实社会条件下的伦理指向和道德目的，才能真正认识社会主义伦理道德的地位和作用，也才能切实地应用伦理道德这一重要的社会主义两个文明建设的手段。

其次，墨子在强调义即利或利即义的同时，指出“赖其力者生，不赖其力者不生”（《墨子·非乐上》），强调劳动的重要性。他说：“下强从事，即财用足矣。”（《墨子·天志中》）“贱人不强从事，即财用不足。”《墨子·非乐上》。还具体指出：“今也农夫之所以早出暮入，强乎耕稼树艺，多聚菽粟而不敢怠倦者何也？曰，彼以为强必富，不强必贫，强必饱，不强必饥，故不敢怠倦。今也妇人之所以夙兴夜寐，强乎纺绩织纴，多治麻统葛绪，捆布掺而不敢怠倦者何也？曰，彼以为强必富，不强必贫，强必暖，不强必寒，故不敢怠倦。……农夫怠乎耕稼树艺，妇人怠乎纺绩织维，则我以为天下衣食之财，将必不足矣。”（《墨子·非命下》）

既然只有劳动才能获得财富，因此墨子主张责难和处罚不劳动而谋取他人劳动果实者。墨子在这里创造性地将义和利统一到“劳动”上来，这是其经济伦理思想的闪光之点，实属难能可贵。

最后，提倡勤俭节约，反对奢侈。以墨子为代表的墨家“自苦为极”，以苦为乐，这并不是他们自讨苦吃，而是他们功利主义思想的必然反映。墨子主张节用，并认为这本身亦是义之实现。他的节用原则以满足必要的消费为限，其基本标准是“圣王制为饮食之法曰：足以充虚继气，强股肱，耳聪目明则止”；“衣服之法曰：冬服绀緅之衣轻且暖，夏服絺绤之衣轻且凊则止”；“大川广谷之不可济，于是制为舟楫，足以将之则止”；宫室“其旁可以圉风寒，上可以圉雪霜雨露，其中蠲洁，可以祭祀，宫墙足以为男女之别，则止”。（《墨子·节用中》）墨子还针对王公贵族厚葬之风提出了节葬要求。他指出，王公大人厚葬，“棺椁必重，葬埋必厚，衣衾必多，文绣必繁，丘陇必巨”，“辍民之事，靡民之财，不可胜计”。（《墨子·节葬下》）还说，“匹夫贱人”厚葬，“殆竭家宝”。（《墨子·节葬下》）因此，墨子认为，依照古圣王的葬埋之法应该是“棺三寸，足以朽体。衣衾三领，足以覆恶。以及其葬也，下毋及泉，上无通臭……垄若参耕之亩，则止”。（《墨子·节葬下》）由此足以可见，墨子的节用、节葬思想关注的是人的正常生存和生活，强调不能因奢侈和浪费而影响生存和生活。进而我们可以体会到，墨家的功利主义伦理思想是反对享乐主义的。对此，我认为墨家的利即义的思想尽管有其片面的东西，但把利或用限制在“应该”的范围内，使得利与义相通，这是十分深刻的含义。

2. 法家的伦理思想就是法律或法治伦理，至于经济伦理思想应归属哪类思想体系则很少有人关注。我认为法家的经济伦理思想是功利主义性质的，他们认为自利和言利是人的本性，一切人际关系及其协调都是以利为出发点和目的的。

先秦法家的创始者李悝（约公元前455—约前395年）的功利主义经济伦理理想体现在他的重农思想里，李悝认为，财富在于农业，他指出：“农伤则国贫。”（《汉书·食货志》）“雕文刻镂，害农之事也；锦绣纂组，伤女工者也。农事害则饥之本也。”“故上不禁技巧则国贫民侈。”（刘向：《说苑·反质》篇）尽管李悝在这里明确反对手工业，但保护农业劳动力的主张则是他重农思想下的功利主义经济伦理观的本质内涵。在重视劳动力的同时，他强调农业收成在于勤劳与否，他说：“治田勤谨，则亩益三升（斗），不勤，则损亦如之。”（《汉书·食货志》）

为了保护农业生产和保护劳动力，李悝提出了利农和利民的粮价适中的经济伦理观念。他认为，“籴甚贵伤民，甚贱伤农，民伤则离散，农伤则国贫。故甚贵与甚贱，其伤一也。善为国者，使民无伤而农亦劝”（《汉书·食货志》）。因此，应该“使民适足，贾平则止……虽遇饥馑水旱，籴不贵而民不散”（《汉书·食货志》）。

商鞅（约公元前390—前338年）是战国时期政治改革家、先秦法家的重要代表人物之一。作为一位伟大的改革家，商鞅的经济伦理思想更具有时代特色和阶级特点。他从新兴封建地主阶级的利益角度，认为人都是自利的，自利是人的本性。他说：“民之性，饥而求食，劳而求佚，苦而索乐，辱则求荣，此民之情也。……民之性，度而取长，称而取重，权而索利。……羞辱劳苦者，民之所恶也。显荣佚乐者，民之所务也。”（《商君书·算地》）既然人是自利的，商鞅则主张利用民之自利心以“弱民”来“强国”。他说：“民弱国强，国强民弱。故有道之国，务在弱民。”（《商君书·弱民》）并解释道：“民，辱则贵爵，弱则尊官，贫则重赏。”（《商君书·弱民》）

商鞅的这种经济伦理体现了作为新兴地主阶级的改革家的思想观念，承认人都有自利的本性，深刻地分析了民众的自利心理。然而阶级本位又使他不是从理性角度尊重和引导民众自利心，而是从非理性角度利用民众的自利心为封建统治阶级服务，这是古代典型的阶级利己主义功利思想。

韩非（约公元前280—前233年）是战国末期哲学家、先秦法家思想的集大成者。韩非经济伦理思想的前提是认为人的一切行为都是为了个人的利益，即他所谓“挟自为心”（《韩非子·外储说左上》）。他还提出，“好利恶害，夫人之所有也”，“喜利畏罪，人莫不然”（《韩非子·难二》），这就进一步强调了趋利避害是人的本性。换句话说，人的本性是自利、自为的。

在此基础上，韩非进一步认为，人与人之间的各种关系及其协调准则和应该不应该的情感体验都取决于人们的自利本性和求利目的。他还具体地分析说，君使民那是“非以吾爱之为我用者也，以吾势之为我用者也”（《韩非子·六反》）；“君臣之际，非父子之亲也，计数之所出也”（《韩非子·外储说左上》）。他把君臣关系看成相互利用的计数关系。至于父母子女关系，他也是在同一思路上理解。他说："且父母之于子也，产男则相贺，产女则杀之。此俱出母之怀衽，然男子受贺，女子杀之者，虑其后便，计之长利也。故父母之于子也，犹用计算之心以相待也，而况无父子之泽乎？"（《韩非子·六反》）还说："人为婴儿也，父母养之简，子长而怨。子盛壮成人，其供养薄，父母怒而诮之。子、父至亲也，而或谯或怨者，皆挟相为而不周于为己也。"（《韩非子·储说左上》）既然君臣关系、父母子女关系是这样，那么其他人际关系也必然以"自利"和"计算之心"为基础。正如韩非说："玉良爱马，越王勾践爱人，为战与驰。医善吮人之伤，含人之血，非骨肉之亲也，利所加也。故舆人成舆，则欲人之富贵。匠人成棺，则欲人之夭死也。非舆人仁而匠人贼也。人不贵则舆不售，人不死则棺不买。情非憎人也，利在人之死也。"（《韩非子·备内》）由此可见，在韩非的眼里，由于人们的自利和计算心，人际关系都是一种交换关系。

既然人与人之间是一种计数和交换关系，那么，任何人都想得到更多的利，甚至不惜牺牲他人利益。作为封建地主阶级的思想代表，韩非在经济和生活领域提出了满足统治阶级之利反足民论。他说："老聃有言曰：知足不辱，知止不殆。夫以殆辱之故而不求于足之外者，老聃也。今以为足民而可以治，是以民为皆如老聃也。故桀贵为天子而不足于尊，富有四海之内不足于宝。君人者虽足民不足使为天子，而桀未必以天子为足也。则虽足民，何可以为治也。"（《韩非子·六反》）韩非的言下之意是让民贫困才会服从统治，才能不断为统治者卖命，这种观点是商鞅阶级利己主义功利思想的继续，是不同于墨家功利主义经济伦理思想的封建统治阶级功利主义经济伦理思想。可以说，韩非的计算之心实现了经济伦理与政治伦理的联姻。这也是统治阶级经济伦理思想的本质之所在。

韩非的民争源于人多的思想是其经济伦理思想的一大特色。他认为，"古者，丈夫不耕，草木之实足食也；妇人不织，禽兽之皮足衣也。不事力而养足，人民少而财有余，故民不争……今人有五子不为多，子又有五子，大父未死有二十五孙。是以人民众而货财寡，事力劳而供养薄，故民争。……是以古之易财，非仁也，财多也；今之争夺，非鄙也，财寡也"（《韩非子·五蠹》）。他把社会争乱的根源归结为人多，这是极其片面的，其思想的基本原则是错误的。但是作为一种经济伦理观念，韩非把“民争”的现象与人口的多少联系起来思考，是有一定道理的。物质财富的增长落后于人口增长的速度，在人们的伦理境界有限的历史条件下，必然会带来一系列的社会问题。人多到超越了物力和财力所能承受的限度，这本身就是一种不应该的社会现象。由此再看韩非的思想，这确实也是难能可贵的。

在消费伦理观念上，韩非提出了奢侈养殃的思想。他说：“人主乐美宫室台池，好饰子女狗马以娱其心，此人主之殃也。为人臣者尽民力以美宫室台池，重赋敛以饰子女狗马，以娱其主而乱其心，纵其所欲而树私利其间，此谓养殃。”（《韩非子·八奸》）还说：“好宫室台榭陂池，事车服器玩，好罢露百姓，煎靡货材者，可亡也。”（《韩非子·亡征》）应该说，韩非这一思想的提出是为了劝说统治阶级的，有时代意义。尽管韩非对于“养殃”现象的归纳很有限也很肤浅，劝说统治阶级也难以奏效，但他把奢侈归结为“殃”“祸”之源，不仅为法家以法养廉提供了思想前提，而且确立了一种重要的消费道德观念。

韩非提出奢侈养殃在人类进入文明时代以后，以至于今天是作为社会规律现象出现的。因此，就是到了经济十分发达、生活十分充裕的年代，奢侈也还是作为一种不道德现象被反对的。

3. 杨朱（约公元前395—约前335年）是战国初期思想家，他的经济伦理思想带有极端的功利主义性质。但有一点需要说明的是，作为先秦道家学派的早期代表人物之一，杨朱的经济伦理思想与另两位道家学派的代表老子和庄子的经济伦理思想有其明显不同的倾向。老庄的经济伦理思想实不能以“功利主义”概括，至多只是“自然主义”的。

杨朱功利主义经济伦理思想的核心范畴是“贵己”“为我”。杨朱说：“伯成、子高不以一毫利物，舍国而隐耕。大禹不以一身自利，一体偏枯。古之人，损一毫利天下，不与也。悉天下奉一身，不取也。人人不损一毫，人人不利天下，天下治矣。”（《列子·杨朱》篇）杨朱以伯成、子高、大禹为实例，说明自利之重要，强调“全性葆真”不能损一毫。为此，孟子曾指出：“杨子取为我，拔一

毛而利天下不为也。”（《孟子·尽心上》）

在这种自利思想的指导下，杨朱主张“全性葆真，不以物累形”（《淮南子·汜论训》）。为了自身、为了“养生”，应该“轻物”。然而，矛盾的是杨朱在“贵己”“为我”思想的支配下，主张“肆之而已，勿壅勿阏”（《列子·杨朱》篇），放纵诸如“恣耳之所欲听，恣目之所欲视，恣鼻之所欲向，恣口之所欲言，恣体之所欲安，恣意之所欲行”（《列子·杨朱》篇）的情欲，其理由一是认为真正的“养生”“贵己”应该是纵情欲，哪怕生命短暂也是值得的。否则，哪怕活千岁万岁，不算为“养生”。二是认为人生“十年亦死，百年亦死。仁圣亦死，凶愚亦死。生则尧舜，死则腐骨；生则桀纣，死则腐骨。腐骨一矣，孰知其异?”（《列子·杨朱》篇）因此，应“从心而动”“从性而游”。

按照杨朱的观念，人生一切为了自身及其享乐，所有身外之物质和利益能“贵己”则取，至于身外或身后之人和事一概与己无关。

如此自私自利之思想，在先秦时期怎么能像孟子所说的，杨朱之言盈天下?（《孟子·滕文公下》）。原因可能有两点。一是在物质和财产问题上，杨朱主张人身和物均为天下之公物，否定私身私物。认为“至人”之境界是做到公身公物。他说：“身非我有也，既生，不得不全之；物非我有也，既有，不得而去之。身固生之主，物亦养之，虽全生身，不可有其身；虽不去物，不可有其物。有其物，有其身。是横私天下之身，横私天下之物，其唯圣人乎。公天下之身，公天下之物，其唯至人矣。此之谓至至者也。”杨朱这一思想客观上得到统治阶级的赞赏和推崇。二是杨朱主张“贵己”“为我”，并在此前提下强调人生应及时行乐，这必然会得到富贵人家的欢迎。对于贫苦民众来说，尽管生存难以维持，但求生和向往享乐的欲望使得他们对杨朱的思想并不厌恶。

二　宋代思想家对早期功利主义思想的承继与发展

功利主义经济伦理思想随着王安石经济改革思想的提出，逐渐形成两宋时期较完整意义上的理论表述。

1. 王安石在经济伦理观上明确反对儒者服官“耻于理财”的传

统，他认为，义是由理财体现出来的，有财不理，经济放任，就不可避免地发生“大农”“富工”“豪贾”对平民和农民的剥削。因此，在他看来，理财其实也是义之要求。

王安石经济伦理思想与墨家相似，但又不完全相同。墨家将利和义等同，既不加区分也不懂两者的辩证联系。王安石在这里既吸收和发展了墨家功利之思想，又继承并发展了儒家之义利观。下面这两句话能较集中地说明这一点。他说：“利者义之和，义固所为利也。”（《续资治通鉴长编》卷二百一十九，熙宁四年正月）“聚天下之人，不可以无财，理天下之财，不可以无义。”（《王临川集》卷七十，乞制置三司条例司）王安石在这里强调了利和义、财富与伦理是统一的，义、伦理是手段，利、财富是目的。唯义与利并举，伦理与财富并举，才能真正实现社会稳定、富国强兵。

虽然王安石的理财观、义利观在具体操作过程中会遇到各种旧势力的反对，但其时代意义是十分明显的。尤其是王安石将功利做了伦理的规定，将义和伦理做了功利的解释，这对于解脱儒家思想的某些束缚，发展生产、富裕人民是有直接的指导和督促意义的。

王安石的利和义、财富和伦理之思想对于我国社会主义市场经济的发展不无借鉴意义。市场经济从某种意义上说就是功利性经济，然而，这种功利性经济的发展又必须以伦理道德作为重要手段。社会主义市场经济发展的基本目的是国家的强大、人民的富裕、社会的稳定、生活的安宁。但社会主义市场经济从本质上来说是竞争经济，如不加以引导，不能充分利用伦理道德手段去促进经济发展，不能以精神文明建设指导和促进物质文明建设，那社会主义市场经济必将会演变成私有制式的自由经济，社会将会普遍存在弱肉强食、你争我夺、坑蒙拐骗等不道德现象。因此，社会主义市场经济从本质来说又是社会主义的伦理经济。一方面，社会主义市场经济的建设不能忽视国家利益、人民利益以及社会进步利益，这本身应该是社会主义市场经济建设的本质内涵。社会主义市场经济不包含这些内容，这市场经济就不能冠以“社会主义”之词。另一方面，社会主义市场经济是自觉的有序经济，是理性经济，它既有明文法规给予限定，同时亦应有伦理道德的作用。社会主义的伦理道德建设，不仅能起到社会主义市场经济建设的价值导向作用，也能增强社会主义市场经济建设的内在力度。

王安石的功利主义经济伦理思想，强调的是义和利不能截然分开理解，功利实现过程中内含着义。除以上的理财观和义利观的阐述充分体现了这一点外，在他制定的具体政策和改革措施中也能充分体现出来。

王安石主张的经济改革，其直接目的是抑制兼并，均贫济乏，变通天下之财，其更深一层的含义是平民和农民该有的财物、土地等不能被剥夺，应限制“大农”“富工”“豪贾”等的权利，保护大多数人的合法经济权利。这在北宋时期作为中小地主阶级代表的王安石能提出如此充满伦理内涵的政治、经济主张，是一件了不起的创举，它促使了功利主义经济伦理思想在当时的较完备体现。下面这段话能较好地体现王安石反对兼并，士民受益并乐于报国的伦理蕴涵。他说：“天命陛下为神明主，驱天下士民使守封疆，卫社稷，士民以死徇陛下不敢辞者，何也？以陛下能为之主，以政令均有无，使富不得侵贫，强不得凌弱故也。今富者兼并百姓，乃至过于王公，贫者或不免转死沟壑，陛下无乃于人主职事有所阙，何以报天下士民为陛下致死？”（《续资治通鉴长编·熙宁五年十一月》卷二百四十）

王安石推行的均输法，就是为了防止富商大贾“乘公私之急，以擅轻重敛散之权”，从而“稍收轻重敛散之权，归之公上。而制其有无，以便转输，省劳费，去重敛，宽农民，庶几国用可足，民财不匮”。（《王临川集·乞制置三司条例司》卷七十）

王安石推行的市易法和青苗法，其直接效果是国家赚了利息，增加了财政收入（王安石当时表面上不承认这一点）。客观上抑制了兼并，保护了农民的生产积极性，保证了农作的效益。同时也平定了物价，促进了市场的公平交易。

王安石推行的募役法，是提倡经济负担平均、平等或公平的典型法规。在王安石推行募役法以前，宋代差役极其繁重也极不平等，官户和寺观等僧俗大地主都免除徭役，坊郭户也大都不派徭役，而繁重的徭役主要由自耕农和中小地主来承担。而且，这些人一旦应役，便有陷入“全家破坏，弃卖田业，父子离散”的危险。为此，王安石主张以募役代替差役，以改变差役法所造成的不合理现象。募役法规定原来差役免除徭役的官户寺观和大商人等一律缴纳助役钱。为了减轻中小地主和贫苦劳动人民的徭役负担，募役法免除了中小地主衙前、里正的差役，改为按户等缴纳免役钱。同时对贫苦农民则免除差役并不纳免役钱，并做到“农事不夺而民力均”（《王临川文集·上五事札子》）。募役法还要求服役付酬，“随役轻重制禄”，这就使得一向专靠贪污贿赂等非法收入为主的吏胥阶层成为俸给生活者。

王安石经济改革措施涉及诸多方面，制定了一系列新法，从伦理角度看，王安石一是竭力反对经济领域的兼并、投机倒把等危害平民和农民利益的弱肉强食行为，试图平等经济权力或经济利益。二是反对在经济领域有特权的存在，主张经济责任人人有份，尤其在徭役上不分贵贱、不分穷富，都得承担，而在徭役承担的方式和数量上又以官户、平民、农民以及穷富相区别。这不仅限制了某些封建特权，而且使得社会经济生活多少更趋于公平。三是王安石的理财主张，其基本目的是国富民强，为的是国家利益和大多数人的利益。

从以上所述我们可以看到，王安石在历史上虽以改革家、政治家著称，但他的功利主义经济伦理思想也是十分丰富的。可以说，王安石的经济改革思想和一系列举措都是充满伦理精神的，基本的伦理出发点和伦理目的是其改革思想形成和见诸行动的内在依据之一。

翻阅历史资料，我们可以看到，中国历史上所出现的各种程度不同的经济改革，无不内含着深刻的伦理目的。尽管在阶级社会里，统治阶级的改革总是围绕着阶级利益而展开的，但改革要有发展，它不得不多少关系到民众的利益，不得不多少协调一些人际关系、利益关系和阶级关系。为此，经济改革也总伴随着或多或少的伦理道德变化和发展。

2. 李觏（1009—1059年）是北宋思想家，他的“人非利不生，曷为不可言”的功利主义经济伦理思想，也是儒家反传统中阐发的观点。

李觏是儒家学说的继承人，他自称“诵孔子、孟轲群圣人之言”[①]。不过，他在义利观上反对把义和利割裂开来，说：“利可言乎？曰：人非利不生，曷为不可言？”[②] 他同时批评了孟子“何必曰利”的思想，认为讲仁义就是为了利。他说：“孟子谓‘何必曰利’，激也。焉有仁义而不利者乎？其书数称汤、武将以七十里、百里而王天下，利岂小哉？”[③] 李觏的这一思想与王安石的义利观基本是一致的，他们对义利关系的阐释充分汲取了墨家功利思想，发展完善了儒家思想。

针对有人为追求利、欲，“藏奸狭诈，昼争夜夺，如盗贼之为”的社会现象[④]，李觏重复了先秦儒家利以义取的思想，强调言利言欲要以符合礼义为前提，离开礼义来言利和欲就是贪和淫，必须按照“上下有等，奢侈有制”原则来限制。

李觏继承了先秦儒家的国家利益优先的思想，认为，国家利益是大利也是大义。他说：“贤圣之君，经济之士，必先富其国焉。”[⑤] 先哲们有此思想，既是实践的体验，也是理性的概括。国不富则民贫，国不强则民弱，因此最大的功利是国家之利，最大的道义是为国家之义。现时代中国的最高道德目标也应该是发展民族经济，增强国力，并最终造福于广大人民群众。

针对具体的经济活动，李觏逐一提出了自己独特的经济伦理观念。

在土地问题上，李觏认为，富人占地太多，而农民丧失土地，这势必影响农业生产。他说：“贫民无立锥之地，而富者田连阡陌。富人虽有丁强，而乘坚驱良，食有粱肉，其势不能以力耕也，专业其财役使贫民而已。贫民之黠者则逐末矣，冗食矣。其不能者乃依人庄宅为浮客（佃农）耳。田广而耕者寡，其用功必粗。天期地泽、风雨之急又莫能相救，故地力不可得而尽也。”[⑥] 为了尽地力，均利

① （宋）李觏：《李觏集》，王国轩校点，中华书局1981年版，第296页。
② （宋）李觏：《李觏集》，王国轩校点，中华书局1981年版，第326页。
③ （宋）李觏：《李觏集》，王国轩校点，中华书局1981年版，第326页。
④ （宋）李觏：《李觏集》，王国轩校点，中华书局1981年版，第173页。
⑤ （宋）李觏：《李觏集》，王国轩校点，中华书局1981年版，第133页。
⑥ （宋）李觏：《李觏集》，王国轩校点，中华书局1981年版，第135—136页。

益，李觏提出了限田的主张，提出应“限人占田，各有顷数，不得过剩”[①]。这样就能做到像他所说的“兼并不行”，“土价必贱”，“言井田之善者，皆以均则无贫，各自足也”，“人无遗力，地无遗利，一手一足无不耕，一步一亩无不稼，谷出多而民用富”。[②]

在商业法则中，李觏提出了改革思想。他认为在籴粜粮食问题上，他反对收购粮食“数少”，反对贫民籴粮“道远”，同时也反对贪官污吏营私舞弊、弄虚作假，要求维护贫民的利益。在食盐专卖问题上，他反对给官吏有舞弊的机会，主张以“通商”即由官府卖盐给商人，再由商人运往各地出售的办法，这样可以“公利不减”，盐质可靠，用户价宜方便。在茶叶专卖问题上，李觏同样反对专卖，主张通商，这不仅可多税收，还可保质量，价合宜，使得国家财政和买卖双方都能得益。

李觏的经济伦理还突出表现在对待财政问题上，把民众的利益放到重要位置上加以考虑，试图使民众利益少受损或不受损。他积极主张减轻民众的赋税负担，认为这不仅能使民众生活留有余地，而且适量征税能促进生产的发展。他说：“一夫之耕，食有余地；一妇之蚕，衣有余也。衣食且有余而家不以富者，内以结吉凶之用，外以奉公上之求也。”[③] 因此他要求在征税过程中“观其丰凶，而后制税敛”[④]，如果“地所无及物未生，则不求”，这样民众就有积极性参加他从事的专业。

在求利致富问题上，李觏支持商人的正当致富行为，其理由是正当致富者虽富，但他是以“义取”，即通过诚实商品生产与流通而致富。为此，他认为不应该笼统打击富人。他指出：“田皆可耕，桑皆可蚕，材皆可通，彼独以是而致富者，心有所知，力有所勤，夙兴夜寐，攻苦食淡，以趣天时听上令也。如此之民，反疾恶之，何哉？疾恶之，则任之重，求之多，劳必于是，费必于是，富者几何其不转而贫也！使天下皆贫，则为之君者利不利乎？故先王平其徭

① （宋）李觏：《李觏集》，王国轩校点，中华书局1981年版，第136页。
② （宋）李觏：《李觏集》，王国轩校点，中华书局1981年版，第136页。
③ （宋）李觏：《李觏集》，王国轩校点，中华书局1981年版，第82页。
④ （宋）李觏：《李觏集》，王国轩校点，中华书局1981年版，第75页。

役，不专取以安之。世俗不辨是非，不别淑慝，区区以击疆为事。噫！富者乃疆耶！彼推理而诛者，果何人耶！”① 李觏的这一思想与前人的笼统抑商观念相比，其难能可贵之处在于他看到了勤劳致富与不义之富的区别。这说明了一个道理，有钱人不一定都是所谓的“小人”，诚实致富者历来有之。不过，在私有制社会，由于剥削阶级占有生产资料，手中又掌握着权力，剥削的确是富有者之基本特点，不义致富者也的确普遍存在。

李觏保护正当致富的思想，其实质是维护经济领域公平，而强调公平的基本出发点是支持艰苦创业。这一思想尽管与我们今天提倡的允许一部分人先富起来，最后走向共同富裕的策略不能相提并论，但与支持诚实劳动致富，倡导公平的基本伦理观点是有相似之处的。由此可见李觏这一思想的历史价值。

今天，在社会主义市场经济条件下允许一部分人先富起来，最后走向共同富裕的策略，是社会主义的功利主义与社会主义伦理要求相结合的最好体现。通过诚实劳动致富既体现了富者的创造性劳动的能力，又体现了富者的伦理素质和道德境界。同时，在以公有制为主、提倡集体主义的社会背景下，一部分人先富起来，将客观上促进其他人重新审视自己的能力及经济和生活目标，并通过诚实劳动逐步致富。这是社会主义公正原则在经济领域的最集中体现。因此，让一部分人先富起来最后走向共同富裕，既是现时代的策略和战略目标，也是社会主义伦理道德的经济追求。

李觏支持正当致富，但并不支持富者的奢侈生活。因为富者“食必粱肉”“言必文采”，如一点也不相济贫者，则贫者不安，这又是消费行为上的不当之行为。

李觏的这一思想是朴素的平均主义思想，在当时的历史条件下是不可能行得通的。我们今天的社会劳动致富者已是为数不少，如何对待富与穷的问题，这既是一般社会观念的体现，也是伦理观念的体现。我认为，李觏的思想虽简单而又肤浅，但可以借鉴。致富者如何用钱、如何生活本是他自己的事，但如何消费确实又是伦理问题，消费合理既能体现和更好地培养致富者的人

① （宋）李觏：《李觏集》，王国轩校点，中华书局1981年版，第90页。

格素质，又能合理使用财富，让财富发挥更好的社会生活效益，提高社会生活质量。同时，富者在有余力的情况下，支持社会生产和社会福利事业，既能体现和更好地培养致富者的伦理境界，又能使财富效益发挥在最佳状态下，并再次实现最佳社会效益和经济效益。

李觏在其功利主义的经济伦理观上还提出了一个自己独特的反对“冗食”的观点。李觏认为，诸如释老、冗吏、巫医卜相、倡优角觝等“冗食”者，只消耗谷帛产品，同时减少了全社会从事耕织的劳动力。李觏还特别指出释老之寺庙经济并不能促使人完善自身，反而造成人人不成其为人，更不可能以寺庙经济为民众造福。因此，李觏主张禁止度人为释老，指出更不要兴修寺庙，要让其逐步消灭。他的这一思想是功利主义经济伦理思想的一个重要表述，一般的思想家是难以做到的。而且这一思想具有一定的预见性和革命性。

3. 叶适（1150—1223 年）是南宋哲学家、研究“功利之学”的永嘉学派的集大成者，其功利主义经济伦理思想在当时具有典型意义。如果说王安石、李觏的经济伦理思想是儒生在反传统中看到了功利的价值，提出了具有明显儒学印记的功利主义经济伦理思想的话，那么叶适却是地道的功利学人谈经济伦理思想。

叶适首先认为功利与道德是一致的。一方面，叶适在提出圣君贤臣善理财的同时，指出“理财并非聚敛”，君子理财本身就是“以天下之财与天下共理”，是合乎仁义的。同时还提出，“无仁义之意”的小人不能理财，小人理财确是聚敛行为。他说：“理财与聚敛异，今之言理财者，聚敛而已矣。非独今之言理财者也，自周衰而其义失，以为取诸民而供上用，古谓之理财。而其善者，则取之巧而民不知，上有余而下不困难，斯为理财而已矣。故君子避理财之名，而小人执理财之权。夫君子不知其义而徒有仁义之意，以为理之者必取之也，是故避之而弗为。小人无仁义之意而有聚敛之资，虽非有益于己而务以多取为悦，是故当之而不辞，执之而弗置。而其上亦以君子为不能也，故举天下之大计属之小人，虽明知其负天下之不义而莫之恤，以为是固当然而不疑也。呜呼！使君子避理财之名，小人执理财之权，而上之任用亦出于小人而无疑，民之受病，国之受谤，何时而已！”[①] 另一方面，叶适认为让农民有地耕种，“使天下无贫农”[②]，才能有信义忠厚之道德，否则将会是另一番景象。他说：“以臣计之，有民必使之辟地，辟地则增税，故其居则可以为役，出则可以为兵。而今也不然，使穷苦憔悴，无地以自业。其驽钝不才者，且为浮客，为佣力；其怀利强力者，则为商贾，为窃盗，苟得旦暮之食，而不能为家。”又说：“田无所垦而税不得增，徒相博取攘窃以为衣食，使其欲贪诈淫靡而无信义忠厚之利，则将尽弃而鱼肉之乎！”[③] 尽管叶适在这里是为封建统治阶级着想的，但主张让农民有地耕，生产发展了才能改变社会风尚的思想是十分有价值的见解。这是功利主义经济伦理思想的典型表述，至今也不失其重要的实践意义。

在我们今天的社会主义市场经济条件下，社会道德风尚的改变固然是多种因素作用的结果，但发展经济是最基本的社会条件。在一定意义上说，国民经济的发展、人们生活条件的改善，对社会道德风尚的改变起着决定性的作用。

叶适关于功利与道德统一的观点还体现在他所阐释的义利观上。他指出，不能离开义来谈利，认为董仲舒的所谓“仁人正谊不谋利，明道不计功”，“初看极好，细看全疏阔”，指出“世儒者行仲舒之论，既无功利，则道义者乃无用之虚语尔”[④]。因此，叶适认为，应就“事功”来剖析义理。换句话说，义应体现在利之中，否则义或道义又将是“无用之虚语”。鉴于以上思想基础，叶适在一系列具体的经济主张中阐述或体现着自己的经济伦理思想。

首先，叶适反对民众沉重的苛捐杂税负担，认为赋税如此之多是不义之行为。他说：“祖宗之盛时所人之财，比于汉、唐之盛时一再倍，熙宁、元丰以后，随处之封桩，役钱之宽剩，青苗之结息，

---

① （宋）叶适：《叶适集》第3册，刘公纯、王孝鱼、李哲夫点校，中华书局1961年版，第773页。

② （宋）叶适：《叶适集》第3册，刘公纯、王孝鱼、李哲夫点校，中华书局1961年版，第656页。

③ （宋）叶适：《叶适集》第3册，刘公纯、王孝鱼、李哲夫点校，中华书局1961年版，第652页。

④ （宋）叶适：《学习记言序目》上册，中华书局1977年版，第324页。

比治平以前数倍；而蔡京变钞法以后，比熙宁又再倍矣。”“渡江以至于今，其所入财赋，视宣和又再倍矣。是自有天地，而财用之多未有今日之比也。”[①] 对此他还认为“聚敛”者“义失”，是欺骗民众而巧取的，这是不义之财。

其次，主张财政开支量入为出，而且应合理地取得“入”，否则将会损害人民的利益。他说：“国家之体，当先论其入。所入或悖，足以殃民，则所出非经，其为蠹国，审矣。”[②]

最后，主张节俭，提倡“窒欲”。他认为，秦皇汉武“役使天下，以赡其欲”[③]，不是圣王所应该做的。

三　明末以后的资本主义萌芽和资本主义特征的功利主义经济伦理思想

1. 与传统的正统思想相对立的“泰州学派”的功利主义经济伦理思想是传统功利主义经济伦理思想向新的体现资本主义要求的功利主义经济伦理思想过渡的思想流派。

王艮（1483—1541 年）是明代哲学家，作为“泰州学派”的创建人，其重要特点之一是面对诸如灶丁、商贩、瓦匠、樵夫、农民、雇工等下层平民百姓，阐释其基本思想。他认为，“圣人经世，只是家常事”（《王心斋先生遗集》卷一），因此称他自己的学说是“百姓日用之学”（《王心斋先生遗集》卷三）。

王艮的经济伦理思想集中体现在他的土地所有制观念中。他认为应均分土地才合情合理，才有可能使农业做到千万年有序而不受损。他说：“裂土封疆，王者之作也。均分草荡，裂土之事也。其事体虽有大小之殊，而于经界受业则一也。是故均分草荡，必先定经界。经界有定，则坐落分明；上有册，下给票；上有图，下守业。后虽日久，再无紊乱矣。”“本场东西长五十里，南北阔狭不同。本场五十总，每总丈量一里，每里以方五百四十亩为区，内除粮田官

---

① （宋）叶适：《叶适集》第 3 册，叶适著，中华书局 1977 年版，第 773 页。
② （宋）叶适：《叶适集》第 3 册，叶适著，中华书局 1977 年版，第 634 页。
③ （宋）叶适：《叶适集》第 3 册，叶适著，中华书局 1977 年版，第 634 页。

地等项，共计若干顷亩。本场一千五百余丁，每丁分该若干顷亩，各随原产，草荡、灰场、住基、灶基、粮田、坟墓等地，不拘十段、二十段有散落某里某区内，给与印信纸票，书照明白。着落本总本区头立定界墩明白，实受其业。后遇逃亡事故，随粟承业，虽千万年之久，再无紊乱矣。”（《王心斋先生遗集》卷二）

当然，王艮在这里并不是要均分封建地主阶级的土地，他的均分草荡计划是不包括官田和粮田的，而且事实上，当时无主的草荡甚多，实际均分过程中触及不到封建地主阶级已有的土地。

王艮的均分土地（实为均分草荡）主张有其重要的积极意义：一是主张平民百姓占有一定的土地，以解决财产分配不均问题；二是客观上充分利用了现有的劳动力发展生产，以改善贫者生活问题。

何心隐（1517—1579年）是明末思想家，作为“泰州学派”的代表之一，他认为人的欲望是正常的，反对把“人欲”看成罪恶，主张适当地满足人们的“声色、臭味、安逸”等物质欲望，还强调君主应“与百姓同欲”。[①]

正因为君、民同欲，因此何心隐指出，君、民应该利益均等。为此，何心隐所说的“人欲”不只是指个人的物质欲望，同时还包含集体生活的欲望。这一思想在“泰州学派”的学说中具有重要的理论意义。

更值一提的是，何心隐明确地提出了“人则财之本，而有人自有财”的人本主义经济伦理思想。尽管他的“人”是“财之本”思想中的“人”，不可能是我们现在所给予的内涵，但他看到了财富生产中人的作用是难能可贵的，并有着重要的实践意义。

时至今日，以人为本的经济或企业发展观，已经被实践证明了它的重要实践价值和社会经济发展意义。可以说，忽视了人和人的素质的经济意义和生产地位就必将失去发展的机遇。因此，何心隐的经济伦理思想虽不系统，但人为财之本的基本思想是十分有价值的经济伦理命题，具有重要的现实启迪意义。

李贽（1527—1602年）是明代思想家、文学家，他以抨击封建

---

① 参见胡寄窗《中国经济思想史》（下），上海人民出版社1981年版。

礼教传统著称，他的功利主义思想可谓“泰州学派”的集中概括，其经济伦理思想也可谓资产阶级经济伦理思想的一种雏形。

李贽首先认为人都有私心，人的行为动力也是私心所致。他说：“夫私者，人之心也。人必有私，而后其心乃见；若无私，则无心矣。如服田者，私有秋之获，而后治田必力；居家者，私积仓之获，而后治家必力；为学者，私进取之获，而后举业之治也必力；故宫人而不私以禄，则虽召之必不来矣；苟无高爵，则虽劝之必不至矣。虽有孔子之圣，苟无司寇之任、相事之摄，必不能一日安其身于鲁也决矣。此自然之理，必至之符，非可以架空而臆说也。然则为无私之说者，皆画饼之谈，观场之见，但令隔壁好听，不管脚跟虚实，无益于事，只乱聪耳，不足采也。”（《藏书·德业儒臣后论》）李贽还说：“趋利避害，人人同心，是谓天成，是谓众巧。”（《焚书·答邓明府书》）

既然人皆有趋利避害之私心，那么，人们追求富贵、追求物质享受是正当的。李贽在列举了圣人欲富贵的基础上，认为“财之与势，固英雄之所必资，而大圣人之所必用也”（《李氏文集·明灯道古当上》）。因此，“为好货，为好色，为勤学，为进取，为多积金宝，如多买田宅为孙谋，博求风水为儿孙福荫，凡世间一切治生、产业等事，皆其所共好而共习，共知而共言者，是其迩言也”（《焚书·答邓明府书》）。总之，在李贽看来，私心、欲望乃平民百姓和圣人之共同要求，确认这一现实才是“真有德之言”（《焚书·答耿司寇》）。

所以，李贽进一步指出，“穿衣吃饭，即是人伦物理。除却穿衣吃饭，无伦物矣。世间种种，皆衣与饭类耳。故举衣与饭，而世间种种自然在其中。非衣食之外，更有所谓种种绝与百姓不相同者也”（《焚书·答邓石阳书》）。

在李贽的功利主义经济伦理思想体系中，与上述思想同等重要的是他强调人与人之间平等，唯有平等才能做好治生、产业等事。同时，李贽还要求在实现平等的条件下，自由发展人的个性，让天下人都能依据自己的愿望施展自己的才能。

李贽的这些思想足以可见当时社会经济已有资本主义的萌芽。他顺应了时代的潮流，提出了反传统的经济伦理思想。其更深刻之处还在于李贽自觉不自觉地看到了社会经济关系转折时期的经济与伦理的关系，以更新的思路强调了何心隐的经济人本主义思想。

综上所述，“泰州学派”的经济伦理思想可谓具有划时代意义的，尤其是他们从思想观念上认识到了人和人际关系的均等对于社会经济发展的重要性，这是了不起的创见。尽管“泰州学派”的其他思想理论体系不免多有错误，甚至有的是为“富人”辩护的，有的是明显空想，但他们的经济伦理思想的历史地位是十分重要的。

2. 随着资本主义生产关系的开始显露和西方科学知识开始在部分封建士大夫中传播，一些启蒙思想家提出了较之前人更新的功利主义经济伦理思想。

“颜李学派”追随者王源与“泰州学派”属同类功利主义的思想体系，而且“颜李学派”较之“泰州学派”更注重日常之功利。他们公开主张“正其谊以谋其利，明其道而计其功”（《四书正误》）。

“以六字强天下：人皆天，官皆将”，“以九字安天下：举人才，正六经，兴礼乐”。（《习斋先生年谱》卷下）在这里，“富天下”“强天下”是目的，而“安天下”只是手段而已。

颜元的土地共同享有思想最能体现他的经济伦理思想。他强调：“天地间田，宜天地人共享之。”（《存治》篇卷一）

李塨（1659—1733年）是清初思想家，他的经济伦理思想集中体现在两点。一是认为农业和工业是生产财富的，商业不能生产财富，因此不能把商业列于工业之上。他说：“农助天地以生衣食者也。工虽不及农所生之大，而天下货物，非工无以发之、成之，是亦助天地也。若商则无能为天地生财，但能移耳，其功固不上于工矣。况工为人役，易流卑贱。商牟厚利，易长骄亢，先王抑之处击，甚有见也。今分民而列于工上，不可。”（《平书订》卷一）李塨在这里客观上肯定了农民和工人在经济生活中的地位。二是在土地所有制问题上尽管意识到“今世夺富与贫，殊为艰难”，但仍认为“非均田则贫富不均，不能人人有恒产。均田，第一仁政也”。（《拟太平策》卷二）

王源（1648—1710年）作为清初颜李学派的信奉者，在土地所有制问题上竭力主张“可井则井，难则均田，又难则限田”（《存治》篇卷一），以实现“耕者有其田”。同时强调“有田者必自耕”。他说：“有田者必自耕，毋募人以代耕。自耕者为农，无得更为士、为商、为工。……士商工且无田，况官乎？官无大小，皆不可以有田，惟农为有田耳。”（《存治》篇卷一）王源这里的本意是应平均分配土地，让农民有田耕，废除地主对土地的私人占有。尽管这明显带有空想的性质，但的确集中体现了王源的经济伦理观。

黄宗羲（1610—1695年）是明末清初思想家、史学家，他作为公开反对封建势力的启蒙思想家，其思想基础是认为“有生之初，人各有私也，人各自利也”（《明夷待访录·原君》），并指出个人“不享其利”是不合于天下人情的。

为此，黄宗羲把任何对私人利益的侵犯和对私有土地的课税的行为看成“不仁之甚”的扰民行为。同时在土地制度上反对限田、均田，认为“授田之政未成而夺田之事先见”是“不义”之行为。

黄宗羲还在倡工商促民富的同时，强调必须解决妨碍民富的三件事，即“习俗未去，蛊惑不除，奢侈不革”。

顾炎武（1613—1682年）作为专事于经世致用之学的启蒙思想家，他首先认为，人人自私自为是“天下治”的前提，他说：“天下之人，各怀其家，各私其子，是常情也。为天子，为百姓之心必不可其自为！此在三代以上已然矣。圣人者因而用之，用天下之私以成一人之公，而天下治。”（《亭林文集》卷一）与此同时，顾炎武认为只有实现财产私有才能促进生产。

顾炎武经济伦理思想的另一突出之处是支持商业的发展。他反对以往所有的抑商思想，主张较自由的贸易，认为如果使商人蒙受损失会不利于生产。他在谈及食盐买卖时说：“两淮岁课百余万，安所取之？取之商也。商安所出，出于灶也。以区区海滨荒荡莽仓之壤，民穴居露处，魑魅之与群，而岁供国家百余万金之课。自钞法坏而伏恤为虚，所恃供课之外，商收其余盐，得银易粟以糊其口。若商不得利，则徙业海上，饥无所得粟，寒无所得衣，是坐毙耳。……故商不得利之涸浅，而灶不食之祻深。……且商人皇皇求利，今令破家析产，备受窘困，富者以贫，贫者以死。彼所恋旧堆之盐，预征之课，未忍割而徙业。若束缚之，急使之，一无所顾，今天下安得岁增民间百余万粟，输九边以为兵食者乎。”（《天下郡

国利病书》卷二十八）

综上所述，启蒙思想家之经济伦理思想更多的是面对平民说话的，有其时代意义和实践价值。尽管他们认为人心自私自为，并倡导私有制度，但更多的还是从社会利益和平民利益出发的，其基本理论目的也还是为了国家安稳。为此，在启蒙时期，启蒙思想家的功利主义思想往往与爱国主义思想密切联系在一起。

四 资产阶级改良派的功利主义经济伦理思想

康有为（1858—1927年）是我国近代资产阶级改良派的启蒙思想家，年轻时就受到西方资产阶级思想文化的影响和正在滋长的中国资产阶级改良派思潮的熏陶，后来在治学的道路上创立了标志着封建思想的解体和资产阶级启蒙思想兴起的新思想体系，提出了以“求乐免苦”为核心的经济伦理思想。

在义利关系上康有为认为利可以变义，“义为事宜”。他说：“世运既变，治道斯移，始于粗粝，终于精微。”（《日本书目志·卷首》）“道尊于器，然器亦足以变道矣。”（《孔子改制考序》）还说，“义为事宜”，“故礼无定而义有时，苟合于时，义则不独创世俗之所无，虽创累千万年圣王之所未有，益合事宜也。如人道之用不出饮食衣服宫室器械，事为先王皆有礼以制之，然后世废尸而用主，废席地而用几桌，废豆登而用盘碟，千年用之，称以文明，无有议其变古者而废之，后此之以楼代屋，以电代火，以机器代人力，皆可例推。变通尽利，实为义之宜也。拘者守旧，自谓得礼，岂知其阻塞进化，大悖圣人之时义哉！”（《康南海文集》第8册）

为此，康有为反对儒佛之禁欲主义，明确指出，“夫人之愿欲无穷，而治之进化无尽”，倡导因人所欲，开拓利源，给民众以“求乐免苦”的自由。他说：“民之欲富而恶贫，则为开其利源，厚其生计，如农工商机器制造之门是也；民之欲乐而恶劳，则休息燕飨歌舞游会是也。……民之欲通而恶塞，则学校报纸电机是也。凡一切便民者，皆聚之……民欲则推行与之，民欲自由则与之，而一切束缚压制之具，重税严刑之举，宫室道路之卑污隘塞，凡民所恶者皆去之。”

为了最终争取到资产阶级的权利，发展资本主义，康有为一是提出了人有天性情欲的观点，他认为“人有天生之情”，“喜怒哀乐爱恶欲之七情，受天而生，感物而发，凡人之间，不能禁而去之，只有因而行之”（《康南海文集》第8册），指出：“普天之下，有生之徒，皆以求乐免苦而已，无他道矣。”（《大同书》）二是提出人为天所生，天赋平等权利。他说：“人人为天所生，人人皆为天之子，但圣人姑别其名称，独以王者为天之子而庶人为母之子，其实人人皆为天之子也。”（《春秋董氏学》卷六上）又说：“人人性善，文王亦不过性善，故文王与人平等相同，文王能自立为圣人，凡人亦可自立为圣人，而文王不可时时现世，而人当时时而立，不必有所待也。”（《康南海文集》第8册）

康有为在他的《大同书》中还描述了大同社会的经济伦理现象。第一，没有私有产业，“公生业”；人人都有工作，没有贫富差别。他说：“举天下之田地皆为公有，人无得私有而私买卖之。”（《大同书》）“使天下之工必尽归于公，凡百工大小之制造厂、铁道、轮船皆归焉，不许有独人之私业矣。”（《大同书》）第二，认为大同社会“无邦国故无有军法之重律，无君主则无有犯上作乱之悖事”，“太平之世不立刑，但有各职业之规则”。（《大同书》）同时，由于“盖自养生送死皆政府治之”（《大同书》），全社会“无复有窃盗、骗劫、藏私、欺隐、诈伪、偷漏、恐吓、科敛、占夺、强索、匿逃、赌博乃至杀人谋财之事”（《大同书》）。

康有为对大同社会经济伦理现象的描述实为空想，尽管他主张取消私有制，但其思想基础是资产阶级的人性论，因此，他的设想不管多么美好，最终是不可能实现的。

康有为的经济伦理思想基本上体现了资产阶级的利益和心态，就当时的社会状况来说，多有进取意义。尤其是提出“义为事宜”的思想，为资本主义的发展从伦理角度提供了理论依据。尽管“事宜”之内涵有资产阶级及其利益需要之解释，但把“义”解释为“事宜”，既反对了儒家义重于利的思想，又区别于传统功利主义把“义”与“利益”直接挂钩的观念。康有为的“事宜”概念有更宽泛的内涵，其现实意义也不少见。在发展社会主义市场经济的今天，只要有利于生产力的发展、有利于综合国力的增强、有利于人民生活水平的提高都应该是符合道义的行为，都值得提倡。

谭嗣同（1865—1898年）作为我国近代思想家、资产阶级改良派的左翼激进分子，在其反封建过程中形成的经济伦理思想颇有特色。

谭嗣同在他的思想体系中提出了“人我通”的观点。他认为世界万事万物统一于“仁”，彼此之间是相通的，以“仁”协调万事万物之关系，事物的存在才是合理的，才有可能发展。他还解释说，“仁”以“通为第一义”，“通”以“仁”为本，即所谓的“仁不仁之辩，于其通与塞，通塞之本，惟其仁不仁”。（《谭嗣同全集》卷一）在处理人与人之关系上，谭嗣同说：“夫仁者，通人我之谓也。”（《谭嗣同全集》卷一）

在谭嗣同的观念中，经济的运行、贸易的发展也是要坚持“仁”“通”或“人我通”思想。他要求财富流通社会并使之生利，让富人获利，贫民亦可得到谋生。他要求中外通商，既有利于客商更有利于中国，如此等等。他认为只有相互疏通交流，才能相互获利。不与国外交往，不开展贸易，不协调生产和经营中的各种关系，那就是“塞通”，对社会经济的发展是有害无利的。

谭嗣同的“仁”“通”或“人我通”思想有着独到的阐释，他融通传统的功利主义和德性主义的义利观，更偏重于功利主义的叙述，为我国近代经济的发展提出了很有实践意义的指导思想。然而其明显的缺陷是没有深究在经济领域“仁”“通”的基本原则，一味地为通而通，在中西方经济发展差距悬殊的情况下，客观上会有损于民族资本主义经济的发展。

谭嗣同在消费伦理观上适应资本主义发展的要求，反对传统的“黜奢崇俭”思想。一方面，他认为个人奢侈对社会有利。他说：“夫岂不知奢之为害烈也，然害止于一身家，而利十百矣。锦绣珠玉栋宇车马歌舞宴会之所集，是固农工商贾从而取赢，而转移执事者所奔走而趋附也。楚人遗弓，楚人得之，孔子犹叹其小。刈蓍而遗元簪，田妇方且不惜。奈何私垄断天下之财，惄不一散，以沾润于国之人也！”（《谭嗣同全集》卷一）另一方面，他认为“崇俭”的结果会阻碍社会经济发展。他认为“崇俭”一定会影响诸如“劝蚕桑”“开矿取金银”等关系“生民之大命”之事。他还说：“愈俭则愈陋，民智不兴，物产凋窳。”“人人俭而人人贫”，“盖坐此寂寂然一乡，而一县，而一省，而逋毒于四海，而二万里之地，而四万万之人，而二十六万种之物，遂成为至贫极窘之中国”。谭嗣同设想的大同社会的经济伦理是行“井田”“均贫富”；有天下而无国，“轸域化，战争息，猜忌绝，权谋弃，彼我亡，平等出”（《谭嗣同全集》卷一）。

谭嗣同的经济伦理思想，基本上没有越出康有为的思想范畴，但“仁”“通”或“人我通”思想倒是独特的思维模式。在社会经济运行过程中，是否坚持这一思想将会直接影响经济发展的质量和速度。

严复（1854—1921年）作为我国近代思想家、系统研究经济范畴的资产阶级学者，其经济伦理思想有着明显的功利主义色彩。

在义利关系问题上，他反对把义和利割裂开来，认为无所利的义不成其为义，“长久真实之利”即是义，故“义利合”。他说：“治化之所难进者，分义利为二者害之也。孟子曰，亦有仁义而已矣，何必曰利。董生曰，正谊不谋利，明道不计功。”“自天演学兴，而后非谊不利非道无功之理，洞若观火，而计学之论，为之先声焉。斯密之言，其一事耳。尝谓天下有浅夫，有昏子，而无真小人，何则？小人之见，不出于利，然使其规长久真实之利，则不与君子同术焉，固不可矣。”“故天演之道，不以浅夫昏子之利为利矣，亦不以刻谿自敦，滥施妄与者之义为义，以其无所利也。庶几义利合，民乐从善，而治化之进不远欤。”［《原富》（二）］

在严复看来，既然“义利合”，那么，人们追求利就是理所当然的了。严复由此进一步说，为了让人们能获得“长久真实之利”，必须给予个人经济活动以最大的自由，他说：“盖财者民力之所出，欲其力所出之至多，必使廓然自由，悉绝束缚拘滞而后可……若主计者用其私智，于一业欲有所丰佐，于一业欲有所阻挠，其效常终于纠纷，不仅无益而已，盖法术未有不侵民力之自由者，民力之自由既侵，其收成自狭。”［《原富》（六）］“夫所谓富强云者，质则言之，不外利民云尔。然政欲利民，必自民各能自利始；民各能自利，又必自皆得自由始。”（《严几道诗文钞》卷一）

严复的自由得利思想对于经济建设和资本主义的发展来说是有重要实践价值的。严复认识到民众创造财富，而要充分发挥民众的创造力，就要给他们经济活动的自由，否则将是“收成自狭”。

在赋税问题上严复提出了系统的伦理观念。他认为，国家征收赋税应该考虑是否合宜，同时，不应为私，而应取于民还于民。他说：“国家之赋其民，非为私也，亦以取之于民者还为其民而已，故赋无厚薄唯其宜。就令不征一钱，而徒任国事之废弛，庶绩之堕颓，民亦安用此俭国乎？且民非畏重赋也，薄而力所不胜，虽薄犹重也。故国之所急，在为民开利源，而使胜重赋。胜重赋奈何？曰，是不越赋出有余一例已耳。”[《原富》（九）]

在消费观上，严复主张消费要有限度，不能影响生产。为此他推崇节俭，对一些人的反对节俭思想很不理解。他说：“道家以俭为宝，岂不然哉。乃今日时务之士，反恶其说而讥排之，吾不知其所据之何理也。”[《原富》（四）]

梁启超（1873—1929 年）是我国 19 世纪、20 世纪初的资产阶级维新派思想家，他的经济伦理思想烙上了明显的时代印记。

梁启超作为功利主义者，他将整个社会的人分为“生利之人与分利之人”，认为，生利之人多好，因为他们从事直接与资本相交接的劳动。同时认为分利之人少好。因为他们不直接生产利润。梁启超的生利之人与分利之人之分肤浅而笼统，他将纨绔子弟、乞丐和盗贼等不劳而获者作为分利之人加以反对是有积极意义的，但同时把教师等一些有正当职业者也作为“劳力而仍分利者”，那就不恰当甚至是错误的了。不过梁启超对“生利之力”的理解倒是典型的经济伦理观念。他认为“生利之力”有两种：“一曰体力，二曰心力。心力复细别为二，一曰智力，二曰德力。”（《梁启超文集》卷十三）在这里，梁启超明确了这样一种观点，即生产过程及其生产的效益是由人的智力素质和道德品质决定的。

梁启超这一思想有着重要的现代启迪意义。社会主义市场经济的发展和现代企业制度的完善，需要文化知识、科学技术，但更需要人的正确的世界观、人生观和价值观，只有实现“智”和“德”的有机结合，才能快速而有效地发展经济。

当然，梁启超所理解的“德力”，其内涵只能是资产阶级的观念。因此，梁启超在确认资本主义经济原则时倡导利己主义，认为利己主义是社会经济发展的动力，并由此主张土地私有。他说：“经济之最大的动机实起于人类之利己心。人类以有欲望之故，而种种之经济行为生焉，而所谓经济上之欲望，则使财物归于自己支配之欲望是也。”（《梁启超文集》卷三十二）“故今日一切经济行为殆无不以所有权为基础，而活动于其上，人人以欲获得所有权或扩张所有权，故循经济法则以行，而不识不知之间，国民全体之富固已增值，此利己心之作用，而私人经济所以息息影响于国民经济也。”（《梁启超文集》卷三十二）

在消费伦理观上，梁启超观点与严复不同，他提倡“尚奢黜俭”。一方面，他认为节俭不仅壅全国之财，而且会养成人们不吃苦的思想。他说：“所最恶者则癖钱之好，守财之虏，腹削兼并他人之所有以为己肥，乃窖而藏之，以私子子孙，己身而食不重肉，妾不衣帛，犹且以是市侩名于天下，壅全国之财，绝廛市之气，此真世界之蟊贼、天下之罪人也。”（《梁启超文集》卷一）又说，假如一个人“持两钱可以度日”，那“彼其人于两钱之外无所求，一日所操作，但求能易两钱则亦已矣。虽充其人与地之力，可以日致百钱或万钱，彼勿顾也，已无所用之而徒劳苦何为也”。（《梁启超文集》卷一）另一方面，他认为尚奢有利于国富。他说：“礼运曰，货恶其弃于地也，不必藏于己。大地百物之产，可以供生人利乐之用者，其界无有极，其力皆藏于地，彼人然后发之，所发之地力愈进，则其自乐之界亦愈进；自乐之界既进，则其所发之地力，愈不得不进。二者相牵引而益上。故西人愈奢而国愈富，货之弃于地者愈少。”

梁启超的“尚奢”思想尽管是面向富人，要求富人通过消费投资于生产发展，但如果没有区别地推而广之，这将可能造成社会道德的堕落。他的“节俭”思想是消极的，假如从“节流”角度理解“节俭”，这应该作为中华民族之传统美德发扬光大。

纵观我国历史上的功利主义经济伦理思想广阔，其基本思想体系要比西方传统的功利主义经济伦理思想尤其是西方近代功利主义经济伦理思想内容要广博得多，一些深刻的概念和命题有其重要的理论价值和现代实践意义。尽管我国历史上功利主义经济伦理思想没有像德性主义经济伦理思想那样在思想领域占主导地位，影响也远不如德性主义经济伦理思想广阔，但其几个主要特点值得我们思索。

第一，功利主义经济伦理思想注重功利，认为利即义，有功利才有义，没有无功利之义，“事宜”即功利等。尽管有些命题是形而上学的，但是，从功利主义角度把义利统一起来认识社会经济的发展规律，其思维定式是有其合理性的。在今天，假如离开功利谈义，或者把功利仅仅作为理解义的参照系都不是历史唯物主义的观点。说实在的，功利作为人生和社会发展的基本条件，作为人生和社会的价值体现，它应该是人之行为动力，是社会发展的内涵。同时，正当的功利本身就体现道义，正当的功利本身就是通过道义手段获得的。因此，功利和道义在社会经济发展过程中都既是目的又是手段。

第二，有些功利主义经济伦理思想有重功利轻道义的内涵，甚至认为道义只能由功利来理解。这就混淆了功利与道义的辩证关系，贬低了道义的作用。事实上，道义作为价值取向、作为一种经济手段，他直接影响甚至支配着人和社会之功利的获得。离开了道义去追求功利，那往往是近乎禽兽的行为。

在我国不断推进社会主义市场经济建设的今天，发展是硬道理，教育（重点是思想政治和道德品质教育）是根本。离开了社会主义精神文明建设和道德建设，社会经济发展将没有动力，更没有后劲，最终影响的还是效益和发展。为功利而功利，把功利作为一切行为的出发点和衡量标准，这将是庸俗的功利主义或非理性的功利主义。

第三，功利主义经济伦理思想一般强调国家之功利，追求国家的富强。尽管思想家们心目中的国家是封建专制国家或资本主义的国家，但其思想观念有着重要的现代启迪意义。社会主义国家实现了人与人之间的平等，国家是人民的代表，为此，国家的利益、国家的富强本身既是最大的功利，也是最高的道义。发展社会主义市场经济的一切举措都应该以国家利益为重，国家的富强将是全国人民的最大幸福。

（原文见《中国经济伦理学——历史与现实的理论初探》，
中国商业出版社 1994 年版，第 59—98 页）

中国传统理想主义经济伦理思想

理想主义经济伦理思想的特点是：向往理想社会，设想人人同耕，君臣同耕；利益平等，没有剥削，主张绝对平均主义。战国时期农家学派的创立，标志着理想主义经济伦理思想的形成。农家学派的创始人是许行，由于其独特的思想体系，使该学派成为百家争鸣中之一家。尽管在许行之后，农家近乎“销声匿迹”，但作为一种思想流派的思想影响，它不仅存在，而且一遇适当的条件仍然会旧题重释，影响人们的思想观念，甚至会渗透到其他学派的思想体系中，刻下深深的印迹。特别是农家的“重农”思想，对后来儒家、法家、阴阳家等都有着程度不同的影响，并从这些流派代表人物的言论中都可以体味到它的内涵。

农家的理想主义经济伦理思想代表了当时小生产者的利益和要求，属于社会理想流派的范畴。理想主义经济伦理思想主张身亲耕、妻亲织，直接参加农业生产劳动。通过农业生产劳动，使人人自食其力，即使是君王，也要与民“并耕而食，饔飧而治”。许行不但描绘出这种社会理想的蓝图，而且还身体力行地进行实验，组织了他的几十个门徒组成了类似乌托邦的实验公社，把当时落后的生产力和生产方式加以理想化，并化作实际的行动。这反映了战国时期的小农阶层热爱劳动，反对统治者的剥削，反对商人资本侵蚀的善良意愿。同时，也由于他们无法摆脱当时这两种势力的重压，只好把良好积极的社会理想，化为无边的幻想。

形成农家特色的理想主义经济伦理思想有着多方面的原因，其中主要的是由于当时剧烈悲惨的兼并战争，诸侯国家的苛捐重税徭役、商业欺诈剥削等，使广大的小生产者处于水深火热的艰难困苦之中，使不少没落的奴隶主贵族纷纷破产，大批地进入小生产者的行列中，在小生产者中出现了一批有文化的人物，成为他们的思想代表，许行就是其中之典型。由此产生出以一种不分尊卑、同劳共食、平等交换、没有商业剥削欺诈的理想社会为特征的理想主义经济伦理思想，其主要人物有许行、赵过、氾胜之、召信臣等。

农家学派的产生和发展有着比较独特的历史过程，它在开始崭露头角的战国时期曾表现出两个不同的源头。一是以神农之言作为源流的根据，理想化的色彩浓郁而突出；二是以“农稷之官”作为正宗，以农业技术见长。然而农家学派生存发展下来以后，也就没有什么内部分歧，尤其是秦汉之后，农家专门注重了农业生产技术方面的研究，比如，神农、后稷、野老等的农家著作当时都同时存在，所以东汉著名史学家班固说：“农家者流，盖出于农稷之官，播百种，劝耕桑，以足衣食。”（班固：《汉书・艺文志》）班固之后，另一个给农家学派以界定的是南北朝时期的《刘子》，在《刘子・九流》中说：“农者，神农、野老、宰氏、氾胜之类也。其术在于务农，广为垦辟，播植百谷，国有盈储，家有蓄积，仓廪充实，则礼义生焉。”在社会历史演变的过程中，中国发展成一个农业大国这一历史事实，与农家学派的发展也是有着一定的关系的，农家学派的学说思想也是随着历史的变迁、统治阶级的需要而变化的。许行的政治观点同历代封建地主阶级的观点大相径庭，封建士大夫们都鄙视农业生产劳动，把“学稼”“学圃”看作“小人”之事，因而对从事农业研究的人不予重视，许多像许行这样的农家学派的杰出代表，人不入传、书不入经，湮没了他们的著作。尽管如此，农家学派给我们留下的遗产仍然是十分丰富的。从汉代起农家思想受重视，并被各派吸收，历代统治者也从农业管理、农业技术方面予以了一定的重视和肯定。

一　许行的经济伦理思想

许行生卒年月无从考证，战国时楚国人。许行有学生几十人，是个小学派。先秦时期各学派都把自己的学说渊源托始到前圣王那里，以表明学派存在是天经地义的。比如，儒家托始于尧舜，道家托始于黄帝，墨家托始于夏禹，许行则把农家托始于神农。他的言行主要记录在《孟子·滕文公上》中，因孟子有“有为神农之言者许行”的提法，故称他为农家。农家在战国时期的各学派中虽说是个小学派，在思想观念上却是最激进的学派，他的经济伦理思想主要从君民并耕同劳共食、平等交换、反对剥削欺诈这三个方面反映和显现出来，代表了当时极广大的小农群众的利益。

1. 君王与民并耕而食。主张社会成员人人都要直接参加生产方面的体力劳动，人人做到自食其力，连君主也不能例外，这是对剥削的反抗，也是对社会等级制度的否定。许行认为，统治者在治理民事的同时，应与农民一起参加生产劳动，这样才能称为贤良的君主。如果依赖榨取农民的生产品来供养自己，就不配称为贤良的君主。不仅如此，许行还反对剥削，提出不得向百姓征税，不得有储存财物的“仓廪府库”，否则就是“厉民自养”，就是靠剥削而生存。这种观点也正是一种农业社会主义思想的表现，是一定历史条件下的小农阶层的意识形态之表现。在这小农阶层思想的指导下，又自然地产生了一种极端的平均主义思想，要求在并耕活动中人们不仅自己要织席、捆屦、耕种，而且还要人人进行生产劳动。许行在这方面的实践活动更是与众不同，他亲自带领他教的几十名学生，师生一起耕种、捆屦、织席，这些反映平等和平均的思想在当时很独特，也很富有理想主义色彩。因此很自然地遭到了孟子等所代表的儒家学派的指责和批判。①

2. 互换互利。由于许行及其门徒生产的粮食和部分手工业品，基本上能做到自给自足，对自己不能生产的生产、生活用品则用自产品进行交换，如铁制农具等，戴的帽子都是用自产品交换得来的。因此，在许行看来，这种交换是互利的，农民和手工业者之间，不存在谁对谁剥削的问题，而是在平等的互换中相互得利。在这过程中只有通过平等的交换，使交换双方均获利，才能促使生产力水平的提高，否则的话，将会不利于农业生产。

3. 反对商业剥削和欺诈行为。许行及其农家学派对当时的商业剥削和欺诈行为十分痛恨，针对商业中出现的欺诈行为，他们提出，不卖假货，不搞价格欺诈，且童叟无欺。即是说，当商品种类、尺

① 参见赵靖主编《中国经济思想通史》第1卷，北京大学出版社2002年版。

码、重量等相同时，其售价不允许随意波动。那么售价又如何决定呢？决定的价格又由谁来监督并惩罚违者呢？许行学派的回答是：依据许子之道，人人都懂得并践行许子学说，自觉地不做欺诈之事，可以使国家成为人人向往的君子国。[①]

二 《吕氏春秋》中农学家的经济伦理思想

《吕氏春秋》中《上农》《任地》《辨土》《审时》四篇较完整地正面阐述了农家的经济伦理思想。由于先秦农家学派代表人物许行的政治观点同历代封建统治阶级大相径庭，加上儒家思想长期占据着统治地位，深刻地影响着许多封建士大夫，他们都十分鄙视"学稼""学圃"，将其贬低为小人之事。因此，农家思想遭到排斥，农家学派的杰出代表及其思想不被后人重视。例如战国时期的神农二十篇、野老十七篇，在唐初已失传。尽管如此，农家的重农思想已深刻地影响到其他学派，即包括在儒家、法家、阴阳家、杂家等代表人物的言论和著作中，甚至连"并耕论"也经过改变成为人君籍田劝农之说，而且"自汉文帝纳贾生之说，行之推之礼，历代沿为定制，直至清亡，其礼始废"[②]。当然秦之后的历代统治阶级重农并非专门为尽地之利，还有更深刻的政治目的，正如《吕氏春秋·上农》篇中曰："农非徒为地利也，贵其志也。"他们重农的目的很清楚是要为新兴地主阶级的政治、经济利益服务。

1. 禁锢农民，安定国家。为了更好地利用农民的特点为统治阶级服务，他们认为，把广大人民禁锢在土地上务农有三点好处：一是农民纯朴且易被利用，可以使边境安，主位尊；二是农民财产固定不愿迁徙，死守本地而无二虑；三是农民少私义，法令易于推行，力量易趋专一。相反，弃农务他业则有三点害处：一是不易服从命令，于战于守都不利；二是资产轻便易于迁徙，如遇国家有变，皆不愿留居而思远逃；其三，好智多诈，钻法令、法规的空子。

2. 重农学派的伦理要求。为使人民能够长期固守农业，他们首

---

① 参见赵靖主编《中国经济思想通史》第1卷，北京大学出版社2002年版。

② 齐思和：《中国史探研》，中华书局1981年版，第190—192页。

先主张限制农民与外地通婚嫁，这样农业劳动力在宗法制度的约束下，可以稳固地保持下来，以保证农业劳动力的充足。其次主张以五种“禁令”的方式推行重农的政策：即一是“地未辟易，不操麻，不出粪”；二是“齿年未长，不敢为园圃”；三是“量力不足，不敢渠地而耕”；四是“农不敢行”；五是“贾不敢为异事”。此外诸如伐木、猎兽、捕鱼等活动，都必须在一定的时候一定的节令方可进行，否则都予以禁止。尤其在农忙时节，不许兴建工程，不为军旅之事。主张日常生活中不许戴鹿皮帽，以避免打猎而浪费时间。主张嫁娶、祭礼要节俭，不允许铺张浪费。再次，他们更主张要求农民竭尽全力劳作，以创造更多的物质财富供他们剥削和占有。他们甚至提出“非老不休，非疾不息，非死不舍”。最低限度也要做到“上田夫食九人，下田夫食五人”，如一人耕作做到了可供食十人，并供六畜之饲料，才算真正尽了地利。并且提出不允许私雇农民为佣工去从事其他行业的工作。最后，在社会分工上，主张农业生产以性别分工为基础，男耕女织，相互提供衣食等生活资料，凡在七尺以上的人都必须有一定职业，分别在农、工、商三业做事，具体分工为“农攻粟，工攻器，贾攻货”。城市是工贾聚集之地，农民不宜长期居住等。

纵观其理想主义经济伦理思想，有以下几点值得我们思索。第一，农家思想体系及其影响尽管不能与儒家、法家、道家等学术流派相提并论，但对社会理想的系统构思和实践，尤其在发展农业方面的理想境界可谓新疆、独特，它客观上成了我国思想发展史上重要的一笔思想财富。当然，由于农家经济伦理思想带有浓厚的幻想色彩，与落后的生产力和封建专制制度极不适应，故不可能在社会上得到通行，其思想观念及其倡导者的实验遭到厄运就可想而知了。

第二，农家经济伦理思想尽管只是一种理想的思想观念，但它反对专制、反对剥削、反对不平等，客观上代表了小生产者的愿望，对未来社会生活也是一种理性设计，这或多或少对后来其他学术流派思想体系的完善，对农民运动的逐步兴起和发展有着一定的启迪作用。尤其是诸如不分尊卑、共同劳动、平等交换等观念作为中华民族传统经济伦理观念还有着深远的历史意义。

第三，农家经济伦理思想毕竟是代表小生产者利益的思想体系，这种对未来的幻想不是建立在对社会发展进程深刻认识基础上的（由于时代和阶级的局限，客观上也做不到），而是一种社会生活经验式的向往。因此，他们推崇的绝对的平均主义，尽管有着当时的时代进步意义，但终究会成为阻碍社会发展的消极思想观念。

（原文见《中国经济伦理学——历史与现实的理论初探》，
中国商业出版社 1994 年版，第 99—106 页）

孙中山三民主义经济伦理思想

孙中山（1866—1925年），是我国近代伟大的革命先行者、民主主义革命家、思想家，他在领导人民推翻帝制、建立共和国的过程中提出了“三民主义”，即民族主义、民权主义和民生主义，随着民主革命的不断发展，孙中山对三民主义也不断做出更全面的阐述，以致到后来他自己将旧三民主义发展为新三民主义，提出了“联俄、联共、扶助农工”的三大政策和反对帝国主义的革命主张。

孙中山的三民主义经济伦理思想，是资产阶级民主革命思想体系的一个部分，但是它既不同于西方资产阶级的一般意义上的经济伦理思想，也不同于我国资产阶级改良派的经济伦理思想。孙中山的三民主义经济伦理思想力求跟上时代步伐，适应时代潮流，具有明显的革命性和较多的科学性。

三民主义经济伦理思想始终把伦理道德现象建立在对民众生计的考察和认识上。它认为民生问题是一切社会活动的中心，社会伦理道德也是由民生问题引发而来的。同时还认为，没有经济的发展，道德文明也必然缓慢下来。反之，没有道德进步，国家也难以强盛、难以长治久安。所以孙中山在竭力主张振兴实业的同时，亦主张加强道德教育，造成顶好人格，以人格救国。

一　民生之经济伦理内涵

孙中山说：“民生两个字……在科学范围之内，拿这个名词来用于社会经济上，就觉得是意义无穷了。我今天就拿这个名词来下个定义，可以说：民生就是人民的生活、社会的生存、国民的生计、群众的生命。”[①] 还说：“人类之在社会，有疾苦幸福之不同，生计实为其主动力。去［盖］人类之生活，亦莫不为生计所限制，是故生计完备，始可以存，生计断绝，终归于淘汰。”[②] 在孙中山看来，民生问题或称生计问题是社会经济生活、政治生活、道德生活等的核心问题，一切问题围绕生计而展开，并围绕生计而解决。

在社会经济与伦理道德的关系上，孙中山认为，民生问题解决得如何，直接影响到社会其他方面的发展。“民生畅遂”，社会才能进步，“因为民生不遂，所以社会的文明不能发达，经济的组织不能改良，和道德退步，以及发生种种不平的事情。像阶级战争和工人痛苦，那种种压迫，都是由于民生不遂的问题没有解决。所以社会中的各种变态都是果，民生问题才是因”[③]。

孙中山的民生主义经济伦理思想的主要内涵是“平均地权”和“节制资本”。“平均地权”的主张，实质是强调经济权益平等，反对剥夺。孙中山认为“中国的人口农民是占大多数”，“但是他们由很辛苦勤劳得来的粮食，被地主夺去大半，自己得到手的几乎不能够自养，这是很不公平的”。“我们要怎么样能够保障农民的权利，要怎么样令农民自己才可以多得收成，那便是关于平均地权的问题”。[④]

为此，孙中山早先主张土地国有，说：“原夫土地公有，实为精确不磨之论，人类发生以前，土地也自然存在，人类消灭以后，土地必长此存留，可见土地实为社会所有，人于其又恶得而私立耶？或谓地主之有土地，本以资本购有，然试叩其第一占有土地之人，又何购乎？”[⑤] 为此，孙中山则结论说：“故土地之一部分，根据社会主义之经济原理，不应为个人所有，当为公有，盖无疑矣。”[⑥] 孙中山主张土地公有，其中伦理的实质是“把农民的地位抬高”，消除农民与官吏和商人在经济权益上的不平等。

---

① 《孙中山选集》下卷，人民出版社2011年版，第765页。
② 《孙中山全集》第2卷，中华书局1982年版，第510页。
③ 《孙中山选集》下卷，人民出版社2011年版，第797页。
④ 《孙中山选集》下卷，人民出版社2011年版，第810页。
⑤ 《孙中山全集》第2卷，中华书局1982年版，第514页。
⑥ 《中山丛书》卷3，上海大一统图书局1927年版，第10页。

孙中山“平均地权”的本质体现是“耕者有其田”。他认为：“民生主义真是达到目的，农民问题真是完全解决，是要‘耕者有其田’，那才算是我们对于农民问题的最终结果。”[①] 同时他还强调，彻底的革命就是要让耕者有其田，如果耕者没有田地，农民地位就没有抬高，经济权益仍实现不了平等。

“节制资本”的主张，实际上是反对垄断，反对少数人操纵国民之生计，反对经济上独占专横的不人道行为。孙中山说：“吾人之所以持民生主义者，非反对资本，反对资本家耳，反对少数人占经济之势力，垄断社会之富源耳。试以铁道论之，苟全国之铁道，皆在一二资本家之手，则其力可以垄断交通，而制旅客、货商、铁道工人等之死命矣。”[②]

为此，孙中山指出，“资本家者，无良心者也”[③]。例如“任由中国私人或者外国商人来经营，将来的结果也不过是私人的资本发达，也要生出大富阶级的不平均”[④]。因此他认为，在国内应节制私人垄断资本，“凡夫事物之可以委诸个人，或其较国家经营为适宜者，应任个人为之，由国家奖励，而以法律保护之。今欲利便个人企业之发达于中国，则从来所行之自杀的税制，应即废止，紊乱之货币，立需改良，而各种官吏的障碍，必当排去，尤须辅之以利便交通。至其不能委诸个人及有独占性质者，应由国家经营之”[⑤]。对待外国资本，孙中山告诫“必当留意”，他说：“1. 必选最有利之途，以吸外资。2. 必应国民之所最需要。3. 必期抵抗之至少。4. 必择地位之适宜。”[⑥]

孙中山在强调“节制资本”的同时，要求发达国家资本，以实现民富国强，让民众都能享受公共之利。他说：“准国家社会主义，公有即为国有，国为民国，国有何异于民有！国家以所生之利，举便民之事，我民即共享其利。”“铁道以及各种生产事业，其利既大，工人之佣值，即可按照社会生活程度渐次增加，务使生计宽裕，

① 《孙中山选集》下卷，人民出版社 2011 年版，第 810 页。
② 《孙中山选集》上卷，人民出版社 2011 年版，第 93 页。
③ 《孙中山选集》上卷，人民出版社 2011 年版，第 95 页。
④ 《孙中山选集》下卷，人民出版社 2011 年版，第 801 页。
⑤ 《孙中山选集》上卷，人民出版社 2011 年版，第 191 页。
⑥ 《孙中山选集》上卷，人民出版社 2011 年版，第 192 页。

享受平均……。"[①] 同时，孙中山竭力主张"振兴实业"，发达国家，实现"救贫"之目的。

二 民族之经济伦理内涵

孙中山在革命过程中清醒地看到，由于帝国主义的侵略，使得中国不是完全独立国，而是半独立国。并认为帝国主义不可能"实行商业的自杀，来帮助中国拥有自己的工业威力而成为独立的国家"，"他们的利益首先在于使中国永远成为工业落后的牺牲品，这也是十分明白和容易理解的"。[②]

因此，孙中山指出："民族解放之斗争，对于多数之民众，其目标皆不外反帝国主义而已。帝国主义受民族主义运动之打击而有所削弱，则此多数之民众，即能因而发展其组织，且从而巩固之，以备继续之斗争，此则国民党能于事实上证明之者。吾人欲证实民族主义实为健全之反帝国主义，则当努力于赞助国内各种平民阶级之组织，以发扬国民之能力。"

在民族与民族的关系问题上，孙中山的民族主义主张国内各民族之间要实行真正的民族平等和民族团结，强调"对于国内之弱小民族，政府当扶植之，使之能自决自治"。在与世界的民族关系上，孙中山主张联合"平等待我之民族"，同时，抑强扶弱，支持弱小民族，并在经济上做到压富济贫。他说："中国如果强盛起来，我们不但是要恢复民族的地位，还要对于世界负一个大责任。如果中国不能够担负这个责任，那么，中国强盛了，对于世界没有大利，便有大害。中国对于世界究竟要负什么责任呢？现在世界列强所走的路是灭人国家的，如果中国强盛起来，也要去灭人国家，也去学列强的帝国主义，走相同的路，便是蹈他们的覆辙。所以我们要先决定一种政策，要'济弱扶倾'，才是尽我们民族的天职。我们对于弱小民族要扶持他，对于世界的列强要抵抗他。如果全国人民都立定这个志愿，中国民族才可以发达。若是不立定这个志愿，中国民族便没有希望。我们今日

① 《孙中山全集》第2卷，中华书局1982年版，第521页。
② 《孙中山全集》第1卷，中华书局1982年版，第322—323页。

在没有发达之先，立定扶倾济弱的志愿，将来到了强盛时候，想到今日身受过了列强政治经济压迫的痛苦，将来弱小民族如果也受这种痛苦，我们便要把那些帝国主义来消灭，那才算是治国平天下。”[①]

三　民权之经济伦理内涵

孙中山指出：“民权两个字，是我们革命党的第二个口号，同法国革命口号的平等是相对待的。”[②] 他具体解释说：“这种民权主义，是以人民为主人的，以官吏为奴隶的。所以十三年前的革命，是一件很奇怪的事，是中国几千年来破天荒的第一件事，在那次革命以前，人民都是做皇帝的奴隶，无论什么事都要听皇帝的话；到了民国成立，便是以民为主的世界，人民便变成了主人，皇帝变成了奴仆。在这个民国时代，本来没有皇帝，最大的官是大总统和国务总理，以下就是各部总长、各省省长以及各县县长。这些官吏以前都是在人民之上，今日便在人民之下。大家知道现在民国没有皇帝，究竟是什么人做皇帝呢？从前是一人做皇帝，现在是四万万人作主，就是四万万人做皇帝。”

既然人民做了社会的主人，孙中山认为，当官者手中的权力应该用来为人民谋福利。在孙中山看来，“天下为公”就是一切为了人民。这也是民权之最高实现。

在民权的具体实现过程中，应该是让人民获得真正的自由和平等。在孙中山看来，民权的实现必须让人民获得自由权利，丧失了权利自由，也就丧失了民权，他还认为，国民平等是民权实现的标志，只有实现“四万万人一切平等，国民之权利义务无有贵贱之差，贫富之别。轻重厚薄，无稍不均”,[③] 才是国民之平等的实现。

四　三民主义经济伦理思想的社会历史价值

孙中山认为：“中国的人口，农民是占大多数，至少有八九成，

① 《孙中山选集》下卷，人民出版社 2011 年版，第 659—660 页。
② 《孙中山选集》下卷，人民出版社 2011 年版，第 691 页。
③ 《孙中山全集》第 1 集，中华书局 1982 年版，第 331 页。

但是他们由很辛苦勤劳得来的粮食，被地主夺去大半，自己得到手的几乎不能够自养，这是很不公平的。”又说：“现在的农民，都不是耕自己的田，都是替地主来耕田，所生产的农品，大半是被地主夺去了。”“农民耕田所得的粮食，据最近我们在乡下的调查，十分之六归地主，农民自己所得到的不过十分之四，这是很不公平的。”① 针对资本主义的分配不公，孙中山说：“当全用人工时代，其生产之结果，按经济学旧说以分配、土地、人工、资本各得一分，尚不觉其弊害。机器发明之后，犹仍按其例，此最不适当之法也。”② 因为，“按斯密亚当经济学生产之分配，地主占一部分，资本家占一部分，工人占一部分，遂谓其深合于经济学之原理。殊不知此全额之生产，皆为人工血汗所成，地主与资本家坐享其全额三分之二之利，而工人所享三分之一之利，又析与多数之工人，则每一工人所得，较资本家所得者，其相去不亦远乎？宜乎富者愈富，贫者愈贫，阶级愈趋愈远，平民生计遂尽为资本家所夺矣”③。

对于封建主义、资本主义的不公平分配，孙中山主张两点。第一，让“耕者有其田”，而且“假若耕田所得的粮食，完全归到农民，农民一定是更高兴去耕田的。大家都高兴去耕田，便可以多得生产”。④ 这就是说，公正的分配，必然带来农民生产的积极性和生产的发展。第二，“一则土地归为公有，一则资本归为公有。于是经济学上分配，惟人工所得生产分配之利益，为其私人赡养之需。而土地资本所得一分之利，足供公共之用费，人民皆得享其一分子之利益，而资本不得垄断，以夺平民之利。斯即社会主义本经济分配法之原理，而从根本上以解决也”⑤。

纵观孙中山三民主义经济伦理思想，有三个方面内容值得我们思索。

第一，孙中山经济伦理思想明确反对封建专制主义，反对帝国主义，同时亦反对与他自己所提出的民生、民族、民权之三民主义经济

① 《孙中山选集》下卷，人民出版社 2011 年版，第 810—811 页。
② 《孙中山全集》第 2 卷，中华书局 1982 年版，第 517 页。
③ 《孙中山全集》第 2 卷，中华书局 1982 年版，第 512 页。
④ 《孙中山选集》下卷，人民出版社 2011 年版，第 811 页。
⑤ 《孙中山全集》第 2 卷，中华书局 1982 年版，第 515 页。

伦理思想不相符的西方资产阶级的观念和行为。更可贵的是他或多或少地接受了马克思主义的有关经济伦理学说，尽管他对马克思主义思想的理解和接受是肤浅和简单的。由此，我认为孙中山三民主义的经济伦理思想不是一般意义上的资产阶级思想体系，他是结合中国实际对传统资产阶级思想的改革和发展。孙中山思想可谓中国新时代的曙光，其经济伦理思想也是独树一帜的资产阶级伦理观念。

第二，孙中山经济伦理思想是面对四万万人民的生计、权利和自由、平等而阐释的，其基本的伦理价值取向是理性的、崇高的。但问题是孙中山领导的革命毕竟是资产阶级民主革命，其思想体系不可能最终超越资产阶级思想观念的窠臼，以致他的许多经济伦理观念是一种空想，不可能在社会经济生活中得到实质性的通行。同时，我国资产阶级的软弱性，决定了它反帝反封建的不彻底性。因此，孙中山面对四万万人民利益而阐释的经济伦理理想也难以成为现实。当然，孙中山三民主义经济伦理思想以独特的角度和功能唤起了民众的觉醒，其伟大的历史功绩载入了中华民族的史册。

第三，孙中山经济伦理思想由于其独特的历史地位、历史作用和价值取向，至今仍有重要的时代启迪意义。首先，孙中山始终把国家的富有强大和人民的生计作为理论探索的出发点和归宿，在我们建设社会主义现代化的今天仍然有着重要的参考价值。其次，孙中山强调权利平等，官民一致才能体现“民权”，这在我们今天建设社会主义市场经济过程中，为避免市场经济带来的负面效应，并充分激发人民群众的劳动积极性，尤其需要强调权利平等，强调干部是人民的公仆，人民是真正的主人。再次，分配问题是孙中山经济伦理思想关注的重点。孙中山十分清楚地看到，分配不公就意味着剥削，有不平等，就意味着“民权”不能最终实现。这一思想也给我们以警示。

（原文见《中国经济伦理学——历史与现实的理论初探》，
中国商业出版社 1994 年版，第 107—115 页）

新民主主义经济伦理思想

新民主主义经济既不是资本主义经济也不是社会主义经济；既有资本主义的经济成分，也有社会主义的经济成分。但新民主主义经济制度的建立，是中国共产党民主纲领的重要组成部分。因此，新民主主义的经济伦理思想具有明显的时代进步性和革命性。

新民主主义经济伦理思想的主要特点是：认为有利于社会进步、革命发展和人民利益的经济形式都是合理的；经济目标和伦理目标是一致的，经济的发展最终是为了实现民众的理性生存；社会评价善恶之标准是看是否有利于社会改革和经济发展。

一　土地革命和土地改革中的伦理思想

新民主主义经济伦理思想的重要内容与土地革命和土地改革有关。

1. 土地革命时期形成了较完整的土地革命伦理思想体系

在封建专制主义的统治下，我国农民几乎没有自己的地种，地租和高利贷使得农民“破产日极”。1927 年 7 月召开的中共闽西一大关于《土地问题决议案》中做了如下描述：“（1）地主的剥削：据六县调查土地的结果，土地百分之八十五至九十为地主阶级所有，农民所有田地不到百分之十五。地主利用农民竞耕田地，剥夺永佃权，逐步增高地租，索取押租金，建立铁租制度，同时还有田信鸡等附带的剥削。至乡村中豪绅强霸强买（农民）田产之事尚有所闻。在这种封建制度剥削之下，农民的破产困穷是非常之厉害的，六县中雇农贫农平均数量在百分之八十以上，便可证实这话。（2）高利贷与商业资本的剥削：农民穷了必举行借贷，地主乘此机会放高利贷以榨取农民，普通利率平均在二分以上，有的到了十分以上，本利相等，更使农民破产日极。城市商业资本垄断市场，高抬外来物价，抑低土产价格，农民以多量农产品换取少量的工业品，这亦是很大的剥削。（3）军阀、政府、民团对农民捐税、（钱）粮之剥削甚于地主收租，有时过之，近郊农民还有徭役制度，更使农民迅速破产。（4）帝国资本主义商品侵略之结果，使农民（村）手工业逐年失败，尤其是烟、纸、茶之滞销，加多了农村中失业工农。"① 由于农民没有土地，受到惨重的剥削与压迫，丧失了应有的权利，使得农民既没有生产积极性，也无力改良农具和田地，"生产力日坏一日"。

针对这种情况，中国共产党人明确指出："中国现在的土地制度，是一种半封建制度，农民受重租重税剥削，田地集中在地主手里……土地革命是中国民权革命的主要内容，地主官僚军阀不除，中国农民得不到土地，民权革命就不算成功。"② 这也就是说，改变土地制度是是否实现权利的根本。

为此，中国共产党号召推翻封建专制，没收豪绅地主阶级的土地财产，"一切私有土地完全归组织成苏维埃国家的劳动平民所公有"，"一切没收的土地之实际使用权归之于农民，租田制度与押田制度完全废除"。③

为了通过土地革命真正在全社会实现权利平等，在坚持"土地归农民"主张的同时，首先做到了土地平均分配，让耕者有其田。1928 年 12 月颁布的《井冈山土地法》规定，"以人口为标准，男女老幼平均分配"，"老小虽无耕种能力，但在分得田地后，政府亦得分配以相当之公众勤务，如任交通等"。1930 年颁布的《中国革命军事委员会土地法》第八条规定："为满足多数人的要求，并使农人迅速得到田地起见，应依乡村人口数目，男女老幼平均分配。不以

① 许毅主编：《中央革命根据地财政经济史长编》，人民出版社 1982 年版，第 243 页。
② 许毅主编：《中央革命根据地财政经济史长编》，人民出版社 1982 年版，第 232 页。
③ 卫兴华、洪银兴：《中国共产党经济思想史论》，江苏人民出版社 1994 年版，第 58 页。

劳动力为标准的分配方法。”[①]

其次，由于农民欠豪绅地主的债务是农民没有土地造成的，而且实际上农民的劳动所获全被剥夺。因此，土地革命中要求“工人、农民欠田东债务一律废止，不要归还”。“销毁豪绅政府的一切田契及其他剥削农民的契约（书面的口头的完全在内）。”并“宣布一切高利贷的借约概作无效”。[②] 这就将工农的利益全面归还了工农。

最后，土地革命中坚持了人道主义原则，规定：豪绅地主及反动派的家属，经当地群众及政府审查准其在乡居住者，又无他种方法维持生活的，得酌量分与田地。

2.《五四指示》的土地改革伦理思想

抗日战争胜利以后，中国共产党在解放区领导农民开展了继续实行减租减息和开展反奸清算运动。广大农民在这期间成为实际得益者，并由此进一步加强了改变土地制度的要求，以期让自己成为土地的实际拥有者。针对这一客观形势和农民的新的要求，中共中央于 1946 年 5 月 4 日颁布了《关于清算减租及土地问题的指示》即《五四指示》。

《五四指示》实质上是土地改革纲领。在当时的历史条件下，《五四指示》更充分地体现了理性精神，揭示了在土地改革问题上的时代伦理。《五四指示》首先强调“要坚决拥护农民一切正当的和正义的行动，批准农民获得和正在获得土地”。并要求党组织坚定维护农民利益的立场，“不要害怕普遍地变更解放区的土地关系，不要害怕农民获得土地和地主丧失土地，不要害怕中间派暂时的不满和动摇”。《五四指示》同时还要求理性地对待各种阶级和各类人员的土地占有问题。《五四指示》要求坚决地无条件“没收分配大汉奸土地”；通过减租、清算迫使地主把土地“出卖”给农民，从而消灭封建剥削，实现农民的土地所有权。《五四指示》还要求“对待中小地主的态度应与对待大地主、豪绅、恶霸的态度有所区别”，不仅不能一律采用扫地出门的办法，而且要给中小地主以生活出路；

---

① 许毅主编：《中央革命根据地财政经济史长编》，人民出版社 1982 年版，第 227、287 页。

② 许毅主编：《中央革命根据地财政经济史长编》，人民出版社 1982 年版，第 236、231 页。

“对于抗日军人及抗日干部的家属之属于豪绅地主成分者，对于在抗战期间与我们合作而不反共的开明绅士及其他人等，在运动中应谨慎处理，适当照顾”；对待富农，一般不变动他们的土地，“如在清算退租土地改革时期，由于广大群众的要求，不能不有所侵犯时，亦不要打击得太重，应使富农和地主有所区别，应着重减租而保存其自耕部分”。《五四指示》对于中农采取了保护政策，要求“坚决用一切方法吸收中农参加斗争，并使其获得利益，绝不可侵犯中农土地，凡中农土地被侵犯者，应设法退还或赔偿，整个运动必须取得全体中农的真正同情和满意，包括富裕中农在内”。

这里要指出的是，《五四指示》只是在抗日战争后、在国内全面内战危机已经十分严重的情况下，中国共产党为充分发动农民，团结一切可以团结的力量，争取实现国内和平而发出的指示，它有历史要求和特征。随着全面内战爆发和革命形势的发展，《五四指示》关于对中小地主给予照顾和一般不变动富农的土地等指示已经不适应形势的要求。为此，在人民解放军由战略防御转入战略进攻的新形势下，中共中央于1947年10月颁布了《中国土地法大纲》。《大纲》更充分地体现了革命的理性精神，明确指出要“废除封建性及半封建性剥削的土地制度，实行耕者有其田的土地制度”，“废除一切地主的土地所有权”，“废除一切祠堂、庙宇、寺院、学校、机关及团体的土地所有权”。《大纲》还明确规定：“乡村中一切地主土地及公地，由乡村农会接收，连同乡村中其他一切土地，按乡村全部人口，不分男女老幼，统一平均分配。在土地数量上抽多补少，质量上抽肥补瘦，使全乡村人民均获得同等的土地，并归各人所有。”从而真正实现“耕者有其田”的新民主主义革命目标。

二　对待“资本”的伦理思想

新民主主义经济是多种经济并存的经济，在如何对待各种“资本”的问题上，中国共产党坚持了客观、理性的态度。

1. 由于“帝国主义对于半殖民地的中国的剥削，阻碍着资本主义的发展”，又由于“帝国主义是一切反动力量的组织者和支配者”。他们“利用自己的经济上、政治上的威力，对于民族资产阶级做些小小的让步，威逼利诱地分裂民族联合的战线，用贿赂收买军阀的旧方法，用武力的炮舰政策压迫革命，实行经济封锁，利用自己的强大威力（银行、公司、军舰、军队等）——造成阻碍中国革命发展和胜利最严重的困难之一”。[①] 因此，为了彻底摆脱帝国主义的束缚和侵略，完全解放中国于外国资本压迫之下，中国共产党领导的新民主主义革命坚决没收帝国主义的在华资本，不仅将帝国主义手中的银行、海关、铁路、企业、矿山、工厂等一律收归国有，而且也无条件地收回帝国主义的租界租借地。

2. 由于国内官僚资本为帝国主义服务，为内战服务，阻碍甚至破坏着新民主主义的革命，为此，中国共产党领导的新民主主义革命坚决没收国民党政府及其国家经济机关、前敌国政府和国民党战犯、汉奸、官僚资本家在私营企业或公私合营中的股份及财产。

3. 由于我国民族资本主义的发展与帝国主义、封建主义和官僚资本主义存在着矛盾，所以在中国共产党领导的新民主主义革命过程中，民族资产阶级常常参加革命，成为革命的同路人；又由于中国经济还十分落后，而且与帝国主义和封建主义相比，民族资本主义还是一种进步的经济形态，在革命胜利以后一个相当长时期内，还可以而且必须允许它们存在，以利于国民经济的发展。正如毛泽东同志在党的七届二中全会上说的：“中国的私人资本主义工业，占了现代性工业中的第二位，它是一个不可忽视的力量。中国的民族资产阶级及其代表人物，由于受了帝国主义、封建主义和官僚资本主义的压迫或限制，在人民民主革命斗争中常常采取参加或者保持中立的立场。由于这些，并由于中国经济现在还处于落后状态，在革命胜利以后一个相当长的时期内，还需要尽可能地利用城乡私人资本主义的积极性，以利于国民经济的向前发展。”[②]

4. 由于利用和限制私人资本主义的需要，又由于控制国民经济命脉和加强国家计划经济的需要，中国共产党坚持了对私改造的国

① 卫兴华、洪银兴：《中国共产党经济思想史论》，江苏人民出版社 1994 年版，第 87 页。

② 《毛泽东选集》第 4 卷，人民出版社 1991 年版，第 1431 页。

家资本主义道路，以达到全面维护国家和人民利益的目的。

毛泽东同志曾指出：“中国现在的资本主义经济，其绝大部分是在人民政府管理之下的，用各种形式和国营社会主义经济联系着的，并受工人监督的资本主义经济。这种资本主义经济已经不是普通的资本主义经济，而是一种特殊的资本主义经济，即新式的国家资本主义经济。它主要地不是为了资本家的利润而存在，而是为了供应人民和国家的需要而存在。不错，工人们还要为资本家生产一部分利润，但这只占全部利润中的一小部分，大约只占四分之一左右，其余的四分之三是为工人（福利费）、为国家（所得税）及为扩大生产设备（其中包含一小部分是为资本家生产利润的）而生产的。因此，这种新式国家资本主义经济是带着很大的社会主义性质的，是对工人和国家有利的。”①

三 “合作化”的经济伦理思想

中国共产党领导的新民主主义革命取得胜利以后，党的目标决定了必然要走向社会主义，建立社会主义的经济制度，以真正实现人民在经济领域中的主人翁地位。

1. 农业合作化

农民在新民主主义革命过程中获得了土地，但是，由于小农经济的生产力水平较低，广大农民仍缺少诸如耕牛、农具等必要的生产资料，农业产量不高，以致农民基本生活资料仍然不足，有的甚至在扣除成本和上缴国家税收后所剩无几。若遇自然灾害，农民更是无法维持生存。在这种情况下，农村必然出现农民卖地卖房现象，这也势必导致新的两极分化。

为了倾力实现新民主主义经济向社会主义经济的过渡，真正在经济上解放农民，中国共产党通过农业合作化运动，引导农民走向共同富裕的社会主义道路。早在老解放区就推行了互助合作运动，这为新中国成立后合作化运动积累了经验。因此，中华人民共和国

---

① 《毛泽东文集》第6卷，人民出版社1999年版，第282页。

成立以后，农民由劳动互助组得到了实惠，不仅提高了劳动生产力，而且较好地改善了农民生活。为此，农民又以极大的热情加入半社会主义性质的初级农业合作社，并进而进入社会主义性质的高级农业合作社。

在农业合作社中，农民的互助精神和平等劳动精神得到了进一步的发扬光大，尤其农民作为小生产者，其思想观念在农业合作化运动中得到了改造，使他们自觉地向往社会主义，向往共同富裕的生活。

2. 手工业合作化

中华人民共和国成立以后，个体手工业经济在我国国民经济中仍占有相当比重，个体手工业经济的发展速度和发展方向直接影响着国民经济的发展。但是，由于以个体手工业为主的手工业经济和广大小农经济一样，生产力水平较低，既缺乏扩大再生产的资金和技术，又因为经营方式分散而生产规模十分狭小。在这种情况下，仍然和当时落后的农村经济一样，极有可能出现两极分化的局面，并很有可能产生资本主义。

考虑到我国当时手工业经济的实际情况以及建立社会主义制度的目标，国家对个体手工业进行了社会主义改造，通过具有社会主义因素的手工业生产小组、半社会主义性质的供销社和社会主义性质的生产合作社的逐步过渡形式，使个体手工业经济发展成为社会主义集体所有制经济。

在个体手工业合作化过程中，一方面，引导了个体手工业者走共同富裕的道路；另一方面，避免了商业资本的控制和剥削，避免了雇佣关系，实现了手工业者之间的全面合作、共同劳动、利益均等，即是由分散的个体手工业经济，通过合作化运动，发展成为充分体现理性精神的合作社经济。

3. 对小商小贩的社会主义改造

中华人民共和国成立以后，小商小贩是商业流通领域的一支庞大队伍，“据 1955 年 8 月的统计，全国不雇佣职工和只雇佣一人的商品零售小商店和小摊贩，共达 278 万户，从业人员达 336 万人，资本总额4.8亿多元。其户数占私营零售商户总数的98.24%，从业人员占91.82%，资本额占61.81%，营业额占77.14%”①。

面广量大的小商小贩与小农经济和个体手工业经济有着基本同样的特点，经营分散、资金少、规模小。商品市场竞争的结果必然会出现两极分化现象，而且，小商小贩本质上有趋向资本主义的特点。如不进行社会主义的改造，不仅小商小贩的社会经济地位和政治地位不能得到保证，而且，还要影响到社会主义建设。

但是，小商小贩毕竟是自食其力的劳动者，社会主义的改造过程中只能是从帮助他们提高经营能力，稳定经营效益入手，逐步地把他们引导到社会主义建设需要的轨道上来，并由此充分实现作为社会主义劳动者的基本权益。

新民主主义经济伦理思想的内容十分丰富，反映了各个经济领域的理性内涵和伦理精神。本章从三种有代表性的角度试图揭示新民主主义经济伦理思想的基本内容和特征，诸如中国共产党关于革命根据地经济建设的思想、关于抗日民主根据地经济建设的思想、关于解放区经济建设尤其是大生产运动和发展工农商业的经济思想，以及过渡时期的总路线都包含着丰富的新民主主义经济伦理思想，这些都是我国经济伦理思想发展史上的宝贵财富。

纵观新民主主义经济伦理思想，有三个方面内容值得我们思索。第一，新民主主义经济伦理思想是新民主主义经济思想的重要内涵。它始终体现和服务于中国共产党领导的新民主主义革命，完善其实践操作机制。在这一点上，新民主主义经济伦理思想不同于历史上各种“主义”的经济伦理思想，其理论观念有着客观的社会根基和科学依据，并完全有可能在社会经济生活中得到体现。由此我们可以更深入一层地体会到，中国共产党领导的新民主主义革命充满着革命的理性精神，新民主主义革命过程中的经济行为有着十分充实的伦理内容。

第二，新民主主义经济伦理思想集中强调了民族独立、富强，人民权利平等。由此可见，新民主主义经济伦理思想符合历史发展潮流，体现了历史发展方向。在我们今天建设社会主义市场经济过

---

① 李占才主编：《中国新民主主义经济史》，安徽教育出版社1990年版，第405页。

程中，仍然有着重要的借鉴和启迪意义。事实上，在邓小平同志建设有中国特色社会主义理论指引下，社会主义市场经济发展的基本目标是发展生产力、增强综合国力，充分实现人民的民主权利，充分改善人民的物质生活水平，因此，社会主义市场经济从一定意义上说也是理性经济。

第三，新民主主义经济伦理思想存在平均主义倾向，诸如平均分田地，平均经济权益等。这在新民主主义革命过程中，尤其是在反对帝国主义、反对封建地主阶级占有制的过程中，起到了重要的历史进步作用。但是，社会主义的公正不是平均主义，它强调公平与效率的统一，主张起点的平等，认可结果的不平等。因此，平均主义不利于社会的进步和经济的发展。平均主义在社会主义市场经济条件下是一种非理性行为，社会主义经济伦理思想对平均主义持否定态度。

（原文见《中国经济伦理学——历史与现实的理论初探》，中国商业出版社 1994 年版，第 116—126 页）

中国近代经济伦理思想的转型及其现代性

随着中国明末清初资本主义生产关系的逐步萌芽和发展，中国以“德性主义”经济伦理思想[①]为主导的传统学说受到了挑战。尤其是1840年以后，外国资本主义的入侵，使得中国没有也不可能从封建社会发展到资本主义社会，中国的资本主义的发展受到外国资本主义和帝国主义的控制，形成了与这一时期经济社会背景相关的独特的经济伦理观点。同时，由于中国的一些近代资产阶级学者，接受并宣传西方资产阶级的经济、政治、伦理、社会发展等学说，其中西方经济学说的传播最为广泛，这就使得近代经济伦理思想加强了“西方味”。还需提到的是，中国近代一些民族资产阶级的实业家，通过到国外的考察和了解，接收到一些西方的经济思想和管理思想，并在实践中加以应用，形成了中国近代经济伦理思想的独特形态。

可以这样说，由于中国近代是半殖民地半封建社会，中国的资本主义在畸形状态下发展；又由于中国近代一些资产阶级学者和实业家受传统经济伦理思想影响甚深，同时又乐于接受西方一些经济伦理观念，因此，中国近代经济伦理思想既有中国传统经济伦理思想的痕迹，又有近代特殊社会形态的印证；既有外国近代经济伦理思想的影响，又有自身特有的经济伦理的范畴和命题。而且，作为历史转折时期的思想形态，中国近代经济伦理思想有许多历史的进

① 中国历史上曾经产生过影响的有“德性主义经济伦理思想”“功利主义经济伦理思想”“理想主义经济伦理思想”和“自然主义经济伦理思想”等，而历时最久、影响广泛而深刻的是“德性主义经济伦理思想”。

步意义，以至于在社会主义市场经济运行机制处在逐步完善的今天仍有重要的启迪意义。

一 主张德利一致

中国历史上德性主义经济伦理思想，在道德和利益的关系上，尽管认可“以义取利”之利，反对不讲仁义之利，但道德和利益在德性主义经济伦理思想中往往是在“主”“从”上去阐释和理解的。似乎没有义就无从谈利，利离开义就是小人之利。所以德性主义经济伦理思想的基本倾向是“恶利”的，即“恶”单纯的利之利。由此可见，在德性主义经济伦理思想中，经济和利益始终是作为伦理要素去思考的。作为德性主义经济伦理思想的对立面出现的中国传统功利主义经济伦理思想，在道德和利益的关系问题的阐释上则走向了另一极端。尽管诸如王安石、李觏等人提出过“利者义之和，义固所为利也”（《续通鉴长编·熙宁四年正月》卷二百一十九），“聚天下之人，不可以无财，理天下之财，不可以无义”（《王临川集·乞制置三司条例司》卷七十），以及讲仁义就是为了利的思想，但总的思想倾向是主张利即义，无利无从谈义，将利和义割裂开来。

所以，中国历史上道德和利益的关系始终没能获得较妥帖的阐释，而且事实上，在两千多年的封建社会中，重义轻利、重义贬利的思想一直占主导地位。

近代以来，由于社会历史的变迁，更由于西方经济、伦理等思想的影响，道德和利益的关系获得了比较全面而又较为深刻的阐释。

首先，早于近代的启蒙思想家公开主张“正其谊以谋其利，明其道而计其功”（《四书正误》）。认为，讲伦理道德是为了利益，只有利益本身才能体现道义。

李塨就指出：“非均田则贫富不均，不能人人有恒产。均田，第一仁政也。”（《拟太平策》卷二）换句话说，不利让人得利，就不是仁政。当然，启蒙思想家们所谈的“利”是偏重于私利的。黄宗羲认为“有生之初，人各有私也，人各自利也”（《明事待访录·原君》）。并指出，个人“不享其利”是不合于天下人情的。任何对私人利益的侵犯和对私有土地的课税的行为都是“不仁之甚”的扰民行为。这说明，启蒙思想家承认人的私心，提倡私有制度。这在当时唤起民众的觉悟，反对封建专制，促进社会进步，有着十分重要的启迪意义。社会主义制度下讲伦理道德，其目的是全方位的，所理解的利益也是多角度的、辩证的，绝不可能像启蒙思想家们理解的那么狭窄。但是，对社会主义个人利益的重视和实现程度，直接影响甚至直接体现到集体利益的发展效果，全社会个人的利益要求能否得到圆满的解决，往往体现整个社会的伦理觉悟和道德水平。这是社会主义市场经济条件下不可忽视的一个重要思想前提。

其次，近代资产阶级改良派受西方功利主义思想影响较深，他们一方面强调不能不言利，因为，“夫财利之有无，实系斯人之生命，虽有神圣，不能徒手救饿夫”（陈炽：《攻金之工说》，《续富国策》卷三）。同时指出，不能因利而让世人争利，而应让义抑制不公平之利，即所谓“唯人竞利则争，争则乱。义也者，所以剂天下之平也，非既有义焉而天下遂可以无利也”（陈炽：《攻金之工说》，《续富国策》卷三）。在社会主义市场经济条件下，客观上也讲利，然而这利既有社会之利，也有私人之利，而且这公、私之利又客观上统一在社会主义的经济制度中。不过，能否真正实现公、私之利之统一，确实需要有一个道德协调过程，只有符合社会主义道德价值取向的谋利行为，才能真正既利在社会，又利在个人。社会主义市场经济如果允许恶性膨胀，那必然将失去社会主义的优越性，市场经济将会在畸形状态下发展。

另一方面，一部分资产阶级学者在坚持古今融通、中西结合的基础上提出了“义为事宜”“义引导利”的思想。康有为认为“义为事宜”，他说：“故礼无定而义有时，苟合于时，义则不独创世俗之所无，虽刨累千万年圣王之所未有，盖合事宜也。如人道之用不出饮食宫室器械，事为先王皆有礼以制之，然后世废尸而用主，废席地而用几桌，废豆登而用盘碟，千年用之，称为文明，无有议其变古者而废亡，后此之以楼代屋，以电代火，以机器代人力，皆可例推。变通尽利，实为义之宜也。拘者守旧，自谓得礼，岂知其阻塞进化，大悖圣人之时义哉！”（《康南海文集》第8册）康有为的“义为事宜”的思想将道德与利益的关系做出了较为深刻的探讨，把

“义”解释为“事宜”，既反对了儒家的义重于利的思想，又区别于传统功利主义把义与利益直接挂钩的观念。义引导利的思想是谭嗣同从另一角度阐释义利关系的观点，它不仅完善了近代资产阶级的义利思想，而且揭示了道德的协调趋善性和指导性。他认为，世界万事统一于“仁”，彼此之间是相通的，以“仁”协调万事万物之关系，万物的存在才是合理，才有可能发展。他还解释说，“仁”以“通为第一义”，“通”以“仁”为本，即所谓的“仁不仁之辩，于其通于塞，通塞于本，惟其仁不仁”（《谭嗣同全集》卷一）。站在现代角度来理解谭嗣同的观点，那就是发展社会主义的市场经济，需要确立社会主义道德观念和价值取向，明确了社会发展之应该不应该的崇高道德境界，社会主义市场经济的发展将会实现真正的有序和高速。

最后，近代资产阶级维新思想家的梁启超在更深层次上考察了道德与利益的关系。梁启超认为，“生利之力”有两种，一是体力，二是心力。心力复细别为二，一是智力，二是德力。在这里，梁启超明确了这样一种观点，即生产过程及其生产的效益，或者说获得利益的多少除体力外是由人的智力素质和道德品质所决定的。梁启超将一向作为获利过程中价值取向和善恶标准的道德，当作获取利益的重要手段和支撑力量来理解，是难能可贵的。在不断完善社会主义市场经济运行的过程中，离开了道德，离开了人的正确世界观、人生观和价值观，市场经济将无规则可循，将会处在坑蒙拐骗、投机倒把等无序状态中，一只看不见的罪恶之手将会把社会主义市场经济推向垮台境地。因此，敞开梁启超的思想的时代和阶级局限，将他的“利”—“智”—“德”思想用来启迪社会主义市场经济建设是具有重要实践意义的。

二 强调民众是经济之目的

中国两千多年的封建社会从思想观念到社会实践主要奉行儒家伦理学说，主张维护封建宗法等级制度的“仁义”，反对“人欲”。人若成为封建社会制度的卫道士就是圣人和君子，谁要是从“我”考虑、展现个性，都是大逆不道之行为。因此在封建社会，虚伪的

“整体至上主义”统一了人们的思维模式和行为方式，全体社会成员被“铸成”一种生存样式。社会经济的发展是为了生活，但在中国封建社会更注重它的伦理意义，伦理是经济的目的，经济是伦理的手段。随着资本主义生产关系的萌芽和近代社会的转型以及中西经济伦理思想的碰撞，比近代更早些时候的启蒙思想家们以抨击封建礼教传统著称，他们首先把“人”从封建的宗法关系及其封建的道德学说的桎梏中抽象出来，企图给人以适当的社会位置。“泰州学派”的李贽认为人都有私心，人的行为动力也是私心所致。他指出：“夫私者，人之心也。人必有私，而后其心乃见；若无私，则无心矣。如服田者，私有秋之获，而后治田必力；居家者，私积仓之获，而后治家必力，为学者，私进取之获，而后举业之治也必力；故宫人而不私以禄，则虽召之必不来矣；苟无高爵，则虽劝之必不至矣。虽有孔子之圣，苟无司寇之任、相事之摄，必不能一日安其身于鲁也决矣。此自然之理，必至之符，非可以架空而臆说也，然则为无私之说者，皆画饼之谈，观场之见，但令隔壁好听，不管脚跟虚实，无益于事，只乱聪耳，不足采也。”（《藏书·德业儒臣后论》）“颜李学派”的黄宗羲也认为，“有生之初，人各有私也，人各自利也”（《明夷待访录·原君》）。与此同时，启蒙思想家们指出，人有私心是合情理的，因此，人都有趋利避害之心，李贽说：“趋利避害，人人同心，是谓天成，是谓众巧。”（《焚书·答邓明府书》）因此，“财之与势，固英雄之所必资，而大圣人之所必用也”（《李氏文集·明灯道古录上》）。在封建社会末期，启蒙思想家们提出如此观点，确实需要相当的胆识。尽管这些观点从根本上说来是时代的产物，是时代潮流的反映，它客观上为资本主义发展及其必然要求的人性解放提供了理论前提，但它面对的是顽固的封建专制和根深蒂固的封建意识形态，要真正使启蒙思想家的观点成为社会现实，非彻底推翻封建专制不可。然而，作为反传统的个性解放理论，为近代经济伦理观念的根本转型提供了依据。

康有为则强调了人的物质欲望的合理性。他说：“人有天生之情……喜怒哀乐爱恶欲之七情，受天而生，感物而发，凡人之间，不能禁而去之，只有因而行之。”（《康南海文集》第8册）“人之欲甚多，然大者莫如饮食男女，为其切于日用也。人之恶甚多，大者莫如死亡贫苦，为其切于身体也。”（《康南海文集》第8册）严复则在研究赋税问题时，直接指出经济的目的是民众。他认为，国家征收赋税应该考虑是否合宜，同时，不应为私，而应取于民、还于民。他说：“国家之赋其民，非为私也，亦以取之于民者还为其民而已，故赋无厚薄唯其宜。就令不征一钱，而徒任国事之废弛，庶绩之堕颓，民亦安用此俭国乎？且民非畏重赋也，薄而力所不胜，虽薄犹重也。故国之所急，在为民开利源，而使胜重赋。”［《原富》（九）］

“伟大的革命先行者”孙中山更是在其三民主义思想体系内阐释了民众是经济目的的观点。孙中山首先认为，民众的生计是一切经济等活动的目的和中心，“古今一切人类之所以要努力，就是因为要求生存”（《孙中山选集》下卷，人民出版社2011年版，第779页），事实上“民生就是政治的中心，就是经济的中心和种种历史活动的中心，好像天空以内的重心一样”（《孙中山选集》下卷，人民出版社2011年版，第787页）。为此，孙中山指出的“平均地权”的经济主张，实质是强调经济权益平等，反对对民众的剥削。他指出，“中国的人口农民是占大多数”，“但是他们由很辛苦勤劳得来的粮食，被地主夺去大半，自己得到手的几乎不能够自养，这是很不公平的”。（《孙中山选集》下卷，人民出版社2011年版，第810页）孙中山提出的“节制资本”的经济主张，实际上是反对垄断、反对少数人操纵国民之生计，反对经济上不顾民众利益的独占专横的不人道行为。以发达国家资本，实现民富国强，让民众都能享受公共之利。他说：“准国家社会主义，公有即为国家，国为民国，国有何异于民有！国家以所生之利，举便民之事，我民即共享其利。”（《孙中山全集》第2卷，中华书局1982年版，第521页）

从启蒙思想家到孙中山的关于民众是经济之目的的经济伦理观念，曾经为启迪民众、唤起民众推翻帝制起到过重要的作用，但由于社会历史和阶级的局限，使得这些新的主张不可能成为社会现实。即使如此，站在今天的角度，沉思这些思想，对于加速社会主义市场经济建设不无启迪意义。社会主义市场经济就其基本经济特征来说，它仍然是竞争经济。但社会主义制度承认和维护每个成员的正当利益和正当追求，竞争的目的也是更好地实现利益需求。并进而促进经济建设。事实上，社会主义市场运行机制的完善与否和市场经济建设速度在很大程度上取决于人们切身利益的实现程度。因此，社会成员的利益实现始终是社会主义市场经济建设的基本目标。一切经济活动都是围绕着广大民众利益以及体现和维护民众利益的集体利益而展开的。离开了这一基本前提，一切经济活动也失去了基本动力。中国改革开放以来，邓小平等党和国家领导人一再强调，经济的发展要时刻注意给人民以实惠，其深刻的哲理之一，是民众的利益永远是经济发展的根本目的。中国实行改革开放和确立社会主义市场经济体制以来，广大人民群众热情高涨，已经和正在充分发挥着各自的能量参加社会主义市场经济建设，其基本的原因是经济的发展与广大人民群众的利益追求密切联系在一起，广大人民群众已经从实践中深知，提高生产力水平、增强综合国力和人民生活水平的提高已经成为辩证的统一体。因此，始终把民众利益作为经济发展的根本目的，是社会主义经济伦理的基本原则，也是发展社会主义经济的力量源泉。

三　确认权利平等是经济发展之先决条件

权利不平等是封建社会宗法等级制度的基本特征，中国两千多年的封建社会生产力水平低下，经济发展极其迟缓、落后的根本原因之一是社会生活中的权利不平等。以反封建礼教著称的李贽深知封建社会经济发展之社会病症，他强调，唯有人与人之间的真正平等，才能做好治生、产业等，也只有实现真正的平等，人才能使个性得到充分自由的发展，人们才能依据自己的愿望施展自己的才能，李贽实际上是在企图为萌芽状态下的资本主义的发展寻找理论根据。近代资产阶级学者在李贽思想的基础上，系统阐释了权利平等与发展经济的关系。

一方面，有学者提出，权利平等首先要实行土地私有，唯此才能促进生产和增加财富。梁启超指出："经济之最大的动机实起于人类之利己心。人类以有欲望之故，而种种之经济行为生焉，而所谓经济上之欲望，使财物归于自己之支配之欲望是也。"（《梁启超文集》第32卷）"故今日一切经济行为殆无不以所有权为基础，而活动于其上，人人以欲获得所有权或扩张所有权，故循经济法则以行，而不识不知之间，国民全体之富固已增值，此利己心之作用，而私人经济所以息息影响于国民经济也。”（《梁启超文集》第32卷）在梁启超看来，权利平等就应该实行私有制，私有欲望促进人们一切的经济举动。这当然是典型的资产阶级经济伦理观念。但是，梁启超提出了一个与封建专制针锋相对的问题，即人若失去所有权，就意味着人之行为不由自主，社会物质财富也无权支配，欲望也难以实现，这就势必置人于被动的生存状态中。联想今天中国社会主义市场经济体制，所有权问题已从根本上解决问题，劳动人民是物质财富的主人。但问题是，社会主义市场经济毕竟多种经济成分并存，在所有权问题上还存在国家、集体、个人之区别，还存在三者关系如何协调完善、实现最佳处置的问题。而且，事实上三者关系处理不好，最终要从根本上影响社会主义市场运行机制的完善。因此，作为一种平等权利，作为一种内含社会主义伦理精神的经济体制，应该引起人们足够的重视。

另一方面，孙中山之三民主义强调，权利平等就是民权实现，民权解决了，经济发展才能从根本上解决问题。在孙中山看来，第一，民权就是人民是主人，当官的是奴仆，他说：“这种民权主义，是以人民为主人的，以官吏为奴隶。……到了民国成立，便是以民为主的世界，人民便变成了主人，皇帝变成了奴仆。……大家知道现在民国没有皇帝，究竟是什么人做皇帝呢？从前是一人做皇帝，现在是四万万人作主，就是四万万人做皇帝，”同时，孙中山强调，只有实现“四万万人一切平等，国民之权利义务无有贵贱之差。贫富之别，轻重厚薄，无稍不均”①，才能激发民众的革命热情和生产热情。孙中山还特别提出，权利平等应十分重视公平分配，这是激发民众生产积极性的重要前提。他认为，“中国的人口，农民是占大多数，至少有八九成，但是他们由很辛苦勤劳得来的粮食，被地主夺去大半，自己得到手的几乎不能够自养，这是很不公平的”②。又说：“按斯密亚当经济学生产之分配，地方占一部分，资本家占一部

① 《总理全集》第1卷，北京联友出版社1944年版，第319页。
② 《孙中山全集》第2卷，中华书局1982年版，第510页。

分，工人占一部分，遂谓其深合于经济学之原理。殊不知此全额之生产，皆为人工血汗所成，地方与资本家坐享其全额三分之二之利，而工人所享三分之一之利，又析与多数之工人，则每一工人所得，较资本家所得者，其相去不亦远乎？宜乎富者愈富，贫者愈贫，阶级愈趋愈远，平民生计遂尽为资本家所夺矣。”① 因此，孙中山认为，分配不公就意味着有剥削、有不平等，就意味着“民权”不能最终实现，经济发展没有“动力”。所以，孙中山主张，第一，让“耕者有其田”，“假若耕田所得的粮食，完全归到农民，农民一定是高兴去耕田的。大家都高兴去耕田，便可以多得生产”。② 第二，“一则土地归为公有，一则资本归为公有。于是经济学上分配，惟人工所得生产分配之利益，为其私人赡养之需。而土地资本所得一分之利，足供公共之用费，人民皆得享其一分之利益，而资本不得垄断，以夺平民之利。斯即社会主义经济分配法之原理，而从根本上以解决也”③。

孙中山关于官民一致、公平分配的权利平等思想，以及权利平等对经济发展关系的务实性表述，对于今天的社会主义市场经济建设有着重要的借鉴意义。尤其是在官僚主义和腐败现象还在程度不同地削弱人民群众的正当权利和分配不公现象仍然明显地存在，更需要强调权利平等，强调干部是人民的公仆，人民是真正的社会主人；更需要加强对干部的约束和监督机制，实现官民的真正平等。否则，社会主义市场经济的发展将失去支撑力。人民群众将会对社会主义市场经济的发展失去希望。至于分配不公问题，更是人民群众关注的热点或焦点。尽管中国现阶段分配不公现象存在的原因是复杂的，它既有历史的原因，也有体制的原因；既有观念上的原因，也有实际分配过程中矛盾复杂的原因等。但是，分配不公现象能否得到全社会的重视和逐步合理的解决，这是社会主义市场经济建设成功与否的关键。忽视了这一点，将会是历史的遗憾，甚至是历史的罪过。

---

① 《孙中山全集》第2卷，中华书局1982年版，第512页。
② 《孙中山选集》下卷，人民出版社2011年版，第811页。
③ 《孙中山全集》第2卷，中华书局1982年版，第515页。

四 坚持管理与伦理融通一起

中国封建社会自给自足的自然经济和社会宗法等级制度，决定了传统的管理思想大多从宏观角度着眼，治国、平天下和修身、齐家等方法较系统地但只是笼统地提出了管理思想。经济管理思想也笼统地涵盖在这些管理思想中。由于农业经济的单一和手工业经济的不发达，始终没有形成独立的思想体系。不过，值得一提的是，在中国封建社会，一切以封建伦理作为出发点和基本目标，自然地使经济和管理都带上了浓厚的伦理特征，尤其是论及管理的思想，其管理手段和管理原则也多半是从伦理角度考虑的。需要指出的是，封建社会这种管理与伦理的结合，是封建专制的需要，伦理在某种意义上说也是作为强制性的工具而参加社会管理过程的。

随着中国近代民族资本主义工业的逐步产生和发展，近代思想家和工商实业家们在吸取西方科学经济（企业）管理思想的同时，也吸取了中国历史上作为管理手段的优良伦理传统，较好地从理论与实践的结合上实现了管理与伦理的融通。

首先，在经济（企业）管理中，注重提高人的思想素质。近代民族资产阶级的典型代表张謇的一个典型特征是重视人在企业活动中的作用。企业中的人在他看来，是道德的人，企业可以通过精神激励来促使他们对企业发展尽责尽力。① 这一思想的现代意义是不可低估的。现代经济（企业）管理理论也已经明确提出，不能把企业职工当作只为挣钱的机械的经济人，应该把他们看作道德人。只有确立他们正确的价值取向和崇高的精神境界，才能充分调动他们建设企业、发展企业的积极性。

其次，诚实经营，扩展企业无形资产。张謇一直主张企业与顾客、企业与企业的经营往来活动应“尽交易之本能，获公开之赢利，必诚必信，不诈不虞”②。唯此才能拓展经营业务规模。被称之为“猪鬃大王”的古耕虞指出：“能不能在竞争中占绝对优势，取决于

① 参见赵靖《中国经济管理思想史教程》，北京大学出版社 1993 年版。

② 转引自赵靖《中国经济管理思想史教程》，北京大学出版社 1993 年版，第 514 页。

商品和同类商品是否在任何时间质量均是第一。……就某种意义而言，他们（按指顾客）是我们的‘衣食父母’。失掉一个顾客，就会减少利润；大部分买主失掉了，就要关门。这问题的严重性，我们一定要有足够的认识。”①

再次，经济（企业）管理首要的是管人，管人的根本是实现人服和服人。近代部分工商企业家受西方管理思想和中国传统管理思想的双重影响，对下属管理实现了真正意义上道德型管理。创办“民生实业股份有限公司”的实业家卢作孚，十分注意对职工利益的关注。他认为，关心了职工的工作、家庭、生活等福利，就能赢得职工的支持，公司的发展也才有希望。工商实业家范旭东则注重以自己的人格力量服人。他的一位下属曾深有感受地说：“范先生遇到的困难远胜我十倍，但他总是一意为我解脱，至诚相待，这种相濡以沫的精神，是我一辈子也不敢忘怀的。今日只有一意死拼，谋求技术问题的解决，以报范公之诚。”② 民族实业家荣德生在企业管理中坚持“管人不严，以德服人”，调动了职工的劳动积极性，企业得利也明显增长。由此可见，企业管人不仅仅是依靠法规或依靠物质激励，更重要的还在于依靠精神激励、道德自律和道德感化。

近代企业的劳资关系与社会主义市场经济条件下的企业负责人与职工的关系有着本质的区别。社会主义制度决定了任何企业内部的人际关系应该是民主、平等的关系，企业负责人更应该把管理人的注意力放到对职工积极性调动上面，唯此才能体现社会主义企业的本质特征，唯此才能不断增强企业发展的生命力。任何一个现代企业，其负责人如果一味地考虑企业的物质效益而忽视对企业职工的关心和爱护，那最终一定会以企业的失败而告终。

（原载《江苏社会科学》1996 年第 6 期，人大复印报刊资料《伦理学》1997 年第 1 期全文转载）

① 转引自中国企协古代管理思想研究会编《中国传统管理思想的新探索》，企业管理出版社 1988 年版，第 354 页。

② 转引自赵靖《中国经济管理思想史教程》，北京大学出版社 1993 年版，第 540 页。

略论先秦儒家经济伦理思想及其现代经济意义

以孔子为代表的先秦儒家十分推崇周礼，并认为“礼”“义”是理顺社会关系之准则，是“利”“欲”取舍之标准，是经济发展和经济管理之原则。同时，由于春秋后期是我国历史上“公室卑微、大夫兼并”，统治者横征暴敛，诸侯国之间战祸连绵，社会生活中“礼崩乐坏”“民不聊生”的大动荡年代，作为一代思想家的先秦儒家又不得不关注社会经济的改革和发展，关心人们的利益和欲望。并自觉不自觉地将经济发展与礼、义要求联系起来思考，试图解决一些社会问题。在这样一种思想基础和社会背景下，形成了独特的儒家经济伦理思想。

先秦儒家经济伦理思想的主要特点是：在经济与伦理的关系上认为伦理重于经济或称理性重于利益；伦理是经济的目的，经济是伦理的手段，更有甚者认为利益可以为理性而失。在义与利的关系上，认为利是人之所欲，但又认为义重于利，要以义取利。在经济运行和经济管理过程中主张以人为本，义则生利。深入研究先秦儒家体现这些思想特点的经济伦理思想，对于我们今天的社会主义市场经济建设来说，具有十分重要的借鉴意义。

一　利以义取的经济观

义和利及其关系问题是先秦儒家经济伦理思想的核心范畴和基础理论。对先秦儒家义利观较一致的传统理解是说儒家重义轻利、重义贬利，这样笼统的理解是片面的。以孔子为代表的先秦儒家创始人都认为义重于利，同时对利做了理性分析。他们“轻视”和

“贬低”的是不义之利、“小人”之利，对于合理之利还是认可和接受的。孔子说：“不义而富且贵，于我如浮云。”（《论语·述而》）“富与贵，是人之所欲也”，“富而可求，虽执鞭之士，吾亦为之”。（《论语·述而》）孟子反对人与人之间以利相接，认为这是亡国之举。但同时又认为基本的物质生活条件是消除百姓反叛之心的前提条件，并指出，在物质利益与道德规范相矛盾时，没有必要维护道德规范而放弃正当物质利益，物质利益有利生存当取之。荀子在“唯利”不可取的思想基础上，将“民生”问题放到了立论的制高点。

利虽可取，但应以义取利，孔子提倡“见利思义”，“以民之所利而利之”。孔子把不义而取利与亡国相提并论，“天子不仁，不保四海；诸侯不仁，不保社稷；卿大夫不仁，不保宗庙；士庶人不仁，不保四体”（《孟子·离娄上》）。荀子更是强调“义胜利者为治世，利克义者为乱世”（《荀子·大略》）。可见荀子对利以义取的重视。

义利关系问题作为一种价值取向之思考，在社会主义市场经济条件下已引起人们的关注和思考，它客观上也在影响着人们对价值目标的确认和经济行为方式的选择。因此，先秦儒家的利以义取的传统思想对社会主义市场经济发展应该有重要的启迪意义。社会主义市场经济的运作过程并不是一个纯经济现象，他应该是“理性”和“物性”并存，伦理和经济统一的过程。唯利是图不是社会主义市场的基本经济现象，唯利是图的结果将会排除现阶段市场经济的社会主义特质，必然带来世风日下，社会经济和民众利益受损的局面。

二　以人为本、人仁为主的管理观

人的伦理素质和人的修养以及对人的重视始终是先秦儒家伦理学说的基本出发点。在经济运行和经济管理问题上，他们更注重对人的作用的发挥。

人在儒家学说体系中并不是指孤独的甚或是生物学上的个人，他是指关系（君臣、父子、夫妇、兄弟等）人或群体（国家、家族等）人。关系的协调、群体的和谐、德性的修养是社会经济发展的重要条件。

为此，孔子说："得众则得国，失众则失国。是故君子先慎乎德。有德此有人，有人此有土，有土此有财，有财此有用。"孔子还提出了以"诚"以"信"相待，实现同心协力的"安人"之道。同时指出了"为政以德"，"修己"以身作则的管理之术。孟子则从治理国家角度认为，管理者不能把私利摆在首位，而应把公义摆在首位，如果不是这样，上下就会交相征利。同时认为，管理的本质就是管人，管人首先是管心，管心的前提是行仁义。荀子更是强调国家的管理或其他包括经济管理在内的各种管理实质上是人的管理和对人的管理，贤人和用人是管理的首要条件，离开了人的选用和培养，一切管理尤其是统治好一个国家将是一句空话。他说，"有乱君，无乱国；有治人，无治法"（《荀子·君道》），即是说，世上有造乱的君主，没有造乱的国家，有能够治理好国家的人，没有能够治理国家的法律。换句话说，人是治理国家并使法律存在和发挥作用的前提。与此同时，荀子还提出了"裕民以政"的思想，他认为管理要有效果，应关注民众的利益，该减轻农业税收则减轻，该免除关市之征则免除，严格控制商业，不夺农时，不滥兴徭役，只有关心人，保护人的利益，才能发展经济，实现民富和国富。

今天的经济既不是封建的小生产经济，也不是资本主义的商品经济。社会主义经济体制为劳动者与劳动资料和劳动对象实现最佳结合提供了保证，并将由此增强经济运行的活力。然而，一个经济领域或一个企业等能否使其在现有的时代背景下发挥应有活力，实现应有效益，先秦儒家以人为本、以仁为主的经济发展和经济管理思想值得借鉴。事实上，经济的运作是人的素质的体现、是人际关系力量调配合理与否的体现。对人的思想问题和素质研究、对人的利益问题的考虑以及对人际利益协调的正确把握是经济运作和经济管理的根本性手段。

三 俭以养德的经济生活观

节俭是先秦儒家经济生活观的核心内容。孔子十分推崇节俭，宣扬"节用而爱人"（《论语·学而》），"礼，与其奢也宁俭"（《论语·八佾》）。同时提倡"贫而乐"。在如何做到节俭问题上，孔子要求俭不违礼，用不伤义，即是说节俭由礼、义来支配和衡量。荀子则把节俭当作能否发展生产实现富裕的重要条件，他说："强本而节用，则天不能贫……本荒而用侈，则天不能使之富。"（《荀子·天论》）

时至今日，人们的生活条件已是先秦时期无法比拟的，但先秦儒家的节俭之经济生活伦理观念却仍有重要的现实意义。财富多了并不是为节俭而节俭或该用不用，而是要看是否用得合义和合理，合义合理地利用财富是现时代所需要的一种节俭。同时，财富多了，在现时代只是"相对多了"，还应有艰苦节俭思想和开源节流思想，以便更好地发展生产，搞好生活。

四 国家利益优先的经济发展观

先秦儒家尽管其理论目的是围绕维护封建统治而展开的，但其国家利益优先的经济伦理原则，在两千多年的思想文化发展史上具有重要的地位和影响。孔子为了实现"天下归仁"，要求人们"克己复礼"，实际上是要求人们限制自己的欲望，从仁从礼，以保证天下不乱。孟子思想有许多本来说是为治理国家而直谏而发，故国家利益优先的原则体现得比较充分。荀子尽管强调富民是富国之基础，但他自觉不自觉地坚持了国家利益优先的原则。他认为，富国是前提、是目的，富民是手段、是条件。

先秦儒家的国家利益优先原则，其基本思想还是比较粗浅的。但是，提倡经济的发展应立足于国富，重视国家利益的实现，这对于现时代经济建设有着重要的借鉴意义。国家的经济实力直接影响着国家的发展速度和民众的实惠。而国家利益能否得到有效的维护和实现，直接影响到国家的发展。因此，国家利益优先原则永远应该是社会主义市场经济建设的伦理准则。

纵观先秦儒家经济伦理思想，有以下几方面值得我们在经济工作中进一步思考和认识。

第一，先秦儒家经济伦理思想注重仁义、理性在经济运作中的作用，似乎经济运行的方向、方式、速度等都由伦理来决定。然而，伦理离开了经济意义和利益价值，会是纯抽象概念；而经济的运行、利益的实现，其伦理意义和伦理作用是一个重要方面和重要内涵，它始终不能就是经济和利益本身。为此，强调仁义、理性和国家利益优先原则的经济意义是十分有价值的，但认为仁义、理性和国家利益优先原则是经济运行的目的，那将最终失去其应有的经济意义和利益价值。经济运行的目的就是发展和效益。

第二，反对“足欲”，提倡节俭；反对恶利，认可“当仁不让”之利；反对“人欲”，主张义生之利是先秦儒家经济伦理的基本原则。尽管先秦儒家经济伦理思想认为义重于利，甚或提倡禁欲主义，但在一定程度上能面对生活、正视现实，这客观上给经济伦理思想的确立和完美加强了力度，同时也增强了其实践意义。不过，应该清楚地看到，把经济和利益问题只是放在伦理所允许的范围内进行思考，是有很大局限性的。因为经济的发展、利益的实现不能忽视客观存在的政治、法律等因素的作用。

第三，先秦儒家经济伦理思想强调经济运行和生产管理过程中的伦理手段，注重管理者的伦理素质和人际的协调和谐，主张“施仁政”，以德服人。就工作方法和手段而言，这无疑是有重要理论价值和实践意义的思想观念。然而，在现时代如何把社会主义的伦理道德手段运作成经济运行过程中的操作性管理手段，这需要做出有针对性的研究和实践。

（原载《学海》1997 年第 3 期）

中国传统德性主义经济伦理思想探微

我国古代意义上的德性主义经济伦理思想始于西周，兴于春秋，盛于西汉，极于北宋。主要特点是注重仁义，反对“足欲”，强调国家管理尤其是经济管理中的伦理手段，对于我国社会主义市场经济条件下的经济建设和企业管理具有十分重要的现实意义。

一　认为伦理是经济目的，经济是伦理手段

西周是我国奴隶制的鼎盛时期，随着私人商业的出现，逐渐产生了经商以孝父母的伦理道德思想，尤其是被称为德性主义经济伦理开拓者的芮良夫，更是直接揭示了经济与伦理的关系。他指出“夫利，百物之所生也，天地之所载也。而或专之，其害多矣。”（《国语·周语》）即由少数人垄断财富，弊端甚多，直接影响经济发展，因此，他主张“导利而布之上下”。当然，这里的“上下”仅仅是相对于贵族内部而言的，奴隶在当时只是“工具”“商品”和“财产”，他们对于统治者来说，无所谓伦理问题。

在我国社会发展到奴隶制向封建制过渡的春秋时期，社会经济关系的变革形成了更加复杂的社会阶级结构，从而孕育着比西周更为丰富的经济伦理思想。晏婴是这一时期直接地阐述经济与伦理关系的思想家。他提出了著名的“正德幅利”思想：“利不可强，思义为愈。义，利之本也。”（《左传·鲁昭公十年》）即财富的获得及其多少应该有一个伦理标准或称伦理限度，超过了一定伦理限度，财富足以为害。这一思想实际上成为后来儒家德性主义经济伦理思想的主要来源。

春秋后期是我国古代历史上“公室卑微、大夫兼并”、统治者横

征暴敛、诸侯国之间战祸连绵、社会生活中“礼崩乐坏”的大动荡年代，以孔子为代表的一些儒家学说创始人十分关注经济的改革和发展，关心人们的利益和欲望。德性主义经济伦理思想也随着春秋末期儒家学说的形成而实现了体系的完整性。

由于以孔子为代表的儒家学说创始人十分推崇周礼，并认为“礼”“义”是理顺社会关系之准则，是“利”“欲”取舍之标准，因此，很自然地把社会经济活动和经济问题限制在伦理范围内进行考虑。如孔子强调“义以生利”（《左传·鲁成公二年》），他一方面指出只有讲道义，才有正当之利可言，否则就是所谓的小人之利；另一方面，他还主张要以道义获取利益或财富，即“见利”也应“思义”。但由于历史的局限性，孔子的义利观不是也不可能是辩证的思考，它在很大程度上是对社会生活的经验性总结。孔子曾提出“君子喻于义，小人喻于利”（《论语·里仁》）的思想，把他的学生樊迟“请学稼”斥之为“小人”之举，就将义和利套入了不可协调的矛盾圈子。尽管其目的是维护统治阶级及其知识分子的形象，强调义在人们生活中的重要性，但在其儒家学说内部的理论矛盾没能做到自圆其说。这种义非利、利非义的义利对立观和“学稼”即小人、小人只知利的思想给后世造成了十分明显的消极影响。

孔子的继承人之一孟子，在经济伦理思想的阐释上更加偏向于德性主义倾向。孔子“罕言利”，但不是不言利。从他的“义以生利”“见利思义”“因民之所利而利之”的思想中可见孔子并不忌讳言“利”。而孟子则提出了一个绝对反对言利的“何必曰利”。可见，其义利观比孔子更强调仁义的重要，对人们的“怀利”行为给予了更多的人为干涉。当然，孟子反对“曰利”，并非笼统地反对人的一切利益。从孟子关于“恒心”与“恒产”思想的叙述，就可以看出孟子还是主张和支持获取正当之利的。他认为“无恒产而有恒心者，惟士为能；若民，则无恒产，因无恒心。苟无恒心，放辟邪侈，无不为己”（《孟子·梁惠王上》）。这充分说明在遇到物质利益与道德规范相矛盾并有所取舍的场合，孟子并不坚持维护道德规范而放弃物质利益，认为物质利益有利当取之，物质利益原则和道德原则是有着一致性的，不能以不善即恶的思想来对待物质利益和道德规范的取舍问题。从这里可以看出，孟子在义利观上的考虑比孔子更现实、更深刻。

孔子的另一继承人荀子，面对社会经济与伦理的现实，不仅对利采取了认可的态度，而且将利与义相提并论，提出了独到的并以儒家学说分支面貌出现的义利观。荀子认为："义与利者，人之所两有也。虽尧舜不能去人之欲利，然而能使其欲利不克其好义也。虽桀纣亦不能去民之好义，然而能使其好义不胜其欲利也。"（《荀子·大略篇》）荀子的这段话明显地发展了孔孟重义轻利的思想，将经济（利）与伦理（义）的关系做了较有成效的探讨。他既没有以义和利来区分君子和小人，也没有把义和利做人为的对立。当然，荀子毕竟是儒家学说的继承人，在义利问题上总是把义放到首要位置来考虑。他曾说过"义胜利者为治世，利克义者为乱世"（《荀子·大略》），这里并非说明荀子也"恶利"，他只是反对"唯利"。从这一点上看，荀子的义利观比孔孟更系统、更辩证。

随着儒学在西汉作为维护封建专制统治的主要意识形态登上历史舞台，贾谊、董仲舒等代表人物的理论被封建统治阶级接受，使儒学中德性主义经济伦理思想更具特色，并获得了独特的理论地位和实践空间。

荀子的再传弟子贾谊认为，富是安天下之前提，礼是安天下之基础。他在主张以礼义治国的同时，认为仅靠礼义来治理经济困难的国家是无济于事的，只有大力发展经济，实现"天下富足，资才有余"（《荀子·富国》），才能有"安天下"的基础和前提。贾谊的可贵之处在于把"天下富足""仁义礼乐"与"安天下"即经济与伦理逻辑地联系起来，十分关注民众的"粟多而财有余"，这为儒家德性主义经济伦理学说的完善和发展起到了独特的作用。

西汉另一位儒学代表董仲舒，在继承儒家义利观的同时，把儒家义主利从的思想发展为贵义贱利论，并赋予儒家的义利观一层神秘色彩。他认为，义和利是天赋予人的两方面属性，义利对人的作用不同，所以重要性也不一样："利以养其体，义以养其心。"（《春秋繁路·身之养重于义》）圣人重仁义而轻财利，而一般庶民"皆趋利而不趋义"（《春秋繁露·身之养重于义》），如何教化？董仲舒认为应"渐民以仁，摩民以谊，节民以礼"（《前汉书·董仲舒传》），即以天之伦理化民。

就董仲舒的贵义贱利和教化万民思想来说，谈不上新的建树，仅是把维护封建制度的伦理纲常提到至高无上的地位，并赋予有助于其推行伦理纲常的神秘力量而已。但董仲舒的经济伦理思想有一点反映了他在坚持儒家学说基础上的新思维。董仲舒尽管“贱利”，但并不否定在不危及封建统治限度内的利，特别是他提出了“治民者先富之而后加教”（《通书·诚下》）的观点。他认为，既然利是“养体”所不可少，而体也是天生予人的。因此，给百姓一定利是天意，君主为政治民，也必然遵从和体现这种天意。这一观点的确为德性主义经济伦理思想增色不少。

从西汉到北宋时期，儒家的继承者笃承儒学、兼收佛道、信奉天理、贬低人欲，宋明理学的形成更是将其德性主义特色推向了极端。周敦颐作为北宋濂溪学派的代表和宋明理学的创始人，他以儒家学说为基础，吸收了佛、道的一些观念，在阐释经济与伦理、利益与道德等重要问题上，重伦理与道德，轻经济与利益，再一次巩固了先秦儒家重义轻利思想的地位。

周敦颐的义利观是建立在道德发生论基础之上的。他认为“诚”乃五常之本，百行之源也，也是道德的极致。如何才能达到“诚”的最高境界呢？他要求人们“虚静无欲”，做到尊贵道义，轻视利欲。其义利观不仅在重义轻利方面完全照搬了孔子的思想，而且在提倡安贫乐道方面与孔子一脉相承。但周敦颐在强调仁义原则的同时，十分有见地地提出了“正王道，明大法”的主张。他认为，为保证伦理纲常的推行，法规是需要的，伦理道德往往也是由法规和刑罚强制执行的。公正的治狱、行刑，按法规办事也是一种合乎道德的行为。这一创造性的见解，使周敦颐在经济伦理思想史上获取了重要地位。

儒家思想在宋代的集大成者朱熹，系统研究了儒家经典，认为“义利之说乃儒者第一义”（《朱文公文集》卷二十四）。伦理道德观念是不依赖经济关系、物质生活和社会实践而独立存在的。另外，朱熹的义利观还同他的天理人欲观联系在一起。他把“仁义”说成“天理之公”，把“利心”说成“人欲之私”，以义为善，以利为不善，必以仁义为先，而不以功利为急，把经济和利益问题作为伦理要素去思考。可以这样说，在朱熹那里，经济伦理思想改说成伦理经济思想更为合宜。朱熹在论述义利观的同时，一再推崇孔子关于“君子喻于义，小人喻于利”的思想，并把克除利欲作为教化劳动人民的重要目的，这些思想明确地是为封建统治阶级服务的。纵观德性主义经济伦理思想，在经济（利）与伦理（义）的关系上，德性主义经济伦理思想对义的理解占据着主导地位，认为义是建立在封建宗法等级制度基础上的伦理准则，而利是满足个人身心需要的私欲，要满足私欲就必然会违背和叛逆封建宗法等级制度的伦理准则，即讲利必害义。只有舍利取义，兴义抑利，才能确保封建统治制度的安稳。同时，德性主义经济伦理思想也反映出利作为满足个人物质和精神生活需要这一内容，并不完全排斥利，而是要将利纳入义的轨道，使利服从义，以义生利，只认可正当之利。殊不知，伦理离开了经济意义和利益价值，将会是纯抽象的概念，经济的运行、利益的实现，其伦理意义和伦理作用只是一个重要方面，它始终不能只是经济和利益本身。因此，应该清楚地看到，在当今社会主义市场经济条件下，强调仁义、理性的经济意义，有利于抑制唯利是图、见利忘义的思想和行为，具有十分现实的意义。但仅仅把经济和利益问题放在伦理所允许的范围内进行思考，是有很大局限性的，认为仁义、理性是经济运行的根本，那将最终失去其应有的经济意义和利益价值。就是建立一门伦理经济学，其思考的逻辑起点亦应是经济或利益问题，更何况经济伦理学呢？

二　主张重视生产、贫富有度、反对“足欲”，提倡节俭

在夏、商时代的一些传说中，就已出现了一些诸如不劳受饥、以俭为德的传统思想，但在很大程度上只是人们生活的一种体验。直到周王朝的建立，这一思想才在统治者那里有了较自觉的认识和把握，西周统治者认为，商亡的教训在于他们不了解农业生产，不知道农业生产的劳苦，成了只知“逸”和“耽乐”的腐化的统治者。由于西周统治者深知“稼穑之艰难”，因此，他们一方面强调以勤来改变物质生活条件；另一方面，他们主张在生活享受方面“居

莫如俭”（《国语·周语下》）。

管仲在借鉴西周治国经验的基础上，提出了著名的四民分业定居论。他把齐国的百姓分为士、农、工、商四民，按职业划定居处：“处士……就闲燕，处工就官府，处商就市井，处农就田野。”（《国语·齐语》）在他看来，这有利于人们安居乐业，“不见异物而迁焉”（《国语·齐语》），并能养成一种高尚的伦理精神，“居同乐，行同和，死同哀，是故守则同固，战则同疆”（《国语·齐语》）。

在创造性地提出四民分业定居论的同时，管仲还提出了公正的征课赋税观和“取民有度”的伦理原则。在社会生产与生活过程中，管子力倡赏罚公平，以调动民众的积极性。同时，他还指出，民众的劳动积极性要靠教化，教化不仅能使民顺而致国富、扬国威，而且教化能做到潜移默化，深入人心。在强调教化的同时，管子把“和”看作教化的前提条件，提出“上下不和，虽安必危”（《管子·形势》），如何才能实现“和”呢？管子曰：“畜之以道，则民和，养之以德，则民合，和合故能谐，谐故能辑，谐辑以悉，莫之能伤。”（《管子·兵法》）可见，管子已自觉不自觉地看到了经济发展与伦理道德的关系问题，既觉察到了伦理公正的经济意义，又体味到了经济与利益对人们伦理道德观念的制约作用。尽管其历史和阶级局限显而易见，但管子这种思考经济与伦理问题的基本方式，不仅在当时具有十分重要的现实意义，而且对于我们发展和完善今天的经济伦理生活不无裨益。

春秋时期新兴商人阶级及土地私有者利益的代表子产和晏婴，不约而同地把目光投向了消费领域，明确反对奢侈，崇尚节俭。如子产提出：“大人之忠俭者，从而与之；泰侈者，因而毙之。”（《左传·鲁昭公十年》）主张“正德幅利”的晏子顺理成章地提出了在生活享用方面反对“足欲”，提倡“节俭”的思想，进而提出了“权有无，均贫富”（《晏子春秋·内篇问上第三》）的主张，把财富的平均享用视作“正德以幅之”之举。他试图用道德规范来限制财富的分配不公、国君的穷奢极欲，在专制制度下只能是良好的愿望而已，实际上是无法通行的。

孔子作为儒家始祖，在继承先人观念的基础上提出了独到的分配和消费伦理思想。针对当时财富分配不均的现象，孔子提出了“不患贫而患不均，不患寡而患不安”（《论语·季氏》）的主张。在孔子看来，贫可以“安贫无怨”，寡能够“知礼知命”，但是，“不均”“不安”是道义所不容，也是社会动乱之根源。孔子的这一思想是其义利观在财富分配问题上的具体阐释，对于引导人们认识由于分配不均而造成的贫富差别和社会矛盾有着重要的启迪意义，但“安贫乐道”思想的消极作用也是显而易见的。它不仅淡化了阶级矛盾和利益冲突，而且贫者也会被引导到“命中注定”的思路上去。孔子的分配伦理思想促使他提出了“俭不违礼”“用不伤义”的消费伦理思想，强调以“礼”“义”为标准，在“礼”“义”允许的范围内该用的用，不该用的不用。同时，孔子还要求人们“食无求饱，居无求安”，甚至不“耻恶衣恶食”。

西汉的贾谊和董仲舒吸取了孔子的“俭不违礼”“用不伤义”的思想，并有了新的发展。尽管贾谊主张以“富”“安天下”，但他坚持反对奢侈浪费的不道德现象。他认为天下贫穷的原因是由于“生之者甚少而靡之者其多”（《贾谊集·论积粟疏》）。因此，他积极倡导“驱民而归之农，皆著于本，使天下各食其力，末技、游食之民转而缘南亩”（《贾谊集·论积粟疏》）。而董仲舒的可贵之处则在于重视和关注民众利益。他一方面要求富人不与民争业；另一方面，从伦理公正的角度第一次提出限田以保民田的主张。他说：“古井田法虽难卒行，宜少近古，限民名田，以澹不足，塞并兼之路。”《资治通鉴第三十三卷》同时他还主张“盐铁皆归于民”（《汉书·食货志上》），即取消盐铁官营制度，使得礼义道德在礼法相济中发挥了更好的作用。

尽管德性主义经济伦理思想重义轻利，甚或提倡禁欲主义，但在一定程度上能面对生活、正视现实，这客观上对其经济伦理思想的确立和完善加强了力度，同时也增强了其实践价值。尤其是“节财俭用”的思想，在现代经济条件下，对有效地使用、节约社会资源和财富，引导合理的消费，促进企业再生产，推动经济的发展，都具有重要的现实意义。

三 推崇管理的伦理化

为了实现最佳经济管理并最终实现人生完善，孔子提出了“安人之道”的管理伦理思想。所谓“安人之道”即合乎人性的管理之道，也是“仁”治之道。这里的“安人”一方面是指以诚相待，实现同心协力。以“爱人”之伦理，如“己欲立而立人，己欲达而达人”（《论语·雍也》），“己所不欲，勿施于人”（《论语·颜渊》）“至诚为能化”（《中庸》）等原则，真正实现管理者和被管理者之间的将心比心、互相关心，使管理者和被管理者不但敬业，而且乐业；另一方面，安人是指“信”人。“人而无信，不知其可也。”人而无信，在社会上就寸步难行，更无法在经济管理过程中获得他人的信任和支持。

在“安人之道”的指导下，孔子认为管理过程就是管人的过程，“管人”一是表现在以德治人。“道之以政，齐之以刑，民免而无耻。导之以德，齐之以礼，有耻且格。”（《论语·为政》）二是表现在任人唯贤、任人唯德。三是指管好自己。孔子认为，“修己”才能“安人”，管理者应“讷于言而敏于行”（《论语·学而》）。孔子将“安人之道”应用于经济管理领域，创造性地提出了“惠而不费”（《论语·尧曰》）和“使民以时”（《论语·学而》）的思想。

由于孔子认为“小人怀惠”（《论语·里仁》）、“小人喻于利”，小人在从事多种劳动和服役时，必须使他们能得到一定的经济利益，因为“惠则足以使人”（《论语·阳货》）。当然，应注意“惠而不费”，让受惠者自己为自己生产出利益来，甚或生产出更多的利益来。孔子这一思想尽管认可的是君子与小人的等级差别，维护的是君子利益，但主张施“惠”以促生产，重视劳动者利益，这是经济管理中的重要伦理手段。而“使民以时”是指使百姓从事无偿劳役要在农闲之时，不可漫无限制地征派劳役，以免妨碍农业生产。这既照顾了劳动者的利益，又合理使用了人力资源，是经济管理手段的理性选择。

孟子继承了孔子的“管人”思想，进一步提出管人首先是管心，管心的前提是行仁义。如果“不仁而在高位，是播其恶于众也”（《孟子·离娄》），这既无法使人“诚服”，也无法搞好管理。孔子的另一位继承人荀子也十分注重经济管理，在继承和发展孔孟经济管理伦理思想的基础上，有其独特的视角和体系。

首先，荀子认为，在社会生产和经济管理活动中，道与技、德与力之间，起主导作用的是道与德，它比技艺、体力对财富的生产活动和经济管理活动具有更重要的意义。“精于物者以物物，精于道者兼物物。”（《荀子·解蔽》）即精于具体业务技术的只能从事具体业务活动，而精于道的君子可以治理各业务部门。

其次，荀子针对君臣、上下、长幼、贵贱等一整套封建社会等级关系和封建经济特点，提出了加强管理、促进生产的“明分使群”和“分”“义”的管理伦理思想。荀子认为，只有通过确定每个人在社会中的角色和地位，然后才能形成社会整体并被管理和使用。“人何以能群？曰：分。分何以能行？曰：义。故义以分则和，和则一，一则多力，多力则强，强则胜物。”（《荀子·王制》）按照荀子的思路，只有分才谈得上义，才能明确各自所应遵循的礼义，也才能真正发挥人群整体力量去发展生产。

最后，荀子将“爱而用之”确定为管人的原则，其后继者贾谊给予这一原则最恰当的注释。所谓“爱而用之”，就是把调动人的积极性作为管理的首要任务，而人的积极性的调动与发挥，仅靠命令或思想教育是不能奏效的，只有想方设法“富民”与“乐民”，真正给民以实惠，才是通过管理调动人的积极性的根本所在。如何“爱而用之?”荀子提出要“度人力而授事”（《荀子·富国》）。也就是说，要根据可以使用的劳动力数量和百姓的承受力来安排生产活动。既要百姓努力从事生产，又要使他们能够劳逸结合，得到必要的休养生息的机会。

尽管“明分使群”“爱而用之”带有浓厚的封建宗法等级色彩，但与孔孟相比，荀子的经济管理伦理思想较为完备，理论阐释妥帖而又深刻。在荀子之后，对管理伦理思想有所见地的当属西汉的董仲舒和北宋的周敦颐。

先秦儒家的管理伦理思想发展到西汉，伴随着唯心主义儒学体系的建立，演变成为“管理谴告说”。西汉的一代儒学宗师董仲舒，其管理伦理思想的提出与“天人感应说”是密切联系在一起的。他认为“国家将有失道之败，而天乃先出灾害以谴告之；不知自省，又出怪异以警惧之；尚不知变，而伤败乃至”（《汉书·董仲舒传》）。国家管理如发生违背天道的坏事情，天就先发出灾害来警告它。民众不服管理或“逆天”行事将会受到天的惩罚。董仲舒还认为，经济管理、生产管理等一切社会管理都受制于所谓的“管理谴告说”。董仲舒的管理伦理思想看上去宗教、迷信色彩太浓，这很显然是为封建统治者服务的。

与董仲舒的“管理谴告说”不同，北宋的周敦颐更注重管理中伦理手段的运用。周敦颐曾指出：“唯中也者，和也，中节也，天下之达道也。”（《通书·师》）按照他的观点，“中”与“和”是政治管理、社会管理乃至经济管理的根本手段。“天地和，则万物顺”，只有“天下之心和”才能做“善民安”（《通书·乐中》）；只有“百姓大和”，才能万事顺利。真所谓“天下化中，治之至也”（《通书·乐上》）。如何在管理中实现“中”与“和”呢？周敦颐认为：“圣人之道，仁义中正而已矣。”（《通书·道》）为此，“圣人在上，以仁育万物，以义正万民。天道行而万物顺，圣德修而万民化。”（《通书·顺化》）即以仁义中正为管理准则，人和事顺。周敦颐这一思想是儒家“和为贵”思想的进一步加强和充实，这对于我国管理思想的完善和发展具有十分重要的理论意义。

德性主义经济伦理思想强调经济运行过程中的伦理手段，注重管理者的伦理素质和人际的协调和谐，主张“施仁政”，强调“德治”，以德服人。就工作方法和手段而言，这无疑是有重要理论价值和实践意义的。这在管理学中，就是倡导“软管理”，即通过对被管理者的引导、感化和自控等手段来调动其积极性。这种管理模式在国内外的许多企业中得到了运用。实践证明，在企业管理中强调说服教育、关心帮助、人情感化、积极引导等“以人为本”的伦理手段，对充分发挥人的潜能，培育企业精神，增强企业凝聚力，营造企业的“家庭气氛”是卓有成效的。这种体现了浓郁的东方文化特色的管理模式不仅影响着我国古代的经济管理理论与实践，而且对于我国社会主义市场经济条件下的经济建设和企业管理亦不无借鉴价值。

（原载《南京社会科学》2002年第4期，与汪洁合撰）

第四编

读书与评论

《经济伦理学》简评

随着社会主义市场经济的发展，经济伦理问题日益受到全社会尤其是经济学界和伦理学界的关注，并在应用伦理学的学科体系中逐步居于“显学”的地位。目前，经济伦理学已经取得了较为可观的成果：从论文、著作、译著到教材及各类研究课题数以千计，从学者独立、分散的研究到协作攻关，伦理学界、经济学界、管理学界甚至政府官员都从不同的角度对经济运行和经济生活中的伦理问题进行了深入的研究；不仅形成了专业的研究队伍、研究机构和研究基地，而且研究的问题已有相当深度，并涉及经济伦理学的方方面面。同时，部分理论研究成果已被企业界应用，显示了其巨大的应用价值和广阔的发展前景。

但是，由于经济伦理学在我国还是一门新兴学科，学术界就经济伦理学的理论和实践中的许多问题尚存争议，经济伦理学研究在取得重大成果的同时，也存在着许多不足和有待加强的领域。譬如：不同学科对经济伦理问题审视的学科局限，使经济伦理学的学科特色不能充分展示；理论和实践的结合方面比较薄弱；研究方法还比较单调等。这些问题的存在直接影响着经济伦理学研究的深入。由人民出版社出版的《经济伦理学》（乔法容、朱金瑞主编，2004 年）一书，在吸取、借鉴他人成果的基础上，从研究思路、方法到内容和观点，都有自己独到的思考，是一部较为全面、系统地阐发经济伦理问题的创新之作。该书既可作为经济伦理学研究者的参考，也可作为高校经济伦理学教学的教材。通观全书，具有三个显著特点。

一　特色鲜明

一是从经济伦理的视野审视我国经济生活中的伦理问题。经济伦理学是一门典型的交叉学科，它应以经济学和伦理学为主干学科，同时吸纳社会学、政治学、管理学等学科知识。但就目前来看，经济伦理学的研究队伍主要来自伦理学、经济学、管理学、政治学等学科领域。由于学科视野和思维的局限，来自不同学科的学者多习惯于从自身的知识结构出发对经济伦理问题进行一般性的描述或分析。可以说，经济学、伦理学、管理学等学科必要的交流融通的缺乏所导致的各种偏见和人为壁垒是目前制约经济伦理学发展的一个重要瓶颈。《经济伦理学》一书较成功地突破了这一瓶颈，实现了多种理论和方法、各个学科和领域在经济伦理研究中的交叉与融合，能够从经济伦理的视野关照中国经济生活中的伦理问题，彰显了其既不同于纯粹的经济学或管理学著作，也不同于纯粹的伦理学著作的特色。

二是把经济伦理学研究的基点放在中国社会主义市场经济的大背景下。作者在多维学科支撑的基础上，把经济伦理问题的关注点放在中国尤其是社会主义市场经济条件下进行考察，从宏观、中观、微观各层面的经济伦理问题出发，研究视野涉及政府、社会经济制度及其具体运行机制、社会生产的各个环节、作为市场主体的企业、与经济生活密不可分的个人等。因而，得出的研究结论较多地体现了中国特色。

二　体系创新

由于这一学科在我国起步晚，学科发展不成熟，许多问题的研究还有待进一步深入，同时，学术界对于经济伦理学学科体系的建构问题，存在着不同的看法。如“三层次说”“四环节说”“三层次和四环节统一说”“三层次和五环节统一说”“企业伦理说”等。这些或多或少影响学科体系的形成。作者在吸取上述各种观点合理之处的基础上，以宏观、中观和微观的“三层次”为基本框架把经济运行的“五环节”融合其中（即科技、生产交换、分配、消费），并对“企业伦理”做了充分的探讨，从而形成了一个较为完整的经济伦理学学科体系。

全书共十章，三大板块：第一、第二、第三章属于经济伦理学基本理论部分；第十章为经济伦理学实践部分；其他章节为经济伦理学理论与实践相结合的部分。全书体系与内容浑然一体，整体与局部互相规约。第一章“经济伦理学概说”对20多年以来这一学科的研究成果和研究信息进行全面的回顾，认真梳理和审视经济伦理学在我国发展的历程、取得的成就、争论的主要问题、研究中的不足等，从中体悟出某些需要进一步深入研究的问题。第二章、第三章提出了“义与利”和“公平与效率”是经济伦理学中两对带有普遍性、统摄性的范畴，是引导选择、评价经济活动行为的价值观，并对社会主义义利观、公平与效率观进行了精辟的分析。第四章至第八章，作者深入生产领域、交换领域、分配领域、消费领域进行动态研究，揭示出经济活动中的善与恶、应当与不应当现象的本质，总结经济发展过程中道德的形成变化及发挥作用的规律，概括出与中国现行经济体制相适应的各个生产环节的道德规范。为客观地反映当代科学技术对社会再生产“四个环节”作用的实质性变化，作者在生产伦理中探讨了科技生产与科技人员的主要道德规范。同时，为了真实地体现当代交换手段与方式发生的新变化，作者还就电子商务中的伦理问题做了探索，从而使研究更具体更深入。由于政府在经济运行中的宏观经济调控、科学决策与管理具有特殊而又重要的地位，因此，作者在第九章对经济活动中的政府伦理进行了专章探讨。在第十章“企业伦理”中，作者以浓重的笔墨对这一“经济伦理理论与经济伦理实践有机结合的领域”进行了较为系统的探讨，不仅对企业伦理的历史、企业伦理与企业文化的区别等一般理论做了梳理，而且对我国企业公有资本实现保值增值的链条结构做了较为系统的设计。作者认为，这一领域是应对经济全球化伦理挑战的前沿，是市场经济与道德建设的结合点和生长点。这是全书的理论归宿。

从这个理论体系独特、逻辑结构严谨的框架中，笔者深深感受到作者深厚的马克思主义理论功底和勇于开拓创新的精神。作者始终站在学科研究的前沿，反映了当代中国经济伦理学学科体系研究的新水平。

三 密切关注经济实践

经济伦理学作为应用伦理学的重要组成部分，不仅应该从哲学高度审视社会经济行为的规律及其伦理性，更重要的是从实践活动入手，揭示伦理道德与经济活动的耦合点、动力和目标与理想的一致点，从对人类经济活动主体结构的把握上，探讨人类经济伦理观念及其基本规范样式，揭示人的经济活动的出发点、基本目的，以及人的经济伦理情感和伦理理念的形成过程及其规律。《经济伦理学》没有满足于对经济伦理学一般理论问题的阐释而是着力分析社会主义市场经济发展中出现的新情况、新问题，揭示社会主义市场经济条件下道德建设的规律，对推动我国经济伦理学理论研究更好地在实践中运用，有着重要的现实价值。

作者从当前我国市场经济体制的运行现状中概括出迫切需要解决的十大问题：市场经济与道德、义与利、公平与效率、贫穷与富裕、竞争与道德、政府经济活动中的伦理、企业伦理、信用与诚信、电子商务伦理、建立经济道德规范体系等。这些问题也是近年来学者们论及较多和争议较大的问题。

尤为重要的是，随着我国社会主义市场经济的不断完善和经济全球化进程的加速，经济生活中的伦理问题将更加复杂化，如中西文化交流中经济伦理的冲突与融合、跨国公司的伦理、中国企业伦理个性化等问题，也会给经济伦理学研究者提出更多的挑战。作者在书中对这些现实问题都有所关涉。特别是对市场诚信伦理、广告伦理、消费伦理、公有资本人格化和经济全球化背景下的企业道德精神等问题的研讨，都与市场主体的经济活动或个人的经济行为密切相关，或可为我国市场经济的顺利发展和健康运行提供伦理论证，为社会的经济调控提供伦理参考，为个人的经济生活提供有益的伦理指南。

诚然，要想在一部著作中把所有相关的问题都穷尽是不现实的，更何况作者面对的是一门刚刚起步、有待于不断成熟的新兴学科。

因此，《经济伦理学》也还有未尽如人意之处。如，该书忽略了对中西方经济伦理思想脉络的系统展现和比照。但是，笔者相信，该书的问世将为构建具有中国特色的经济伦理学开辟更为广阔的空间。

（原载《高校理论战线》2005年第2期）

深邃的思考　可贵的探索

——简评《和谐社会构建的理论思考》

建设和谐社会是中国特色社会主义的本质追求，是民族振兴、国富民强的重要保证。党的十六大提出了“社会更加和谐”的奋斗目标，党的十六届四中全会进一步明确了“构建社会主义和谐社会”的任务，党的十六届六中全会审议通过了《中共中央关于构建社会主义和谐社会若干重大问题的决定》，就共建、共享和谐社会做出了全面部署，提出到2020年构建社会主义和谐社会的9大目标和主要任务。今天，执政半个多世纪的中国共产党正带领全国人民开始建设社会主义和谐社会的新征程。伟大的实践孕育深刻的理论，正确的理论指导社会的实践。在构建社会主义和谐社会成为当今中国的主旋律和亿万民众充满激情的实践之时，必然需要理论的创新，对现实中的种种问题与矛盾予以回应和解答，不断提高构建社会主义和谐社会的能力。湖南师范大学吴新颖博士和湖南省社会科学院皮伟兵博士合著的《和谐社会构建的理论思考》（湖南师范大学出版社2007年版，33万字）一书，就在这方面做了深邃的思考和可贵的探索，是和谐社会理论研究的可喜成果。该书立足现实，视野开阔；持论新颖，论证有力；架构完整，特色显著；理论与实践融会，历史与现实对接，表现出作者独有的思维张力与研究视角，给人以深刻的启示。

其一，严密的理论架构。全书从阐述和谐与和谐社会的内涵入手展开对和谐社会的理论研究。在对和谐思想的哲学思考中，作者从理论的高度概括出和谐的外在特征与内在本质，并将和谐思想置于中国传统文化体系予以察究，挖掘中国传统“和”文化的现代价值，从“和谐的本质关系是矛盾对立统一”“和谐作为矛盾同一性的特殊表征”“和谐动力的表现及其规律”三方面抽象、提升出和谐思想的哲学本质、特征及规律，从而在哲学的层面划定了研究的向度。在对和谐社会的哲学阐释中，作者从分析“什么是社会开始”，从评价和谐社会的标准等方面界定了和谐社会，并以此为基础对社会主义和谐社会从“人的身心和谐”“人与人的和谐”“人与社会的和谐”“人与自然的和谐”四个方面进行了理论把握，既体现其思维的层递性，又彰显出逻辑的力量，从而奠定了和谐社会理论研究的哲学基础。接着，作者对和谐社会与小康社会、生态社会、节约型社会进行比较，表现了思维的系统性和分析问题的全面性。就这样，一环扣一环，层层递升，形成了立体的多面性研究架构。

其二，纵横的深度探讨。在深广的理论拓展与横向的比照、会通之后，作者对和谐社会问题进行了上下延伸、纵贯古今的通达式思考，以探寻和谐社会的历史渊源，描绘其理论坐标。“和”的传统深深植根于中国人民的实际生活之中，影响人们的思想观念和行为方式，作者既探讨了儒、释、道诸家关于和谐社会的理想及其在人类文明史上的独特价值，明确其在今天构建社会主义和谐社会的理论与实践中的启迪与借鉴意义，又在对中国古代建立和谐社会的实践尝试进行分析后指出：“社会主义和谐社会，不是儒家式的田园牧歌，不是道家式的小国寡民，也不是佛家式的空中楼阁，而是建立在富强、民主、文明基础之上的和谐社会，是远比中国历史上任何一种关于和谐社会理想和实验都更加坚实、积极、高级、广泛的和谐社会。”同时，作者也看到了西方文化中和谐观念深厚的思想根基，放眼于西方关于和谐社会的理想与实践，既分析了西方政治视野中的和谐社会理想及其局限，又探讨了空想社会主义的和谐社会蓝本，因其不能找出资本主义制度的真正弊端，也就不可能掌握实现社会变革的正确途径，并以近代美国为例，透析出西方国家和谐社会构建对我们的五点启示。从中可见，和谐社会是人类的共同追求，相互借鉴十分必要，但关键在遵循实际，建设符合各自国情的和谐社会。正是在这样一种历史纵深感与理论底蕴的基础之上，作者从马克思主义者关于和谐社会的认识起笔，对中国共产党和谐社会构建的理论与实践进行了历时描述与共时展开，从而在纵深的理论思维中得出了现实的结论。

其三，求新的学术视野。求新是学术的生命，是理论发展的源泉。《和谐社会构建的理论思考》的整体构架和一些理论探索均表现出作者的创新意识。全书的前两章从哲学的高度和历史的层面进行理论剖析，为全书奠定了立论的基础，打开了思维的闸门，开阔了研究的视野。后面五章则关注现实、服务社会，分别从经济基础、政治制度、思想道德导向、社会保障、国际环境五方面对如何构建和谐社会的问题从理论与具体对策的层面展开分析，紧密联系社会现实，探讨和谐社会构建中的矛盾与问题，其对现实的理论诉求，本身就是一种理论联系实际的思维创新，注入了活性因子，表现出理论的生命力，又体现出作者理论为先、实践为用，在理论与实践的紧密结合、互动互应中推进理论建设的学术理念，从而在并行的逻辑链条与思维行程中作者形成了一些新的理论观点：在论述“树立双赢理念，实现经济资源的有效整合”时，结合社会发展中的具体事实，就“要市场经济，不要市场社会”的问题进行了分析；作者在对当前中国社会保障制度建设中的主要问题进行分析之后，提出和设计了中国特色社会保障制度的目标模式和制度框架：“以补救模式”为目标，以社会救助为基础，以社会保险为主体，以社会福利为补充，并围绕“法规体系”“管理体系”和“服务体系”三个方面做了具体说明；作者还提出，构建社会主义和谐社会并不单纯地表现在理论形态上，而应该充分吸收和利用全人类包括资本主义社会所创造的一切文明成果，吸收和借鉴当今世界主要发达资本主义国家一切反映现代社会化生产规律的先进经济运行方式和管理方式……就这样，作者以社会主义和谐社会建设为中心，着力于开拓马克思主义关于社会主义社会建设的理论空间，并对其中的不少具体问题进行了创造性研究，在博采众长的基础上形成了自己的见解，推进了和谐社会的理论研究。

其四，多样的探索方法。《和谐社会构建的理论思考》表现了作者理论研究上方法的多样性和运用的自觉性。作者始终坚持辩证唯物主义和历史唯物主义的基本原理，做到理论和实践相联系、逻辑与历史相统一、归纳与演绎相结合、哲学阐释与理论构建相交织，主要运用理论思辨与历史分析、比较研究与政策解读、逻辑演绎与个案剖析、材料佐证与理论提升等具体方法，立足于对中国现实社会的多维考察，在宽广的理论视阈、特定的历史背景与国情环境下，综合把握社会主义和谐社会构建的实践行程与思想轨迹，从而探讨社会主义和谐社会构建的主要问题，并从中提出一些基本规律，用以指导实践。同时作者善于将多种研究方法融合起来，彼此联系，互相参照，形成了系统的方法路径，既重视理论建设及其对现实社会中实际问题的理性思考，又着眼于新的实践和新的发展，以动态的眼光面向和谐社会建设的长远未来。

当然，社会主义和谐社会建设是一项长远而庞大的工程，涉及社会的方方面面，作为重大而艰巨的历史任务和新的现实课题，诸多问题不可能在一本书中集中予以解决，达到十全十美的境界，有的甚至只是思考的开始或提供了一种理论的铺垫，但可以相信，两位年轻学者一定会以其勤奋的精神和不断求索的品质，结出更加丰硕灿烂的果实。

（原载《南京社会科学》2007 年第 8 期）

《〈资本论〉的经济伦理思想研究》序

我国当代经济伦理学从20世纪90年代初被学界提出和关注以来，至今已有二十余年的学术史。作为一门新兴的学术研究领域，学者们的探索从各种不同的角度拓展了当代经济伦理研究的学术视野，使该门新兴学科日趋成熟。尤其是对马克思主义经济伦理学、特别是对马克思的《资本论》伦理思想的研究，为该门学科的建立提供了强有力的理论支撑。

我曾经在一篇文章中说过：马克思在研究资本主义经济现象的过程中，以其特有的伦理视角论证了并不断被证明了资本主义社会的经济矛盾和社会发展规律。可以说，马克思的《资本论》就是一部资本主义经济背景下的经济伦理学著作和一幅经济道德生活画卷。因而，对马克思《资本论》及其手稿的经济伦理思想进行研究是经济伦理学研究的一项理论创新。其意义在于：深化对马克思主义道德理论尤其是经济伦理基础理论的研究，推动适应我国社会主义市场经济的经济伦理学科体系的研究和建设。其实践价值不仅在于通过探讨马克思对资本主义社会的经济伦理批判理论为社会主义现代化建设论证道德基础和伦理秩序，而且为社会主义市场经济道德建设提供理论依据。同时，这也响应了在新的历史时代条件下深入解读马克思主义经典原著的实践要求。

令我欣喜的是，刘琳在博士论文的基础上，经进一步的研究和提炼，撰写出版了《〈资本论〉的经济伦理思想研究》一书，为经济伦理学乃至伦理学学科的发展增添了一笔浓墨重彩。

该书从马克思主义的经典文献《资本论》解读入手，运用马克思主义的基本理论和方法，综合多学科对《资本论》的理论研究成果，参照历史和时代经济伦理思想的多重视角，较为全面系统地研究了马克思《资本论》及其手稿的经济伦理思想，观点鲜明，见解正确。其中，在对马克思《资本论》中拜物教的经济伦理视角解读方面观点新颖，见解独到。本书思路清晰，逻辑线索明确，结构完整严谨，资料运用丰富翔实，尤其是对马克思主义经典原著中文本的引证和运用，较为精当，有很强的理论说服力。

本书最大的特点是坚持辩证唯物主义和历史唯物主义的方法论，用经济伦理研究的视角，对马克思主义的经典原著《资本论》及其手稿进行了较为系统全面的解读。作者以其创造性的研究理路，充分说明了马克思的《资本论》既是一部政治经济学著作，也是一部经济伦理学著作。第一，作者由《资本论》扩展到其手稿，全面系统地具有深度创新意义地研究了马克思在《资本论》及其手稿中对资本主义社会中人们反映在拜物教上的经济伦理关系，进行道德价值批判的思想。第二，针对有学者研究资本原始积累的时候把马克思所批判的资产阶级政治经济学家的原始积累的观点当作马克思的观点来加以重述的做法，作者结合手稿相关内容进行分析，重新理解了马克思对资产阶级原始积累观点的批判思想。这也颇具思想辩证上的创新意义。第三，作者在研究《资本论》中关于人的全面发展问题时，不只是机械地就人谈人，而是从人与社会相结合的整合角度，阐释了马克思《资本论》及其手稿中的经济伦理视角下的主体论思想。

本书的研究可谓是开创性的，但对《资本论》的经济伦理思想的研究要做到全面、彻底、系统尚须研究的不断深入。诸如马克思在《资本论》及其手稿中对资产阶级政治经济学家经济伦理思想的批判，尤其是对资产阶级人性论，资产阶级享乐主义、利己主义等经济伦理原则的批判还需进一步深入；对《资本论》及其手稿中的经济伦理思想的当代价值，还应该结合经济社会发展的实践进行进一步的探索；对《资本论》中的经济伦理思想所具有的伦理学、经济伦理学学科建设的意义更应该引起足够的重视；等等。

作为刘琳的攻读硕士和博士学位的导师，我深知她的刻苦的钻研精神和严谨的学术风格，我希望该书能引起学界的关注，同时，更希望她能够在本书出版以后继续努力，不断去攀登学术的顶峰。

（2008年4月15日于南京龙凤花园隽凤园）

青年价值观研究的多维视野与立体构建

——评《当代青年价值观的构建》

研究青年及其价值观，无疑是十分有意义的，因为青年是祖国的未来、民族的希望、社会的中坚，其价值取向直接关系到国家的前途与命运，特别是在新的社会生活环境下，社会主义市场经济催生了新的价值观，社会转型带来了价值观念的冲突。如何在纷繁复杂的经济文化环境下引导当代青年确立、构建一种具有驱动、导向作用和自我生长能力的正确价值观，既是一个关乎青年生活实际与生存现状的现实问题，又是一个必须予以回应的理论课题。湖南师范大学青年学者吴新颖撰著的《当代青年价值观的构建》一书，从中西文化坐标和古今价值观比照的层面，既动态截取又静态剖析，既历时追溯又共时观照，既从现实掌握又予以理论追问，既析当下状态又做未来构建，既立足青年主体人生自身又放眼广阔的社会生活，既开放又包容，在批判与扬弃、借鉴与提升的综合创新中，以辩证的眼光、从多维的视角，对当代青年的价值观进行了富有现实意义和理论价值的立体分析与构建，对于青年教育和青年成长具有深刻的启示意义，是深入研究当代青年特别是其价值观的可喜成果。

1. 回到人自身。人是什么？对于这个一直为人所追问的难题。《当代青年价值观的构建》一书不仅没有绕过，而是以此作为其研究的逻辑起点和思维切入口，在对人的内在本质的分析中有序展开全书的结构，深拓研究的路径。成功的实践必然是真理尺度和价值尺度的统一，价值尺度对实践的规范、驱动和导向作用，是通过人的价值观念确立起来的。作者分析人的生命二重性是生物性与社会性的统一，人的需要二重性是物质与精神的统一，人的自我价值实现二重性是为我与为他的统一，人的追求二重性是现实与理想的统一。

这是在人的文化的基础上对人的内在本质进行的分析，回到了人自身，也是研究青年价值观的理论始基，从而为价值与价值观的理论思考提供了人学背景与广大空间。作者树立了一个基本尺度，即真善美是人类社会一切价值中最高最终的指向，永远存在于人类社会之中，也永远是人们追求的理想，当代青年应以此为前提来确定自己的价值观。价值观是人和社会精神文化系统中深层的、相对稳定而起主导作用的成分，是人的精神心理活动的中枢系统；一个国家、一个社会的价值观，实际上是它的思想文化、意识形态系统中最核心的内容，是国家社会大系统中的“软件”；一个人的价值观则是他的人生和事业中最重要的精神追求、精神寄托、精神支柱和精神动力所在；其表现形式既可以是外显的，也可以是内隐的，具有对人的行为起主导、调节和定向作用的功能。在立足于人自身对价值观及其重要性做出分析后，作者还对价值观进行了分类和分层，从而为研究当代青年如何构建价值观奠定了基础。这样，全书从人自身起笔，又从青年价值观的构建、提升及其影响力收尾，具有前后一贯、主题鲜明、逻辑严谨的特点。

2. 现实意义深刻。随着改革开放不断深入、社会主义市场经济逐步确立，社会经济运行方式和人们的生活方式发生了巨大变化，特别是中西文化的碰撞日益激烈，大众文化不断勃兴，与此相适应的社会价值观念也处在急剧的变革之中，人们的价值观开始向多样化方向发展，多种价值取向并存已是社会发展中不可避免的现象。青年是社会发展中最为敏感的人群，往往处在时代的前列，是时代的制造者和推动者，其价值观的整体走向和现实构建，既具有时代的特点，又鲜明地凸显出个性化的特征；既是青年主体自身的一种相对稳定的意识结构，又在种种社会文化思潮的冲击下，容易被弱化和改变。面对经济体制和政治体制改革的逐步深入，青年一代的发展既拥有重要的历史性机遇，也面临严峻的社会挑战，一方面不断追求价值的新境界；另一方面也产生了不容忽视的价值负面影响，在促进青年主体价值意识成熟的同时，诱发了利己主义、拜金主义等；在推动青年发展与观念更新、引起青年个性追求丰富化的同时，淡化了一部分人的集体观念，产生了享乐主义和盲目攀比意识。正如该书作者所说的，“尊重自我，尊重个性，执意表现‘自我’，成为青年一代新价值思潮的集中反映，并由此形成了个人主义、享乐主义、虚无主义的价值观，使青年盲目地追求世俗文化，过分关注关系、人情和面子，从而使自身的价值取向弱化。这一演进过程，把青年的价值观带入了迷茫、不安、彷徨的困惑境地”。因此，紧密联系社会现实与青年生活实际，对青年价值观予以研究，并对其理想模型进行探索和预构，就具有非常重要的意义，特别是处在转型时期的青年一代，其价值观势必经历选择、重构甚至蜕变的历程，从而逐步形成相对持久和稳定的价值目标，既要有生活经验的累积，又需要理论的指导。《当代青年价值观的构建》对青年群体的特点、地位，青年群体的社会学特征，青年群体在社会群体中的地位，当代青年群体的发展主题进行了分析，结合当代青年价值观的演变及其由此展开的两场讨论，对其价值观的现状及其问题做了具体而细微的剖析，指出自觉性、多元性、实用性、两重性，是当代青年价值观的特点；在苦乐观上重物质待遇，在幸福观上重时尚消费，在友谊观上重互惠互利，自我独立意识、职业道德显著增强，社会主流文化的公德观念在道德观念的变化中仍居主导地位，是当代青年价值观的主要倾向。而在复杂的社会现实中，当代青年面临着诸多复杂的问题与困惑，如就业、教育及媒体的影响等问题就较为突出，在君子与小人的界限、善与恶的区分、利己与利他的标准、义与利的分野等问题上颇感困惑。对此，作者不仅分析了原因，而且结合现实生活，对当代青年价值观的这些问题做出了自己的审视、评判，从价值观内容本身的角度、价值观基本取向的角度和价值观特性的角度对当代青年价值观进行了预测，既具有理论的蕴涵，又延展出深刻的社会现实意义。

3. 多维的研究视野。在当代青年价值观的构建中，民族精神的血脉与历史文化的积淀，无疑是当代青年价值观构建的始基，只有在此基础上创新发展，才能找到其辽阔的背景与足够的后劲。因此，《当代青年价值观的构建》对中国传统文化价值取向的积极导向（生生不息的人文精神精髓、仁爱精神、宽容姿态等）和负面影响（崇公黜私、重情轻法、重群体轻个体等）进行了客观的分析，以科学的态度，去掉历史虚无主义，也远离民粹主义，而是在中华传统文化价值观中寻找、吸取最优秀的成分，化合为当代青年价值观的有效机理，融入其内在精神。当代青年价值观必须拥有崇高的精神因子，以积极向上的精神追求和思想文化的升华，形成民族的向心力和精神的凝聚力，而中华传统文化价值观始终是其有力支撑，但又必须代表时代的最强音，从现实生活中不断地吸取养料。因为任何一种价值观的最终根源在于生活本身，现实生活对青年的影响无处不在，青年正是在对生活的体验和感受中接受教育、得到发展、获得成长养料的，其价值观即是各种纷纭的生活体验与感受经过思维的组织、心理的过滤与提升后形成的，因此必须在社会发展中推进价值观的构建，必须抛弃中国传统文化中与现实社会不相符、不合拍、不同步的东西，与时俱进，始终在生生不息的社会生活中吸取有用的东西。同样，作者对西方文化价值观也做了实事求是的科学分析，努力借鉴和吸收其有用的成分。当代青年的价值观，不能全由外来文化来塑造，但其影响客观存在，不可忽视，而且在信息全球化和生活网络化的环境下，西方文化对当代青年价值观的影响无处不在，社会信息多渠道、多方面作用于当代青年，加上价值取向多元化与价值评价多标准的矛盾、青年自我期望过高与实现自我价值能力不足的矛盾等，西方文化价值观往往能为之提供新的路径和角度，其关键在于不断克服其负面影响，追求其正向价值的生成，从而走向“一种新型人：创新人”的境界。接着，《当代青年价值观的构建》一书回到现实，结合青年的生活与思想实际，对五种价值观进行了科学的评判，既开阔了研究视野，又为后文提供了理论与现实的铺垫。

4. 立体的理论构建。理论研究必须回应现实，必须面向生活与社会实际进行创新，《当代青年价值观的构建》就是这样一种研究理路与逻辑走向。首先，作者将当代青年价值观的构建分为两个层面：基础型价值观的构建和理想型价值观的构建，这样就便于从基本要求和较高层面来对青年价值观进行不同的分析，体现了一种合乎人性发展与精神成长规律的价值观定位。“基础型”注重“成人”与“生存”，是人在社会立足的最基本要求，是人之为人的基础；“理想型”以“成才”与“创业”为目标，是人在社会上求得发展的增长型境界，是人之为人的自我驱动。其次，分别从两个不同的层面寻找其价值观的构建因素，既以点带面，又以面导点，有针对性地对影响青年价值观构建的相关因素进行剖析，力争形成一个具有开合力的构建系统，找到其归依。对于基础型价值观，作者把握住了群己关系、义利关系、理欲关系和身心关系，分别解决如何做到为我与为他统一、义利并重、世俗而不庸俗、贵生且乐生这四个方面的问题；对于理想型价值观，则也从四个方面分别阐述如何实现自我价值、追求终极关怀、报效祖国人民、热爱人类与大自然的问题，在理论分析中密切联系青年生活实际，在具体剖析中透显出对于青年成长的深切关怀之情。最后，较为系统地归结出影响当代青年价值观构建的五种力量，体现了作者思维的多向度：家庭的亲情力、学校的教化力、职业的强化力、环境的感染力、政府的规导力。青年价值观的形成是多种力量共同作用的结果，家庭、学校、环境等往往对其产生系统的影响与作用，并在不断内化为青年主体自身的精神与情感质素后，融入其价值世界之中。就这样，作者以多维、立体的视野，完成了对如何构建当代青年价值观的一次深入探索！

毋庸讳言，当代青年价值观的研究涉及多方面的知识，是一个现实的问题、具体的问题，但又是一个发展中的、内容庞大的问题，如何更好地把握研究的重点、使其产生现实的效应，都值得进一步思考。但作为年轻学者，我们期待也相信，作者一定会进一步循此路径，在这一课题上不断深化自己的思考，产生更精、更好的成果。

（原载《南京社会科学》2008年第12期）

展示体育伦理新境界之力作

——评刘湘溶、李培超主编的“体育伦理学研究丛书”

由刘湘溶和李培超两位教授主编的“体育伦理学研究丛书”前两卷（《体育伦理：理论视域与价值范导》《绿色奥运：历史穿越及价值蕴涵》，以下简称“丛书”）已于近期出版，“丛书”以其独特的学术理念、开阔的理论视野和富有创新价值的研究，开创了体育伦理学新的具有里程碑意义的学科理论平台。该书有四个方面的特点。

一、以开阔的思路、独特的学术视角探讨并构建了崭新的体育伦理学体系。“丛书”依据体育和体育道德的本质特点，初步构建了体育伦理学理论体系。一是对体育伦理学做了新的界说，认为“体育伦理学作为应用伦理学的一脉，主要是关于竞技体育运动中的道德矛盾与冲突、道德原则与规范的学说”。二是对体育道德的本质做出了全新的阐释，认为体育道德是一定社会的人的特殊生存方式的人性完善之理念与规范。三是构建了以人本理念为主旨的包括规则公平、有限伤害、积极进取、团队合作等内容的体育道德原则及其规范体系。四是探讨了当今体育运动存在的道德问题和对策。可以说，“丛书”是我国当今体育伦理学研究的全新、全面而系统的展示。

二、开创性地研究和阐释了体育与伦理的起源和发展。“丛书”指出，“劳动是体育产生和发展的源泉”，这种带有劳动性质的体育活动，不仅锻炼了人的身体，更是升华了人性，加强了人的协作精神，丰富了人的体育道德理念。“丛书”还认为希冀解决人的精神痛苦的宗教，理所当然是体育运动的源泉；“战争是体育得以产生和发展的重要源泉”；“娱乐休闲活动也是体育产生的源泉之一”；“健身去病的医疗对体育的产生与发展也起了积极作用”。这些系统而又深入的研究见解不仅全面概括了体育和体育伦理的起源和发展的依据，从中揭示了体育伦理的本质，而且为我们进一步揭示社会伦理的本质提供了新的方法和理念。

三、深刻地分析和展示了人类最具代表性的体育运动——奥林匹克运动之伦理精神及其特征。“丛书”对奥林匹克运动的精神实质做出了独到的理解和概括。“第一，奥林匹克主义是强调人的身心，精神以及其他各种品质均衡发展、有机结合的一种人生哲学”；“第二，奥林匹克主义的宗旨是使体育运动为人的和谐发展服务，以促进建立一个维护人的尊严的和平社会”；“第三，奥林匹克主义倡导的是一种崭新的生活方式，这种生活方式是建立在通过奋斗所获得的快乐体验、优秀榜样所产生的示范教育价值和对伦理原则的遵守推崇相结合的思想基础上的”。应该说，“丛书”对奥林匹克精神实质的理解和概括是精当的，其实质是揭示了体育与道德是共生和共存的。

四、揭示了体育与奥运的道德成就、道德缺损及体育道德建设路径。“丛书”指出，奥林匹克运动一直追求着完美的目标和人类的道德理想，尤其是科技的发展和工业文明的勃兴，促使奥林匹克运动的美好的追求结出了丰硕的成果。但是，奥林匹克运动在其发展过程中，体育被异化并导致体育道德缺损的现象时有发生。这实际上影响了奥林匹克运动宗旨的实现，更影响了奥林匹克运动的权威和声誉。为此，作者认为，现代奥林匹克运动需要体育道德，也离不开体育道德，这就需要十分重视当代体育道德建设，并提出了一系列体育道德建设举措。

由是观之，作为“体育伦理学研究丛书”开局的两本著作具有很高的学术价值和实践启迪意义，其基本学术理念和应用思路可谓独树一帜。我十分期盼作者继续坚持理论和实践的结合，不断加强体育伦理学的理论创新，将我国体育伦理学推向“显学”的地位。

（原载《道德与文明》2009年第3期）

研究百年中国马克思主义伦理学的“时标”性力作
——简评王泽应教授著《20世纪中国马克思主义伦理思想研究》

马克思主义伦理思想的创立是人类伦理思想发展史的革命变革，20世纪中国伦理思想的形成与发展是这一革命变革在中国的继承与发扬光大，其历史意义和学术价值不仅由中国伦理思想发展史本身得到了充分的展示，而且中国的经济社会的发展也深刻地说明了马克思主义伦理思想是社会进步不可缺少的先进理念。厘清20世纪中国马克思主义伦理思想的发展历程，研究其发展规律，探讨其理论价值和实践意义，既是当今中国伦理学发展的呼唤，也是快速发展着的中国经济社会的需要。王泽应教授以敏锐和深邃的目光顺应中国伦理思想发展的当代进路，研究并撰写了《20世纪中国马克思主义伦理思想研究》（以下简称《研究》，引文没有表明出处均为引自本书）之具有拓荒意义的“时标”性力作。

一　系统而全面地阐释了百年中国马克思主义伦理思想的主要成就

《研究》以开阔的视野，从纵、横两个维度探讨并阐释了中国马克思主义伦理思想的发展过程及其主要内容。就纵之学术进路来说，作者从中国马克思主义伦理思想的形成与发展、毛泽东伦理思想的确立与发展、中国马克思主义伦理思想的挫折与发展、中国马克思主义伦理思想的重塑与重大发展的先后递进的四个阶段，有重点地研究了历史上具有代表性人物的伦理思想；就横之学术模块来说，作者从我国早期马克思主义者、中国化马克思主义者、马克思主义理论工作者等方面，重点阐释了中国马克思主义伦理思想的内容与特点。这使读者能清晰地把握中国马克思主义伦理学的产生和发展过程。《研究》认为，作为马克思主义形成的前奏的近代，除个别传教士的相关中译文本中提到马克思、恩格斯的名字及其相关学说外，我国较早有梁启超、孙中山、朱执信等人开始在报纸杂志上介绍涉及伦理思想的马克思、恩格斯的学说，而后新文化运动中的陈独秀、李大钊、鲁迅等人“对封建复古主义的批判，对纲常名教的抨击，对传统伦理弊端的深刻揭露，对科学、民主、自由、人权、人道主义价值的推崇以及对新的人际关系和道德精神的向往，无疑打开了通向马克思主义伦理思想体系的大门，为接续和传承马克思主义伦理思想，形成中国的马克思主义伦理思想做了历史文化的铺垫”；十月革命的成功，使得李大钊、陈独秀、瞿秋白、恽代英等一大批革命民主主义者开始向社会主义共产主义转变，向往并传播俄国式的马克思主义的新的伦理文明；中国革命和建设过程中的毛泽东思想的形成和发展，使得中国马克思主义伦理思想得到了长足的发展，“它既是对马克思主义伦理学的创造性发展，又是对中国传统伦理文化的批判性超越”，更是在马克思主义伦理思想指导下对中国道德生活以及人们的道德实践的深刻考察和提炼的思想产物；改革开放以来，作为新时期中国化马克思主义的邓小平理论将马克思主义伦理思想推向了与时代同步的新阶段，同时，一批马克思主义伦理学理论工作者顺应时代要求，在毛泽东思想、邓小平理论指导下，构建了具有中国特色的体系较为完整的中国马克思主义伦理学学科。《研究》对百年中国马克思主义伦理思想脉络的清晰概括，充分展示了中国马克思主义伦理思想的历史成就和主要内容及其特点。由于《研究》对中国伦理思想史的代表人物的选取极具代表性，对各个阶段和各代表人物的伦理思想观点的研究和阐释力求客观、公正，因此，可以说《研究》是目前我国研究20世纪中国伦理思想的融权威性、历史性、理论性和时代性于一体的思想史著作。

二　开创了研究我国百年马克思主义伦理思想发展的新视点

《研究》在阐释中国百年马克思主义伦理思想的进路中，颇具新意地提出并阐释了中国百年马克思主义伦理思想的独特视点。一是认为，“在一个世纪的发展历程中，马克思主义伦理思想与中国革命、建设、改革的实践相结合，出现了三次大的飞跃，产生了三大理论成果，即毛泽东伦理思想、邓小平伦理思想和江泽民伦理思想。这三大伦理思想标志着马克思主义伦理思想实现了中国化的伟大转化和中国伦理文化的马克思主义化”。因此《研究》在深入研究毛泽东、邓小平、江泽民伦理思想的同时，深刻揭示了三大伦理思想的本质特征、科学体系及其继承关系，为构建中国马克思主义伦理学提供了经典理路。

二是认为，“中国马克思主义伦理思想的形成和发展，不仅得益于中国共产党领袖人物的科学创造和艰辛探索，而且也得益于马克思主义理论工作者的阐幽探微与深入研究”。为此，《研究》在我国伦理学界率先系统而又全面地阐述了具有“时标”意义的张岱年、周原冰、李奇、罗国杰四人的伦理思想体系及其基本特征。这不仅展示了我国当代伦理学家的伦理学基本理念，更是在探讨我国马克思主义伦理学“样态”的同时，揭示了当代我国伦理学的学科特点和学科意义。同时，《研究》还重点研究了我国改革开放以来伦理思想的新发展，从伦理学基础理论、中外伦理思想史、应用伦理学三个维度，较为全面系统地探讨和阐释了我国一批中青年学者在内的伦理学理论工作者的研究成果，展示了我国30年来的伦理学发展“地图”和“样态”，让读者体验到我国当代伦理学的新鲜气息和活力。

三是认为，科学发展观、和谐社会理念、建设社会主义核心价值体系思想是马克思主义伦理思想中国化的最新成果。因此，一方面《研究》深刻阐述了科学发展观的伦理道德意蕴，指出，“科学发展观是一种注重和谐和可持续发展的发展观，这种发展观正是当代发展伦理学所提倡、所坚持并努力捍卫的发展观。他所形成的道德观是纳和谐于发展之中并以发展来促进和谐的新型道德观，或者和谐道德与发展道德的有机统一”。另一方面，《研究》明确指出，建设和谐社会是新时期的政治方略和价值目标，“它是集理想性与现实性、价值合理性与工具合理性于一身的社会类型和伦理理念”，因此，“和谐社会是一个人与人、人与社会集体、人与自然、人与自身全面和谐的社会”。事实上这就说明了，和谐社会是道德化的社会，凸显了和谐社会的伦理性特征。再一方面，《研究》认为，社会主义核心价值体系不仅可以极大地凝聚人心，形成社会的价值共识，而且可以有效支撑和影响着所有价值判断，它“是我们民族、国家和人民长期秉承的一整套反映社会主义本质和建设规律的根本原则和价值体系的理性集结”。

三　深刻揭示了我国百年马克思主义伦理思想发展的本质及其规律

《研究》力图避免流水账式的思想史写作套路，善于“跳出历史看历史”，不仅专门立章研究中国百年马克思主义伦理思想的发展规律，而且在研究人物或阐释思想时都能关注到时代的特点和思想的前后承继关系和逻辑理路。一是认为，“中国马克思主义伦理思想的形成和发展，具有历史和伦理文化发展的必然性，它既是中国伦理文化寻求自己新的发展的必然选择，也是中国人民渴望新的道德生活和追求新的伦理目标的价值使然”。这一基本理念开启全书理路，可以说是《研究》力图实现思想史、论之“高、精、尖”之逻辑切入点。

二是认为，20世纪中国马克思主义伦理思想的发展历程始终蕴含着马克思主义伦理思想的中国化发展与中国伦理思想的马克思主义化发展的有机统一。正因为这一点，“只有中国的马克思主义伦理思想，体现了对马克思主义伦理思想的真正的坚持和科学发展，既注重马克思主义伦理思想的理论创新和学术思辨，又特别强调马克思主义伦理思想改造现实世界的独特功能，主张在实践中坚持和发展马克思主义伦理思想”。这一基本理念统领着全书，可以说是《研究》之灵魂之所在。

三是认为，经济和社会的转型或变革是中国马克思主义伦理思想发展的根源。中国马克思主义伦理思想实现两次比较大的转型，首先是“从政治性革命性的伦理思想向经济性建设性的伦理思想的转换，即由毛泽东伦理思想发展为邓小平伦理思想，后者继承了前者的精华并在新的基础上有所创新”。其次是“从经济性建设性的伦理思想向社会性和谐性的伦理思想的转换”。《研究》认为，“从伦理类型意义上讲，这两次比较大的理论转型，也可以说是从信念伦理向责任伦理转型，再由责任伦理向信念伦理与责任伦理相统一的类型转型”。然而，中国伦理思想的这两次转型是与我国经济社会的发展进程密切联系在一起的。可以说，中国马克思主义伦理思想的发展来自我国经济政治实践的需要，我国经济政治的发展为中国马克思主义伦理思想的发展提供了强大的动力。这一基本理念是贯穿全书的主旨，可以说是《研究》之深刻性之所在。

四是认为，伦理学的活力在于与时俱进。《研究》指出，中国马克思主义伦理思想之所以有今天这样的成就，是因为中国马克思主义者从来没有将马克思主义伦理思想教条化、凝固化，而是随着时代的发展和道德生活的变化与时俱进。因此，中国马克思主义伦理思想是时代的产物，是马克思主义伦理思想的普遍原理不断地同中国革命的道德生活实际相结合的产物，并由此说明与时俱进是伦理学的生命力之源。这一基本理念体现于全书，可以说是《研究》之重要理论目的之所在。

四　以深邃的目光洞察并提出了21世纪我国伦理学未来发展的战略思路

《研究》的亮点之一是探讨并阐释了过去，同时，富有激情地展望了我国伦理学的发展前景。《研究》首先认为，“21世纪是马克思主义伦理思想大发展的时代。随着我国全面实施马克思主义理论创新工程和社会主义和谐社会建设进程的加快，中国马克思主义伦理学的研究将迎来真正的春天，进入一个发展和繁荣的新时期”。同时，《研究》认为，未来中国马克思主义伦理学的发展不可能坐等而来，需要马克思主义理论工作者坚持不懈的努力。为此，《研究》指出，一是要进一步系统研究毛泽东、邓小平、江泽民三大伦理思想，深入探讨以科学发展观、和谐社会理念和社会主义核心价值体系为核心内容的新时期中国化马克思主义伦理思想。二是要进一步坚持解放思想这一马克思主义伦理思想发展的本质要求、坚持实事求是这一马克思主义伦理思想的活的灵魂、坚持与时俱进这一马克思主义伦理思想发展的活力。三是要更有效地承继和弘扬优秀的中华民族道德传统，更积极地吸收国外优秀的道德文化成果。四是要理论联系实践，在实践中吸取伦理学发展的“养料”，在实践中不断充实和完善伦理理念，同时，还要在实践中大力发展我国的应用伦理学。

《研究》一书力图全面、系统、精当地阐述20世纪中国马克思主义伦理思想的发展历程及其特点，她无疑是我国伦理学学科的时代标志性力作。但是，要在有限的时间内和有限的篇幅中理想地阐释如此庞大的20世纪中国马克思主义伦理思想绝非易事，故《研究》尚可在取材的代表性和完整性方面做更细致的工作，同时，在对20世纪中国马克思主义伦理思想的发展成就的概括中，可以更进一步比较斟酌，真正将具有“学术记忆价值”的成果载入中国伦理学发展史册。

（原载《湖南师范大学社会科学学报》2009年第4期）

“形而上”与“形而下”自觉结合的力作

——评李建华教授主编的《伦理学研究书系·经济伦理》

自改革开放以来，尤其是20世纪80年代末90年代初以来，顺应改革开放和经济建设发展的需要，作为“显学之显学”的经济伦理学在我国的伦理学学科中发展迅猛，凯歌高进，成绩不凡。经济伦理学的学科体系从无到有，研究视阈逐渐拓展，研究问题逐步深入，形成了学科自身对理论和应用问题研究的独特的学科特色，在伦理学分支学科中一枝独秀，展现了一道最为亮丽的学术风景线。

经济伦理研究始终伴随着我国改革开放的进程，并随着改革开放的发展而不断深入。研究的热点是关于经济伦理学学科的基本问题，关于经济与伦理、经济与道德的关系问题，关于经济伦理范畴问题，关于道德的经济作用即道德资本与道德生产力问题，关于经济信用和经济诚信的问题，关于经济正义和公平的问题，关于企业伦理与社会责任问题，关于生态经济伦理问题，关于消费伦理问题等。围绕这些问题的探讨与争鸣，逐步形成了中国经济伦理学特有的学术术语、概念范式和理论命题。从学术层面来讲，可以毫不夸张地说，这无疑是为经济伦理学研究的进一步发展提供了重要的理论资源和学术平台，启发我们对于现实经济实践问题的理论思考和学术解答。同样，经济伦理学的形成和发展可以启发或促进伦理学研究尤其是元伦理学和应用伦理学研究的“实”“论”结合与互补，并进而推动各学科的理念创新与理论重构。而从实践层面来讲，经济伦理学的一些基本理论观点已经成为现实经济实践指导或应用的理念。其中令人感到欣慰的是，一些企业已经清楚地认识到道德是企业发展的无形资产和精神资本，是企业的“安身立命”之根本，“无德”企业无以行天下，进而在生产与经营过程中摒弃“非道德经营”的传统企业哲学，转而恪守“道德经营”的企业哲学，企业家的确在流淌着“道德血液”（温家宝语），企业在承担着必要的社会责任。

尽管三十年的经济伦理学研究取得了累累硕果，但与国家和社会期待相比，与合理解答现实经济问题的要求相比，其间差距显而易见。也许我们可以找出许多理由来为经济伦理学发展中的“不足”进行辩护，但一些突出的问题乃至难题需要引起我们的关注。概括起来，我国经济伦理学研究的主要问题大体有二。其一是理论研究尚没有充分凸显“显学”的地位。不管是先构建体系还是先研究问题（其实这是伪命题或伪问题，因为任何理论研究都只能是构建体系与研究问题同时并举，互相促进），理论的研究和发展始终是前提，唯有特色学科理论的完善和发展，才有学科应有的地位。其二是“问题意识”的淡漠。“面向实践”（恩德勒语）的应用研究尚需进一步强化、深入。简言之，经济伦理学研究“上不去”（抽象思辨平台不高）与“下不来”（实际应用的普适性程度不高）的尴尬格局仍然困扰着广大经济伦理学人，其产生的研究后果势必是要么自说自话，无病呻吟，要么软弱无力，浮光掠影。这一“学术困窘”从反面印证了一个道理：越是“形而上”的研究越离不开“形而下”的依据或基础，而越是“形而下”的研究越离不开“形而上”之关照与启迪。离开应用或没有应用价值，忽视当今社会或不能观照当今社会的所谓理论研究，忽视理论分析或没有理论支撑的所谓应用研究，都必将背离学术研究的本真理路和运思进路。事实上，真正的学术创新永远是“形而上”和“形而下”的自觉结合的产物。

鉴于此，中国经济伦理学研究今后应该也能够别开生面，倾力开拓“形而上”与“形而下”结合之研究趋向，进一步揭示经济领域的客观规律，诠释伦理道德之于经济生活的无可替代之价值。在坚持马克思主义主导地位的基础上，推动经济伦理学哲学层面的理论抽象、西文译著的文本解读与实践层面的田野调查这三辆拉动未来中国经济伦理学腾飞的“三驾马车”的快速前进，推进中国经济伦理学研究的实质性进步，是为时代赋予我们广大伦理学人的历史使命。

敢于承担历史使命的是可敬的，也是值得学习和借鉴的。由建华教授主持编著的这套“伦理学研究书系·经济伦理”丛书，立足中国，立足应用，实为难能可贵。它是“形而上”和“形而下”的自觉结合的最新成果，这可以说是经济伦理学乃至伦理学研究的一大令人欣喜之事。丛书立意高远，富有伦理抱负，直面现实生活尤其是企业发展中的迫切需要学术理论来加以解决的经济热点问题，其学术境界堪称学界之标杆。由是观之，该套丛书之所以成功，绝不仅仅在于其强烈的现实针对性和“实践感”（布迪厄语），更在于其理论抽象层面的分析、阐述鞭辟入里，切中要害，逻辑严谨，环环相扣。离开了前者或后者，学术研究必然会陷入低水平徘徊的泥淖之中，失去其逻辑力量。可以想象，“伦理学研究书系·经济伦理”丛书的强烈的现实意识、问题意识与深刻的学术视阈的契合，一定能发挥重大的理论功能，并在我国经济伦理学乃至伦理学的发展史上留下深刻的学术记忆。

我相信“伦理学研究书系·经济伦理”丛书的出版一定会受到学界同仁关注和欢迎，我也真诚地希望建华教授及其所领导的学术团队在我国伦理学学科建设中再接再厉，再创辉煌。

（原载《伦理学与公共事务》第4卷，北京大学出版社2010年版）

《音乐伦理学》序

改革开放三十年来，中国伦理学尤其是应用伦理学取得了长足的发展进步。中国应用伦理学之所以取得进步是与它的社会生活的实践吁求和学界同仁的付出分不开的。她的成就主要体现在研究范式的不断转换、研究领域的不断拓展、理论观点的不断创新。回顾新中国伦理学发展史，我们不难得出这样的结论：一个仅关注抽象理论，只醉心于远离生产生活实践的所谓逻辑推理或是离开历史和现实的“走进文本”的研究者，或者一个仅关注实践和现实，满足于超越性的“走出文本”或不善深度学理探讨的“事务主义者”，两者只有一个结果：难以创新出有社会影响力的理论和具有积极的实践效应的结果。因此，走进文本与走出文本，形而上与形而下，理论与实践必须保持内在紧张关系，实现它们之间的动态的、具体的、历史的统一理应成为学者的不懈追求。正如法国著名哲学家萨特说过：“理论和实践分离的结果，是把实践变成一种无原则的经验论，把理论变成一种纯粹的、固定不变的知识。”实践证明，真正的学术创新只能是形而上和形而下的自觉而有机结合的产物。

也正是由于这个原因，我历来一贯主张学术研究要有理论功底，更要有现实敏锐性。至今我依稀记得三年前，王小琴博士作为我的弟子，一进校门就决然表明志向，欲以音乐伦理学作为自己的博士学位论文乃至今后学术研究的主攻方向。尽管我不通音乐，对于音乐及音乐界的具体情况也不太了解，但是我知道，历史一贯强调音乐的教化作用、现实生活中出现的音乐伦理问题都表明音乐伦理的确是一个值得研究且具有新意的课题，所以我同意并鼓励她以此为选题，沉下去好好研究，彰显自己的学术研究特色，追求深度、高度而不要满足泛泛叙述。可喜的是，近闻王小琴博士的著作《音乐伦理学》即将出版，并邀请我为之作序，我欣然应允。

可以说，音乐与伦理相通共融，主要是因为两者都把人类活动作为依托并力图促进人自身的完善。实际上，从发生学的意义上来讲，音乐与人类生活是内在结合在一起的。这点的典型体现是，一些原生态的音乐直接出自对于自然界和人类社会生活中的各种声音的模仿。离开了人类实践活动所开辟的“人化自然”所提供的素材、动力、情感、“舞台”，音乐不仅失去了存在论的基础，而且必将失去让人感人至深、魂牵梦萦的动人魅力。因此，真的音乐需要生活及其提供的营养。另一方面，生活不能没有音乐。如果说，没有生活的音乐是华而不实、缥缈无根的，那么，没有音乐的生活就是毫无情趣、索然寡味的“荒漠”。尽于此，音乐就是生活的一部分，更为准确地说，音乐是生活的内在构成要素和内在的节奏、“底色”。古话所谓“感人心者，莫先乎情”，“情之一字所以扶持宇宙”。可见，具有伦理性的“情真意切”的音乐对于人类社会生活和世道人心的价值无论如何强调恐怕都不过分。在中西思想史上，音乐伦理思想都强调：音乐具有伦理意蕴，因而音乐教育就可以除了注重道德教化和社会目的教育以外，还可以承担把人教育成美的人、完善的人的任务。音乐完善人的品格，有其感化人格的力量，即音乐有左右人格的威力。中国传统儒家则更是重视音乐的伦理教化之用。

音乐的多种实践功能已成共识。但是，唯其重要，一旦音乐的功能得到积极发挥，就能感化人心、滋润心田；一旦它缺失或者发生异化，必然粉饰乾坤、扰乱民风。在本真意义上，作为合乎人性的社会性的音乐，它原本就内含着伦理正当性和道德合理性。然而，现实的实然不等于应然，音乐的存在并不等于音乐的本质。在人类已经昂首步入 21 世纪的今天，现代化高歌猛进，物质丰足、经济发展的今天，在音乐却呈现出高雅的“阳春白雪”与低俗“下里巴人”良莠混杂，某些音乐人无视道义、“放浪形骸”等非伦理现象，音乐伦理研究显得迫在眉睫。

只有找准症结才能对症下药，源于实践才能指导实践。音乐伦理学研究的开创性在于它把捉住了我们现时代的真问题，而因为其开创性所以难度极大。它既需要勾勒研究框架、厘定学科的基本理念和价值判断，又要凸显问题意识，研究音乐伦理中存在的主要问题。而要做到这些，具有单学科背景的研究者势必难以应付，它需要的是多学科“视界融合”的方法来介入研究对象。即便是有多学科的背景，如何找到好的切入点和“抓手”也决定着研究的成效。可见，这种会通、融合并不容易。而这种“难度系数”也决定着创新的高度。

总体而言，该著以丰富的信息资料、开阔的学术视野、独到的学理分析，围绕音乐伦理学的基本理念、中西方传统音乐伦理思想、音乐与伦理的内在关联、音乐伦理合理性问题、音乐活动伦理、音乐作品伦理评价等内容做出了较为到位的阐述，集中反映了著者的学术探究精神和学术境界。著者秉持一种敢为人先、刻意求新的精神所完成的这部著作，对于艺术伦理学和音乐伦理学研究具有“补白”之功。对于这样跨学科的具有原创性、挑战性、前瞻性的课题，我们不能苛求一个人一本书来完成。因此，该著也预留了需要进一步研究的巨大空间。比如：音乐伦理精神的提炼，音乐伦理模式的类型学研究，著名音乐伦理学家的音乐伦理思想的挖掘以及中西音乐伦理的比较研究等问题。

王小琴学术努力的意义，不仅在于捷足先登，深度“耕犁”这块音乐伦理的“飞地”、占领了这块“高地”，取得了可观的成就，而且在于引导更多的人参与到音乐伦理的创造性研究中来。事实上，该著已经取得的成就和它提出的问题，都是一个值得我们长期对话和研究的较高理论平台。它对于音乐的发展有着独到而重要的启示，而且也将有助于音乐（艺术）伦理（学）的不断拓展和深化。我真诚希望著者在音乐伦理领域继续努力探索，拿出更多的具有现实感、实践感和富有说服力的作品来。我深信，在音乐的伦理和伦理的音乐的互动交融中，中国音乐终会奏出更多的合伦理的真善美统一的动人华章，为构建和谐社会吹响号角、激浊扬清。

是为序。

[2010 年 6 月 6 日于南京师范大学（仙林）行敏楼]

与世纪同步与实践合拍

——读廖申白教授《伦理学概论》

廖申白教授所著的《伦理学概论》（北京师范大学出版社 2009 年版）一书于不久前出版，拜读此书，深感是一部 21 世纪教材的精品力作。它构思精妙、主旨鲜明、范畴独到、逻辑自然，是一部融思想性、学术性、时代性与前沿性于一炉、具有个性特色的创新之作。我们有理由认为，这部具有“时标性”的教材力作必将载入中国伦理学教材乃至中国伦理学发展史册，给人留下深刻的学术记忆。概括起来，该书具有四个鲜明的特色。

其一，创新性的逻辑理路和结构体系。教材之难，首先难在如何构建一个不同寻常的理论体系，这就要求著者创新性的逻辑理路和结构。著者从对伦理学的初步说明谈起，厘清伦理学是一种怎样的研究，在伦理学的历史演变轨迹的思想史平台上，从伦理学的基本概念、常识道德到交往伦理学，再到哲学的伦理学，最后又回到善的生活。如此条分缕析、剥丝抽茧的分析，好比一个个理论的“圆圈”，理路新颖，环环相扣，结构完满，融分析伦理学、规范伦理学和应用伦理学于一体。然而，这仅仅是该书展开的显性逻辑。其隐性的逻辑是，以基于实践的德性论伦理学来克服传统的规范伦理学的内在矛盾，并认为，“基于实践的德性论伦理学是真正关心人自身的，并且在德性论这个领域，中国古典的儒道两家与希腊思想似乎有很多可以会通的精神”。从而，以基于实践的德性论伦理学来展开整个理论逻辑。他直言自己的研究旨趣：“对我来说，我们在今天的中国做伦理学的研究，既不是要在中国做出一种纯粹的西方伦理学，也不是要坚持用中国的本土资源与这种伦理学进行冷战，而是要在自己熟谙自己的本土思想的精神精髓并读懂、读进去西方的基础上，会通中西方思想精髓，形成在今天的世界环境下能够启发人们去恰当地面对和处理人的问题、过一种实践的生活的伦理学。”坦率地讲，在本人所见国内外伦理学原理著作的“森林”当中，尚无从此逻辑理路来布局谋篇的，其创新性的理论形象着实令人耳目一新。尤其是，此书高人之处在于，没有为创新而创新的痕迹，没有因为创新而落入简单问题复杂化、古旧问题时髦化的怪异之路，究其原因，不仅在于著者对于中外伦理学史的深刻洞识，更在于他对生活的逻辑、实践的逻辑，或者准确地说是对天地、世界与人生之独特领悟。因此，从根本上说，这种“创新”不在形而在神，不在表象而在实质，所谓“致广大而尽精微，极高明而道中庸”，工稳自然，恰切妥当。

其二，鲜明的教材主旨，标杆式学术前沿。教材独具匠心地围绕生活实践中的一系列伦理问题与困惑，与读者（学生）一起遭遇、一起阅读、一起思考和解决这些问题。而这种“坚定不移”是与著者对伦理学的学科性质的理解把握连在一起的。在著者看来，伦理学就是对人的问题的思索与研究，不仅如此，伦理学是唯一的对“人的总体的生活”进行研究的科学。在对人的总体生活的思考过程中，著者涉及了生活实践中的诸多问题，如作为“人所特有的一种基本活动”的实践、善、正当、常识道德、交往、家庭、交友、教化、公民交往生活、社会合作等方面。之所以以一种贴近生活、实践的逻辑思路，还因为“以实践概念为基础的德性论伦理学能够比其他的伦理学更加吸引学生，更能帮助他们思考自己的人生的问题，思考生活的问题。对于许多学生来说，它一方面比功利主义（在这本书中称为‘效用主义’）更有道理，也比一些狭隘的义务论伦理学体系包含了更丰富的对人的可能的善的理解”。而且，著者并非“自说自话”，他立足于学术思想史和学术前沿，充分汲取古今中外思想资源，领读者一同进行哲学的沉思、探讨，研究这些我们经常会遭遇的一系列现实生活领域的各种问题，进而回答与解决这些问题，这确实能够起到解疑释惑、引领方向的作用，从而为读者（学生）走好人生旅途、过上“善的生活”备好了充足的伦理学“知识谱系”。谁忽视了著者所论及的教材主旨或前沿论题，谁就不仅在学术的道路上有可能滑向歧途，而且也有可能丧失伦理学的存在理由。

其三，独到的范畴，细腻而深入的解剖。该书的重要理论创新特色还在于它具有独到的范畴、深刻的解剖。比如，著者在众多伦理学范畴中，萃取了三个范畴——实践与实践智慧、善、正当作为伦理学的基本概念，并对它们进行了深刻的分析。他认为，实践与在最宽泛意义上属于每种存在物的活动的不同是，它是人所特有的一种基本活动，实践的实质是一种交往活动，是“人之为人”的活动。不仅如此，实践是一种内在目的性（而非外在目的性）的活动。关于善的概念，他首先从善在日常语言中的用法谈起，厘清了道德意义的善与非道德意义的善，而后对“善的”作为性质、“善的”的第一种类比意义、“善的”的第二种类比意义进行了分析，最后对善进行了哲学分析：目的善与手段善、内在善与外在善、“总体上是善”与“对一个人而言是善”“是善的”与“显得善”以及关于最高善。他还在剖析正当概念的时候，仔细区分了应当、正当之区别与联系。尤为重要的是，著者认为，亚里士多德、康德、黑格尔的伦理学属于“最为重要的伦理学体系”。“的确，从总体上说，它们是广泛深入地影响人们对一种伦理学体系的理解的最主要的东西，考察了它们，我们就没有漏过最为重要的伦理学体系（即规范伦理学）。”他进而指出“哲学的伦理学”的概念，“哲学的伦理学的一种，即规范伦理学的体系。元伦理学，由于一方面使伦理学抽离了生活者的观点；另一方面坚持拒绝研究关于人的生活的善的实质性的问题，仅仅是一种空虚的哲学伦理学的观点。所以，在这两种哲学伦理学中，规范伦理学更适合哲学伦理学的名称”。诸如此类的对概念、范畴的层层解剖，厚实到位而又细腻认真，书中多有展示。

其四，深刻的问答逻辑，与时代同步的道德哲学。以问答逻辑的形式展开研究和阐释是该书的又一重要特点。从本书的逻辑结构，到每一编，再到每一章、每一节，甚至概念范畴的陈述与展开，都体现了这一特点。比如，关于诚实问题，著者首先在“诚实作为德性”中解释了诚实的重要性，阐释诚实为什么通常被看作行为方面的德性、诚实的种类；然后在“内心的诚实”中分析了理智的诚实、感情或信念的诚实、对自身的诚实、对他人的善意上的诚实，在“交往的诚实”中分析了什么是交往的诚实、表达自我评价上的诚实、交谈的诚实、交往行为的诚实，最后在“几个相关的问题”中分析了关于“交往无诚实”信条、关于诚实是否意味着要说出全部真话、关于“必要的谎言”。著者认为，“必要的谎言”不是处于两个相互敌对的交往社会中的人们之间的交往，而是“在一个合理持续的交往社会之内，一个内心诚实的人是否在某些场合不得不说谎？”两种情形内心诚实的人说谎，一是紧急需要；二是职业需要。同时，著者又进而区分了“说出真话”与“不说假话”之间的某种区别。如此一来，我们就对诚实问题有了多维度、多层面的把握。值得一提的是，问题逻辑关键并不在于必须通过设问的方式（当然并不排除）来展现陈述本身，而是要以理论内在的逻辑来呈现，展现理论自身的张力与魅力。但做到这点实属不易，因为它不仅需要著者问题展现的环环相扣，而且需要他厚实而独到地把握问题、富有时代感地审视问题。著者以难能可贵的现实的敏锐性和理论的洞察力审视了书中关涉的古老而常新的话题，展示了该书是一部不可多得的与时代同步的道德哲学教材。关于时代感的问题，著者的许多论题都体现了这点。比如，“家庭在今天的际遇”“感恩”“公民交往”“社会合作”“社会正义”“善观念的‘碎片化’、‘私人化’”“宽容”等时代性课题作为基本元素嵌入文章构架之中，这就使得一种强烈的时代气息扑面而来。问答逻辑与时代感的内在契合，使得行文酣畅淋漓、扣人心弦。

世事之贵，贵其所难。能够做到以上四点的确难度系数不低，而这四大“难”集中表征着申白君这部教材的巨大成功。然而，正如马克思所言，一切发展着的事物都是不完善的。如果“硬说”该书有什么不足之处的话，也许正如著者所言，应将更多思想家（包括马克思）的思想有机地融入文中；尚可进一步结合理论研究的实际展开批评性研究，在学术对话的基础上立论，进一步增强理论说服力；还可紧密结合中国乃至全球性的伦理道德现实，提出有针对性的道德建设建议。当然，这只是对一位潜心求索、淡定沉思三十载，志于沟通古今、融会中外，对中西伦理思想和现实问题进行严肃、扎实而系统研究的思想者所“耕犁”出的一部高水平力作所提出的更高要求。准确地说，这不唯是申白君之责，也是广大伦理学同仁需要解决的我们共同面临的重大时代性课题。

（原载《道德与文明》2010年第3期）

推动当代教育伦理变革的创新样本

——评吕德雄等著《陶行知师德理论及其当代价值》

人民出版社在今年出版的《陶行知师德理论及其当代价值》是南京晓庄学院党委书记吕德雄教授等合著的教育伦理学著作，其间的伦理探寻既彰显出现代气息，又在瞄准伦理学发展前沿的基础上描绘出了教育伦理的本土化转向图景，成为近年来教育伦理学界不可多得的创新样本，精读该著，得益良多。蕴含在书中的教育伦理建设智慧大概有三点。

一是教育伦理建设应当循现代化路向。陶行知自己就是在身处中国近代化、现代化的时代风潮中扎根中国国情并努力以教育为抓手力促中国走上现代征程的现代人，他以自己的“现代化”“现代社会”“现代教育”“现代人”的论述展现着他的现代视野，熏染着他所有的理论与实践，乃至他的教育伦理思想中有许多打着现代烙印的观念。

就陶行知个人的师德状况言，其现代气息一览无遗。众所周知，陶行知的爱国情操、创造精神、对大众教育的赤胆忠心，为当代、为后世树立了一个光辉典范。陶行知说，教师在传授知识时是老师，应该做到诲人不倦；在交换思想时又是同志，应该做到心心相印；在集体活动时是兄弟姐妹，应该做到亲密无间；在关心同学时又是母亲，要做到无微不至。所以，作为教师，要学生做的事，我们躬亲共做；要学生学的知识，我们躬亲共学；要学生守的规矩，我们躬亲共守，深信这种共学、共事、共修养的方法是真正的教育。陶行知的一生，是全心全意普及大众教育、振兴中华、奋斗不息的一生，是不断开拓、怀着“文化为公”“爱满天下”的胸襟和“甘当骆驼”的精神，百折不挠，鞠躬尽瘁的一生。

就陶行知师德理论的现代性特征来说，其强调着现代师德所拥有的所有属性。一是示范性。教师教育学生要通过“言传”，这是教师应尽的职责，但教师对学生的影响，更多是通过“身教”实现的。二是自觉性。教师用师德调控自己的行为是以自觉性为前提的。因为，教师在教育活动中，持什么样的态度，投入多大精力，是难以用行政监督和经济奖惩去规范的，而主要是由教师自身的师德水平决定的。三是奉献性。教育工作是无止境的、艰辛的创造性劳动，教师的工作是“树人”工程，难以取得立竿见影的收获，因而不能换回等价的报偿。

就陶行知教育伦理本身而言，无论是着眼于历史的进程和聚焦于具体的内容来判断，还是借助于考察陶行知的师德实践来佐证，我们都可见出陶行知教育伦理的现代性体现在三点：一是始终强调教师要以追求大众素质提升、民族命运改变为己任；二是对师生平等、生生平等的无条件的尊重，对民主目标的不懈追求；三是强调教师应对自己在服务精神、求真精神、奉献精神等方面应有高要求。此间所蕴透的现代社会视野与精神，正是其教育伦理在当今依然充满生命力而不显迂腐、脱离实际的原因。这正符合师德建设的“现代”规律：有生命力的教育伦理必然是充满现代气息的，必然是符合现代社会的发展需要的，一切师德都或经过转换或经过创造在表述着一种不变的现代命题，而着眼于中国社会、中国教育现代化征程的教师伦理才是这个时代特别需要的。

二是教育伦理建设应当坚持实践取向。陶行知师德理论一直是在其实践探索中发展的。他对师德的认识最初限于日常教学中的师生相处，从美国接受现代教育的他回到南京高等师范学校任职时发现中国的师生教学关系与世界潮流恰恰相反，于是他投身“新教育”运动，致力于改“教授法”为“教学法”的尝试，显现出他对学生影响最重要的教师素质的关注；他直抵新教员的内心世界，强调新教员对于教育“要有信仰心”“要有责任心”、要有“做新教员的要有共和精神”“要有开辟精神”“要有试验的精神”等。事实上，陶行知对师德的某些内容的强调一直集中体现在满含实践探索精神的两个方面。

则一渗透在对实际问题的重视与解决上，如他在论述“学生自治”问题时强调“须采取一种试验态度”，“一面试行，一面改良”，同时，他也认为“学校与学生始终宜保持一种协助贡献的精神”，“所以万一找不到相当的人才，就请职教员和学生共同研究也好”，“我们就须打破一切障碍，使师生的感情，可以化为一体，使大家用的力量，都有相成的效果”。则二落在具体而又明确的教育试验上，最生动、最典型的例子就是创办“试验乡村师范学校”，在这里，对师德的要求不仅体现在可追溯到的1921年所演讲的“活的教育”中对师生“活的精神”的呼唤上，而且在“我们的信条”中展露无遗。他始终砥砺教师要“以身作则”，“学而不厌，诲人不倦”，“运用困难，以发展思想及奋斗精神”，“做人民的朋友”，“有改造社会的精神”，“有‘鞠躬尽瘁，死而后已’的决心”，他始终传递给教师“最高尚精神是人生无价之宝”的信念。陶行知力倡师德，所言均为大众教育之师德，他竭力痛斥“为拉青年出社会，与实际生活分离……为提高青年生活之欲望，走入奢靡无能无用之绝境”的失去效能的引致“思想国难”的教育，质疑“为学生乎？为社会乎？为国家乎？抑为学校乎？”的招生举措，批判“为小姐少爷之装饰品，缙绅先生之娱乐品，与一般人不发生关系”的办学取向，批评依然从事于“为教育而教育”的教育者，实则都在呼唤到民间去的教师，到大众中去与生活打成一片的教育，及至抗战，又及至抗战结束，陶行知对师德的强调都在他的这种呼唤与他自身的力行探求中增添着新的又内含一致性的师德元素。

三是教育伦理建设应当选择本土化走向。陶行知留美回国后他一直汇聚在新文化运动所唤起的民主与科学的社会变革潮流中，投身新教育的各项改革，最可贵的是他在随后的改进社会工作、平民教育运动、乡村教育运动中慢慢了解了国情、乡情及教育实情：基础羸弱、民生凋敝，众多农民由于受外力压迫，兼之受不良政治的影响，苛捐杂税的勒索，土豪劣绅的剥夺以及水旱灾荒的损失，已陷于破产之境。而“中国乡村教育走错了路！他教人离开乡下向城里跑，他教人吃饭不种稻，穿衣不种棉，做房子不造林。他教人羡慕奢华，看不起务农。他教人分利不生利。他教农夫子弟变成书呆子。他教富的变穷，穷的变得格外穷；他教强的变弱，弱的变得格外弱”。可以说当时的乡村教育是死的、没有实效的严重脱离乡村实际的弊害横行的教育，是患上了“外国病、化钱病、富贵病”的教育。正是基于对国内实际情况的把握，陶行知才提出他的教育设想，才清晰了自己的教育追求重点：乡村教育与科学教育。明确了目标：让最苦难的农人受教育。开掘出打上本土烙印的生活教育之路：以对现代化、现代社会、现代人的探讨为社会背景，以现代教育为探索内容，以对传统教育和洋化教育的批判与继承为起点，以新教育的试验与调查为最初的根据，在对新教育的反思中，从“活的教育”走向“生活教育”，沿着民主与科学的道路，站在服务大众的立场，走出的一条合乎国情、民情的本土化教育之路（民主的、科学的、大众的、创造的）。

由此，陶行知的教育伦理思想都具体地围绕着他的理论核心在实践中不断地丰富、发展，形成他生动而全面的切合时需的教育伦理体系——他从强调大爱（爱国家、爱民族、爱人民）与小爱（爱教育、爱儿童教育、爱儿童、爱学生）出发，以“教学做合一”总办法下的师德为品质诉求，强调教师学生化，最终勇于去创造活的生活力。生活教育师德理论构成了对其教育伦理的全局式定性、全程式视点及全景式描绘（1）就其师德本身的构架看，由对最多数又最不幸的农人的同情油然而生的责任感迸发出了“爱满天下”，此处不是个人的一己一念，而是汇在了时代的潮流与社会的律动里，由小爱生发出大爱，它与由陶行知所拥有的当时世界最先进的教育理论（教育之知：新教育理念、实用主义教育思想及其后逐渐成形发展的生活教育理论）相汇合形成教育信念，进而在与强国的诸种道路的对比选择中上升为教育信仰，即认定走教育服务国家的道路，其后就立志给中国教育带来曙光，不断探寻中国教育的生路，最终通过持续的摸索中的反思找到了生活教育运动之路。一切过往的师德思考都沉淀其中，以此打造了教师伦理的主色调，即以爱为起点，以信仰为精神动力，以“教学做合一”为根本方法，将师德要求放在生活、社会的大视野里，并与其要求相贯通，使师德要求不存在学校、生活、社会的分离，使教师承担起相应的身份与角色的职责。（2）就师德所属于的陶行知整个的教育思想与实践看，其教育伦理由高尚的人格、对教育和学生的由衷热爱及所表现出的高度的责任感、使命感所规约与砥砺下的教育平等、教育民主、教育创造等构成，实际也是现代教师所应拥有的高尚的职业道德的题中之旨。

客观而论，陶行知教育伦理只是走在依托中国传统、本土国情的基础上从西方引进“现代”意识与规范的典型个案之一，它也当然有其不足之处。但不管如何，它都是中国本土现代教育伦理建设的尝试之一，必将在如何寻求“继承传统与引领时代”“中国特色与世界潮流”间平衡的当代教师伦理建设方面发挥示范作用。吕德雄教授带领其研究团队完成了一件很有意义的学术之举。我相信，《陶行知师德理论及其当代价值》的出版一定会受到学界和学校的广泛关注和赞誉！

（原载《南京社会科学》2010 年第 12 期）

发展伦理的新思维

——评《发展伦理探究》

为发展而发展带来的自然环境和人文环境的日益恶化，无疑已经背离了发展的初衷。发展异化现象的凸显，昭示着发展无法逃逸在道德哲学的反思和伦理的价值评判之外。由王玲玲、冯皓合著的《发展伦理探究》（人民出版社 2010 年版）一书，一改以往单纯技术主义的论说姿态，立足于辩证唯物主义的世界观和方法论，从发展伦理的视阈，对现代社会发展的诸多问题，进行了比较全面而深入的价值辨析和伦理评判。该书展开了对系列前沿性问题的探讨及其论述，其独到的思想和理路给人以耳目一新的感觉。

拓展了发展伦理学的学术视野。该书跳出了以往对发展伦理学狭隘理解的窠臼，认为发展伦理学不能仅限于研究“发展进程中的伦理问题”，而应该从伦理的视角对现代社会的发展进行全方位的伦理检讨、价值审视和道德规约。这是学术境界的提升，一种新的全景式的社会发展意义或价值学的研究范式，它启示理论研究不能只是就概念谈概念的单向性“平面思维”，而应该多角度全面地立体性地探讨，唯此才能真正体现学术真谛，揭示科学真理。

开创了发展伦理学的基本理念。该书首次从发展伦理的视角提出并系统而深入地考证了“发展异化”“伪发展”“虚发展”“假发展”等概念，丰富了发展伦理学的范畴；首次从真理尺度和价值尺度，论证了发展伦理何以可能的现实之维和价值之维，并开创性地指出，对发展价值维度的伦理评判，不能将“善”“恶”标尺作为唯一的思维定式固化之，而应辅之以“真”“假”标尺；首次系统论证了“幸福美好生活”的现实展示有赖于立足于“善”的基点超越“恶”；首次从发展伦理的视角提出了在启动国民幸福指数

（GNH）考量体系时，必须防止形而上学，防止以偏概全，防止形式化、简单化、庸俗化甚至政绩化；首次系统探讨并论证了发展伦理学和科学发展观在终极价值目标上的一致性以及二者的辩证关系。

突破了传统伦理学的研究方法。以问题意识为言说逻辑；以对“发展”的价值评判和伦理审视为运思方向；以寻求发展中普遍公正的可能性为研究路径；以价值分析为主要研究手段；以比较与分析、历史与现实、归纳与演绎、调查与考证以及理论联系实际等为基本方法；借助于自然科学中的发生学方法和现象分析方法等现代科学的具体方法，剖析各种发展现象、发展理论、发展模式等发展问题的价值意蕴和局限，体现了浓厚的学术交叉性和强烈的时代气息。该书中交叉学科之方法立体式、全方位的综合运用，突破了传统伦理学单一的规则研究方法，是对传统伦理学和应用伦理学研究方法的一次突破性尝试。

（原载《光明日报》2011年11月27日第7版）

一部推进我国生态文明发展之理论力作

——读刘湘溶等著《我国生态文明发展战略研究》

刘湘溶教授等著《我国生态文明发展战略研究》（以下简称《研究》）一书近期由人民出版社出版，该书作为国家社会科学基金重大项目研究成果，既充分展示了我国生态文明发展战略研究的最新学术成果，又为国家制定相关法规、政策提供了重要的理论依据和工作理念，具有重要的学术和实践价值。

第一，创造性地提出和谐是生态文明的核心价值理念。《研究》首先指出，生态文明不是一个空洞的概念和符号，而是现实的生活元素、客观的历史活动或过程。生态文明建设的主要任务是调整人类文明的发展方向，减损工业文明的扩张性品格所带来的各种矛盾和冲突，实现人与人以及人与自然的和谐。这就在客观上规定了和谐应当是生态文明的核心价值理念。在此基础上，《研究》进一步指出，作为生态文明建设核心价值理念的和谐是对立、竞争中的和谐，一是认为和谐中内含着矛盾、差异、对抗等，正是由于事物之间存在着角逐和竞争，才形成了和谐的局面，无竞争之和谐是没有生命力的、不能长久的，竞争是实现和谐的动力机制；二是认为社会主义条件下的竞争绝不是无序化的竞争，而且，作为竞争手段，它是有限度的，即竞争要服从于和谐、统一于和谐，和谐才是目的；三是认为“和谐”是动态的、发展的、逐渐提升的，因此，实现和谐既是现实的承诺，也是理想的期盼。这些观念，以一个十分新颖而富有哲理的视角，给我们提供了一个建设生态文明的独特而不可忽视的基本理念。由《研究》的理念观照历史与现实的生态发展过程，无不充分说明生态文明建设的成败取决于对作为生态文明建设的核心理念的认识和把握。

第二，主旨鲜明地在生态文明建设之“推进”上做文章，提出了具“顶天立地”意味的“六个推进”。《研究》在探索生态文明发展战略过程中，始终关注“推进”之主旨。而且，《研究》十分清楚，探讨生态文明的发展战略，唯有在“顶天”的理论层面和“立地”的践行层面弄清楚“推进”理路，才能充分展示其理论和应用价值。一是原创性地提出“推进思维方式的生态化”，认为思维方式的生态化即人与自然和谐统一的、有机的、整体性的生态理念，可以改造工业文明尤其是粗放型经济增长背景下的反生态思维，并由此不断催生生态化的思维方式。二是十分有见地地提出“推进经济发展方式的生态化”，认为包括目标理想、动力因素、经济增长方式、路径选择在内的经济发展方式的生态化是实现人与自然和谐发展的绿色发展理念。三是以独特的视角提出“推进科学技术的生态化”，认为科学技术生态化是人类文明发展的重要依据，是生态文明发展的行动准则。四是有针对性地提出“推进城乡建设的生态化”，认为在推行城乡一体化的过程中积极推进城乡建设生态化是实现城乡经济社会全面发展和可持续发展的重要战略思想。五是创造性地提出“推进消费方式的生态化”，认为推进消费方式的生态化既是人类文明健康发展的重要条件，也是中国生态文明发展战略的重要一极。六是富有新意地提出“推进人格的生态化”，认为人类文明的发展始终是以人的发展为核心的，人始终是推动文明发展的主体，人的发展也是文明进步的最大功业，因此，推进人格的生态化既是为生态文明建设创造主体条件，也是生态文明建设的价值归宿。在全新的理念引导下，《研究》着重在“推进”上提出了符合我国现时代要求的战略思路和操作性举措。为此，既有深刻的理论阐释，又有实践路径构想，是该书重要价值之所在。

《研究》一书在提出和解决一些关于生态文明发展战略的理论和实践问题的过程中，客观上也提出了值得人们关注并继续研究的重要问题。如，关于人格生态化和生态化人格问题，这不仅是生态文明发展要研究的问题，也是社会科学各领域需要引进并研究的重要问题。可以想象，人格生态化和生态化人格问题在各社会科学领域被关注和研究，将会促进我国哲学社会科学的更好发展。又如，关于思维方式的生态化问题，如果作为社会科学研究方法广泛应用于社会科学研究，其作用也是不可低估的。相信《我国生态文明发展战略研究》一书将会在我国思想发展史尤其是生态文明思想发展史上烙上深刻的印记。

（原载《光明日报》2013 年 6 月 4 日）

伦理武侠与武侠伦理

——读范渊凯著《非攻之长庚凌日》

我的弟子范渊凯邀我为他的小说《非攻之长庚凌日》作序，作为他攻读硕士学位和博士学位的导师，我责无旁贷，欣然命笔。

范渊凯是我一直看好的有灵气、有才气的年轻人，我尤其欣赏他活跃的思维及灵活的文笔，所以，我和我的弟子圈都很愿意称呼他为“范思哲”。虽然他学的是哲学、伦理学，却不知什么时候，在我眼皮底下干起了“不务正业”的文学创作，当他把30多万字的《非攻之长庚凌日》小说初稿送到我手里时，我惊讶了，这要花多大的精力啊。阅读初稿后我更是赞叹不已，一连串新鲜且专业的词汇，一系列武侠伦理问题及其矛盾，一个个跌宕起伏的故事情节等，构成了书中庞大的故事体系。而且，《非攻之长庚凌日》写的是武侠，道的是伦理，其书哲学意味浓郁，伦理精神深刻，是一部融故事性、思想性和理论性于一体的传统武侠小说。所以，说他“不务正业”实乃冤枉，此书看上去写的是文学作品，其实是一部以文学为载体的武侠伦理著作。当赞赏之、庆贺之。

“非攻”是墨家精神的核心内容之一，包含着非常重要的伦理、政治和军事思想，也是一种平民主义战争观的反映。所以，要理解墨学，首先要理解“非攻”的意义，理论界至今还有很多学者都习惯片面地认为“非攻”就是一味地反对战争、维护和平。其实，在一定意义上，和平与战争都是社会发展到一定阶段必然出现的特殊表现形式，而墨子的“非攻”我们也需要辩证地去看待，“非攻”并不是不攻，而是反对一切不正义的战争。然而，何谓正义，是一个伦理学问题。

这部小说以“非攻”为名，自始至终贯穿着的墨家的哲学和伦理思想。整个故事的缘起就是墨家“以武犯禁”，引起了当权者和其他学派对其的压制。但是，整部小说所呈现的却远远不止墨家哲学和伦理思想而已，作者以更宏大的视角，描绘出了一个百家争鸣、百花齐放的盛唐时代，创造性地将百家思想付诸武林门派之中，这些门派俨然变成了哲学学派，十分有趣。可以说，这部小说写的是武侠，却处处流露着哲学、伦理学的理念。在本部书的中间部分，作者更是通过张果之口，直接表达了一种“和而不同”的政治伦理愿景，是借古喻今，也是对于建设“和谐社会”和实现中国梦的一种理论探索。

事实上，中国的“侠”与知识文化，尤其是与哲学、伦理学是分不开的，因为侠者首先要具备一定“侠”的意识，而这种意识的根基就是他们内心的道德法则。然而，真正的道德观念要来源于理论知识的学习，而并非缺乏深刻认识的一味盲从。所以，我们讲道德、维护正义，不仅是我们要这样做，更是要知道为什么要这样做。《非攻》的故事充分说明了这一点。

为此，作者的这部小说定位和构思与传统意义上的武侠小说可谓大相径庭。传统的武侠小说，主体通常是一群武艺精湛、文化程度参差不齐的绿林好汉，他们固然是行侠仗义、两肋插刀，但大多却缺乏对为何如此的思考。《非攻之长庚凌日》则突破了以往武侠的局限，建设性地赋予了这些角色以知识分子的特质，他们既是一群武林高手，更是一群政治家、思想家、哲学家。

法国著名哲学家、文学家、存在主义代表让·保罗·萨特（Jean Paul Sartre，1905—1980 年），写了多部渗透哲学伦理学思想的文学作品，有效地传播了他的存在主义哲学思想，起到了单纯文学或理论作品所做不到的理论宣传效果。我想，《非攻之长庚凌日》也是试图以形象思维形式宣传哲学伦理学观点，这是中国武侠伦理小说之时标性作品，当关注之、欣赏之。

（写于 2013 年）

研读原著，才能“去伪存真”

长期以来，全世界理论界围绕马克思主义展开的理论论争始终激烈。这说明了马克思主义理论的博大与丰厚。然而，问题同样存在：一部分学者以“冷战式”意识形态思维对待马克思主义，要么片面注解，要么断章取义，甚至有人根本没有认真研读马克思原著，就发表言论称马克思在相关理论方面存在“缺场”。因此，只有走进经典，读懂马克思，才能在对马克思主义相关理论的误读面前保持清醒。

让我记忆深刻的几个争论，一是马克思有无哲学思维。有人认为，马克思没有哲学思维，马克思主义哲学不是哲学。甚至有人明确强调：不谈宗教，哪来哲学。其实，除非对“哲学本体”有非哲学的理解或异质的思维定式，否则马克思有无哲学思维便是一个十分简单的问题——读一读马克思经典原著，就不会怀疑马克思的抽象与具体、一般与个别、普遍与特殊、逻辑与历史统一等辩证法思维，也就不会怀疑马克思的历史唯物主义中关于社会存在与社会意识的关系等辩证法思想。如若不然，则说明怀疑者不具备阅读原著的基本条件，或缺乏基本的哲学和马克思主义知识谱系。

二是人在马克思思想理论中的角色问题。长期以来，总有人认为马克思没有人学思维，提出所谓马克思的“人学空场”。实际上，无产阶级和广大劳动人民不是没有思想的芦苇，不可能信仰所谓“冷冰”待人甚至忽视人的思想理论。马克思的思想理论说到底是人类解放的思想理论，谁能说马克思的社会理想——建立一个获得了真正自由的一切自由人的联合体——是“见物不见人”？在近年对马克思原著的进一步研读中，我发现，在马克思看来，唯有无产阶级革命所带来的“社会解放”。才能真正把“人的世界和人的关系回归于人自身”。我把这一思想理论称为社会主义和共产主义道德的最好注解，因为，理性或科学意义上的道德的本质指向是人的完善和人际关系的和谐，马克思的真正把“人的世界和人的关系回归于人自身”的思想理论，恰好与之吻合。所谓把“人的世界”回归于人自身，指的就是在共产主义社会中，“个人的独创的和自由的发展不再是一句空话”；“与人相称的地位”，即“每个人都能自由地发展他的人的本性”，过着“能满足一切生活条件和生活需要的真正的人的生活”；劳动已经不仅仅是谋生的手段，而且成了生活的第一需要。同时，回归人的世界就是回归人的关系，因为人的世界是由人、人的关系组成的，“人的本质是人的真正的社会联系”。至此，社会“将是一个以各个人自由发展为一切人自由发展的条件的联合体”。这体现了较为完备的道德和人学理论本质。

三是马克思有没有道德或伦理学思维。我在20世纪80年代初刚接触伦理学时就已经听到这样的论调。用现在的伦理学理论或学科体系在形式上去对照马克思原著，认为马克思没有写过伦理学文章或著作，因此便没有道德或伦理学思维，这是十分浅薄的学术思想。事实上，且不说马克思把“人的世界和人的关系回归于人自身”的命题足以说明其深刻的伦理学思维，仅读一读《资本论》就可以发现马克思思想理论的道德分析法。他的辩证分析法始终是与道德分析法密切联系在一起的，《资本论》的研究视角和基本切入点始终是经济现象背后的人和人际关系。正如恩格斯所说：“经济学所研究的不是物，而是人和人之间的关系，归根到底是阶级与阶级之间的关系”，“这个或那个经济学家在个别场合也曾觉察到这种关系，而马克思第一次揭示出它对于整个经济学的意义，从而使最难的问题变得如此简单明了，甚至资产阶级经济学家现在也能理解了”。因此，如果就经济谈经济，看不到资本主义条件下人和人际关系的特殊本质，就无法揭示资本主义经济的本质及其规律，就不可能产生科学的政治经济学理论。在《资本论》中，马克思从分析资本主义社会财富的元素形式即商品开始，展开了庞大的政治经济学理论体系构架。在这一体系创造的艰难过程中，他始终把握住了资本主义条件下经济主体和经济关系的本质，始终是在“应该不应该”的视角下研究资本主义经济，并由此克服了资产阶级经济学家，尤其是庸俗经济学理论“见物不见人”的原则性错误。这一典型的道德分析视角，说明没有对资本主义制度下经济主体的本质的充分认识，就不可能揭示资产阶级和工人阶级的对立关系的本质，也就不可能弄清楚劳动者的劳动成果怎么成为异己的力量。正因为《资本论》所研究的不是物，而是人和人之间的关系，尤其是资产阶级和工人阶级之间的关系，才有可能发现剩余价值理论，也才有可能使面对资本主义的政治经济学成为科学。

（原载《光明日报》2014 年 2 月 24 日）

当代企业伦理实践范式的战略思考

——《道德经营论》序

随着时代的发展、社会的进步，人类社会实践的广度、深度和力度史无前例地高歌猛进。任何事情都具有两面性，在发展进步的同时，相应的矛盾、冲突、悖论和困境等现实问题也纷至沓来，令人目不暇接。应该看到，这些年来，许多学科的发展正是直面时代问题、应对现实挑战的结果。科学研究特别是人文社会科学研究的进一步发展，必须具有担当精神、问题意识、时代意识和前瞻意识，唯此，我们才可能迎来社会发展与学术繁荣的“双丰收”，对伦理学、经济伦理学和企业伦理学而言亦如此。

反顾经济伦理学的研究，应该说，全球范围的经济伦理学研究已经达到了相当水平，研究成果卷帙浩繁，名家辈出、群星璀璨。对于一个具有几千年伦理学传统的东方大国来说，我国当代经济伦理学尽管起步较晚（于 20 世纪 80 年代末 90 年代初），但是，同样成为全球经济伦理学研究的重要力量，无论从研究成果、学科建设、梯队建设和原创观点来说，还是从发挥研究解剖现实、指导实践的功能来看，都已经取得了历史性的巨大成就，对此我们应该充分肯定，不能妄自菲薄。特别值得一提的是，随着经济伦理学领域国际交流日益深化拓展，中国学界一些学者的学术观点得到国际上学者的认可和赞同，这极大地提振了我们的学术自信，并且对鼓励更多的研究者尤其是年轻人全身心地投入经济伦理学研究事业中来具有重要意义。

与此同时，我们还应该谦虚谨慎、披荆斩棘、不断创新，而不要头脑发昏、自以为是。从我国学界的研究现状看，我们还存在研究内容相对狭窄、研究方法相对单一、研究理路相对僵化、问题意识相对薄弱、原创精神相对欠缺等问题。这些方面的问题，在经济伦理学研究中普遍存在，在企业伦理学研究中也是如此。就中国经济伦理学研究来说，唯有立足本土、面向全球并综合创新、谋求自己的学术话语权才有出路；而人云亦云、无批判地接纳中西方的既有学术思想，而不善于提出自己的原创性思想，最终只能甘落人后。问题在于，如何突破现有的研究“瓶颈”，与时俱进、开拓创新，这绝非在象牙塔里苦思冥想、“拍脑袋”就能实现的。没有胆识、勇气和功底，实现这些无异于痴人说梦。就是说，首先要对学界研究现状的是非优劣了然于心，其次有扎实的全学科的知识结构；再次具有开拓创新的意识和破釜沉舟、力求卓越的决心和毅力；最后具有对全球经济社会发展趋势的深刻洞察和当代中国企业发展现状的清楚认识。做到上述这些，绝非易事。

企业伦理学研究领域已经取得的成绩是有目共睹的。实际上，经济的关键在企业，而由此决定了在经济伦理学中的基本问题是企业伦理学问题，是研究企业层面的经济伦理问题。然而，我们过往的研究路径存在的问题是注重宏观视角下的学理透视，忽视应用层面的深度解剖。在此意义上，传统研究稍显“抽象”“割裂”，而非具有“现实感”和“实践感”的问题面向、实践面向之研究。这种“深刻的片面性”给未来的进一步研究预留了巨大的理论空间。因此，另辟蹊径转而进行道德经营研究，就绝不仅仅是一种研究视角的转换，其背后蕴含着一种新的时代经营哲学的诞生，折射出经济伦理和企业伦理实践的时代性转型和升级。

诚然，道德经营理念定然不满于资本主义市场经济伦理的利润最大化逻辑，以及与此相关的诸如极端利己主义的价值取向，“一切为了赚钱，为了赚钱而赚钱”的拜金主义价值取向及坑蒙拐骗、尔虞我诈等商业和经济败德行为。道德经营当然关注经济的效率、利润、速度和生产力的提高，但是，它更为关注经营活动中的伦理道德，并积极地以道德理念贯穿于整个经营行为之中，由此，“效率优先”被奉作永恒不变的“金科玉律”，经济至上、利润中心、资本本位显然与之格格不入。道德经营并非无所不能，但是，作为“治疗”当代世界经济发展和企业经营之病症的“灵丹妙药”，尽管在价值迷失中的人们并不那么容易“认账”，尽管在现实中的确困难重重，但是这愈加凸显它所具有的重要时代价值和现实意义。然而，道德经营能够做好，需要经济技术层面的升级，更需要道德理念的提升；需要研究一般的伦理问题，更需要结合时代发展研究企业道德操守问题。只有这样，实现科学与人文辩证统一、工具理性与价值理性有机整合的真正的道德经营“路线图”方能清晰勾画出来。

我认为，企业的本质含义就是经营，说白了就是谋利、赚钱，问题在于如何经营以及如何实现经营的本质含义，这毫无疑问是一个系统工程。说实话，道德经营作为企业的核心战略，在一个软实力竞争、经济人性化、企业伦理化的时代，其对于企业生死沉浮、基业长青的战略意义，恐怕无论怎样强调都不过分。实际上，道德经营提出的现实语境不仅在于学术研究发展深化的需要，而且是企业发展和社会进步的必然要求。道德经营是指企业按照道德理念来指导自身的经营行为，合乎道德地谋取正当的利益，从而真正建构起企业的战略经营模式。这一崭新的概念范式，既是企业伦理学、企业经营学以及管理学研究的理论新范式，也是分析企业问题的理论新范式，它力图整合经营与道德，实现两者的交融互涉、良性互动。可以说，企业道德经营必将整体提升企业的整体素质和核心竞争力，必将有助于环境保护及生态和谐，同时还有助于社会和谐和经济秩序的构建，并最终提升利益相关者的“幸福指数”。因此，推动企业道德经营是企业伦理学研究的终极旨归，也是经济伦理学人不可推卸的历史使命和学术志业。

基于上述这种基本的价值判断，我认为，道德经营课题十分值得倾力研究，其学术价值和实践意义毋庸置疑。因此，当志丹博士进站伊始就有志于经济伦理学研究且独趣于道德经营研究之时，我立刻鼓励他以“道德经营论”为题作为博士后出站报告的选题，并认为这是一个甚至可以长期研究下去的重要课题。

经过三个春秋扎实勤奋的研究，他终于出色地完成了道德经营研究选题。该书的道德经营研究不同于以往纯粹学理性地分析企业经营中的伦理道德问题之研究，它聚焦企业主体自身究竟应该如何“用德”“践德”，依托跨学科的思想资源，以中国与西方结合、形而上与形而下结合、历史与现实交融、理论与实践互涉的“视阈融合”方式，深刻而有力地解答了道德经营的概念解析、原因探秘、实践路径和时代境遇四大问题，较为深入系统地聚焦道德经营的一般逻辑（即道德经营的概念、合法性、核心价值、基本价值、关键环节、人格范式）和时代境遇（即道德经营遭遇到的责任伦理、人权伦理、财富伦理、信息伦理、时间伦理、空间伦理等突出的时代问题），从而把企业伦理与企业经营的整合研究推进到新的境界。

具体来说，该书的主要特点有五个方面。（1）框架体系的完备性。研究涉及学术基点、研究意义、概念诠释、合法性阐释、价值理念、关键环节、人格范式以及时代问题等，较为全面系统地阐释了道德经营问题，可谓体系完备、逻辑合理、自成一体。（2）学术资源的综合性。研究视野开阔，不拘泥于学科门户之限，广泛搜罗和利用了古今中外诸多门类的学术思想资源，所涉及学科涵盖伦理学、经济学、哲学、经济伦理学、管理学、心理学、社会学、历史学等，使得论证更加周全、有力，极大地增强了论证的说服力。比如，道德经营以及经济道德人的合法性论证都体现了这一点。（3）研究视阈的新颖性。这种新颖性不仅体现在论题“道德经营”注重“践德”“用德”问题上，而且体现在对道德经营之道德的强调、对道德经营合法性的本体论论证以及对经济道德人从抽象的合理性视角的论证等方面。视角的新颖，令人耳目一新，大大增强了立论的力度。（4）概念范式的原创性。书中提出了一些具有一定原创意义的概念范式或者论题，比如“道德经营”“道德竞争力”“经济道德人”“互利的边界”“慈善责任的合理性边界”“空间伦理”“道德致用主义”等。这些原创概念不仅对经济伦理学、企业伦理学研究具有重要启发和深化拓展的作用，而且对于其他学科方向的研究也具有范式创新的意义。（5）研究论题的拓新性。除了“道德经营”之外，还特别注重道德经营遭遇的时代境遇（时代问题），诸如责任伦理、人权伦理、财富伦理、信息伦理、时间伦理、空间伦理等突出的时代问题，将道德经营研究置于宏阔的具有前瞻性的时代伦理问题之中，“现实感”和“实践感”很强。其中，对时间伦理和空间伦理的探讨具有补白之功，对财富伦理和信息伦理以及责任伦理、人权伦理的论证视角独特。值得一提的是：该书以资本逻辑与空间伦理建构为主线来研究空间伦理问题，从对企业目的幻象的批判的角度来阐述财富伦理问题，从马克思的哲学思想资源来阐述责任伦理问题，以及从女性歧视为代表的弱势群体的人权问题来拓展性地研究企业经营中的人权伦理问题，可谓视角新颖、见解独到，具有重要的理论拓新价值。而且，该书语言明白晓畅、亦庄亦谐，可读性强。

说实话，道德经营这一宏大课题，也是极具挑战性、复杂性和时代性的战略问题，对之加以研究，仅靠单学科的支撑背景必定难以应付，唯有多学科知识的“视界融合”方法方堪敷用，而即使是有多学科的背景，如何找到好的切入点和“抓手”也绝非易事。可见，这一选题的确具有相当的难度，不是“单兵作战”“个人攻关”所能完成的。因此，“道德经营”这一原创理论范式值得更多的学人进一步深耕开掘、纵深扩展并永续研究。这本身也表明本研究目前存在的诸如比较研究、实践调研等诸多需要进一步深化的学术问题。但是，无论如何，明确提出并较为系统深入地论证“道德经营”这一原创理论范式，并以此作为自己的研究定向和学术特色的确难能可贵，值得嘉许，这体现了志丹博士具有的学术胆识、现实关怀和拓荒精神。

志丹博士是我校引进的“优秀高层次人才”，也是我校马克思主义理论博士后流动站成立后本人招收的首位入室弟子，他思维敏捷、视野开阔且扎实勤奋，在站期间除了完成本论题的研究之外，同时还肩负了繁重的教学、科研任务，可是，他克服了重重困难，出色地完成了这些工作，发表了系列研究成果，以“优秀等级”出站并被评为“优秀博士后”，之后不久又漂洋过海赴美留学深造，确为学术后起之秀。作为导师，值其出站报告润色完善、付梓之际，受邀为之作序，自然十分高兴并欣然同意。借此，一则表达我发自内心的祝贺和欣慰，再则也是我对他的一种真诚的勉励、鞭策和期望。希望志丹博士沿着所选定的研究方向，不断积蓄正能量，不断披荆斩棘，拿出更多具有说服力、解释力和时代感的研究成果来，在回馈社会的同时成就自己的完满人生。

[原载《武汉科技大学学报》（社会科学版）2014 年第 1 期]

《当代中国农村经济伦理问题研究》序

喜闻涂平荣的博士学位论文《当代中国农村经济伦理问题研究》即将要在中国社会科学出版社出版，作为他的导师，我由衷地感到欣慰。把博士学位论文进一步修改完善出版，这既是学者的学术使命之一，也是学者人生的一大幸事。因弟子平荣希望在此书中留下我的笔墨，故我欣然接下了此书的序言任务，借此谈些感想。重览书稿，熟悉而亲切，博士论文的一稿、二稿、三稿……直至出版前的定稿，文章的框架结构、观点提炼、语言风格等逐渐合理与规范。“数年磨一剑”，付出终有回报，涂平荣的博士学位论文《当代中国农村经济伦理问题研究》终于修成正果，即将付梓出版了。这也是对作者近年来致力于农村经济伦理问题研究辛勤劳动的一个见证。

中国是个农业大国，农村的经济发展是国家经济发展的命脉，农民是中国现代化进程中的主要力量。“三农”问题关系到国民素质的全面提高和经济持续健康发展，关系到社会稳定与国家富强。本书中作者既有相关论题的理论阐释，又有相关主题的实证分析，不仅对我国当前“三农”问题中的经济伦理问题进行了描述性研究，而且从伦理学角度对这些问题进行了规范性研究。从经济活动的生产、分配、交换和消费四个层面系统探讨了我国当前“三农”问题中存在的经济伦理问题，分析了四个环节中产生问题的成因，并给出了相应的消解策略。这些研究成果不仅可为解决“三农”问题提供学理依据与道义支持，有助于完善我国农村经济发展的伦理价值目标、丰富和发展经济伦理学的研究内容、拓展应用伦理学的研究视野和发展空间；而且对贯彻落实当前党的十八大及十八届三中、四中全会、2015 年中央 1 号文件中的“三农”政策，推进我国农村经济健康、有序、和谐发展均具有重要的应用价值。因此，本书选题不仅具有重要的理论价值，而且具有重要的现实意义。

“三农”问题是学界的研究热点，但从伦理学的视角对“三农”问题的研究却相对冷清，侧面反映出伦理学特别是经济伦理学领域的专家学者关注与投身农村经济伦理问题研究得不多。十年前（2005 年）我曾对这一研究现状有过感慨：“从经济伦理研究的整体来说，对中国农村社会经济和农民经济伦理的演变与研究几乎视而不见，这一忽视，导致的结果是‘中国的经济伦理问题似乎只是城市经济伦理问题’。”① 鉴此，我同意作者对当前该问题研究现状的概括“恰如中国的城乡二元经济结构态势，也存在‘重城轻乡、重工轻农、重国企轻乡企、重市民轻农民’的研究格局与发展态势”。也时常鼓励有志于此类研究的青年学者，包括自己的弟子多从伦理学视阈投身于“三农”问题的研究，以充分发挥伦理学服务农村经济社会发展的功能，完成伦理学学科的历史使命。

而从伦理学视阈研究当代中国的农村与农业经济问题，形成一个具有中国特色的农村经济伦理学学科体系，不仅是对当代中国应用伦理学创新与拓展的历史使命，而且有利于促进中国特色社会主义的道德实践，助推中国梦的实现。党的十八届三中全会也明确提出，全面深化改革的总目标是完善与发展中国特色社会主义制度，推进国家治理体系与治理能力现代化。因此我认为本书的选题具有很强的“问题意识”，既有新意，也有创意。本书把经济伦理学的研究视野延伸到“三农”领域，在梳理相关资料的基础上对农村经济伦理进行了界定，对当代中国农村一些主要的经济伦理问题进行了实证分析与道德考量，从某种程度上说是对经济伦理学的研究领域与学术使命的拓展。

本书在一个宏观的理论场景之中提炼、分析与把握当代中国农村经济伦理问题这一研究对象，在研读相关理论与实践资料、整理相关数据方面下了功夫，收集了诸多最新最近的相关数据与材料，有些通过计算以图表、比值等形式加以了整理，运用这些具体数据与史料作为佐证材料增强了论题的说服力与可信度。这在一定程度

① 王小锡、朱金瑞、汪洁主编：《中国经济伦理学 20 年》，南京师范大学出版社 2005 年版，第 73 页。

上弥补了以往伦理学研究重“价值判断”轻“事实判断”的不足。如作者结合了农村经济学注重事实判断与伦理学注重价值判断的思维定式，对当代中国农村一些主要经济伦理问题既进行了具体数据与史实的客观性描述，又进行了相应的伦理价值评判，实现了实证研究与价值研究的新型结合。在研究方法上有一定的创新。

当然，学无止境，本书还存在一些待改进之处。本书中的一些观点有待进一步精确提炼，对农村生产、交换、分配、消费四大领域的主要伦理问题与伦理理论的阐述还需进一步打磨。同时，本书有待进一步深入探究学理逻辑，毕竟当代中国农村经济伦理问题研究，是跨越伦理学、经济学、历史学、政治学、社会学、农学等多学科领域的复杂课题，深入研究需要相关学科的知识背景和扎实的理论功底及敏锐的问题洞察力，且目前还停留在问题探讨的起始阶段，尚无现成的成果可供参考，这对作者的知识储备与综合驾驭多学科知识的能力是个严峻挑战，这需要通过更多的学术磨炼来不断推进农村经济伦理学理论的完善与发展。希望作者继续努力，潜心治学，务实勤耕，开拓创新，不断取得更多更好的学术成就。

是为序。

（写于 2015 年 2 月）

文学与哲学的美妙联姻

——读沈福新著《思有所悟》

一口气读完沈福新著《思有所悟》，心潮澎湃，不禁联想起英国著名政治家、哲学家、文学家培根的散文名著《培根论说文集》，作为英国随笔文学的开山之作，《培根论说文集》对文学界、哲学界乃至社会各界产生了十分深远的影响，以至于人们尊称培根为世界一流思想家。我读完沈福新的《思有所悟》而联想培根的《培根论说文集》，我是想说，《思有所悟》与影响深远的《培根论说文集》形似，而且，《思有所悟》是在现今与时代同步的一部融学术性、思想性、生活性于一体的随笔文学力作，很有意境，不妨一读。该书让人印象深刻的是，《思有所悟》似文学，但她又确是没有纯哲学范畴的哲学著作；似哲学，但她又确是鲜见故事情节的文学著作，她让文学与哲学实现了美妙的联姻。我相信，阅读此书者，定会受益匪浅。

《思有所悟》之美妙当为辞藻的精巧运用与精当把控，难怪读来有一种享受和满足的感觉。盛克勤在“代序”中提到《拒绝》一文的文字运用的机巧，诸如此类，全书随翻即见。如，近年来，我国主流意识和媒体中的一个重要命题是有尊严的工作和生活，而对“尊严”范畴在书中已十分周延地做了辩证思考，尤其认为“尊严是一种勇气，是一种骨气；尊严是一种能力，是一种实力；尊严是一种智慧，是一种智能；尊严是一种内涵，是一种内力；尊严是一种自尊，是一种自信；尊严是一种自强，是一种自力”，这是我们今天认识“尊严”的系统而精巧的概括，也是我们今天为什么要提倡有尊严的工作和生活的恰当而又精确的文字表达。

其实，我的注意力还不仅在《思有所悟》的作为文学著作的文笔的才思敏捷，还在于《思有所悟》之深邃的哲学思维、深刻的道德警示、深入的研究启蒙，使我形成了幽深的思考。

《思有所悟》篇篇哲理，辩证法像一根无形的主线，贯穿全书。也正因为此，全书每一个范畴或议题，作者都是或“一分为二”，或“左右逢源”，或“上下衔接”，或“前后呼应”，达到完美杀青。该书开卷篇是《平凡》，行文中句句皆辩证，诸如“伟大出于平凡，平凡孕育伟大”，“平凡是伟大的分子，伟大是平凡的分母”，“自命不凡的人，既够不上伟大，也达不到平凡”，“清洁工是平凡的，但又是伟大的”，等等，能让人深刻理解平凡与伟大的辩证关联。全书收官篇是《习惯》，文章告诉人们，习惯是中性词，好习惯能成就一个人，坏习惯能摧毁一个人，并引用席勒的话说，习惯不是最好的仆人就是最坏的主人。因此，要培养具有正能量或强大力量的习惯。不仅如此，全书辩证性的经典命题比比皆是，诸如“聪明不等于不老实，老实不等于不聪明”，“真正的痛苦是不能从痛苦中解脱出来”“应该得到荣誉而把荣誉谦让，虽没得到荣誉但更荣誉；不该得到荣誉而不择手段沽名钓誉的，虽得到荣誉但根本不荣誉”，“机遇不常有，而机遇又常在”，等等，无不闪烁着哲理的光芒。故，《思有所悟》是一部经典式的接地气的人生哲学著作。

《思有所悟》处处启迪做人，这也是该书的重要价值之所在。书是给人读的，任何一部书都有着或提供知识，或启迪智慧，或教导人学会做人等的责任和目标。该书的各种启迪和教育功能均兼而有之，可谓一部不可多得的导师式的著作。让人记忆犹新的是全书章章涉及或理想，或生活，或工作，或交往，或修养等；篇篇提醒、教导人学会做人，道德警示是她的特色之所在。《思有所悟》谈立身，认为“一个人没有自己的个性，便会失去自我；一个人只有个性，便会失去大家”，“尊重别人，也就是尊重自己。一个不尊重别人的人，说到底不尊重的还是自己”；又说，“人不能无欲，无欲则让人懈怠平庸不思进取”，但合理地释放欲望，需要遏制贪欲；还说，“成功没有侥幸可言”，“侥幸是不幸的开始”，“侥幸是一条走不通的死胡同”。《思有所悟》谈处世，认为“谦虚是心灵环保的基本态度”，“谦虚使人受益，骄傲使人受害”，“谦虚使人拥戴，骄傲使人拥推”，那嫉妒呢，“谁远离嫉妒，谁就会远离嫉妒的心灵折磨”，因此，人对人要宽容，宽容别人就是宽容自己，“刻薄者让别人痛苦，自己也难受”，人际的团结才是力量，真所谓“人心齐，泰山移；人心不齐，脚步难移”。《思有所悟》谈境界，认为，“精神财富比物质财富更有价值”，“幸福绝不是金钱的代名词。幸福的人生，不在于金钱、物质、权利、名利，而在于心情、心境、心胸”，人对人、人对社会有责任，而且“责任再小，也要用心全力承担，责任再大，也必须从点滴做起”，诸如此类警语的启迪效果，不可估量，可谓此书一册在手，可游刃于天下。

《思有所悟》由浅入深，层层递进，为思想者、研究者树立了独特的学术探究范式。该书是一部随笔文学，也是一部思想探究的学术著作。学术的本质在创新。《思有所悟》在老生常谈的主题中，不时地闪耀着新思想的火花。谦虚与骄傲的关系及其各自的效果，作者提出了全新的理路，尊严的理论角度和深度，其质量不亚于近年发表的一些鸿篇大论。学术的价值在于揭示规律，推进文明。《思有所悟》的文章短小精悍且道理深刻。克制的辩证的联系生活实际的分析，让人有即刻检讨生活方式之感，分析哲学视阈下写成的“牢骚”“嫉妒”，会让好发牢骚、好行嫉妒的读者索然收敛。学术的重要理路之一在于考察、继承和发扬传统。《思有所悟》不时地广征博引，用中外思想精华要么佐证、要么启迪、要么深究，将所思主题，悟之完备与完善。有了“君子爱财，取之有道”的儒家思想，就能更进一步理解财富的精神内涵以及财富与精神的关系；鲁迅的关于“世故”的精辟论述，有助于深入把控世故之弊病；古希腊“人啊，认识你自己”的训示，让人意识到认识自己的难度；美国石油大王约翰·D. 洛克菲勒说的“我愿意付出比天底下得到其他本领更大的代价来获取与人相处的本领”，彻底说明了“人脉”的重要；叶圣陶的“什么是教育，简单一句话，就是培养良好的习惯”，给予了教育本质的透彻的概括，在此基础上理论探讨还有不深刻的吗？

凭空写不出《思有所悟》，对于每个选题，没有阅历，才智浅薄，思考不到位、悟不深刻，故《思有所悟》是作者几十年来丰富经历的体悟与升华，是人生不可多得的精神财富。

《思有所悟》，文学哲学，哲学文学，开卷有益，建议一读。

（写于 2016 年 1 月）

自古溧阳第一姓

——为《彭祖文化的辉煌》序

我与溧阳市原常务副市长彭留双已经有多年的交往与交情。他给我的深刻印象是：说他是官，但他犹如接地气的学者，并为南京师范大学兼职教授；说他是学者，但他确实是从乡村出来，又从没有离开乡村建设的干部。读一读他的《优化领导工作浅谈》《奔向现代化——乡镇工作思考》和《来自城乡的工作报告》，就可知彭留双的实际工作和理论探讨的“两栖”生涯。《彭祖文化的辉煌》是他最新的一部著作，由此也印证了以下一句话，即“职业有时限，学问无尽头”。

留双来自农村、来自农民。干中学，学中干，是他一生的写照。1968 年初中毕业后，担任过生产队长、团支部书记、大队主任、公社党委副书记、革命委员会副主任，而后，官职生涯的大部分时间是在多个县处级岗位上度过的。难能可贵的是，他从乡镇党委书记的岗位上读完中专、大专，在市纪委书记岗位上攻读本科和研究生，并进而在勤奋工作的同时走进理论与实践相结合的学术研究殿堂，以至于被评为高级政工师、南京师范大学研究生班的优秀学员，并被南京师范大学聘请为经济法政学院兼职教授和校董事会董事。更值得赞赏的是，留双从正县职岗位上退下来后，仍坚持为民办事、为民思考，为市、镇、村发展牵线搭桥，引进项目。同时，每年都有诸如《挖掘族群文化，打造名人名域》《锦绣江南的一颗明珠——天目湖畔九龙山的传奇故事》《历史长河中铸就着的辉煌——我所经历的溧阳乡镇企业发展与变迁过程》等文章发表。近年来，留双为达到以史为鉴、启迪后人和弘扬中华民族传统美德之目的，收集了大量的历史资料，撰写了《彭祖文化的辉煌》。著书之艰辛，非局外人所知，且《彭祖文化的辉煌》一书，其调研、考证、思想探究等学术之“十八般武艺”须样样涉通，故该书更是留双耗时间、费精力、伤脑子的成就。留双邀我为之作序，我十分乐意。

宗族志是中华传统文化的重要组成元素，研究和修缮宗族志，是完善和发展中华传统文化的重要举措。事实上，我国宗族志文化不仅属于某一宗族，而且属于中华民族，也属于世界华人。作为特有的中华血缘共同体及其血缘文化，其宗族志文化是激励炎黄子孙精诚团结、亲密合作的特色文化。彭氏宗族也不例外。且彭氏文化在中华宗族志文化中是具有代表性的宗族文化。历史上孔子赞彭祖，老子、庄子说彭祖，司马迁《史记》写彭祖，毛泽东言彭祖，这可以从一个侧面说明彭祖文化的历史地位以及他的子孙后辈为中华民族的崛起的丰功伟绩。就溧阳彭氏来说，彭祖 130 代孙彭显，字克明，自中进士，任真州判，后镇守溧阳，移居溧阳，竭力培养人才，扶贫帮困，他的祖辈直至他的后裔，就有着“五里一进士，十里一状元”之称；彭定球、彭启丰祖孙状元而名扬天下，清代咸丰年间，溧阳有彭氏三兄弟同时金榜题名，史称“翰林三兄弟”。特别在元、明、清三朝，彭氏家族成为名门望族，至今仍传颂着“彭、马、史、狄、周，吃穿不用愁”的民谣。更值得一提的是，传说彭祖是华夏最长寿之人，其后人超百岁老者总多，故彭祖是中华民族长寿的象征，溧阳作为“世界长寿之乡”，在历史上还能找到依据呢！由是观之，“彭”乃“自古溧阳第一姓”有其道理。

彭祖的第 151 代孙彭留双编辑的《彭祖文化的辉煌》一书，资料翔实、内容丰富，是溧阳研究宗族志文化的时标性著作，它的出版不仅为溧阳文化的建设与发展填补了空白，而且为中华传统宗族志文化的完善提供了不可多得的元素。

本书是作者所学所感、所思所悟的成果，它发人深省，催人奋进，值得一读。愿《彭祖文化的辉煌》一书给读者带来历史文化、传统文化和族群文化的启迪！

是为序。

（写于 2016 年 3 月）

一块魅力无限的“情感磁铁”

——为朱红新主编《溧阳乡愁》序

《溧阳乡愁》即将问世，承蒙《溧阳时报》厚爱，邀我作序，看不见但意切切的“恋乡之手”牵引我欣然允诺。

记得若干年前，我儿曾经问我说，“爸爸，爷爷、奶奶都不在了，你怎么一有机会就想着回溧阳?”当时，这么简单的问题却把我问住了，因为，我自己压根儿没有考虑过这个问题。细细想来，儿子问得有道理，因为我几乎大多是“没有理由”地回家乡，实实在在只是“无意识转一圈”而已。这犹如我的“天安门情节”：在我的生活和工作中，跑得次数最多的地方，一是工作单位南京师范大学，二是北京，然而，每每去北京办完公事，我几乎都要找时间到天安门广场转一圈，即使不能专程去，在来回赶机场或车站的途中也经常绕道经过天安门。故，我回家乡“没有理由”其实就是最深刻的理由，“家乡情结”啊!

我离开家乡已经40个年头，待在外乡看家乡、思家乡，乡愁、乡情越发浓郁，常常由衷感叹，我的家乡溧阳真美啊！美在家乡的山水有故事、会说话；美在家乡的文化持厚重、尚包容；美在家乡的父老讲诚信、惜友情。对这，《溧阳乡愁》已经充分表白，它们既表达了溧阳游子的思乡之情，也表达了家乡笔友的耀乡之意。

其一，《溧阳乡愁》展示了家乡山水美与伦理美之有机耦合

《溧阳乡愁》在描述家乡山水自然美的同时，笔锋直指家乡伦理之美，真乃不可多得的杰作。从《溧阳乡愁》的相关作品可以领略到，家乡的山，水抱；家乡的水，山拥，山水无语有神情。连理山水，相缠如宾，纠结情深，风光无限。一座山就是一个故事，就有一种伦理之美：伍牙山因人们推崇伍子胥的“忠靖”“义勇”“孝

亲”而得名；瓦屋山上“报恩禅寺”扬“报恩”理念；大石山、仙人山关于白龙和青龙的传说，主张的是“慈悲”“孝敬”与“循规”之道德；茅山传颂着“抗日”的英勇故事，永远闪烁着革命历史的光辉……。每片水都有别样风情：濑江，汇聚、流淌着万千溪流，迂回曲折牵连并滋养着千家万户和万顷良田，荡漾飘托着渔家小帆和争流百舸；天目湖、长荡湖，神来天镜照太空，镜中，云卷云舒，湖若太空，人、鸟、鱼共舞，好一派天、地、人、山、水、林之一体之和谐共生景象……。山水与伦理之美，家乡地名也可见一斑：百丈沟、龙虎坝、月牙塘、莲花塘、石岩里、响屧桥、观莲桥、凤凰桥、桃园、梅园、沧屿园、归得园、石榴圩、礼诗圩、狮子山、道德山、功德山、圣塔山、太阳山、小九华、画眉滩、三塔荡、笔杆岭、瑶墅……。溧阳，真乃人间仙境矣！

其二，《溧阳乡愁》乃家乡古老而灿烂的历史和文化之缩影

家乡的历史和文化从先秦走来，虽栉风沐雨，一路坎坷，但姿态多样，积淀厚重，并深深地烙上了“溧阳印记”，《溧阳乡愁》以其独特的视角和精当的笔调写成了不是历史的历史和似乎碎片化的经典文化。焦尾琴作为溧阳古老文化的象征之一，作者在讲述美妙动听故事的同时，注重在史书和史实中求证焦尾琴出自蔡邕之手，说明焦尾琴故里在溧阳；千年沧屿园，虽“现今重筑遗古韵”，但毕竟是“重筑”，书中引用清代顺治状元马世俊在《晓园记》中所说：“溧阳园林圣地，城里的是史氏沧屿园最好，在观渎的遗址上筑成，又有孟郊的诗碑在里面，称平陵古迹”和五代显德年间进士卢多逊在诗作《沧屿园谢公洗墨池》中所言：“园柳鸣禽春色深，江山可待谢公吟。砚池香墨今余几？欲与君家写四箴”，纪实性地描绘了古时沧屿园的美景与文化底蕴；让家乡人骄傲的团城，历史悠久，且水环四周，风景宜人，更让家乡人自豪的是，团城是智慧之城，英勇与坚守之城，这是书中所具独有笔墨；《码头街记忆》乃临水千年老街精、气、神的写照，系古老农、商、手工、建筑、水运等文化的结晶；彭、马、史、狄、周等族群的著名，固然有其悠久的历史和不凡的族事与族人，但更给力的是其崇尚读书的家风和严格的家规。还有，童谣形式在“童”，实质是传播趋善避恶、学做好人之伦理。此类历史和文化世事，不一而足。尤其值得称道的是，《溧阳乡

愁》话溧阳，道出了溧阳人和溧阳文化的亮点和特色。从书中可以体会到，溧阳，东沐精致儒雅、以水为本的吴韵，西接胸阔浪漫、多元进取的楚文，南遇质朴自我、开拓悍勇的越俗，北临粗犷大气、好礼勇猛的汉风，在兼容并蓄中形成了特有的含蓄与浪漫并存、刚强与绵柔兼具、大大咧咧与细巧精明同体的溧阳民俗文化。难怪溧阳人在外人看来，系南方人但具北方人秉性，属吴语区但有中原人腔调。这是在溧阳人身上体现的特有的“濑江文化”。

其三，《溧阳乡愁》以其朴素的笔墨凸显家乡人的厚道与诚信之品格

《溧阳乡愁》重笔叙说溧阳是厚道与诚信之城，警示人们，溧阳人与厚道、诚信同在。家乡父老一贯信奉厚道与诚信，生活中注重善积良缘。伍子胥乞食的故事，在溧阳乃至中华大地，妇孺皆知。故事只是传说，而且不止一个版本，但是，伍子胥从楚国逃命至溧阳，不管是渔夫帮助其渡江拒收价值百金宝剑、掀翻渔船自刎于江水之中以表守口真诚，还是江边浣纱史贞女供其浆纱之糊，而后投江自尽，以表“明无泄也”，以免伍子胥担心暴露行踪之忧，这都说明，溧阳人推崇诚信，视诚信如生命。古时交通虽不发达，但文人墨客乐于不远万里来溧阳，真乃“何时到溧里，一见平生亲”，为此，有的数次进溧，吟诗作画，留下奇文异宝；有的一生迁徙数地，最终栖息溧阳养老，这都说明溧阳人待客如宾、善结良缘的朴素为人之道。让我一生记忆犹新的是溧阳人日常好善乐施积人缘的人品，每每村上有人家宰猪，这就意味着当天全村人家均可能吃上主人挨家挨户送上的猪杂汤；每每遇到乡邻发生火灾等重大事故时，只要听到锣声等求救信息，都会毫不迟疑地奋勇前往施救；每每有乞者到家门口，明明自己正在喝粥，给乞者送去的却是往顿吃剩留在筲箕里的白米饭，诸如此类的溧阳人品格，书中的《“苏州佬”家事》《溧阳的外族姓氏》的相关叙述可见一斑。溧阳人为人“实诚”啊！

溧阳真是好地方。难怪溧阳父老乡情浓，溧阳游子乡恋深。作为游子的我与其他溧阳游子一样，经常日思故乡，夜梦溧阳，“乡愁”成了游子们想念溧阳、宣扬溧阳、奉献溧阳的精神依托。

《溧阳时报》将该报“寻找团城记忆”“记住乡愁”“仰望故乡星空”“溧阳老地名”和“童谣”等专栏文章汇编成《溧阳乡愁》，

给家乡父老尤其是溧阳游子送来了福音，它以其朴实无华的文字叙述着溧阳的美丽和精彩；以其深刻的内心独白昭示溧阳人对历史的荣耀和对未来的憧憬；以其智慧的笔墨引导人们不断地向上和向善，故《溧阳乡愁》将成为他乡和在乡溧阳人的独好的精神食粮，也将是城乡文物保护、地方文化传承的重要文脉参照和决策依据。毫无夸张地说，《溧阳时报》为家乡做了一件功德无量的大好事，《溧阳时报》的“寻找团城记忆”等专栏和《溧阳乡愁》将以其无量价值在溧阳文化发展史乃至溧阳社会发展史上留下浓墨重彩和深刻的文化记忆。

相信《溧阳乡愁》在手，开卷乡情更浓，合卷乡恋更深；有《溧阳乡愁》伴随，“乡情、乡恋”以前是、将来更是五湖四海溧阳人生活中的一道绚丽的风景线。

是为序。

（2016 年 6 月 10 日于南京秦淮河畔龙凤花园）

一部诚信制度与诚信社会建设研究之力作

——读王淑芹、曹义孙著《德性与制度》

当今社会，随着人类共同体理念的不断加强，诚信也已经逐步成为世界性话题。在我国，随着社会主义市场经济的不断深入发展，诚信也越来越展示其在经济社会发展中不可或缺的基础性甚或核心精神要素。在这一社会背景下，王淑芹、曹义孙著《德性与制度》的问世，为迈向诚信社会提供了重要的理论支撑和实践引导。该著作在理论和实践的结合上，围绕诚信制度与诚信社会建设，坚持“顶天立地”的学术理念，以其独到的研究视角、深刻的理论分析和切实的应用型探索，创造性地提出了系列且富有实践意义的诚信学术观点，为我国诚信社会建设创设了不可多得的参照范式及其行动路径。《德性与制度》具有三大特点。

一　系统的问题域、深刻的逻辑追问和新颖的思想表达

该书的问题意识的展示和展开可谓独树一帜。全书围绕我国社会诚信制度建设这个核心主题，以十分清晰的逻辑理路设计并回答了诸如“诚信制度建设何以必要”“诚信制度建设何以可能”“诚信制度如何构建”“诚信制度有效运行的社会支持系统”等问题，提出了一些崭新的思想。

其一，书中认为，任何生活的诚信都既有诚信道德又有诚信制度，在社会普遍意义上，现代市场经济社会的诚信发生了由道德之诚信到制度之诚信的变化，但两者不能分离。在此认识基础上，书中进一步认为，诚信制度建设不同于信用制度，信用制度有被动和

机械的特性，一旦可能或需要就会有失约、违约的现象出现，而诚信制度具有德性伦理的特质，注重行为主体信守承诺的道德责任感，因此，诚信制度在任何情况下都会被严格执行。

其二，在解决诚信制度建设必要性的基础上，本书通过中外比较分析，指出，在我国，诚信制度建设有其重要的现实基础。一是德法共治，即以道德为支撑、以法律为保障、以产权为基础，夯实了创建完善的诚信制度的基石；二是为人们对于诚信的人道规范的敬畏感和对真诚于心、信于道义的中华传统诚信理念的传承，提供了诚信制度建设的历史资源；三是西方信用制度建设的得失，为我国诚信制度建设的顺利、有效提供了重要的借鉴依据；等等。

其三，有了重要的诚信建设的基础和条件，那么，我国应该建设什么样的社会诚信制度体系呢？书中十分明确地指出，要有针对性地在不同的职业或行业领域创制诚信制度，诸如在政务、商务、司法、科研、公益事业、网络等领域都需要建立完善的诚信制度。并且，不同领域的诚信制度需要遵循民主公开、平等交往、公正司法、廉洁自律、慎独安全等原则。

其四，明确了我国应该建设什么样的社会诚信制度体系，那么，如何有效建设好、运行好？书中认为，这需要面对现实，研究中国传统诚信制度建设的得失尤其是经验或良策，探讨西方诚信或信用制度建设的得失尤其是合理成分，同时，要有“以社会教育为支撑的在制度内化、以法治政府为核心的政治环境的优化、以产权制度改革为核心的经济环境的优化、以司法公正为核心的法治环境的优化、以公民道德为支撑的文化环境的优化”等条件。这些通过逻辑追问形成的新颖的研究观点，将是诚信制度建设的重要参考理念。

二　开创诚信实践哲学

该书蕴含强烈的诚信是伦理关系、是制度，更是行动的理念，形成了较为独特的诚信实践哲学观点。

其一，书中认为，诚信是伦理关系及其法则。“人是社会构成的前提，社会是人存在的基础，人的社会性存在方式使得人们之间的交往成为一种必然，从而为诚信道德的产生提供了基础。”进而指出，“人们之间交往如何实现？‘各种社会主体之间通过信息传递而发生的社会交往活动’，在本质上就是传递信息、表达意图和做出反应的互动过程。人们互动的媒介无论是语言还是手势和表情，都需要心口一致、思想和行动一致，唯有如此，人们之间的社会交往才成为可能”。这就是说，诚信因人际关系而需要和可能，同时，唯有诚信才有正常关系的存在。因此，“‘诚信’作为一种‘关系’的合理秩序的客观道德要求、原则、行为和德性，不仅具有认识论的规则性以及实践论的德性特征，而且也具有本体论的客观性，即诚信是人们交往中的‘天道’法则，是‘自然法’，即诚信是‘自然本性法则’”。

其二，书中认为，诚信就是制度，是行动规制。书中指出诚信是道德自觉，但实现道德自觉是有条件和过程的，因为，人有着个人需要的行为驱动性，“‘任何人如果不同时为了自己的某种需要和未来这种需要的器官而做事，他就什么也不能做。’‘各个人的出发点总是他自己’”，“毋庸置疑，人的自利倾向是一种客观实在”。当然，“人的自利性在人的理性和社会法则的引导和限制下，并不必然导致损人利己的行为”。但是，在这种情况下，诚信制度是约束和引导人们趋于诚信境界和行动的重要条件。事实上，诚信只有形成制度，才有可能让人的行为有依据并有序地形成诚信社会。

其三，书中认为，诚信在于行动。书中指出，无论是建设诚信法律制度，还是诚信道德规范，其最终目的不是要求社会成员仅仅满足于外在的制度规范，其行为符合外在制度规范的要求，而是要求社会成员要通过参与诚信社会实践，使得诚信成为社会成员的自觉要求和内在品质，使得诚信成为自觉行动的社会风尚。

三　创制诚信制度建设的行动纲领

该书设置了一套系统的我国诚信制度建设的行动纲领，为我国诚信社会建设提供了具有重要参考价值的行动指南。

其一，本书在明确迈向诚信社会的理想愿景的基础上，指出诚信制度建设是一项系统工程。书中的研究理路说明，诚信制度建设需要汲取中国传统诚信文化的精髓和外国诚信文化的合理成分；要面对我国社会诚信制度建设做出理性反思；要在经济社会发展各个领域研究诚信制度的特殊内涵和特有诉求；要研究和筹划诚信制度实践模式和行动目标；等等。

其二，书中强调，在加强诚信制度建设的同时，要研究和完善系统的诚信制度运行机制。首先，认为“社会诚信制度的有效运行，需要在法律层面规范政府行为，使政府的行为在法制轨道上运行，从而为社会诚信制度有效运行提供政治保障”。其次，认为“当前我国社会诚信面临严重的危机。危机的根源虽然有道德因素和法律因素，但最根本的原因还在于产权制度。我国现行产权制度存在产权不清、责任不明、保护乏力、流转迟缓等问题，使微观经济主体追求短期利益，从而削弱了诚信制度得以确立的根本。所以，优化社会诚信制度运行的经济生态环境，关键在于产权制度改革”。最后，认为司法公正是社会诚信制度有效运行的法律保障，也是奠定社会其他领域诚信制度有效运行的基础，特别是某些比较严重的社会失信行为会促使权利人和利害关系人启动司法程序，直至其受到法律责任追究，并因此保障诚信制度的有效执行。

其三，建构了全面系统的诚信制度。本书以其较多篇幅，分别在“政务”“商务”“司法”“科研”“公益事业”“网络”等领域，有针对性地建构了极具操作意义的诚信制度。值得关注的特别之处的是，书中在构建经济社会各领域诚信制度的过程中，十分强调“德法并举”“法德共治”，指出，“在现代市场经济社会，单纯的道德教育不足以形成良好的诚信社会，同样，单纯的法律惩治也不足以形成良好的诚信社会，唯有法德相济，使诚信既是德性，又是制度，还是资源，三者相得益彰，协调一致，良好的诚信社会才能真正实现”。

最后，建议《德性与制度》的作者们紧跟我国经济社会发展的步伐，继续沉下心去，面向纷繁复杂的社会，面对各种各样的社会诚信问题，在进一步深入调查研究的基础上，不断拿出诚信制度建设的良方，在不断完善我国诚信制度中推动诚信社会建设，为我国不断迈向诚信社会作出更大贡献。

（原载《伦理学研究》2017 年第 6 期）

汗血探寻古今人文溧阳奥蕴

——为邓超著《濑水钩沉》序

记得20世纪70年代初我离开家乡之前，家乡溧阳以文化人视角读溧阳、写溧阳的作品并不多见，而在世纪转接时期，跟随着“中国雄狮”醒来的步伐，“文字溧阳”也像雨后春笋般涌现，一批诗歌、散文、小说、报告文学等在充分展示“下里巴人”和“阳春白雪”的风采的同时，书写了溧阳历史的悠久与厚重。其间，一群文人也随之横空出世、卓尔不群，真所谓盛世出文人，文人唱盛世。

我早就听说溧阳文人中有邓超先生，每每拜读他的大作都有肃然起敬之感。文笔优雅且时而略带刚毅和犀利、文风朴实且不乏深沉和华丽。偶然的机会，三年前我们在东方最美丽的校园南京师范大学相遇，一见如故。真乃相见恨晚唉！

文如其人。邓超的作品风格展示了邓超之为邓超的品格。其实，与之交往后还让我对其有更多的认知，他的率真，他的诚恳谦和，他的不落俗套，他的苦中求乐，他的书斋气等，会让朋友存“难得知己”之感。

近日，邓超邀我为之《濑水钩沉》作序，拜读之余，感慨万千。别的暂且不说，就其一笔一画手写爬格子，撰出六十多万字且内容沉甸甸的著作，足以让人叹为观止。其实，作者是在我等好友的眼皮底下艰苦地完成这本大作的，其探究、打磨、锲而不舍的精神令我们敬仰。故我十分乐意为之作序，并以“汗血探寻古今人文溧阳奥蕴”为题来展示其作品完成的艰辛与不易。

《濑水钩沉》一书，是他积累资料几十年、阅读资料数百万、撰写历时三年余的呕心沥血之作。作者沉浸于史海、痴迷于史料、会心于史实，多少年如一日，钩沉于濑江，摭拾在平陵，守一盏昏灯，伏一案古籍。该书内容涉猎溧阳地方文化中的风景、名胜、人物、文集、宗教、事件、轶闻、书画、武术、美食……可谓千年古邑地方文化的一次巡礼、一次汇集、一次揭秘、一次赏析！难能可贵的是，作者没有人云亦云、旧话重提，而是扎根于地方史志和名人文集，注重第一手资料的挖掘探究，因此大部分史料都是首次披露，第一次与读者见面，具有较高的文化价值和史料价值。例如《寻找焦尾琴》一文，作者考证了中国古代四大名琴之一焦尾琴的来龙去脉，考察了蔡邕在溧阳的遗踪，文章在《琴棋书画报》《扬子晚报》《现代快报》上发表转载，引起较大反响。溧阳因此被命名为“焦尾琴故里”，增添了一张文化名片。《马世俊与“溧阳二十八胜”》《溧阳书画俊彦》《溧阳佛教拜谒》《溧阳傩文化溯源》《八卦掌渊源纪事》《昭旷无尘彭袭明》《徐悲鸿的溧阳缘》等文，都是作者上下探索、远近探究的扛鼎之作，具有较高的文史价值和欣赏价值。

他为撰写本书，曾赴北京、上海、杭州、南京各大图书馆查阅资料，并在溧阳图书馆的大力协助下，搜集了《康熙县志》《乾隆县志》《玉华子游艺集》《载石堂尺牍》《石云居文集》《匏瓜集》《句俭堂集》《匡菴诗文集》《水流云在诗钞》《古照堂诗集》《平等阁诗话》《平等阁笔记》《濑江逸史》《姜丹书艺术教育杂著》等大量的文集史料，去芜存菁，采撷精华，梳理整合，评议赏析。为尊重史实，实事求是，他还侧重第一手材料，尽力做到亲力亲为，如为采写《戴庆祖与“土木之变”》一文，随戴氏宗亲远赴河北怀来县土木堡镇，搜集资料，亲身感悟。为采写《新疆有个溧阳村》一文，远赴新疆尼勒克县蜂场现场采访，边流泪边记写。更难以想象的是，为写好《淳化阁帖寻亲记》一文，他行程四千公里，历时九天，横穿五省，其艰辛非同一般，不是痴迷，没有勇气，是不可能这样“折腾”的。

《濑水钩沉》一书展示了邓超的“大家”风范。全书并非只是故事的罗列、资料的堆积，书中“钩”出了溧阳厚重的历史和文化，写出了溧阳人的勤劳潜质、重义品性和感恩情怀，描出了溧阳山美、水美、人更美的绚丽景象，道出了溧阳土地上自古以来的生生不息的活力，等等。同时，全书展示了哲学家的逻辑辩证以求真、伦理学家的道德探寻以求善、文学家的形神布局以求美、历史学家的缜密考证以求正、社会学家的考察解析以求实等的风格，真所谓“大家”著书，书著“大家”。

据我所知，邓超是多面手文人，他还出版过散文集《心灵之约》《天目湖民间故事》，发表文章一百多万字。他还是位研究西泠八家之一陈曼生的知名专家，他多年来撰写的十多篇学术论文，分别在《西泠艺丛》《书法》《无锡文博》《宜兴紫砂》《紫砂汇》等专业刊物发表，填补了曼生研究的空白，纠正了谬误，论文曾荣获杂志年度专业奖项。《西泠艺丛》作为专业核心期刊，曾一次发表了他四篇研究论文，这是较为罕见之特例！他还曾赴福建漳浦的“天福茶业集团”作关于陈曼生的专题讲座，得到“世界茶王”李瑞河的高度评价。

几十年矢志不渝，几十年笔耕不辍，成绩斐然，且荣誉耀眼，名至实归。2009 年中央电视台教育台《求学人生》栏目组在江苏选取唯一采访对象即邓超，并用十几分钟的专题片报道了邓超的刻苦求学的人生经历，其中市委原常委、市人大常委会副主任沈福新对他做出了如此“镜像式”的评价，“生活上的穷人，精神上的富人，社会上的名人，工作上的忙人”。我也时常听到家乡同仁称他为“大师”，这也足以说明邓超的社会声誉。即使如此，他是位低调之人，在外发表了那么多专业论文，却从不炫耀。不过，“墙内开花墙外香”，同行和社会的认同和赞赏足以说明他的骄人的成就：1993 年获“中国新闻一等奖”，2013 年率领溧阳社渚跳幡神队伍参加大赛，荣获国家级民间文艺最高奖“山花奖”；现为中国傩戏学研究会理事、江苏民间文艺家协会理事、江苏省作家协会会员、南京师范大学伦理学研究所兼职研究员、溧阳市文联副主席、民间文艺家协会主席。

家乡溧阳近年文化繁荣，著作颇丰，但像《濑水钩沉》这样从大文化视角、大历史背景来撰写的地方文化专著，尚属鲜见，可谓难能可贵。邓超认真的治学态度，执着的探索精神，令人感动；其文学和历史学等学科的功底，超凡的笔力，让人敬佩。邓超的作品是我美丽家乡的精神财富，其为人的品格和为文的风格值得我们尊敬和重视。

我相信，用心血凝聚成的《濑水钩沉》是传世之作，一定会受到读者的欢迎。愿读者从《濑水钩沉》中获得阅读的幸福。

（2017 年 10 月于南京秦淮河畔龙凤花园）

灿烂的中华道德文明发展之历史画卷

——读唐凯麟主编《中华民族道德生活史》

唐凯麟先生主编的8卷本近350万字的《中华民族道德生活史》（东方出版中心出版2015年版）是一部集道德理念、道德行为规范、道德生活习惯及其发展进程于一体的鸿篇巨制，她是几千年中华道德文明发展的历史画卷，填补了我国道德生活发展史研究的空白。

其一，《中华民族道德生活史》坚持历时性和共时性相结合，全面系统地展示了中华民族道德生活的历史模块及其特色，深刻揭示了中华民族道德生活的基本特征和发展规律。《中华民族道德生活史》不是历史上道德生活理念、道德生活形式、道德生活故事和习惯的碎片化展示，“道德生活史是道德生活的历史表现形态和道德生活形成发展过程的体现，是渗透在人类精神文化生活之中制约、支配和引领精神文化生活不断发展完善的动态而持续的道德生活过程”，因此，道德生活史既是道德生活发展过程和实时道德生活的实际展示，也是道德生活发展进程及其发展规律的研究和阐释。秉持这一理念，《中华民族道德生活史》始终在坚持全面系统把握和深刻认识中华民族道德生活史的同时，揭示了“多元一体与和而不同的发展格局、家国同构与忠孝一体的价值追求、修身立德与成人成圣的人生目标、天下为公与仁民爱物的伦理情怀、广大精微与中庸之道的实践智慧、自强不息与厚德载物的精神品质”等基本特征，探寻了不同时期、不同民族的道德生活形成的缘由及其因社会动荡而曲折、随社会发展而进步的内在规律，在此基础上，开掘并接续中华民族道德生活的源头活水，研究和展示提升当代中华民族道德生活平台的基本规律。

其二，《中华民族道德生活史》是一部活的且生动的立体型中华伦理思想史。道德生活样态的背后是一定伦理道德理念在影响或引导，因此，道德生活本身就是活动着的可视的伦理思想或道德境界。换句话说，中华民族道德生活史与中华民族伦理思想史是一对“孪生兄弟”，相互依存、相互影响、相互说明，“没有脱离伦理思想的纯粹的道德生活史，也没有不导向道德生活的纯粹的伦理思想”。

先秦的道德生活是夏、商、周三代和春秋战国之社会背景及其特殊伦理理念的真实写照；秦汉日趋统一的社会生活模式与主流道德价值的确立，形成了中华早期“统一化”的道德生活；魏晋南北朝至隋唐时期开始的“民族冲突与融合过程中道德生活产生了前所未有的震荡、混乱与重组”，到了隋唐，“统一时的道德生活呈现出开明、活泼及多元一体的趋向，儒、佛、道三教在长期的斗争磨合中趋于统一，儒家道德观念重新得以恢复”；宋元明清时期是中国封建社会由繁荣至衰朽的时期，道德生活及其伦理理念出现了理学与反理学之争，但儒学一统的势头到明末清初才受到挑战；近代以来，由于西方列强的侵入，中国成为半殖民地半封建国家，道德生活和伦理理念在动荡中出现了革命性发展趋势，以致中华民族的道德生活和伦理理念实现了现代转型。在当今，中华民族道德生活和伦理精神成了当代中国发展的软实力的重要标志。中华民族道德生活及其伦理理念的发展过程，说明中华伦理思想史是与社会发展进程、道德生活变迁史密切相关的，因此中华民族道德生活史，其本身就是一部活生生的伦理思想史。

其三，《中华民族道德生活史》是一部核心理念统领、基本理路统一且各卷特色彰显的纲举目张、逻辑严谨的鸿篇巨制。《中华民族道德生活史》认为，“道德生活本质上是人认识自我、反思和评判生活以及推动生活不断‘人化’或意义化、价值化的生活。道德生活的积淀以及发展变化构成道德生活史，道德生活史是对历史上道德生活的描述与揭示，是一门新兴的伦理学科”。鉴于这一思想，《中华民族道德生活史》始终坚持寻求道德生活现象背后的人的道德自觉及其道德生活理念的不断完善与发展逻辑，因此，中华民族道德生活史实际上也是一部展示中华民族不断向“使人的世界即各种关系回归于自身”（马克思语）推进的道德文化生活史。

中华民族道德生活史所要叙述内容的时间跨度大，内容纷繁复杂，如何既要全面展示，又能系统而深刻地阐释，《中华民族道德生活史》重点围绕“个人道德生活、家庭道德生活、职业道德生活、社会公共道德生活、政治道德生活、国家民族道德生活”等基本路向而展开研究和叙述，也因此使得《中华民族道德生活史》成了完整、系统展示中华民族道德生活史的真正的集大成著作。

特别要指出的是，《中华民族道德生活史》十分关注中华民族道德生活发展史中的不同时段、不同民族的特有的道德生活状况和道德生活理念，增强了撰写《中华民族道德生活史》的活力、笔力。诸如，夏商周凸显了礼俗、仁爱为主要内容的道德生活；春秋战国凸显了人伦纲常和祭祀礼规为主要内容的道德生活；秦汉凸显了大一统、多民族的道德生活；魏晋南北朝凸显了魏晋之风和佛教伦理影响下的道德生活；隋唐凸显了儒、释、道三教鼎立和边疆少数民族交融状况下的道德生活；宋元凸显了理学教化、强化和北方民族分和社会条件下的道德生活；明清凸显了封建集权下的道德生活和满、蒙、藏民族的道德生活；近现代凸显了社会动荡和不断变革、发展下的生活道德生活；等等，这些在统一理路下的不同重点和特色的展示，夯实和加强了中华民族道德生活史的厚实度和美誉度。

（写于2018年1月）

如何辨析西方经济伦理思想的真与谬

近日，阅读由商务印书馆出版、乔洪武教授主著的《西方经济伦理思想研究》（三卷本），欣喜之情溢于言表。这套著作系统地研究了从《圣经》开始至2008年国际金融危机后的西方经济伦理思想，是一部研究西方经济伦理思想的扛鼎之作，对于推进我国经济伦理学乃至伦理学学科的发展具有一定的启迪意义。

从最抽象的意义上说，经济学是关于在人的欲望追求的无限性与世上物品的稀缺性之间怎样做出选择的学说，其研究范式是建立在“稀缺性”和“财产”的概念之上；而伦理学是关于道德的科学，它建立在善、价值、正义、权利和义务等概念之上。但这两大学科本是同源的。在亚当·斯密的《国富论》创立现代经济学之前，西方哲学家和神学家在他们“零散的有关政治—经济的思想和洞见”中就已经存在着对经济伦理的思考。而亚当·斯密首先是一位道德哲学教授，是他率先开启了从哲学研究范式和从经济学研究范式两个向度研究社会经济中伦理道德问题的先河。只是在“边际革命”之后，西方经济学的主流标榜自己所谓“价值中立”的立场和方法，追求实证主义“建模验证”，否定经济学中伦理判断的意义和价值。但是，仍然有许多当代西方经济学家认为，经济学家从经济到伦理的研究范式不仅是存在的，而且与哲学家从伦理到经济的研究范式具有同等重要的地位，其突出代表阿马蒂亚·森正是因为在一系列重大经济问题的讨论中“恢复了伦理的维度”而获得1998年诺贝尔经济学奖。由此可见，从古至今的西方经济学说中蕴含丰富的伦理思想乃是历史的客观存在。但在20世纪80年代之前，我国经济学界专注的是探讨西方经济学家们的经济思想及其对我国的借鉴价值，而伦理学界也只有少数学者开始对经济伦理问题的探索，对西方经济学家经济伦理思想的研究几乎无人涉足。这其中最大的困难在于，研究西方经济伦理思想，既非从经济学说史的角度在经济学著作中研究其经济理论、分析方法和研究结论，也非从哲学伦理学著作中归纳、整理其经济伦理思想，而是以大量的经济学文本为基础，运用伦理的视角和方法，去挖掘、整理、分析它们隐含在经济学理论中的道德评价、价值判断和伦理思考，这就特别需要具备西方经济学和哲学伦理学双重专业素养的学者来进行这两个学科的整合。乔洪武教授恰恰是这样一位具有两个学科知识结构和学术思考缜密的学者，这使得他能够从浩如烟海的西方经济学的论著中发现其蕴含的经济伦理思想。因此，该著独具匠心地把古典经济学生产、交换、分配和消费的“四分法”与伦理学的善、公平、正义和义务等基本范畴相结合，从哲学家和经济学家关于生产、交换、分配和消费的四大行为选择的价值判断中锁定其经济伦理思想的内涵，再根据马克思主义唯物史观对其进行评论与批判，完美实现了经济学与伦理学的跨学科综合研究，由此突破了长期以来西方经济思想史和西方伦理思想史互不相融的研究隔膜，大大丰富了这两个学科的研究内容和体系。

毋庸置疑，西方经济伦理思想是西方哲学家和经济学家的思维成果，与经典马克思主义伦理思想的范畴有着原则性的区别。但是不加区别地将所有西方经济伦理思想全盘否定，并不符合马克思主义的唯物史观。问题的关键在于我们应当如何正确鉴别西方经济伦理思想中的正确与谬误。乔洪武教授主著的这一套著作，在坚持这一问题导向的基础上，不仅系统归纳总结西方经济学各流派或各个西方哲学家、经济学家经济伦理思想的主要内容，并且特别重视对他们进行了严肃认真的辩证分析，既揭示出其可供借鉴的科学合理之处，也严肃批评其不科学或不合理的失误所在。例如对亚当·斯密的正义观，作者认为，斯密不是将“放弃属于自己的东西”而是将“放弃属于他人的东西”当作正义的核心，这既是对柏拉图、亚里士多德开创的自然法思想的继承，又直接发展了由哈奇森、休谟等人开创的苏格兰启蒙学派的伦理思想。斯密的这一正义观的积极意义在于，由于它肯定了“只要没有给旁人任何实际伤害”，其追求自身利益和幸福的行为就具有正义性，这对于突破中世纪封建社会对欧洲市场经济发展的限制，解放和发展生产力至关重要，由此也揭示出以哈奇森、休谟和斯密等人创立的苏格兰启蒙学派的经济伦理思想对于推进市场经济率先在西欧扬帆起航的重大意义。但是，斯密只将正义视为“放弃属于他人的东西”的思想亦存在缺陷，因为在这种正义观中摒弃了为社会整体利益必要时应“放弃属于自己的东西”的内涵，这一内在缺陷在20世纪70年代兴起的自由至上主义者诺齐克的正义理论中得到了极致的发挥。从哈耶克到诺齐克都认为，除了“放弃属于他人的东西”这一原则之外，其他任何含义的公平都是虚幻的。这就不仅否认了由国家和政府调节收入分配的道德价值，也从根本上否认了其存在价值。所以，该著通过对亚当·斯密正义观真与谬的辨析，有助于我们正确认识苏格兰启蒙学派的正义观。此外，作者对阿马蒂亚·森批判新古典经济学的“经济人”或“理性选择”假设，“重建经济学的伦理之维”的辩证分析和评价；对于当代西方马克思主义经济伦理思想中关于剥削与正义等观点的真与谬的剖析；对于当代日本经济伦理思想的严谨评析和对于2008年国际金融危机后西方经济伦理思想的最新发展研究等，亦有新见。

（原载《光明日报》2018年2月26日）

简评《中国共产党执政伦理建设研究》

近日，南京师范大学张振教授所著的《中国共产党执政伦理建设研究》（以下简称《研究》）一书，由上海三联书店出版。《研究》从马克思主义执政党执政伦理建设的角度切入，结合中国共产党在革命、建设和改革不同时期执政伦理建设的实践探索和理论创新，特别是通过研究党的十八大以来全面从严治党的伟大实践，深刻阐明了中国共产党从一个“小党弱党”的革命党到一个“大党强党”的执政党转变的历史逻辑、理论逻辑和实践逻辑，初步建构了中国共产党执政伦理建设理论体系，在继承和发展马克思主义政党建设理论的基础上，丰富和创新了中国共产党执政理论。

《研究》精心谋篇布局，富有创新地建构了中国共产党执政伦理建设的基本学术理路。导言部分：阐述研究缘由、意义和研究方法等，是研究总纲。第一章“执政伦理的理论生成”，从政治学、伦理学、行政学等学科交叉的视角，探讨了政党、执政党、政党伦理、执政伦理等概念的基础上，分别从历史性、现实性、体系性、层次性、主体性、服务性六个方面探讨政党、执政党、政党伦理、执政伦理等范畴，阐释执政伦理的内涵和外延、基本特征和基本原则等。第二章“中国共产党执政伦理的理论渊源”，主要从马克思主义经典作家（主要是马克思、恩格斯、列宁）关于政党伦理建设的思想源头挖掘执政伦理建设的直接理论来源；研究中国传统文化中的“治国安邦”行政伦理思想及其实践，努力探究马克思主义政党伦理学说与中国的传统文化的融合生成，尝试从马克思主义经典作家、中国古代行政伦理和中国近代政党伦理思想等方面挖掘执政伦理建设的理论源泉。第三章“中国共产党执政伦理建设的历史审视”，分别从局部执政时期、社会主义改造时期、全面建设社会主义时期、改革开放和建立社会主义市场经济时期四个阶段，重点阐释了中国共产党根据不同时期执政党伦理建设面临的不同问题和不同特点，有针对性地开展的执政伦理建设，深入分析不同时期中国共产党执政伦理建设实践及其所产生的影响，系统梳理和总结在不同历史时期中国共产党执政伦理建设的基本经验。第四章“当前中国共产党执政伦理面临的困境表现及其原因”，主要阐述中国共产党执政伦理建设面临的风险和挑战，剖析中国共产党执政伦理建设面临的困境，探求解决中国共产党执政伦理建设新路径的依据。第五章“他山之石：国外执政党执政伦理建设”，主要研究苏联、越南、老挝、朝鲜、古巴等社会主义国家执政党执政伦理建设的经验教训和美、韩等国家的行政伦理的历史经验。第六章“加强中国共产党执政伦理建设的路径选择”，主要研究破解困境之道，从执政伦理建设的基本理路（宏观）、执政伦理建设的价值目标（中观）、党员干部的伦理养成（微观）三个层面探讨执政伦理建设路径。

《研究》创造性地提出了自己的学术观点。一是提出了党的执政伦理建设的“逻辑论”。认为新时代加强党的执政伦理建设既是总结党的历史，又立足于党的现实发展，充分汲取世界社会主义国家执政党的执政规律，是历史逻辑、现实逻辑、实践逻辑和执政逻辑的统一。二是提出了党的执政伦理建设的“角色论”。认为转型期中国共产党加强执政伦理建设必须厘清并正确定位自身角色，即领导角色、执政角色和服务角色。三是提出了党的执政伦理建设的“自我完善论”。认为加强执政伦理建设是中国共产党始终保持先进性和纯洁性的“密钥”，是中国共产党从一个胜利走向另一个胜利的重要保障，是中国共产党永葆青春活力实现长期执政的不竭动力之源。四是提出了建设“五型政党”的命题。进入新时代，中国共产党执政伦理建设面临的风险和挑战前所未有，中国共产党必须顺应时代不断加强执政伦理建设，探讨了建设服务型政党、责任型政党、法治型政党、学习型政党、创新型政党等执政伦理建设的具体路径，这对中国共产党加强自身建设，提高执政能力和执政水平有着重要意义。五是提出了党的执政伦理建设的“三观论”。提出了从宏观（顶层设计）、中观（价值目标）、微观（党员个人伦理养成）三个层面构建中国共产党执政伦理养成的具体途径，在学界是一个全新的提法，为学界探讨执政伦理的养成研究开拓了新的研究视野。

《研究》以马克思主义世界观和方法论为指导，以马克思主义政党理论为基础，将理论研究和实证研究相结合，从历史到现实，从深度到广度，坚持从宏观到微观、横向与纵向等多种研究方法相结合，全方位展开执政伦理问题研究。在充分汲取马克思主义经典作家关于党的建设学说精髓的基础上，系统分析中国共产党执政伦理的生成机制，以党的事业为基本主线，对中国共产党不同发展时期的执政伦理建设进行了全景式地历史回顾，清晰描述了中国共产党执政伦理建设之路。该书以问题意识为根本导向，结合国际国内的相关情势，还全面深入地探讨了党的十八大以来我们党执政伦理建设面临的严峻考验。《研究》的出版，有利于促进党员干部对党的执政理念的深入认识和系统把握，并将有助于广大人民群众深入学习和充分认识党的历史及其执政伦理建设思想，进而不断增强理论自信、道路自信和制度自信。

（原载《人民日报》理论版 2018 年 4 月 10 日，发表时有删节）

“闪”见平生亲

——为《一见平生亲》序

我欣然允诺为《一见平生亲——2018“美音自在溧阳”全国闪小说大赛精选作品集》（文中简称《一见平生亲》）作序，是因为主编乃我由衷赞赏的家乡溧阳市住建委主任、奇才钱栋。其实，我与钱栋平时交往不多且不深，但其风格鲜明地力求“回归于人自身”（马克思语）的“生态人生”让人印象深刻，好生敬佩。故，虽我未治文学，但很乐意在此为钱栋主编的文学大作落点笔墨。

记得去年夏天的一个上午，由溧阳市宋团城文化研究会主办的“道德与文学研讨会”上，与我素未谋面却已是如雷贯耳的钱栋“现身”，并作专题发言，言毕让我肃然起敬。他的深刻、犀利、幽默、洒脱的语言和“举手投足”之“自在”神态，让我看到了当今官员中鲜见的且智商和情商非凡的嬉、笑、怒、骂皆随性的风格，实乃真名士自风流，难能可贵。我感觉，那天钱栋的言行是一部活生生的“行为闪小说”。

而后在屡屡欣赏钱栋于微信朋友圈发布的信息中，深感他个性非常阳光、率真、独特，敏锐的思维、风趣的言辞、领导就是服务的信念与举动、艰苦工作和快乐生活并举的“乐活”态、想说就说想做就做的“倜傥风度”、难得的孝亲“做派”，阳春白雪与下里巴人兼具的文品，还有刚劲、神意与趣雅一体的书法等，可以说，他的日常生存图式就是一部既独立成篇又纵横相涉的“连续闪小说”。

眼前的这部《一见平生亲》，犹如繁星烁烁“闪”溧阳，有“闪”历史的，有“闪”风土人情的，有“闪”革命精神的，有“闪”为人处世的，有“闪”人间真情的，有“闪”风景名胜的，有“闪”舌尖美味的，还有“闪”“小人”不仁的，等等。尽管每篇小说叙事不一、风格各异，但是，各自以其或精彩的故事，或精致的构思，或精巧的布局，或精当的语词，或精深的哲理，展示了家乡溧阳的极佳精、气、神和“美音自在溧阳”的绝妙韵味。故，这部集“百家”智慧之作，可谓众星拱月式的“集结闪小说”。

我喜欢看各种闪小说，这是因为此类小说的“闪”“小”“微”“短”，读起来爽快而惬意。对这部《一见平生亲》闪小说集我更是爱不释手，喜欢的缘由更在于四点。

其一，“闪”而有深远的意境。小说尽管是“闪说”，但好多作品具有深远的考量和恒久的意义。如有的小说虽寥寥数语描述家乡革命前辈和革命先烈的艰苦卓绝的事迹，但闪耀的是中华民族优秀儿女顽强不屈、视死如归的英勇气概。又如有的小说简要描述了家乡人的献爱心活动和社会善意的回报，但内含并揭示的是中华传统仁爱思想和爱心行动的强大感召力量。再如有的小说描述的是自然美景，但以物拟人，由物沉思，所思所想寄托的是对未来美好生活的向往。

其二，“小”而有宽广的社会生活图景。小说尽管是“小说”，但好多作品有可辐射开的广大的“视觉”空间和宽大的生活场景。如有的小说讲的是家乡人日常生活中的点滴“顺生”小事，但这是现代社会生活质量提升和人们获得感、幸福感的写照，是缩小了的“太平盛世”的社会现实。又如有的小说讲的是家乡人日常诚信交往的身边事，但反映的是现实和谐社会建设的成就和人们对未来和谐社会的憧憬。再如有的小说讲的是人际看似不经意的友善举动，但却是在向往和宣扬伦理生态性的和谐共同体社会。

其三，“微”而有高大的人物形象。小说尽管是“微说”，但好多作品有以微小见宏大的“潜质”和由微小展示高大的能量。如有的小说叙述的是家乡平民百姓的“举手”之好事，但展示的是全社会各类优秀人物的崇高形象。又如有的小说叙述的是家乡人在关键时刻无偿付出的一丁点儿“东西”，但反映的是中国人根深蒂固的乐于助人、甘于奉献的高尚品质。再如有的小说叙述的是为兑现小利而损失大益的故事，但主张的是言而有信、宁吃亏不伤德的崇高境界。

其四，“短”而有长久的生命力。小说尽管是“短说”，但好多作品有着历史的穿透力和久远的影响力。如有的小说谈的是濑水游子想家乡走家乡，但品味的是中华民族活力永存的乡情乡恋的精神品格。又如有的小说谈的是家乡人的日常善举，但深刻揭示的是人类社会永远推崇和追求的善良德性。再如有的小说谈的是一句话、一件事的喜、怒、哀、乐，但昭示的是人生应有的崇高价值取向。

从这部《一见平生亲》闪小说集可以感悟到，家乡之美景醉人，家乡之山水养人，家乡之历史感人，家乡之文化沐人，家乡之习俗熏人，家乡之真情动人，家乡之美味诱人。难怪家乡溧阳是让人梦魂萦绕的外乡人值得“见识”一下的好地方。

真乃“‘闪’见平生亲”，我相信读者们一定会喜欢这部《一见平生亲》闪小说集。同时，我确信，手捧《一见平生亲》，心必飞向“鸡鸣三省”地、“寸草春晖”都——溧阳。

愿这部闪小说集始终在人们的心中闪耀。

是为序。

（原载《溧阳时报》2018 年 12 月 12 日）

《资本伦理学》序

余达淮的新作《资本伦理学》即将问世，他邀我为之作序，我欣然同意，这不只是因为达淮是我的开门博士弟子而责无旁贷，更在于他多年潜心研究资本伦理问题，形成了自己独特的学术见解，难能可贵，故我很乐意专门为之“按键垒字”。在此，我谨以经济伦理学研究同僚的视角，谈及我对本书的一些认识。

在马克思的政治经济学看来，在资本主义私有制条件下，资本不是物，资本是带来剩余价值的价值；资本是经济范畴，更是经济关系范畴，它体现了资产阶级与工人阶级之间的压迫与被压迫、剥削与被剥削的雇佣劳动的关系。因此，马克思政治经济学中所论及的“资本”是指在资本主义条件下，资本所创造的剩余价值被资本家无偿占有，体现了资本对雇佣劳动的剥削的本质，其本身就是“不道德”的代名词，这就是所谓的“资本特殊”。而作为“资本一般”来说，它是指资本投入生产过程创造和获取新的利润和效益，也即带来剩余劳动，使价值增值。换句话说，资本均有价值增值的功能。这是资本共性，也即资本一般。马克思说：“资本一般，这是每一种资本作为资本所共有的规定，或者说是使任何一定量的价值成为资本的那种规定。”[①] 因此，社会主义经济和经济学研究资本应该是题中应有之义。事实上，我国的改革开放赋予了资本鲜活的“生存权”，关于资本的研究也随即展开。这其中资本伦理的研究也逐渐被伦理学界和经济学界关注，也产生了一批颇有见地的研究成果。只是，以我个人的看法而言，我对这一研究议题持续关注的同时，却一直有这样的一种隐忧，那就是，一方面，越来越多的人都

---

① 《马克思恩格斯全集》第 46 卷（上册），人民出版社 1979 年版，第 444 页。

开始关注和研究资本伦理，而另一方面，关于资本伦理的相关研究，应该有什么研究主题，有什么样的研究边界，应该遵循什么样的研究方法等问题却长期没有清晰的答案，简言之，资本伦理的相关研究应该有什么样的学术理路，这个问题如果能说清了，或者起码提出来，那么关于资本伦理的相关研究就会少很多视角不一的“商榷”与“讨论”，而《资本伦理学》一书正是这方面的积极探索与尝试。事实上，达淮在这方面的尝试并不是一时起意，而是从跟我读研究生时就有决心，他的博士学位论文的题目便是“马克思经济伦理思想研究”，而他的国家社会科学基金“资本的伦理学研究”立项之初，他就和我表示过，想通过课题的研究，形成一部“资本伦理学”的专著，为整个学界关于资本伦理的研究提供基础性的支撑。我自然是支持的，只是，专著中有哪些内容？怎样组织篇章结构？每每想及这些实际研究中可能遇到的困难，我就为他捏把汗，直到这本《资本伦理学》放置在我的面前，达淮最终实现了他的研究目标，这其中他经历了什么样的困难与挑战，我们不得而知，在此，我只是以一个导师的角度负责地说：这绝不是一条平坦的大道。

按照我的构想，道德是资本，是经济社会尤其进入资本社会的不可或缺的支撑力量，而在《资本伦理学》中，达淮看到资本在现代社会的二重存在，尝试给资本加上一副“马络头”，以更好地规约、引导资本。我认为，本书既然冠以“学”的字眼，那也就代表作者对于资本伦理的相关研究有一整套完善且独特的认知体系，不然就不能称之为“学”了，在此，我认为《资本伦理学》的这个“学”字，在本书中，又可以用“源”“本”“用”三个字来理解。具体来说，讲“源”就是讨论资本伦理学的“源起”问题，书中的第一、第二、第三章，就是回应这一议题，它的存在使得资本伦理学不是“无源之水”。当然，对于我们中国读者来说，讲资本伦理的“源起”，最直接的恐怕就是马克思了，书中以马克思的理论为核心，但又不局限于马克思，既有马克思之前研究的回溯，如魁奈、亚当·斯密、大卫·李嘉图等人的学说，又有马克思之后的学派，如主流经济学、福利经济经济学、制度经济学以及西方马克思主义者对资本伦理的探索。在从不同理论体系的角度分别阐述资本伦理的相关研究的同时，作者又将不同学者的研究予以抽象提炼，提出资本伦理研究可能的进入路径与不同的研究成果，这样一个学术史的梳理应该是全面且富于理论性的。在学术史之外，书中还特别关注了资本伦理学的实践基础与发生，它是从实践层面上讨论资本伦理学构建的必要性，随着资本日益影响着我们的日常生活，理论研究不能对此不管不顾，必须予以回应。阅读本书的前三章之后，会有一种资本伦理学“呼之欲出”之感，那就是，既然有这么多的学者与流派都在关注资本伦理，既然资本在时刻影响着我们普罗大众的生活，那么以一种更加严谨专业的学科意识来构建资本伦理学就显得非常必要了，这也是本书第四、第五、第六章的主要内容，依我来看，这三章的内容，构成了本书最富有创新性的研究成果，也正是这三章的内容，才使得资本伦理学避免成为“无本之木”。在这三章内容中，作者通过论证，提出存在于资本伦理研究中的一些特定的研究主题、特有的研究范畴以及持续讨论的研究焦点，逐渐构建起了一整套承载资本伦理学的基石，我认为，这其中最值得关注的就是本书在第五章提出的关于资本伦理学的四对范畴，这四对范畴有助于我们更为直观地了解资本伦理学的相关内容，也是资本伦理学其跨学科特性的鲜明体现，换言之，当我们关注“剥削”与“贫困”、“服务”与“信用”、“自由”与“时间”、“共享”与“发展”等问题之时，我们是否意识到这些问题不仅仅是经济发展的问题，同时也是伦理学研究所关注的问题，在这个基础上，我们是否又能意识到在这些议题背后，资本在扮演着何种角色？从这个意义上来看，资本伦理学更像是“跨学科中的交叉学科”，它既是经济伦理学不可或缺的研究内容，也是真正深化经济伦理学研究所必须要面对的研究问题。总的而言，我认为，通过这三章相关问题的阐释，使得资本伦理学有必要，更有底气逐渐从经济伦理学的学科视阈中走出来，构建起一套更符合自身的学科框架与体系。当然，资本伦理学与经济伦理学一样，都有非常强的实践意义，特别是对于资本这样一个事物来说，马克思一再告诫我们，必须以动态的、“活的”理念来理解资本，不然资本就是“死物”，也就是说，必须将资本伦理学与现实的生活与资本的运动勾连起来，才能真正赋予资本伦理学以实践层面的意义，这也就是资本伦理学的一个“用”的问题，本书的第七章就是主要在探讨这一问题，特别值得注意的是，本书在讨论资本伦理学“用”的这个问题上，采取了一种“方法大于内容”的思路，毫无疑问，伦理学的研究是关涉生活的，我相信，每一个伦理学的研究者都迫切地希望通过伦理学的研究，将社会的道德水平引导至更高的境界，但是，在此之前，却也必须搞清楚伦理学的研究能在多大程度上干涉并影响我们的生活，将全部的美好希望寄托于伦理学的研究，而不明白其局限性，显然就有些过于苛求这一学科了。对于资本伦理学，同样是这样，该书在资本伦理学的“用”的问题上，并没有为我们描绘一幅美好的道德图景，而是非常负责谨慎地提出，资本伦理学在面对生活、面对实践之时必然会带有中介性、历史性与局限性。我个人认为，这些特点的存在与掌握，恰恰决定了资本伦理学在现实应用上能够取得多大的进展。总的来看，作为该书末篇而存在的第七章，事实上是一个开放性的章节，它为每一个关注资本伦理研究的研究者留下了充分的思考空间与方向。

当然，就《资本伦理学》而言，也还有待深入研究的方向与议题，比如书中所提出的关于资本伦理学的四个范畴，还可以进一步结合现实生活来理解，而这些范畴本身，也还可以继续挖掘它们的内涵与外延，又如对于社会人群的道德水平而言，当代中国关于资本的认识，是否形成了一些可以总结的价值观念，又是否可以划定一些价值观念的走向，乃至塑造出一套符合中国特色的资本观等，这些问题都可以沿着本书的陈述而去进一步思考。只是，我想在此说明的是，面对这样一本经济伦理学界全新的探索之作，我们理应拿出宽容的态度，因为它毕竟是全新的尝试，不可能面面俱到，事实上，正如我前文所言及的，这本书的面世起码表明作者尝试将一些关乎资本伦理学研究的重要问题提了出来，供学界批判，这种研究的态度是值得赞许的。总之，本书既然是以“资本伦理学”为书名，而“学”字本身又可以理解成一种话语体系，我希望读者在阅读本书之时，能够暂时脱离掉以往经济伦理学可能的固有模式，借本书作者的思路来讲，也许我们突破原有话语体系的尝试本身，往往就能够获益匪浅。

以上就是我对于本书的一点看法，希望能够帮助读者预先一窥该书全貌，也希望读者在阅读该书之时都能有所收获。

是为序。

（写于 2019 年 8 月 26 日）

《劳动伦理与企业竞争力》序

劳动是财富之源，是人类最根本的物质和精神的基因。劳动是复杂的、演进中的范畴，不仅是经济的概念，还是哲学的范畴。劳动不仅指体力劳动、脑力劳动，还包括科学研究、艺术类、管理类等一切有创造性的活动，灿烂的华夏文明则是一部劳动发展史。劳动最大的益处在于使人获得道德和精神上的发展，这种精神发展是由和谐的劳动产生的。人类劳动发展从奴役劳动到谋生劳动，再到体面劳动，最终达到自由劳动四个阶段。中华民族是勤劳智慧的民族。勤劳是华夏子孙的传统美德。中国人的劳动精神代代传承，离不开传统文化深厚思想的改良、传承和进步。同时，劳动的范畴和内涵也随时代变迁而不断延展，树立正确的劳动价值观，弘扬劳动精神，创造美好生活是当下国人的精神追求，也是中国人建立文化自信的一个历史基点。

然而，事实上，在社会、历史和文化的“大染缸”中所存在的劳动，必然会“濡染”所有这些东西中“好”的营养和“坏”的毒素，因而，进行伦理批判和甄别的功夫确有必要。本书就是把劳动伦理中的“好”的营养提供给企业，把“坏”的毒素清除掉，让企业具有更加强劲的竞争力来应对国内外的激烈竞争和提供给客户更优良的服务。在伦理学视阈中，劳动绝不是一种纯粹的“物质变换”的机械物理的活动，不是一个“伦理无涉”的空场。之所以如此，其主要原因在于，一方面，劳动是属“人”的活动，要在协调或处理人与人、人与社会之间的关系的基础上，劳动过程才能得以展开，而人与人、人与社会之间关系的协调、平衡和完善不可能在“真空”中进行，也不可能单凭制度、法律和物质刺激，必然离不开作为人的立身处世之道德；另一方面，劳动也是“属人”的活动，它必须符合历史发展的趋向和人性化的趋势，劳动过程及其劳动产品本身不断渗入人的应然性的要求和需要，即伦理道德的要求。由此，在本体论意义上，劳动势必涉及伦理问题、道德合理性的问题。因此，劳动伦理的立论合法性的问题就毋庸置疑。

现实地看，在社会进步的过程中，谋求经济的合理性、商业的道德化、劳动的人性化一直是一个时代和社会发展的基本趋向。它们本身也是一个一而二、二而一的有机统一的过程。然而，由于社会的复杂性和资本逻辑的终极决定性，必然导致所有这些可能的发展进步都是一个令人生疑、充满困惑的发展进步。改革开放以来，我国社会生活的各个领域都发生了翻天覆地的变化，传统伦理观念必须更新才能适应现实的需要和时代的要求。劳动伦理逐渐成为伦理学关注的热点问题，科技时代带给劳动伦理一个巨大的挑战，同时，企业面对激烈的市场竞争，只有拥有更强的核心竞争力，建设良好的劳动伦理关系才能够实现可持续发展。作者归纳国内的劳动伦理思想与企业劳动伦理建设的相关文献，探索国内学者对上述两个问题的基本看法与研究进度，以求其他学者未来能够更好地探究劳动伦理及企业建设劳动伦理问题，尽管“以人为本”作为基本的社会治理理念和经济伦理理念已经深入人心，但劳动伦理的“应有”秩序尚未建立起来，这不仅导致中国国际经济竞争力、企业核心竞争力和人力资本的水准没能达到理想层次，而且影响到社会的和谐进步，企业的发展也受之影响巨大，很少有企业能走出国门与国际上的大企业竞争。职是之故，研究劳动伦理问题既是一个重要的理论和学术问题，也是一个时代性的现实和实践问题。

学术需要做到“顶天立地”，即是说，要有高、精、尖的理论研究及其创新，也要有深刻的社会洞察力和实践创造，两者不可或缺。否则，难以实现真正的创新学术，难以达到社会的期望、要求，也有悖于学术研究的主旨。

基于这样一种基本的价值判断，结合学界学术和社会发展的现状，我认为，研究劳动伦理，其价值意义毋庸置疑。夏明月作为我的弟子，入门不久，她就立志于经济伦理学研究，而且对劳动伦理问题产生了浓厚的兴趣，当她向我表示以劳动伦理作为自己的研究方向时，我赞同和支持她的学术志向。

本书从劳动与道德之间的内在联系入手，比较分析国内外的劳动伦理思想，为劳动者的自由、幸福和全面发展提供可行的理论上的论证；剖析了当今中国劳动道德失范的现象，从中总结出基本的劳动道德原则和规范，为树立正确的劳动伦理观做努力；试图探寻和谐劳动关系得以实现的合理途径和调整机制，为提高企业劳动效率提供道德上的保证。

本书研究的主要内容理论上把劳动伦理分为劳动者伦理和劳动关系伦理，构建和谐劳动关系作为第三大内容，劳动者伦理属于劳动伦理的主体，劳动关系伦理是劳动伦理的核心，和谐劳动关系是劳动关系伦理的现代延伸，这是本书的框架和逻辑体系。劳动范畴的相关理论分析，包括劳动价值的探讨以及劳动伦理意义的研究，比较分析古今中外的经典劳动伦理观，并从中得到启示。这部分是本书的理论基础。分析当代劳动伦理问题的变化以及现阶段劳动问题面临的挑战，构建企业和谐劳动关系推动企业发展的实践路径，这是本书研究的重点和难点。第一，从劳动者伦理、劳动关系伦理等不同层面对劳动伦理进行理论分析，力求较全面地把握劳动伦理的内涵；第二，对和谐劳动关系的构建提出理论设想，把劳动伦理的构成因素与企业核心竞争力的促进因素做充分论证，找到其中的耦合度，反复证明它的正相关性，并提供具体的实施路径。

该书体现了两个特点。一是理论分析与实践路径的有机统一。着重从应用层面研究了企业劳动关系的构建，深入分析了当前我国企业劳动关系不和谐的现状，揭示了企业劳动关系矛盾突出的现象和原因，并提出了构建企业和谐劳动关系的途径。二是体现了跨学科研究的方法论特色。力图以伦理学、经济学和社会学等多学科视角观照理论和实践问题，论证有深度、厚度和力度，没有以偏概全，而是引经据典、通过调研数据分析论证更加有说服力。

当然，尽管夏明月在本书中已经构建了较高的中国劳动伦理研究的平台，对于推进我国劳动伦理乃至经济伦理研究的发展进步和劳动伦理实践的展开无疑具有重要的学术价值和现实意义，在她的上一本专著《劳动伦理研究》一书中主要是对一些理论问题进行探讨，即将出版的这本书是对上一本的理论的延展，加强了应用性研究和实证分析，运用大量的调研问卷和数据分析，通过数据处理和分析，打通了劳动伦理与促进企业核心竞争力的机制因素，这是她初步的尝试，对劳动伦理的理论体系和实践体系尚需继续深入探究才能逐步完善。

我相信夏明月的《劳动伦理与企业竞争力》一书定会受到读者们的关注，以期为企业管理者提供智力支持，并希望在伦理学领域里形成特有的学术记忆。

是为序。

（2019 年 9 月 29 日于南京秦淮河畔龙凤花园寓所）

《新时代中国特色社会主义道德建设研究》序

“国无德不兴，人无德不立”。国家的软实力在很大程度上取决于该国公民的思想道德素质。“中国共产党领导人民在革命、建设和改革历史进程中，坚持马克思主义对人类美好社会的理想，继承发扬中华传统美德，创造形成了引领中国社会发展进步的社会主义道德体系。”党的十八大以来，以习近平同志为核心的党中央高度重视并不断强调社会主义思想道德建设的战略地位和重大意义，通过多措并举，使主旋律更加响亮，正能量更加强劲，文化自信得到彰显。对新时代中国特色社会主义道德建设的实践和经验、面临的突出问题等的研究，具有重要的理论意义和现实价值。

朱金瑞教授多年来勤于社会调查、潜心学术研究，取得了诸多颇有影响的理论成果。《新时代中国特色社会主义道德建设研究》就是近年来的以独特视角分析中国社会主义道德建设中的现实问题的一部力作。统览全书，有三点突出的印象。一是紧扣新时代中国特色社会主义道德建设这一主题，深入回答了中国特色社会主义进入新时代的系列理论问题。诸如社会主义道德建设的价值、内涵、本质特征是什么，如何正确判断道德建设是全面建成小康社会、全面建设社会主义现代化强国的战略任务，如何构建与新时代相适应的中国特色社会主义道德规范体系等问题。二是对新时代中国特色社会主义道德建设进行了较为系统的探索。探讨了如何适应新时代新要求，进一步把握规律，加大工作力度，推动全民道德素质和社会文明程度达到一个新高度，如何用社会主义核心价值观引领公民道德建设，作为新时代的公民应有怎样的道德坚守与担当等问题。这些都是学术界需要着力研究的时代新课题，也是道德建设实践中迫切需要回答的新问题。该成果在这些问题上进行了大胆的尝试。三是坚持目标导向和问题导向相统一，着力对现实道德问题的关照。作者在对新中国70多年我国社会主义道德建设历史经验总结的基础上，提出了新时代道德建设的具有可操作性的路径，如注重道德建设的法律制度保障、注重道德建设主体的多元化及渠道的多样化、注重提升重点群体的道德水平、注重载体创新、注重优化净化道德环境等，对理论研究抑或实际工作都具有启发借鉴价值。

时代是思想之母，实践是理论之源。中国特色社会主义进入新时代，我国社会主要矛盾已经转化为人民日益增长的美好生活需要和不平衡不充分的发展之间的矛盾，我国社会主要矛盾的这种变化，对理论工作者提出了许多需要研究和回答的新课题，这也是时代给伦理学界出的新问卷。正如中共中央、国务院印发的《新时代公民道德建设实施纲要》中判断的，在国际国内形势深刻变化、我国经济社会深刻变革的大背景下，由于市场经济规则、政策法规、社会治理还不够健全，受不良思想文化侵蚀和网络有害信息影响，道德领域依然存在不少问题。一些地方、一些领域不同程度存在道德失范现象，拜金主义、享乐主义、极端个人主义仍然比较突出；一些社会成员道德观念模糊甚至缺失，是非、善恶、美丑不分，见利忘义、唯利是图，损人利己、损公肥私；造假欺诈、不讲信用的现象久治不绝，突破公序良俗底线、妨害人民幸福生活、伤害国家尊严和民族感情的事件时有发生。针对这些道德领域里的突出问题，如何从理论与实践相结合的层面上提供更有益的研究成果是学术研究的使命。对此，学界还任重而道远。

《新时代中国特色社会主义道德建设研究》在研究方法上坚持了历史与逻辑的统一、理论与实践的统一、战略与战术的统一，其深刻的学术观点、创新的道德建设理念、独到的行动规划将会在新时代社会主义道德建设的进程中发挥应有的作用。相信该书将会受到读者的欢迎。

是为序。

（写于2020年9月）